Lambacher Schweizer 3

Mathematik für Gymnasien

Baden-Württemberg

erarbeitet von
Dieter Brandt
Dieter Greulich
Thorsten Jürgensen
Detlef Lind
Rolf Reimer
Reinhard Schmitt-Hartmann
Peter Zimmermann

Ernst Klett Verlag
Stuttgart · Leipzig

1. Auflage 1 9 8 7 6 5 | 2016 15 14 13 12
Alle Drucke dieser Auflage sind unverändert und können im Unterricht nebeneinander verwendet werden. Ab dem 4. Druck befindet sich im Anhang ein Selbsttraining mit Lösungen. Die letzten Zahlen bezeichnen jeweils die Auflage und das Jahr des Druckes.

www.klett.de

Autoren
Dr. Dieter Brandt
Dieter Greulich
Thorsten Jürgensen
Prof. Dr. Detlef Lind
Rolf Reimer
Reinhard Schmitt-Hartmann
Dr. Peter Zimmermann

Unter Mitarbeit von
Prof. Dr. Peter Baptist
Bärbel Barzel
Manfred Baum
Martin Bellstedt
Heidi Buck
Prof. Rolf Dürr
Dr. Marielle Cremer
Hans Freudigmann
Dr. Frieder Haug
Dr. Heike Tomaschek

Zeichnungen/Illustrationen
Uwe Alfer, Waldbreitbach
Jochen Ehmann, Stuttgart

Redaktion
Rainer Geiger

Gestaltung
Claudia Rupp, Stuttgart
Andreas Staiger, Stuttgart

Bildkonzept Umschlag
SoldanKommunikation, Stuttgart

Titelbild
Getty Images, Digital Vision
Photonica Amana, Steven Pützer

Reproduktion
Meyle + Müller Medien-Management, Pforzheim

DTP/Satz
topset Computersatz, Nürtingen

Druck
Stürtz GmbH, Würzburg

Zu diesem Buch gibt es ein Lösungsheft mit der ISBN 3-12-734373-6

Printed in Germany

ISBN 978-3-12-734371-7

Moderner Mathematikunterricht mit dem Lambacher Schweizer

Mathematik – vielseitig und schülerorientiert

Der heutige Mathematikunterricht soll den Kindern und Jugendlichen neben Rechenfertigkeiten auch zahlreiche weitere Fähigkeiten, die für die Allgemeinbildung grundlegend sind, vermitteln.

Im Lambacher Schweizer wird das Erlernen solcher mathematischer und nichtmathematischer **Basisfähigkeiten** in einem vielfältigen Aufgabenangebot für die Schülerinnen und Schüler ermöglicht. Auf den Seiten Wiederholen – Vertiefen – Vernetzen und in den Sachthemen werden zudem die Inhalte der Kapitel bzw. des Buches noch einmal für integriertes und vernetztes Lernen aufbereitet. Die Sachthemen behandeln unter einem Oberthema Inhalte aus allen Kapiteln des Buches. Sie lassen sich sowohl nutzen, um über sie in die Kapitel einzusteigen, als auch zur Wiederholung und Festigung im Anschluss an die Kapitel.

Die Inhalte des Mathematikunterrichts zentralen Ideen zuzuordnen, bietet für die Schülerinnen und Schüler die Chance, Zusammenhänge über die Kapitel hinaus herzustellen und damit ein größeres Verständnis für die Mathematik zu erlangen. Aus diesem Grund werden die Kapitel insgesamt sechs schülerverständlichen **Leitideen** zugeordnet, die über die achtjährige Schulzeit hin Bestand haben: Zahl und Maß, Form und Raum, Beziehung und Änderung, Daten und Zufall, Muster und Struktur, Modell und Simulation.

Um grundlegende Fertigkeiten und Inhalte, so genanntes **Basiswissen**, bei den Schülerinnen und Schülern abzusichern, werden immer wieder Aufgaben zu früheren Themen eingestreut. Außerdem ist die Möglichkeit zu selbstkontrolliertem Üben gegeben, innerhalb der Lerneinheiten mit den Aufgaben zu „Bist du sicher?" und am Ende des Kapitels in den Trainingsrunden.

Das achtjährige Gymnasium

Die Verkürzung der gymnasialen Schulzeit erfordert eine Straffung des Lernstoffes. Der Bildungsplan sieht entsprechende Änderungen vor, die im Schulbuch sinnvoll umgesetzt werden müssen.

In Klasse 7 wird die Prozentrechnung mit ihren vielfältigen Anwendungen vertieft. Die Schülerinnen und Schüler lernen dabei, komplex dargestellte Fragestellungen zu analysieren und zu lösen. Diese Problemlösefähigkeit wird im Laufe der Kapitel gestärkt – sie tritt außerdem in den Kapiteln „Terme und Gleichungen" und „Systeme linearer Gleichungen" in jeweils einer Lerneinheit in das Zentrum der Betrachtungen.

In die „Welt der Stochastik" setzen die Schülerinnen und Schüler einen ersten großen Schritt. Sie lernen Methoden zum Entscheiden von Situationen kennen.

Einen weiteren Schwerpunkt bilden die linearen Formen – über Zuordnungen, Terme und Gleichungen wird im Lernniveau der Klasse 7 bis zu den linearen Gleichungssystemen geführt. Im Rahmen der Zuordnungen steht dabei die Leitidee „Beziehung und Änderung" im Zentrum.

Als Vorstufe des Beweisens wird das Begründen vertieft – neben dem Sammeln von geometrischem Wissen und Erfahrungen lernen die Schülerinnen und Schüler erste mathematische Sätze und ihre Begründungen kennen.

Taschenrechner-Einsatz

Stand in den Klassen 5 und 6 der Taschenrechner als Hilfsmittel zur Verfügung, so wird nun in Klasse 7 dieser abgelöst durch den grafikfähigen Taschenrechner (GTR). Der grundsätzliche Einsatz wird in Infokästen erläutert und der explizite Gebrauch (durch) angezeigt. Der Einsatz von und Entdeckungen mit Geometrie-Programmen wird im Kapitel „Beziehungen bei geometrischen Figuren" angeregt und (durch Geo) ausgewiesen.

Inhaltsverzeichnis

Lernen mit dem Lambacher Schweizer

Liebe Schülerinnen und Schüler,

auf diesen zwei Seiten stellen wir euer neues Mathematikbuch vor, das euch im Mathematikunterricht begleiten und unterstützen soll.

Wie ihr im Inhaltsverzeichnis sehen könnt, besteht das Buch aus sechs **Kapiteln** und zwei **Sachthemen**. In den Kapiteln lernt ihr nacheinander neue mathematische Inhalte kennen. In den Sachthemen trefft ihr wieder auf die Inhalte aller Kapitel, allerdings versteckt in Geschichten, die ihr in eurem Alltag erleben könnt. Ihr seht also, der Mathematik begegnet man nicht nur im Mathematikunterricht.

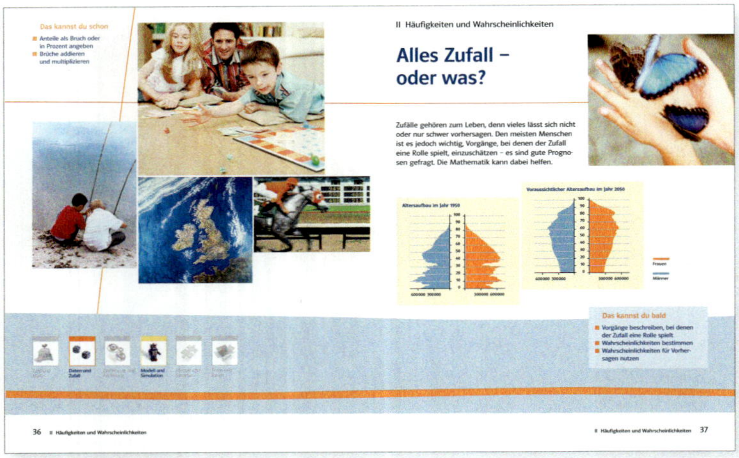

Das kannst du schon
- Anteile als Bruch oder in Prozent angeben
- Brüche addieren und multiplizieren

II Häufigkeiten und Wahrscheinlichkeiten

Alles Zufall – oder was?

Zufälle gehören zum Leben, denn vieles lässt sich nicht oder nur schwer vorhersagen. Den meisten Menschen ist es jedoch wichtig, Vorgänge, bei denen der Zufall eine Rolle spielt, einzuschätzen – es sind gute Prognosen gefragt. Die Mathematik kann dabei helfen.

Altersaufbau im Jahr 1950

Voraussichtlicher Altersaufbau im Jahr 2050

Frauen

Männer

Daten und Zufall

Modell und Simulation

Das kannst du bald
- Vorgänge beschreiben, bei denen der Zufall eine Rolle spielt
- Wahrscheinlichkeiten bestimmen
- Wahrscheinlichkeiten für Vorhersagen nutzen

36 II Häufigkeiten und Wahrscheinlichkeiten

II Häufigkeiten und Wahrscheinlichkeiten 37

In den Kapiteln geht es darum, neue Inhalte kennen zu lernen, zu verstehen, zu üben und zu vertiefen.
Sie beginnen mit einer **Auftaktseite**, auf der ihr entdecken und lesen könnt, was euch in dem Kapitel erwartet.

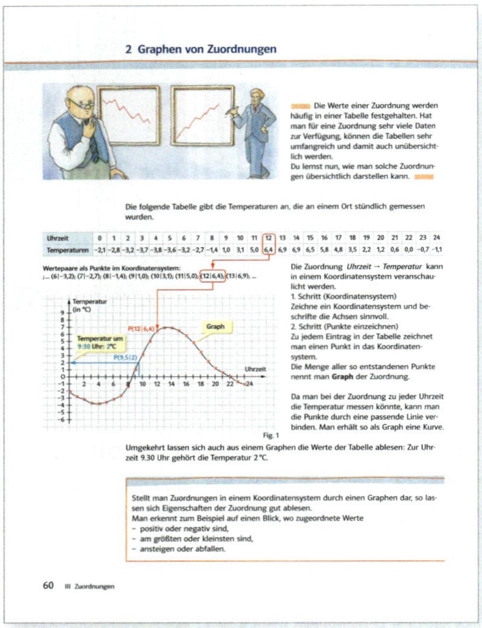

2 Graphen von Zuordnungen

Die Werte einer Zuordnung werden häufig in einer Tabelle festgehalten. Hat man für eine Zuordnung sehr viele Daten zur Verfügung, können die Tabellen sehr umfangreich und damit auch unübersichtlich werden.
Du lernst nun, wie man solche Zuordnungen übersichtlich darstellen kann.

Die folgende Tabelle gibt die Temperaturen an, die an einem Ort stündlich gemessen wurden.

Uhrzeit	0	1	2	3	4	5	6	7	8	9	10	11	12	13	14	15	16	17	18	19	20	21	22	23	24
Temperaturen	−2,1	−2,8	−3,2	−3,7	−3,8	−3,6	−3,2	−2,7	−1,4	1,0	3,1	5,0	6,4	6,9	6,9	6,5	5,8	4,8	3,5	2,2	1,2	0,6	0,0	−0,7	−1,1

Wertepaare als Punkte im Koordinatensystem:
;... (6|−3,2); (7|−2,7); (8|−1,4); (9|1,0); (10|3,1); (11|5,0); (12|6,4); (13|6,9); ...

Temperatur (in °C)

P(12|6,4)

Graph

Temperatur um 9:30 Uhr: 2°C

P(9,5|2)

Uhrzeit

Fig. 1

Die Zuordnung *Uhrzeit → Temperatur* kann in einem Koordinatensystem veranschaulicht werden.
1. Schritt (Koordinatensystem)
Zeichne ein Koordinatensystem und beschrifte die Achsen sinnvoll.
2. Schritt (Punkte einzeichnen)
Zu jedem Eintrag in der Tabelle zeichnet man einen Punkt in das Koordinatensystem.
Die Menge aller so entstandenen Punkte nennt man **Graph** der Zuordnung.

Da man bei der Zuordnung zu jeder Uhrzeit die Temperatur messen könnte, kann man die Punkte durch eine passende Linie verbinden. Man erhält so als Graph eine Kurve.

Umgekehrt lassen sich auch aus einem Graphen die Werte der Tabelle ablesen: Zur Uhrzeit 9.30 Uhr gehört die Temperatur 2 °C.

Stellt man Zuordnungen in einem Koordinatensystem durch einen Graphen dar, so lassen sich Eigenschaften der Zuordnung gut ablesen.
Man erkennt zum Beispiel auf einen Blick, wo zugeordnete Werte
- positiv oder negativ sind,
- am größten oder kleinsten sind,
- ansteigen oder abfallen.

60 III Zuordnungen

Die Kapitel sind in **Lerneinheiten** unterteilt, die euch immer einen mathematischen Schritt voranbringen. Zum **Einstieg** findet ihr stets eine Anregung oder eine Frage zu dem Thema. Ihr könnt euch dazu alleine Gedanken machen, es in der Gruppe besprechen oder mit der ganzen Klasse gemeinsam mit eurer Lehrerin oder eurem Lehrer diskutieren.

Im **Merkkasten** findet ihr die wichtigsten Inhalte der Lerneinheit zusammengefasst. Ihr solltet ihn deshalb sehr aufmerksam lesen.

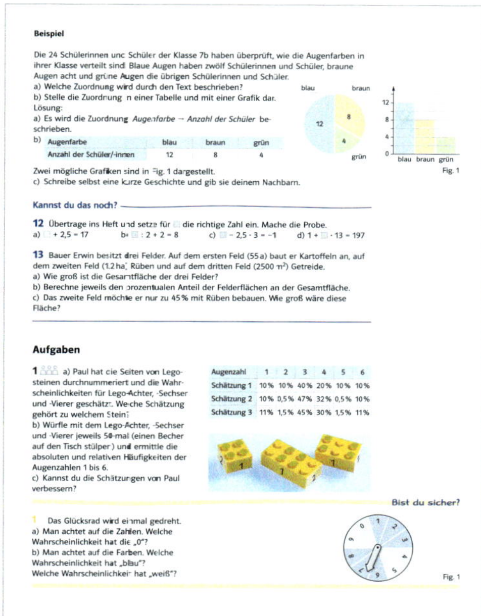

Beispiel

Die 24 Schülerinnen und Schüler der Klasse 7b haben überprüft, wie die Augenfarben in ihrer Klasse verteilt sind. Blaue Augen haben zwölf Schülerinnen und Schüler, braune Augen acht und grüne Augen die übrigen Schülerinnen und Schüler.
a) Welche Zuordnung wird durch den Text beschrieben?
b) Stelle die Zuordnung in einer Tabelle und mit einer Grafik dar.
Lösung:
a) Es wird die Zuordnung *Augenfarbe → Anzahl der Schüler* beschrieben.
b)

Augenfarbe	blau	braun	grün
Anzahl der Schüler/-innen	12	8	4

Fig. 1

Zwei mögliche Grafiken sind in Fig. 1 dargestellt.
c) Schreibe selbst eine kurze Geschichte und gib sie deinem Nachbarn.

Kannst du das noch?

12 Übertrage ins Heft und setze für ☐ die richtige Zahl ein. Mache die Probe.
a) ☐ + 2,5 = 17 b) ☐ : 2 + 2 = 8 c) ☐ − 2,5 · 3 = −1 d) 1 + ☐ · 13 = 197

13 Bauer Erwin besitzt drei Felder. Auf dem ersten Feld (55 a) baut er Kartoffeln an, auf dem zweiten Feld (1,2 ha) Rüben und auf dem dritten Feld (2500 m^2) Getreide.
a) Wie groß ist die Gesamtfläche der drei Felder?
b) Berechne jeweils den prozentualen Anteil der Felderflächen an der Gesamtfläche.
c) Das zweite Feld möchte er nur zu 45 % mit Rüben bebauen. Wie groß wäre diese Fläche?

Aufgaben

1 a) Paul hat die Seiten von Legosteinen durchnummeriert und die Wahrscheinlichkeiten für Lego-Achter, -Sechser und -Vierer geschätzt. Welche Schätzung gehört zu welchem Stein?
b) Würfle mit dem Lego-Achter, -Sechser und -Vierer jeweils 50-mal (einen Becher auf den Tisch stülpen) und ermittle die absoluten und relativen Häufigkeiten der Augenzahlen 1 bis 6.
c) Kannst du die Schätzungen von Paul verbessern?

Augenzahl	1	2	3	4	5	6
Schätzung 1	10 %	10 %	40 %	20 %	10 %	10 %
Schätzung 2	10 %	0,5 %	47 %	32 %	0,5 %	10 %
Schätzung 3	11 %	1,5 %	45 %	30 %	1,5 %	11 %

Bist du sicher?

1 Das Glücksrad wird einmal gedreht.
a) Man achtet auf die Zahlen. Welche Wahrscheinlichkeit hat die „0"?
b) Man achtet auf die Farben. Welche Wahrscheinlichkeit hat „blau"? Welche Wahrscheinlichkeit hat „weiß"?

Fig. 1

Vor den Aufgaben findet ihr **Beispiel**aufgaben. Sie führen euch vor, wie ihr die nachfolgenden Aufgaben lösen sollt. Hilfreiche Hinweise sind in kursiver Schrift ergänzt.

Mit den **Kannst-du-das-noch?**-Aufgaben könnt ihr altes Wissen wiederholen. Oft bereiten diese Aufgaben euch auf das nächste Kapitel vor.

Immer wieder gibt es Aufgaben, die mit 👥 oder 👥👤 gekennzeichnet sind. Hier bietet es sich besonders an, mit einem Partner oder einer Gruppe zu arbeiten.

In dem Aufgabenblock **Bist du sicher?** könnt ihr alleine testen, ob ihr die grundlegenden Aufgaben zu dem neu gelernten Stoff lösen könnt. Die Lösungen dazu findet ihr hinten im Buch.

Wiederholen – Vertiefen – Vernetzen

Auf den Seiten **Wiederholen – Vertiefen – Vernetzen** findet ihr Aufgaben, die den Lernstoff verschiedener Lerneinheiten und manchmal auch der Kapitel miteinander verbinden.

Rückblick

Training Runde 1

Am Ende des Kapitels findet ihr jeweils zwei Seiten, die euch helfen, das Gelernte abzusichern. Auf den **Rückblick**seiten sind die wichtigsten Inhalte des Kapitels zusammengefasst. Und in den **Trainingsrunden** könnt ihr noch einmal üben, was ihr im Kapitel gelernt habt. Sie eignen sich auch gut als Vorbereitung für Klassenarbeiten. Die Lösungen dazu findet ihr auf den hinteren Seiten des Buches.

Exkursion *Horizonte*

Exkursion *Entdeckungen*

Exkursion *Geschichten*

Besonders viel Spaß wünschen wir euch bei den **Exkursionen**: Horizonte, Entdeckungen, Geschichten am Ende der Kapitel. Auf den **Horizonte**-Seiten könnt ihr beispielsweise erfahren, wie die Prozentrechnung in das Leben der Menschen kam – und wie man in der Tierwelt mit Prozenten sinnvolle Vergleiche anstellen kann. Interessante **Entdeckungen** könnt ihr machen beim Bau von Sonnenuhren, bei einem Würfelspiel, das fast nicht verloren werden kann, und bei überraschenden Zahlenzaubereien. Schöne **Geschichten** gibt es über Zufälle, Sport und Beziehungen.
Sie zeigen euch, wie sich Mathematik und Alltag in natürlicher Weise verbinden.

Ihr könnt euch also auf euer Mathematikbuch verlassen. Es gibt euch viele Hilfestellungen für den Unterricht und die Klassenarbeiten und vor allem möchte es euch zeigen: Mathematik ist sinnvoll und kann Freude machen.

Wir wünschen euch viel Erfolg!
Das Autorenteam und der Verlag

Das kannst du schon

- Anteile mithilfe von Brüchen angeben
- Bruchteile von Größe bestimmen
- Zahlen in Bruchdarstellung und in Dezimaldarstellung vergleichen

Alfred Nobel – er hat das Dynamit erfunden – stiftete die Nobelpreise. Zur Finanzierung der Preisgelder werden die Zinsen aus seinem Vermögen verwendet. Im Jahr 2003 wurden 10 Millionen schwedische Kronen, das sind 1,1 Millionen Euro, an die Preisträger und Preisträgerinnen verteilt.

Berühmte Nobelpreisträger/innen

Marie Curie, 1903 (Physik)

Nelson Mandela, 1993 (Frieden)

Albert Einstein, 1921 (Physik)

Christiane Nüsslein-Volhard, 1995 (Medizin)

Zahl und Maß | Daten und Zufall | Beziehung und Änderung | **Modell und Simulation** | Muster und Struktur | Form und Raum

Fifty-fifty? Hundertpro! Prozente, Prozente, Prozente

Luft holen
Bei jedem Atemzug werden 80 bis 90 Prozent der Luft in der Lunge von Walen erneuert – im Vergleich zu 10 bis 20 Prozent bei den meisten Landsäugetieren.

Das kannst du bald

- Mit Prozenten rechnen und Prozentangaben grafisch darstellen
- Grundaufgaben der Prozentrechnung lösen
- Zinsen berechnen
- Viele Aufgaben aus der Praxis lösen

1 Prozente – Vergleiche werden einfacher

In Klasse 6 hast du gelernt, wie man mit Brüchen rechnet. Um Brüche zu vergleichen, hast du sie häufig so erweitert, dass du gleiche Nenner erhalten hast.
Beim Rechnen mit Prozenten machst du es genauso. Du erweiterst jetzt aber immer auf den Nenner 100.
Du meinst, das geht manchmal nicht? Eigentlich hast du Recht, aber lass dich überraschen, wie man das doch immer hinbekommen kann …

Fig. 1

Im Alltag findet man häufig Prozentangaben wie auf dem Rand. Dabei ist 15 % nur eine andere Schreibweise für $\frac{15}{100}$. Die Angabe „15 % billiger“ in der Werbung für die Stiefmütterchen bedeutet: Man spart $\frac{15}{100}$ vom normalen Preis. Eine Prozentangabe ist also dasselbe wie ein Bruch mit dem Nenner 100.

Der Ausdruck 15 % ist eine andere Schreibweise für $\frac{15}{100}$.
Allgemein: p % ist eine andere Schreibweise für $\frac{p}{100}$.

% – sprich Prozent – kommt von den lateinischen Wörtern pro (von, für) und centum (hundert).

Prozentangaben sind vorteilhaft, wenn man Anteile vergleicht, weil dann Brüche mit dem gleichen Nenner 100 verglichen werden. Man sieht z. B. sofort, dass 7% mehr sind als 5%, aber nicht, welcher der Brüche $\frac{3}{20}$ und $\frac{4}{25}$ größer ist. Diese Brüche können mithilfe von Prozentangaben verglichen werden, indem man sie auf den Nenner 100 bringt:

$\frac{3}{20} = \frac{15}{100} = 15\,\%$ und $\frac{4}{25} = \frac{16}{100} = 16\,\%$.

Also ist der Bruch $\frac{4}{25}$ größer als $\frac{3}{20}$, denn 16 % sind mehr als 15 %.

Wenn man einen Bruch nicht auf den Nenner 100 erweitern kann, dividiert man einfach den Zähler durch den Nenner, um auf eine Prozentangabe zu kommen.

Beispiel 1 Prozentschreibweise
Schreibe in Prozent. a) $\frac{2}{5}$ b) $\frac{13}{40}$ c) $\frac{2}{3}$
Lösung:
a) $\frac{2}{5} = \frac{40}{100} = 40\,\%$ b) $\frac{13}{40} = 13 : 40 = 0{,}325 = \frac{32{,}5}{100} = 32{,}5\,\%$ c) $\frac{2}{3} = 2 : 3 = 0{,}666\ldots \approx 66{,}7\,\%$

Beispiel 2 Prozentangaben in Brüche umwandeln
Stelle als Bruch dar und kürze so weit wie möglich. a) 35 % b) 2,8 %
Lösung:
a) $35\,\% = \frac{35}{100} = \frac{7}{20}$ b) $2{,}8\,\% = \frac{2{,}8}{100} = \frac{28}{1000} = \frac{7}{250}$

Beispiel 3 Vergleichen mit Prozentangaben
Anja und Tim üben Elfmeterschießen. Anja trifft bei 20 Schüssen 14-mal, Tim bei 25 Schüssen 17-mal. Gib die Trefferquote in Prozent an; vergleiche.
Lösung:
Anjas Trefferquote ist $\frac{14}{20} = \frac{70}{100} = 70\,\%$, Tims Trefferquote ist $\frac{17}{25} = \frac{68}{100} = 68\,\%$.
Anja hat die höhere Trefferquote.

Aufgaben

1 Gib in Prozent an. Rechne im Kopf.

a) $\frac{7}{100}$ b) $\frac{27}{100}$ c) $\frac{3}{50}$ d) $\frac{47}{50}$ e) $\frac{1}{20}$ f) $\frac{4}{25}$

g) $\frac{3}{12}$ h) $\frac{3}{5}$ i) $\frac{21}{30}$ j) $\frac{50}{1000}$ k) $\frac{5}{1000}$ l) $\frac{3}{8}$

Das zu merken, ist oft nützlich:

- $\frac{1}{2} = 50\,\%$
- $\frac{1}{3} = 33\frac{1}{3}\,\%$
- $\frac{1}{4} = 25\,\%$
- $\frac{1}{5} = 20\,\%$
- $\frac{1}{8} = 12{,}5\,\%$
- $\frac{1}{10} = 10\,\%$
- $\frac{1}{1} = 100\,\%$
- $\frac{2}{1} = 200\,\%$

2 Gib als Bruchzahl und als Dezimalzahl an. Rechne im Kopf und kürze, wenn möglich.

a) 23 % b) 10 % c) 75 % d) 99 % e) 60 % f) 72 %

g) 11 % h) 70 % i) 120 % j) 0,5 % k) 300 % l) 7,2 %

3 Am Rand siehst du sieben Figuren, die teilweise gefärbt sind. Wie groß ist jeweils der Anteil der farbigen Fläche an der Gesamtfläche in Prozent?
Ordne die Anteile der Größe nach. Die Reihenfolge der Buchstaben sagt dir, ob deine Lösung richtig ist.

4 Gib in Prozentschreibweise an. Runde auf eine Dezimalstelle.

a) $\frac{9}{40}$ b) $\frac{45}{60}$ c) $\frac{3}{500}$ d) $\frac{475}{2000}$ e) $\frac{1}{6}$ f) $\frac{7}{9}$

g) $\frac{1}{30}$ h) $\frac{3}{7}$ i) $\frac{42}{30}$ j) $\frac{2}{3}$ k) 0,333 l) $1\frac{1}{5}$

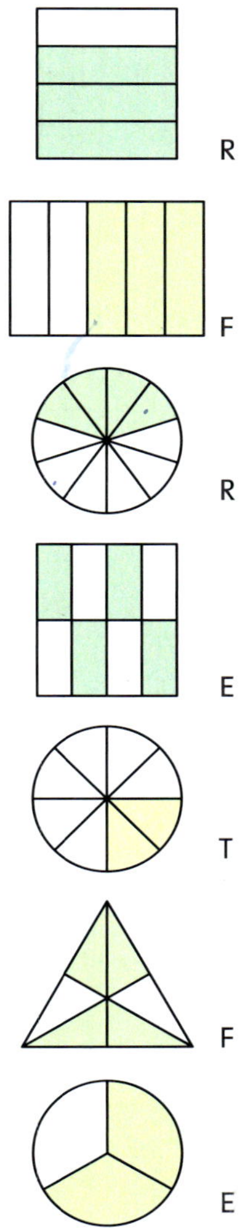

Fig. 1

5 Schreibe die Sätze mit Prozentangaben.

a) Zehn von hundert Baden-Württembergern sind zwischen 6 und 15 Jahren alt.
b) Von 100 Bergunfällen sind 50 Lawinenunglücke.
c) Ein Meisterschütze trifft bei zehn Schüssen neunmal ins Schwarze.
d) Von den rund 10 000 Eisbergen, die jährlich von Westgrönland ausgehen, driften 375 in den Nordatlantik und gefährden dort die Schifffahrt.

6 Welche Zahl ist größer?

a) 5 %; 8 % b) 20 %; $\frac{1}{4}$ c) 0,65; $\frac{5}{6}$ d) $\frac{4}{5}$; $\frac{7}{11}$ e) 5,6 %; 5,6 f) $\frac{9}{11}$; 99 %

7 Sven wirft 30-mal auf einen Basketballkorb und trifft 19-mal, Svenja wirft 20-mal und trifft 12-mal. Wer hat die höhere Trefferquote?

8 Eine 100-g-Tafel Schokolade enthält 23 g Mandeln, ein 30-g-Knusperriegel enthält 7 g Mandeln. Bei welcher Süßigkeit ist der Anteil der Mandeln größer?

9 Das Einstein-Gymnasium besuchen 90 Schülerinnen und Schüler der Klassenstufe sieben in drei Klassen, davon sind 30 in der 7a und 32 in der 7b. Bei der Klassensprecherwahl in der 7a wurde Tanja mit 16 Stimmen, in der 7b wurde David mit 17 Stimmen, und in der 7c wurde Steffi mit 15 Stimmen gewählt.
Wer hatte den größten Stimmenanteil?

10 Erfinde zu den Angaben eine Aufgabe. Löse sie erst selbst und stelle sie dann deiner Nachbarin oder deinem Nachbarn. Habt ihr dieselben Ergebnisse?
Deutschland hat etwa 82 Millionen Einwohner, davon sind rund sieben Millionen Ausländer. Baden-Württemberg hat 10,6 Millionen Einwohner, davon sind 1,3 Millionen Ausländer. Von den etwa 53 Millionen Kraftfahrzeugen in Deutschland sind etwa sieben Millionen in Baden-Württemberg zugelassen.

2 Prozentsatz – Prozentwert – Grundwert

Du weißt jetzt, was Prozentangaben bedeuten und kannst damit Anteile angeben und vergleichen.
Wenn du weitere Fragestellungen mit Prozenten bearbeiten willst, ist es nützlich, dabei geeignete Bezeichnungen zu verwenden.

Eine Schule wird von 640 Schülerinnen und Schülern besucht, davon sind 128 Auswärtige. Der Anteil der Auswärtigen an der gesamten Schülerzahl wird in gewohnter Weise berechnet und in Prozent umgewandelt:

$\frac{128}{640} = 128:640 = 0{,}2 = 20\,\%$.

Bei dieser Berechnung nennt man
- den Zähler des Bruches **Prozentwert**,
- den Nenner des Bruches **Grundwert** und
- das Ergebnis der Rechnung **Prozentsatz**.

Wie viel vom Grundwert?

Der Zusammenhang zwischen Prozentwert, Grundwert und Prozentsatz wird beschrieben durch die Formel

Prozentwert / Grundwert $\frac{W}{G} = p\,\%$ Prozentsatz

Beispiel 1 Prozentsatz bestimmen
Eine weltweite Schätzung der erwachsenen Analphabeten ergab eine Gesamtzahl von 905 Millionen. Davon sind 587 Millionen Frauen.
Wie groß ist der Prozentsatz der erwachsenen weiblichen Analphabeten nach dieser Schätzung?

Bei Prozentangaben ist es oft wichtig, zunächst den Grundwert zu erkennen. Denn der Grundwert ist jeweils die Angabe, auf die man sich bei Vergleichen bezieht.

Lösung:
Gegeben: G = 905 Millionen Menschen; W = 587 Millionen Frauen
Gesucht: p %

$p\,\% = \frac{W}{G} = \frac{587}{905} = 587:905 \approx 65\,\%$.

Der Prozentsatz der weiblichen Analphabeten unter den erwachsenen Analphabeten beträgt etwa 65 Prozent.

Beispiel 2 Ein Prozentsatz – verschiedene Prozentwerte und Grundwerte
Gib zu der Werbung „Ausverkauf – unsere Schuhe kosten nur noch 60 % des alten Preises" je zwei mögliche Prozentwerte und zugehörige Grundwerte an. Schreibe dazu Antwortsätze auf.
Lösung:
W = 60 €, G = 100 €. Die Schuhe kosten jetzt 60 € statt früher 100 €.
W = 48 €, G = 80 €. Der alte Preis der Schuhe war 80 €, der neue ist 48 €.
Denn: $\frac{48}{80} = \frac{60}{100} = 60\,\%$.

Beispiel 3 Vergleichen
Das Lise-Meitner-Gymnasium (LMG) wird von 720 Kindern und Jugendlichen besucht, davon sind 380 Mädchen. Das Willy-Brandt-Gymnasium (WBG) besuchen 295 Mädchen und 265 Jungen.
Bei welcher Schule ist der Mädchenanteil größer?
Lösung:
LMG: G = 720; W = 380; also $p\,\% = \frac{380}{720} = 380 : 720 \approx 52{,}8\,\%$.
WBG: G = 295 + 265 = 560; W = 295; also $p\,\% = \frac{295}{560} = 295 : 560 \approx 52{,}7\,\%$.
Im LMG ist der Mädchenanteil etwas größer als im WBG.

Wie groß ist der Mädchenanteil an einer Mädchenschule?

Aufgaben

1 Berechne den Prozentsatz im Kopf.

	a)	b)	c)	d)	e)	f)	g)	h)	i)	j)
W	5	5	1	7	11	30	30	13	30	90
G	10	20	5	35	11	40	300	50	20	1000

2 Berechne den Prozentsatz.
a) W = 19 und G = 120
b) W = 1,5 und G = 2,5
c) W = 0,31 und G = 3,2
d) W = 57 und G = 60
e) W = 60 und G = 57
f) W ist halb so groß wie G
g) W = 80 und G ist um 8 größer als W.
h) W = G

3 Wie viel Prozent sind
a) 1 von 5; 10; 100; 20
b) 4 von 10; 20; 50; 200
c) 6 von 35; 200; 9,1; 5
d) 14 von 45; 90; 110; 12,5
e) 1,5 von 10; 15; 55; 2,5
f) 0,2 von 200; 2,2; 19,4; 5

4 Wie viel Prozent der Gummibärchen auf dieser Seite
a) sind jeweils grün, rot, gelb oder blau
b) sind nach rechts geneigt?

5 Um wie viel Prozent ist die obere Zahl größer als die untere Zahl? Um wie viel Prozent ist die untere Zahl kleiner als die obere Zahl?

a)	b)	c)	d)	e)	f)	g)	h)	i)	j)
15	6	7	12	1,1	50	30	1,3	1400	8
10	5	4	7	1	33	29,9	1,25	500	10

6 Gib zu dem Prozentsatz mögliche Werte für Prozentwert und Grundwert an.
a) Daniel erhält eine Taschengelderhöhung von 20 Prozent.
b) Im Schlussverkauf werden Jeans um 40 Prozent reduziert angeboten.
c) Eine Spielshow im Fernsehen hatte am Samstag eine Einschaltquote von 12 Prozent.

7 a) Noemi bekommt 8 € Taschengeld und gibt davon 2,50 € für Comics aus. Robert gibt für Comics 1,90 € aus und hat dann noch 4,10 € von seinem Taschengeld übrig. Bei wem ist der Prozentsatz des für Comics ausgegebenen Geldes höher?
b) Anna hat auf einer Seite im Deutschbuch 2820 Buchstaben gezählt. Der Buchstabe „a" kam 185-mal vor, der Bruchstabe „n" 275-mal.
Nena zählte auf einer anderen Seite 280-mal „n", 488-mal „e", 188-mal „a" und 1894 andere Buchstaben. Vergleiche.

8 Auf einer Internetseite fand sich folgende Angabe:
Mindestens 16 Millionen Bundesbürger sind Linkshänder, das sind 20 bis 30 Prozent der Deutschen.
a) Was ist bei dieser Angabe bekannt – Prozentwert, Grundwert oder Prozentsatz?
b) Überprüfe die Prozentangabe, falls man von 80 Millionen Bundesbürgern ausgeht.
c) Trifft die Prozentangabe auch in deiner Klasse zu?

9 Was sind Prozentsatz, Prozentwert und Grundwert bei folgenden Angaben?

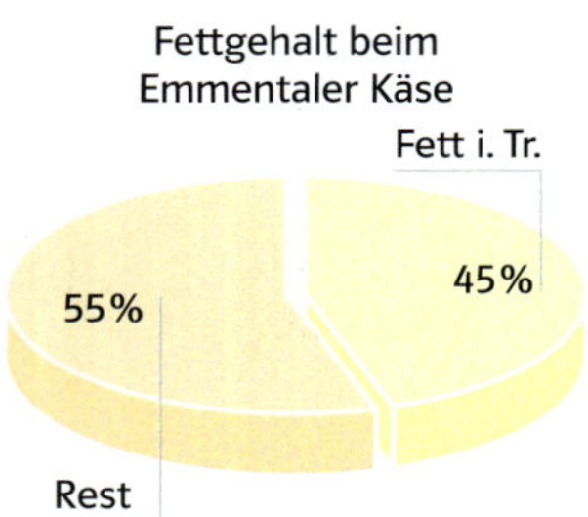

Fig. 1

Fig. 2

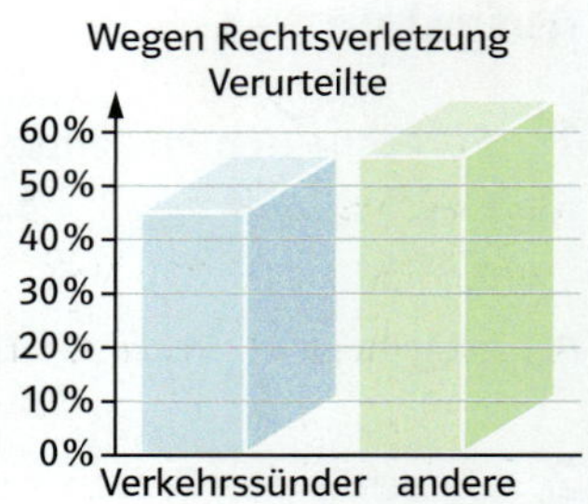

Fig. 3

10 Karin kauft Reitstiefel für die Hälfte des alten Preises.
a) Wie viel Prozent spart sie?
b) Um wie viel Prozent des neuen Preises liegt der alte Preis höher?

11 In dem Zeitungsartikel kommen viele Zahlenangaben vor.
a) Welche davon sind Prozentsatz, Prozentwert, Grundwert?
b) In dem Bericht ist ein Fehler! Findest du ihn?
c) Schreibe selbst einen Bericht mit Prozentangaben und „baue einen Fehler" ein. Findet dein Nachbar diesen?

12 Formuliere eine Aufgabe zu den Angaben und stelle sie deinem Nachbarn. Gib an, welche der Größen Prozentwert, Prozentsatz bzw. Grundwert bei der Aufgabe gegeben (gesucht) sind.
a) Bei der Bundestagswahl 2002 wurden insgesamt 48 582 761 Erststimmen abgegeben, davon waren 741 037 ungültig.
b) Der Anteil der Internet-Nutzer an der Gesamtbevölkerung hat sich im vergangenen halben Jahr stabilisiert und liegt auch im dritten Quartal 2002 bei 47 Prozent aller befragten 3 880 Deutschen ab 18 Jahren.

Berliner Betriebe haben bei der „Nachvermittlungsbörse 2002" mehr als 370 zusätzliche Ausbildungsplätze bereitgestellt, davon über 300 im Bereich der IHK und 64 im Bereich der Handwerkskammer. Es wurden alle Jugendlichen, die nach den Unterlagen der Arbeitsämter bis zum 30. September noch keinen Ausbildungsplatz gefunden hatten, schriftlich eingeladen. Insgesamt 2 270 Jugendliche waren persönlich eingeladen worden. Davon erschienen 878 (43 %).

Fig. 4

3 Grundaufgaben der Prozentrechnung

Bei der Erklärung des Begriffes „Prozentsatz" hast du auch gelernt, wie du den Prozentsatz berechnen kannst, wenn du Prozentwert und Grundwert kennst.
Du lernst jetzt
- aus Grundwert und Prozentsatz den Prozentwert zu berechnen,
- aus Prozentwert und Prozentsatz den Grundwert zu berechnen.

Gegeben: Grundwert und Prozentsatz
Gesucht: Prozentwert

Aufgaben dieser Art sind bereits aus der Bruchrechnung bekannt.
Will man z. B. 20 % von 300 berechnen, so entspricht das der Bruchrechenaufgabe „Berechne $\frac{20}{100}$ von 300".

Man rechnet daher:
$\frac{20}{100} \cdot 300 = 0{,}2 \cdot 300 = 60.$
Also ergeben 20 % von 300 den Prozentwert 60.

Gegeben: Prozentwert und Prozentsatz
Gesucht: Grundwert

Gegeben sei der Prozentsatz 34 % und der Prozentwert 255. Man kann auch sagen: Dem Prozentsatz 34 % entspricht der Wert 255. Da dem Prozentsatz 100 % der gesuchte Grundwert entspricht, kann man den Grundwert mit einem Dreisatz bestimmen:

34 % entsprechen	255.
1 % entspricht	$255 : 34 = 7{,}5.$
100 % entsprechen	$7{,}5 \cdot 100 = 750.$

Kurz: $255 : 34 \cdot 100 = 750.$
Also beträgt der Grundwert 750.

Wenn der Prozentsatz p % und der Grundwert G gegeben sind, berechnet man den Prozentwert, indem man p durch 100 dividiert und mit G multipliziert.

Wenn der Prozentsatz p % und der Prozentwert W gegeben sind, berechnet man den Grundwert, indem man W durch p dividiert und das Ergebnis mit 100 multipliziert.

Beispiel 1 Prozentwert bestimmen
Baden-Württemberg hat 10,6 Millionen Einwohner. Wie viele davon haben ein Alter von sechs bis unter 15 Jahren?
Lösung:
Gegeben: G = 10,6 Millionen; p % = 10,2 % (aus dem Diagramm)
Gesucht: W
10,2 % von 10,6 sind $0{,}102 \cdot 10{,}6 \approx 1{,}08.$
Etwa 1,08 Millionen Einwohner Baden-Württembergs haben ein Alter von sechs bis unter 15 Jahren.

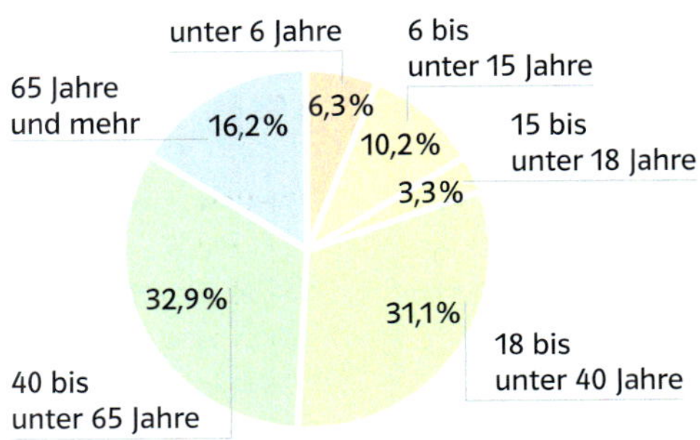

Fig. 1

Beispiel 2 Grundwert bestimmen

Auf der Rechnung für ein Fernsehgerät (Fig. 1) ist nur der Endpreis mit Mehrwertsteuer (MwSt.) angegeben. Wie teuer ist das Fernsehgerät ohne Mehrwertsteuer?

Lösung:

Der Grundwert ist der Preis ohne Mehrwertsteuer (100 %). Der Endpreis ist der Preis ohne Steuer (100 %) plus Mehrwertsteuer (16 %). Also entspricht dem Endpreis der Prozentsatz 116 %.

Gegeben: W = 243,60 €; p % = 100 % + 16 % = 116 %

Gesucht: G

116 % entsprechen 243,60 €.

1 % entspricht 243,60 € : 116 = 2,10 €.

100 % entsprechen 2,10 € · 100 = 210 €; kurz: G = (243,60 € : 116) · 100 = 210 €.

Der Fernseher kostet ohne Mehrwertsteuer 210 €.

FIRMA STROMER & CO.
13.07.2004
RECHNUNG
Fernseher
Preis incl. 16 % MwSt.
243,60 €
Wir danken Ihnen für den Auftrag ...

Fig. 1

Aufgaben

1 Berechne.

a) 14 % von 72 b) 9 % von 700 c) 1,5 % von 2345 d) 16 % von 450 €
e) 99 % von 620 € f) 0,15 % von 400 kg g) 0,4 % von 18 ha h) 110 % von 2 dm^3

Den Prozentwert kann man auch mit dem Dreisatz berechnen:
8 % von 700?
100 % von 700 sind 700,
1 % von 700 ist 7,
8 % von 700 sind 56.

2 Übertrage die Tabellen in dein Heft und vervollständige sie.

a)

	800	92	3,5	7100
5 %	40	4,6	0,175	355
9 %	72	8,28	0,315	639
15 %	120	138	0,525	1065
45 %	360	41,4	1,575	3195

b)

	20	70	0,8	13
7 %	1,4	4,9	0,056	0,91
0,7 %	0,14	0,49	0,0056	0,091
14 %	2,8	9,8	0,112	1,82
77 %	15,4	53,9	0,616	10,01

3 a) Welche Zahl ist um 6 % größer als 100; 200; 500; 10 000?
b) Welche Zahl ist um 85 % kleiner als 100; 200; 500; 10 000?

4 Berechne den Grundwert.

	a)	b)	c)	d)	e)	f)	g)	h)	i)	j)
p %	50 %	25 %	10 %	5 %	1 %	5,3 %	1,5 %	5 %	1,2 %	125 %
W	100	40	33	5	22	44	123	1,75	12	120

5 Übertrage die Tabelle in dein Heft und vervollständige sie.

	a)	b)	c)	d)	e)	f)	g)	h)	i)	j)
p %	5 %	0,088	20 %	0,25	1,7 %	1,7 %	22 %	22 %	116 %	116 %
W	10	44	300	1,7	6,8	0,1156	220	1000	522	522
G	200	500	1500	6,8	400	6,8	1000	4545	450	450

So geht's manchmal einfacher:
p % = 25 % und W = 40 heißt
25 % entsprechen 40.
Da 4 · 25 % = 100 %, gilt:
100 % entsprechen 160.

6 a) Ein Händler erhöht den Einkaufspreis einer Ware um 20 %. Die Ware kostet dann 150 €. Wie groß ist der Einkaufspreis?
b) Der Preis einer Ware wird um 20 % gesenkt. Die Ware kostet dann 150 €. Wie teuer war sie vor der Preissenkung?

Bist du sicher?

1 a) Berechne 35% von 95. b) Wie viel Prozent sind 132 von 400?
c) 75 Prozent eines Geldbetrages sind 25€. Wie groß ist der Geldbetrag?

2 Im Ausverkauf kostet eine Uhr statt 145€ nur noch 99€. Wie viel Prozent spart man? Wie viel Prozent teurer ist eine Uhr, deren Preis von 99€ auf 145€ erhöht wird?

3 Ein Bauteil kostet mit 16% Mehrwertsteuer 37,12€. Wie viel kostet es ohne MwSt.?

Ergebnisse (vermischt und ohne Einheiten!)
31,72 33,33
33,25 32,00
33,00 46,47

7 Von 1971 bis 2001 stieg die Schülerzahl an Gymnasien in Baden-Württemberg um etwa 38,5% auf rund 300 000. Wie viele Gymnasiasten gab es 1971 etwa?

8 Silkes Eltern ärgern sich, weil die Miete um 18% erhöht worden ist. Jetzt müssen sie monatlich 802,40€ bezahlen. Wie viel Euro beträgt die Mieterhöhung?

9 Eine Kaufhauskette wirbt mit Preisnachlässen.
a) Wie viel Prozent beträgt der neue Preis vom alten Preis?
b) Lisa meint: „Bei dem Angebot mit dem alten Preis 1,22€ spart man am meisten!" Was meinst du dazu?

Fig. 1

10 a) Wie viel Gramm Cappuccino-Pulver bekam man früher bei einer Dose Capri?
b) Wie viel Gramm bekommt man, wenn nochmals 20 Prozent hinzukommen? Auf diese Frage kann man zwei Antworten geben – wieso?

Fig. 2

11 100 g ungekochte italienische Spaghetti enthalten 11,7 g Eiweiß, 73,7 g Kohlenhydrate und 1,4 g Fett. Werden die Spaghetti gekocht, so enthalten 100 Gramm Spaghetti 4,2 g Eiweiß, 25,5 g Kohlenhydrate und 0,5 g Fett.
a) Um wie viel Prozent verringern sich die Anteile der Nährwerte beim Kochen? Warum?
b) Sina und Tim essen zusammen eine Riesenportion Spaghetti. Dabei nehmen sie insgesamt 102 g Kohlenhydrate zu sich. Wie viel Gramm Spaghetti „verdrücken" die beiden?

12 **Schnelle Prozente – ein Spiel für zwei**
Zur Vorbereitung müsst ihr drei verschiedene Sorten Spielkarten basteln. Ihr braucht
- sechs Karten, bei denen eine Seite rot angemalt ist und auf der anderen Seite ein Prozentsatz steht (5%, 7%, 15%, 25%, 80%, 120%),
- zehn Karten, bei denen eine Seite blau ist und auf der anderen Seite Größen stehen (120 Euro, 47 Cent, 12,6 km, 223 cm, 5,6 dm, 576 g, 27 kg, 1,56 t, 48 min, 3 h 56 min),
- zwei Karten, bei denen eine Seite grün angemalt ist und auf der anderen Seite Prozentwert bzw. Grundwert steht.

Und so wird gespielt:
- Beide Spieler ziehen jeweils eine Karte von jeder Farbe.
- Dann rechnet jeder Spieler seine Aufgabe. Die grüne Karte zeigt an, wie die Angabe auf der blauen Karte zu verstehen ist.
- Wer zuerst fertig ist und richtig gerechnet hat, bekommt einen Punkt.
- Ist ein Spieler zuerst fertig und hat falsch gerechnet, so gibt es einen Punkt Abzug.
- Gewonnen hat der Spieler, der zuerst fünf Punkte gesammelt hat.

Beachte! Nicht alle Zahlenangaben lassen sich verwerten!

13 Stelle eine passende Frage und berechne – falls möglich – die fehlende der drei Größen Prozentsatz, Prozentwert und Grundwert.

a) Die deutsche Grenze ist insgesamt 3757 km lang, davon hat die Grenze mit Frankreich eine Länge von 448 km.

b) Die Ausgaben pro Schüler eines Gymnasiums betrugen in Deutschland (1999) durchschnittlich 5100 €. Die durchschnittlichen Ausgaben für alle Schüler betrugen 4200 €.

c) Im Schuljahr 2000/2001 waren in Baden-Württemberg 109 999 Lehrer beschäftigt, das sind etwa 13,88 % der Lehrer in Deutschland. Zum Vergleich: Der Bevölkerungsanteil von Baden-Württemberg an der deutschen Gesamtbevölkerung beträgt etwa 12,86 %.

d) Im Jahre 2001 lebten in Deutschland 82,44 Millionen Menschen, davon waren 40,27 Millionen männlich. Der Anteil ausländischer Bewohner liegt bei neun Prozent, davon sind etwas mehr als zwei Millionen Türken.

e) Die Erde ist etwa 150 Millionen km von der Sonne entfernt, der Abstand des Jupiter beträgt etwa 520 % des Erdabstandes.

14 Überprüfe, ob die in dem Zeitungsartikel genannten Prozentangaben auch für deine Klasse (Schule) zutreffen. Etwa ein Sechstel der Bundesbürger sind unter 15 Jahren alt.

> Eine Brille tragen nahezu zwei Drittel der Erwachsenen in Deutschland. In den vergangenen drei Jahren stieg der Anteil der Brillenträger an der erwachsenen Bevölkerung von 61 auf 63 Prozent, wie die vom Demoskopie-Institut Allensbach vorgestellte „Brillenstudie 2002" ergab. Das sind fast 40 Millionen Menschen ab 16 Jahren. Bei den Kindern unter 15 Jahren seien 1,6 Millionen Brillenträger.

Frankfurter Allgemeine Zeitung

15 Führt eine Umfrage durch. Zunächst müsst ihr euer Vorgehen planen. Möglich ist z. B., dass jede(r) von euch zehn Schüler eurer Schule fragt. Die Fragen müsst ihr euch vorher überlegen, z. B. zu Themen wie

Welcher Sänger – welche Sängerin ist am beliebtesten?

Wie werden die Ferien verbracht?

Welche Fernsehsendung wird am meisten angeschaut?

Wofür wird das Taschengeld ausgegeben?

Erstellt einen passenden Fragebogen, der nicht zu umfangreich ist. Eine Umfrage sollte für einen Befragten möglichst nicht länger als eine Minute dauern. Sammelt die Ergebnisse und stellt sie in einer Tabelle und in einem Kreisdiagramm mit Prozentangaben dar.

Kannst du das noch?

16 Lies im Koordinatensystem in Fig. 1 die Koordinaten der Punkte A bis E ab.

17 Welche Koordinaten hat der Spiegelpunkt, wenn du

a) Punkt A an der x-Achse spiegelst

b) Punkt B an der y-Achse spiegelst?

18 Zeichne in ein Koordinatensystem die Punkte U(4|1,5), V(1,5|4), W(−1,5|2), X(−2,5|1), Y(−1,5|−2,5) und Z(2|−1,5).

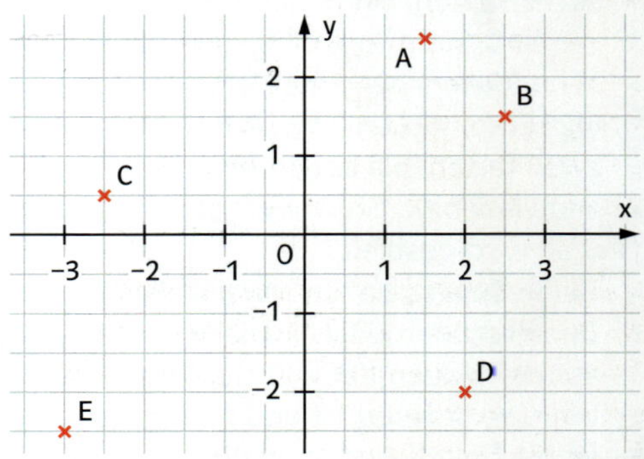

Fig. 1

Info

Kreisdiagramme

Prozentangaben kann man mit Kreisdiagrammen darstellen. Dies wird am Beispiel des Wasserverbrauchs der Bundesbürger (Fig. 1) erläutert.

Grundwert ist hier der „Vollwinkel“ 360°. Zu jeder Prozentangabe gehört ein Kreisausschnitt mit einem bestimmten Mittelpunktswinkel. Dieser Winkel wird z. B. für den Bereich „Baden und Duschen“ mit dem Prozentsatz 30 % bestimmt:

30 % von 360° sind

$\frac{30}{100} \cdot 360° = 0{,}3 \cdot 360° = 108°.$

Ebenso werden die anderen Winkel berechnet.

Man zeichnet einen Vollkreis mit einem Radius. An diesen Radius wird der Winkel 108° abgetragen. So entsteht der lindgrüne Bereich. An den neu entstandenen Radius wird der Winkel für den nächsten Ausschnitt angetragen usw.

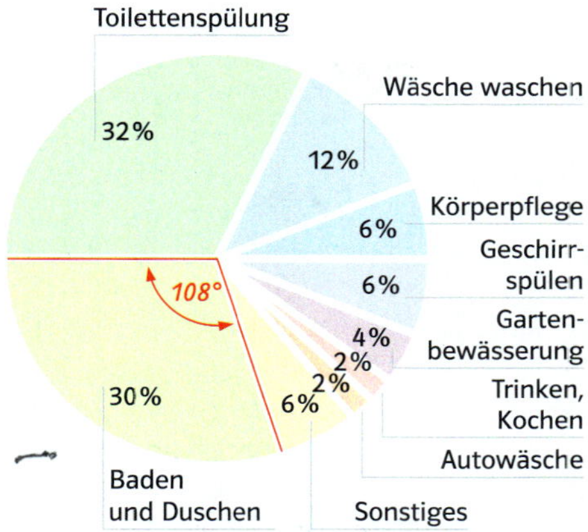

Fig. 1

19 Eine Sorte Tierfutter enthält 25 % Heu, 40 % Gerste, 20 % Gemüse und 15 % Mais.
a) Wie viel Gramm der einzelnen Sorten sind in einer $2\frac{1}{2}$-kg-Packung enthalten?
b) Stelle die Zusammensetzung in einem Kreisdiagramm dar.

20 Erstelle ein Kreisdiagramm mit Prozentangaben bei der SMV-Wahl (Fig 2).

Kandidat	Stimmen
Lisa	110
Kai	99
Sven	118
Anna	73

Fig. 2

21 Das Kreisdiagramm in Fig. 3 zeigt die Anteile der Zutaten in Katis Lieblingsmüsli.
a) Bestimme durch Ausmessen die Anteile in Prozent.
b) Kati bewahrt ihr Müsli in einem Glas auf, das noch 120 g Haselnüsse enthält. Wie viel Müsli ist in dem Glas?
c) Am liebsten mag Kati die Sonnenblumenkerne. Wie viel Gramm Sonnenblumenkerne sind in ihrem Glas enthalten?
d) Katis Bruder Leo mag Rosinen am liebsten. In einem unbewachten Augenblick stibitzt Leo alle Rosinen aus dem Glas. Wie verändern sich dadurch die Anteile? Ob sich Kati darüber freut?

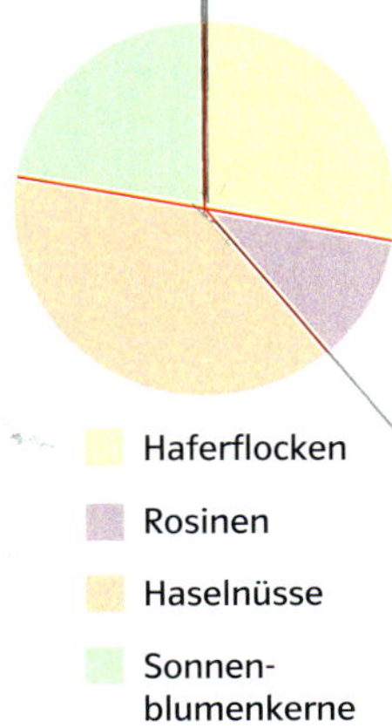

Fig. 3

22 **Zeitungen und Diagramme**
a) In Zeitungen und Zeitschriften sind viele Situationen durch Diagramme illustriert. Sammelt Diagramme und überlegt gemeinsam, warum die jeweiligen Darstellungsarten gewählt wurden.
b) Denkt Euch Situationen aus, bei denen sich die Darstellung mit einem Kreisdiagramm anbietet. Bei welchen Situationen bietet sich ein Säulen- oder Balkendiagramm an?

4 Zinsen

Du kannst schon mit Prozenten rechnen und verwendest dabei die Begriffe Prozentsatz, Prozentwert und Grundwert. Du lernst jetzt, dass die Leute bei Banken für diese Begriffe eigene „Vokabeln" verwenden. Sie rechnen damit jedoch, wie du es kennst.
Du siehst an der folgenden Geschichte mit Karlas Sparbuch, wie die „Banker" die Begriffe gebrauchen.

Wenn man Geld von der Bank leiht, muss man der Bank dafür Zinsen zahlen.

Karla hat seit Anfang des Jahres ein Sparkonto mit 400€ bei einer Bank. Die Bank gibt ihr dafür am Jahresende einen bestimmten Prozentsatz, z.B. 1,5% ihres Geldes. Sie erhält dann 1,5% von 400€, also 6€ von der Bank.
Ein Mitarbeiter bei der Bank sagt dazu: Karla hat bei uns ein **Guthaben** oder **Kapital** von 400€. Wir verzinsen ihr Geld mit einem **Zinssatz** von 1,5 Prozent. Sie bekommt daher am Jahresende **Zinsen** in Höhe von 1,5% von 400€, also 6€.

Vokabeln aus dem Bankwesen	
Begriff	Übersetzung
Zinssatz	Prozentsatz p%
Zinsen	Prozentwert W
Guthaben oder Kapital	Grundwert G
ein Monat	30 Tage
ein Jahr	360 Tage
Nur neue Namen – Wir können rechnen wie bisher!	

Fig. 1

Anlagezeit ist die Zeit, die das Geld auf dem Konto verbringt.

Die Bank rechnet für jeden Monat 30 Tage und für jedes Kalenderjahr 360 Tage.

In der Regel werden Zinsen für ein Kalenderjahr bezahlt, man spricht von **Jahreszinsen**. Oft befindet sich das angelegte Geld nur für einen Teil des Jahres auf dem Konto. Die Bank zahlt dann nur den Anteil der Jahreszinsen, welcher der Anlagezeit entspricht. Liegt etwa Karlas Guthaben von 400€ nur 200 Tage auf dem Konto, so beträgt dieser Anteil $\frac{200}{360}$ der 6€ Jahreszinsen. Sie erhält dann also folgende Zinsen:
$\frac{200}{360}$ von 6€, also $\frac{200}{360} \cdot 6€ = 3{,}33€$.

Wenn man für ein Kalenderjahr ein Guthaben G zu einem Zinssatz von p% bei der Bank anlegt, so erhält man dafür p% von G als Jahreszinsen.
Wenn man innerhalb eines Kalenderjahres ein Guthaben G zu einem Zinssatz von p% für t Tage bei der Bank anlegt, so erhält man dafür $\frac{t}{360}$ von den Jahreszinsen.

Beispiel 1 Zinssatz berechnen
Familie Huber erhält für 3500€ die Jahreszinsen 122,50€. Wie hoch ist der Zinssatz?
Lösung:
$G = 3\,500€$; $W = 122{,}50€$; also: $p\% = \frac{122{,}50€}{3500€} = 122{,}5 : 3\,500 = 0{,}035 = 3{,}5\%$.
Der Zinssatz beträgt 3,5%.

Beispiel 2 Jahreszinsen und unterjährige Zinsen

Jan hat auf seinem Sparbuch ein Guthaben von 600 €, das mit 2,5 % verzinst wird.
a) Wie viel Jahreszinsen bekommt er?
b) Welche Zinsen bekommt er in der Zeit vom 15. März bis zum 20. September?

Lösung:
a) Jahreszinsen: 2,5 % von 600 €, das sind $0{,}025 \cdot 600\,€ = 15\,€$.
b) Anlagezeit in Tagen: $t = 15 + 5 \cdot 30 + 20 = 185$.
Damit betragen die Zinsen: $\frac{185}{360} \cdot 15\,€ \approx 7{,}71\,€$.

Am Ende wird auf Cent gerundet.

Aufgaben

1 Berechne die fehlenden Angaben.

	a)	b)	c)	d)	e)	f)	g)
Guthaben in €	500	500		2400	7124		15,86
Zinssatz	3 %		5 %		1,5 %	3,5 %	2,75 %
Jahreszinsen €		20	200	60		170,31	

2 a) Bei welchem Zinssatz erhält man für 450 € Jahreszinsen in Höhe von 11,25 €?
b) Bei welchem Zinssatz erhöht sich ein Kapital in einem Jahr von 2100 € auf 2184 €?
c) Wie viel Jahreszinsen erbringt ein Guthaben von 246 € bei einem Zinssatz von 3,5 %? Wie viel Jahreszinsen erbringt das 10-fache Guthaben?
d) Welches Kapital erbringt bei einem Zinssatz von 3,5 % die Jahreszinsen 105 €?
e) Welches Kapital wächst durch die Jahreszinsen bei einem Zinssatz von 3,5 % auf 6210 €, welches auf 2587,50 €?

Das Guthaben entspricht 100 %, die Zinsen entsprechen 3,5 %. Ein Guthaben mit Zinsen entspricht also 103,5 %.

3 Berechne die Zinsen.

	a)	b)	c)	d)	e)	f)
Guthaben in €	1200	150	70 000	7000	7000	7700
Zinssatz	3 %	1,5 %	3,5 %	3,5 %	7 %	7 %
Tage	100	70	1	10	50	10

4 a) Bei welchem Zinssatz erbringen 600 € in 120 Tagen 8 € Zinsen?
b) Bei welchem Zinssatz erhöht sich ein Kapital in 180 Tagen von 2100 € auf 2142 €?

5 a) Berechne bei Kathrins Sparbuch die fehlenden Eintragungen für das Jahr 2005. Der Zinssatz beträgt 1,5 %.
b) Welches Guthaben hat Kathrin am Ende des Jahres 2006, wenn sie keine Aus- oder Einzahlungen vornimmt und der Zinssatz unverändert bleibt?
c) Wie ändern sich die Zinsen, wenn der Zinssatz ab dem 1. August 2005 auf 2 Prozent angehoben wird?

Sparkonto 12011995-1725 Kathrin Kleine

Datum	Einzahlung	Auszahlung	Guthaben
30.12.2004	300,00 €	0 €	300,00 €
30.06.2005	0 €	100,00 €	200,00 €
15.08.2005	200,00 €	0 €	400,00 €
20.12.2005	0 €	250,00 €	150,00 €
Zinsen 2005	?		?

5 Zinseszinsen

Du hast gelernt, wie eine Bank Zinsen berechnet, wenn sich dein Geld innerhalb eines Kalenderjahres auf der Bank befindet.
Wenn dein Geld mitsamt der Zinsen länger als ein Jahr bei der Bank bleibt, bekommst du auch von deinen Zinsen nochmals Zinsen.

Ohne Zinseszinsen würde das Guthaben nur 642 € betragen. Die 74 Cent sind die Zinsen der Zinsen von 2004.

Liegt ein Guthaben von 600 € vom 1.1.2004 bis zum 31.12.2005 bei der Bank, so ergeben sich für das Jahr 2004 bei einem Zinssatz von 3,5 % folgende Zinsen: 3,5 % von 600 €, also $0{,}035 \cdot 600\,€ = 21\,€$. Zusammen mit den Zinsen beträgt dann am 1.1.2005 das Guthaben 621 €. Für das Jahr 2005 erhält man daher bei demselben Zinssatz die Zinsen 3,5 % von 621 €, das sind 21,74 €. Somit beträgt am 31.12.2005 das Guthaben 642,74 €.

Wenn die Zinsen am Jahresende einem Guthaben hinzugefügt werden, erbringen die Zinsen im folgenden Jahr auch Zinsen – diese nennt man **Zinseszinsen**.

Man nennt den Faktor 1,035 auch Zinsfaktor.

Wenn man die Entwicklung eines Kapitals mit Zinseszinsen für mehrere Jahre bestimmen will, ist die obige Methode zu aufwändig. Man kann das Kapital für das nächste Jahr einfacher bestimmen. Da dem Anfangsguthaben 100 Prozent entsprechen und 3,5 % hinzukommen, beträgt das neue Guthaben 103,5 % vom Anfangsguthaben. Also beträgt das neue Guthaben im obigen Beispiel am 1.1.2005: 103,5 % von 600 €, also $1{,}035 \cdot 600\,€ = 621\,€$.

Beispiel 1 Anwachsen eines Kapitals über mehrere Jahre
Auf welchen Betrag wächst ein Kapital von 2500 € bei einem Zinssatz von 4,3 % in vier Jahren an?
Lösung:
Der Anfangsbetrag 2500 € wird fortlaufend mit dem Zinsfaktor 1,043 multipliziert.
Rechnung:
$2500 \cdot 1{,}043 \cdot 1{,}043 \cdot 1{,}043 \cdot 1{,}043 = 2958{,}538\ldots$
Nach vier Jahren beträgt das Kapital 2958,54 €.
Dabei ist zu beachten, dass die Bank das Ergebnis nach jedem Jahr rundet, so dass sich bei dieser Rechnung eine geringe Abweichung von 1 Cent ergibt.

Info

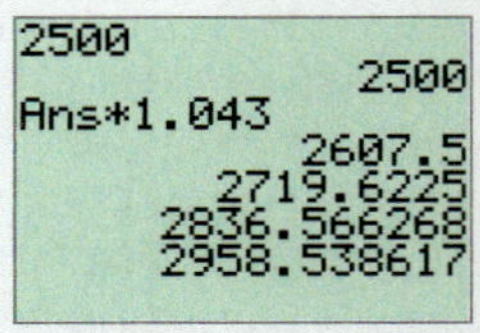

Tastenfolge für einen Taschenrechner:

2500 [ENTER]

[x] 1,043 [ENTER]

[ENTER] [ENTER] [ENTER]

Beispiel 2 Unterjährige Verzinsung mit Zinseszins
Ein Betrag von 500 € wird am 15. September 2005 auf ein Konto eingezahlt. Das Geld mit den entstandenen Zinsen wird am 20. März 2006 abgehoben. Wie groß ist der abgehobene Betrag bei einem Zinssatz von 4 %?
Lösung:
Jahreszinsen 2005: 4 % von 500 € sind $0{,}04 \cdot 500\,€ = 20\,€$.
Anlagezeit 2005 in Tagen: $15 + 3 \cdot 30 = 105$.
Zinsen im Jahre 2005: $\frac{105}{360} \cdot 20\,€ = 5{,}833\ldots€ \approx 5{,}83\,€$.
Guthaben Anfang 2006: 505,83 €.
Jahreszinsen 2006: 4 % von 505,83 € sind $0{,}04 \cdot 505{,}83\,€ = 20{,}233\,€$.
Anlagezeit 2006 in Tagen: $2 \cdot 30 + 20 = 80$.
Zinsen im Jahre 2006: $\frac{80}{360} \cdot 20{,}233\,€ = 4{,}50\,€$.
Der abgehobene Betrag beläuft sich auf 510,33 €.

Am Jahresende wird auf Cent gerundet.

Zwischenergebnisse genau notieren oder im Rechner abspeichern.

Würde der gleiche Betrag für die gleiche Zeit innerhalb eines Kalenderjahres angelegt, könnte man nur 510,28 € abheben. Wie kann das sein?

Aufgaben

1 Du hast Anfang des Jahres 2006 ein Guthaben von 1500 €.
Das Geld bleibt bis Ende 2010 auf der Bank. Übertrage die Tabelle (Fig. 1) in dein Heft und fülle sie aus für einen Zinssatz von
a) 3 % b) 6 %
c) 1,5 % d) 4,5 %.

Jahr	Guthaben ohne Zinsen	Zinsen	Guthaben mit Zinsen
2006			
2007			
2008			
2009			
2010			

Fig. 1

2 Auf welchen Betrag wächst das Kapital mit Zinseszinsen an, wenn es zu Beginn eines Jahres angelegt wird (Fig. 2)?

	a)	b)	c)	d)	e)
Kapital in €	300	1000	5000	1200	3000
Zinssatz	3,5 %	1,5 %	4,12 %	2,8 %	4 %
Jahre	2	3	4	6	4,5

Fig. 2

3 Um wie viel Prozent vergrößert sich ein Kapital von 1450 € (270 €; 9999 €) bei einem Zinssatz von 5 % in vier Jahren?

Maren meint: „Wenn ich 10 Prozent Zinsen bekäme, würden sich meine 100 € in 10 Jahren mit Zinseszins verdoppeln!" Was meinst du dazu?

4 a) Wie viele Jahre muss man ein Kapital von 1000 € bei einem Zinssatz von 10 % (5 %; 3 %) anlegen, damit es sich mit Zinseszins verdoppelt?
b) Ein Kapital von 1000 € soll sich in fünf Jahren verdoppeln. Welcher Zinssatz – gerundet auf eine Dezimale – ist dazu nötig?

5 Clara legt zu Jahresanfang 1200 € bei ihrer Bank an. Der Zinssatz beträgt 2,5 %. Auf welches Guthaben ist der Anfangsbetrag nach einem Jahr und 4 Monaten (zwei Jahren und 75 Tagen) angewachsen?

6 a) Hannah hat von ihrer Tante Margit zum 1.1.2003 Bundesschatzbriefe im Wert von 5000 € geschenkt bekommen. Wie viel Geld bekommt sie zum 1.1.2010 ausbezahlt, wenn die Zinsen mitverzinst werden?
b) Wie viel Prozent mehr bzw. weniger würde Hannah nach sieben Jahren bekommen, wenn sie heute ihr Geld in Bundesschatzbriefen anlegen würde?

So wurden Bundesschatzbriefe Anfang 2003 verzinst:

1. Jahr	*2,00 %*
2. Jahr	*2,25 %*
3. Jahr	*2,75 %*
4. Jahr	*3,50 %*
5. Jahr	*4,00 %*
6. Jahr	*4,50 %*
7. Jahr	*5,00 %*

Fig. 3

6 Überall Prozente

Ein sonderbarer Dialog
Jakob: „Hey, die Jeans im Kleiderladen sind jetzt schon zum zweiten Mal um 50% reduziert worden."
Robin: „Oh, super! Dann kosten sie ja jetzt gar nichts mehr."

Wenn man ein Problem nicht sofort lösen kann, ist es sinnvoll schrittweise vorzugehen. Dies wird an folgender Situation verdeutlicht:
Thomas hat Geburtstag. Heike und Jutta kaufen für die Geburtstagsfeier vier Überraschungseier, zwei Packungen Salzstangen und eine Packung Gebäck. Sie freuen sich über den günstigen Einkauf, weil der Lebensmittelmarkt gerade eine Aktion mit ermäßigten Preisen hat. „Wie viel Prozent haben wir jetzt eigentlich gespart?" will Jutta wissen.

Fig. 1

1 Verstehen der Aufgabe

Was ist gegeben?
Die neuen Preise: 0,39 € für die Eier, 2,99 € für das Gebäck und 0,99 € für die Salzstangen. Diese Preise sind 15% bzw. 25% bzw. 20% geringer als der jeweilige alte Preis.
Was ist gesucht? Wie viel Prozent des alten Preises beträgt die Einsparung?

2 Ausdenken und Durchführen eines Plans

Zerlegen in Teilprobleme

1. Man rechnet für jeden Artikel den alten Preis aus.
   Bei den Überraschungseiern geht das so:
   Grundwert G: alter Preis (zu berechnen)
   Prozentwert: W = 0,39 € (neuer Preis)
   Prozentsatz: p% = 100% − 15% = 85%
   Man löst die Grundaufgabe „Grundwert berechnen":
   $G = 0{,}39\,€ : 85 \cdot 100 \approx 0{,}46\,€$
   Man berechnet ebenso die anderen alten Preise:
   Alter Preis der Salzstangen: 1,24 €
   Alter Preis des Gebäcks: 3,99 €
2. Man berechnet den Gesamtpreis für den Einkauf jeweils für alte und neue Preise:
   Gesamtpreis alt: $4 \cdot 0{,}46\,€ + 2 \cdot 1{,}24\,€ + 3{,}99\,€ = 8{,}31\,€$
   Gesamtpreis neu: $4 \cdot 0{,}39\,€ + 2 \cdot 0{,}99\,€ + 2{,}99\,€ = 6{,}53\,€$
3. Es wurden also $8{,}31\,€ - 6{,}53\,€ = 1{,}78\,€$ gespart.
4. Der eingesparte Betrag ist der Prozentwert W = 1,78 € zum Grundwert G = 8,31 €.

   Die Einsparung beträgt $\frac{W}{G} = \frac{1{,}78}{8{,}31} = 0{,}214\ldots \approx 21{,}4\,\%$.

3 Rückschau

Kann das Ergebnis richtig sein?
Das Ergebnis 21,4% liegt zwischen der größten und kleinsten in der Werbung genannten Einsparung. Der teuerste Artikel bringt die größte Einsparung. Das Ergebnis kann also stimmen.
Antwortsatz: Jutta und Heike sparen etwa 21,4% des alten Preises.

Beispiel Informationen aus einem Text entnehmen
Wie viele Deutsche benutzen das Auto, um in den Urlaub zu fahren?
Lösung:
1. Aufgabe verstehen
Nur einige Informationen aus dem Text werden gebraucht.
Gegeben: Anzahl der Deutschen: 82 Millionen; davon fahren 70 % in Urlaub, davon $\frac{3}{4}$ mit dem Auto.
Gesucht: Anzahl der Deutschen, die mit dem Auto in Urlaub fahren.
2. Rechenplan – Rechenweg
– Grundwert G = 82 000 000; Prozentsatz p % = 70 %.
  70 % von 82 Millionen sind $0{,}7 \cdot 82\,000\,000 = 57\,400\,000$.
– Neuer Grundwert G = 57 400 000, Prozentsatz $\frac{3}{4} = 75\,\%$.
  75 % von 57 400 000 sind $0{,}75 \cdot 57\,400\,000 \approx 43\,000\,000$.
3. Rückschau
Das Ergebnis beträgt etwa die Hälfte der Einwohnerzahl, das kann stimmen.
Antwortsatz: Etwa 43 Millionen Deutsche machen mit dem Auto Urlaub.

70 Prozent der Deutschen machen jedes Jahr ein- oder zweimal Urlaub, drei Viertel davon benutzen dafür das Auto. Deutschland hat etwa 82 Millionen Einwohner.
Auf Deutschlands Straßen fahren zurzeit etwa 43 Millionen Autos, die Zunahme wird auf 40 Prozent bis zum Jahr 2030 geschätzt.

Fig. 1

Aufgaben

1 Ermittle mithilfe der Zeitungsmeldung auf dem Rand, wie viele Autos im Jahre 2030 auf deutschen Straßen etwa fahren werden.

2 Wie viel Prozent spart Frau Schön im Vergleich mit dem alten Preis, wenn sie
a) ein Armband und ein Collier kauft
b) für ihre drei Töchter je ein Armband kauft?

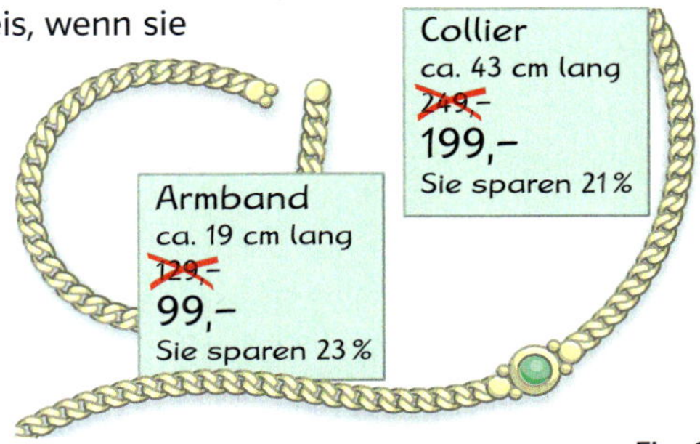

Fig. 2

3 Frida kauft von Manuel ein leicht defektes Fahrrad für 200 Euro. Sie repariert es und verkauft es an Pauline für 250 Euro weiter. Pauline fährt mit dem Fahrrad ein Jahr und verkauft es dann an Wilko für 200 Euro.
a) Wie viel Prozent beträgt der Gewinn von Frida?
b) Wie viel Prozent beträgt der Verlust von Pauline?

4 Die Tabelle zeigt Preisermäßigungen einiger Kleidungsstücke. Die Mutter kauft für ihre Kinder Lisa, Leo und Laura insgesamt zwei Jeans, einen Rock und vier Schals. Wie viel Prozent spart sie im Vergleich mit dem alten Preis? Schätze bevor du rechnest.

Artikel	alter Preis €	neuer Preis €
Jeans	69,50	59,90
Rock	48,00	39,95
Schal	17,00	7,99

Hier kannst du prüfen, ob du farbenblind bist.

Fig. 3

5 Bei der Dichromasie, einer Form der Farbenblindheit, kann jeweils eine der drei Farbkomponenten nicht wahrgenommen werden. Sieben Prozent der männlichen und ein Prozent der weiblichen Bevölkerung leiden darunter.
a) Schau in einem Lexikon oder im Internet nach, wie viele männliche Bundesbürger es gibt. Wie viele davon leiden etwa an Dichromasie?
b) Bei einer Untersuchung in einer Schule findet man 35 Jungen und sechs Mädchen mit Dichromasie. Kannst du sagen, wie viele Schülerinnen und Schüler die Schule etwa hat?

Nur noch 26 % der knapp 11 000 in einer Umweltstudie der EU im Jahre 2002 befragten Jugendlichen halten die Umwelt für ein zentrales Thema (1996: noch 36 %).

Fig. 1

6 Prozentangaben werden oft übertragen. Wie viele Jugendliche ungefähr halten die Umwelt für ein zentrales Thema, wenn du die Angaben des Zeitungstextes überträgst auf
a) deine Klasse b) deine Schule
c) die etwa 400 000 Jugendlichen in Baden-Württemberg?

7 Die Tabelle zeigt für die Saison 1999/2000, wie viele Tore in der Fußballbundesliga jeweils in wie vielen Spielen erzielt wurden.

Zahl der Tore	0	1	2	3	4	5	6	7	8	9	10
Zahl der Spiele	18	42	79	68	52	28	7	8	2	1	1

a) Wie viel Prozent der Spiele endeten torlos, mit einem Tor, mit zwei Toren usw.? Wie viele Tore fielen durchschnittlich pro Spiel?
b) Im Internet findet man die Ergebnisse aller Spieltage der letzten Saison. In Gruppenarbeit könnt ihr damit eine entsprechende Tabelle erstellen. Vergleiche mit 1999 – 2000.

8 Vor 60 Millionen Jahren lebte der hundeähnliche Eohippus, dessen Zähne zum Kauen der Blätternahrung seines bewaldeten Lebensraumes geeignet waren. Vor 25 Millionen Jahren lebte der Merychippus, der auf den sich ausbreitenden Grasflächen seine Nahrung fand. Beide Urpferde sind im gleichen Maßstab neben unserem heutigen Pferd abgebildet. Wie viel Prozent der Schulterhöhe
a) des Eohippus beträgt die Schulterhöhe des Merychippus
b) des Eohippus beträgt die Schulterhöhe des heutigen Pferdes
c) des Merychippus beträgt die Schulterhöhe des heutigen Pferdes?

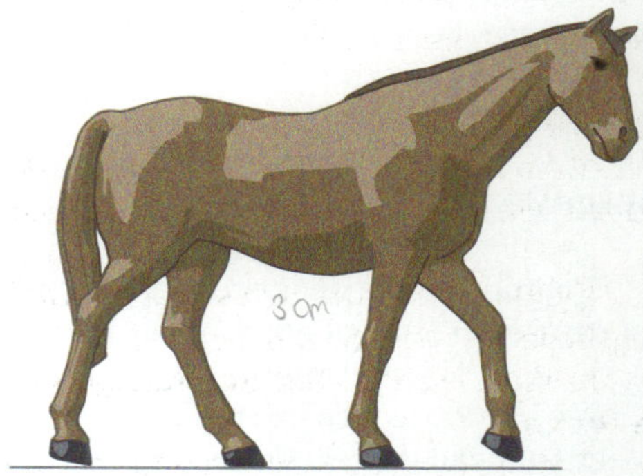

Equus, modernes Pferd (Pleistozän)

Eohippus oder Hyracotherium (Eozän)

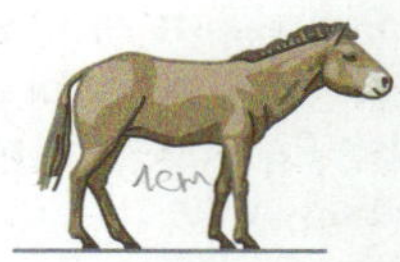

Merychippus (Miozän)

Fig. 2

9 Die Schnellbahnstrecke von Mannheim nach Stuttgart wurde 1991 eröffnet. Seit dieser Zeit fahren in Deutschland regelmäßig ICE-Züge. Ein ICE braucht für die Strecke 37 Minuten, während vorher ein Intercityzug über die alte Strecke noch 76 Minuten benötigte.
a) Wie viel Prozent spart ein ICE gegenüber einem Schnellzug an Zeit?
b) Wie viel Prozent der Strecke verläuft im Tunnel?

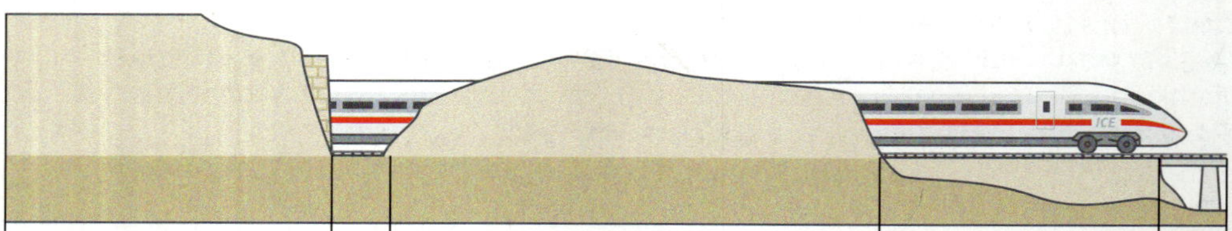

Fig. 3

Info

Häufig vorkommende Begriffe aus dem Alltag
- Kleine Anteile werden auch in **Promille** angegeben. Es gilt: 1 Promille = 1‰ = $\frac{1}{1000}$.
- Einen Preisnachlass nennt man häufig **Rabatt** (italienisch: Abschlag).
- Wenn man eine Rechnung innerhalb einer bestimmten Zeit bezahlt, spricht man bei Preisnachlässen auch von **Skonto** (italienisch: Abzug).
- Das Gewicht einer Ware ohne Verpackung heißt **Nettogewicht**, das Verpackungsgewicht heißt **Tara**. Beide Gewichte zusammen ergeben das **Bruttogewicht**.

10 a) Für ihr Handy bekommt Steffi 45% Rabatt und zahlt noch 53,90€. Wie viel hat Steffi gespart?
b) Der Preis für Janas Schuhe wurde um 15 Prozent auf 68€ gesenkt. Wie viel Euro Rabatt hat sie bekommen?
c) Nach einer Preiserhöhung um 19 Prozent kostet ein Paar Reitstiefel 178,50€. Wie viel hat es vorher gekostet?

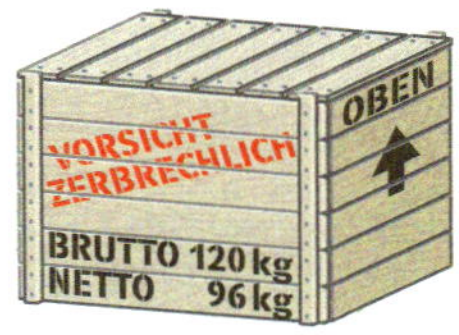

Fig. 1

11 Auch bei Gehältern spricht man von „brutto" und „netto". Silkes Mutter verdient 2750€. Von diesem Bruttogehalt werden Abgaben abgezogen, so dass sie nur das Nettogehalt 1754€ ausgezahlt bekommt. Wie viel Prozent betragen die Abgaben?

12 a) Wie viel Prozent des Bruttogewichts betragen Tara und Nettogewicht bei der abgebildeten Kiste? (Fig. 1)
b) Eine Ware wiegt 250kg, ihr Bruttogewicht ist fünf Prozent größer. Wie schwer ist die Verpackung?
c) Erfinde selbst Aufgaben mit „brutto", „netto" und „tara" und stelle sie deinem Nachbarn.

13 Eine Kücheneinrichtung hat einen Grundpreis von 4800€.
a) Hinzu kommen 16% Mehrwertsteuer. Wie hoch ist der Rechnungsbetrag dann?
b) Bei Barzahlung werden 3% Skonto abgezogen. Welcher Endpreis ist zu zahlen?
c) Ist es günstiger, wenn zunächst Skonto abgezogen wird und dann die Mehrwertsteuer hinzukommt?
d) Um wie viel Prozent ist der Endpreis größer als der Grundpreis?

14 Geht Alkohol ins Blut?
Franz und Hubert wollen die nebenstehende Aussage von Polizeimeister Lambert im Amtsblatt überprüfen. Sie wissen, dass ein menschlicher Körper etwa zu 80% aus Wasser besteht und fünf Liter Blut hat. Welche Begründung geben die beiden für die Angaben von Polizeimeister Lambert an? Der Alkoholgehalt von Bier ist etwa 5%.

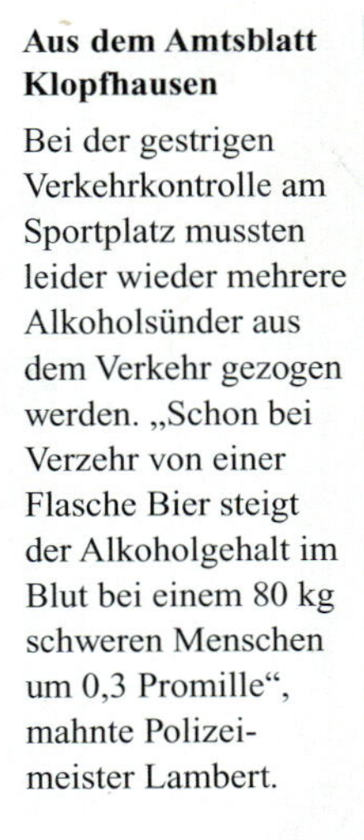
Aus dem Amtsblatt Klopfhausen
Bei der gestrigen Verkehrkontrolle am Sportplatz mussten leider wieder mehrere Alkoholsünder aus dem Verkehr gezogen werden. „Schon bei Verzehr von einer Flasche Bier steigt der Alkoholgehalt im Blut bei einem 80 kg schweren Menschen um 0,3 Promille", mahnte Polizeimeister Lambert.

Fig. 2

Kannst du das noch?

15 Rechne schrittweise aus.
a) $5 \cdot (7 + 13)$ b) $5 \cdot 7 + 5 \cdot 13$ c) $5 \cdot (7 \cdot 13)$ d) $(5 \cdot 7) \cdot 13$ e) $(5 \cdot 7) \cdot (5 \cdot 13)$

16 Zeichne einen Rechenbaum zu dem Term $12 \cdot (5 + 3 \cdot 8) - 27$.

17 Richtig oder falsch?
a) $(35 - 19) \cdot 5 = 35 - 19 \cdot 5$ b) $35 - 19 \cdot 5 = (7 - 19) \cdot 5$ c) $(13 + 15) + 17 = 13 + 17 + 15$

1 Übertrage die Tabelle in dein Heft und vervollständige sie. Runde auf eine Dezimalstelle, falls möglich.

	a)	b)	c)	d)	e)	f)	g)	h)	i)	j)
p%	3%		25%		1,75%	1,75%	32%	16%	105%	116%
W		250	350	1,8	4,9			448		870
G	200	600		7,2		280	1400		280	

2 Jana hat für 45,90 € einen neuen Rucksack gekauft.
a) Einen Tag später wurde der Preis um 15% erhöht. Wie viel hat Jana gespart?
b) Jana erhielt 15% Rabatt. Wie teuer wäre der Rucksack ohne Rabatt gewesen?
c) Jan hat den gleichen Rucksack für 52 € gekauft. Wie viel Prozent war der Rucksack von Jana billiger? Wie viel Prozent war der Rucksack von Jan teurer?

3 Frisch geerntete Kartoffeln enthalten u.a. etwa 78 Prozent Wasser, 18 Prozent Stärke und 2,2 Prozent Protein.
a) Stelle die Angaben grafisch dar.
b) Wie viel von diesen Inhaltsstoffen befinden sich in 2,5 kg Kartoffeln?
c) Wie viel Kartoffeln enthalten etwa einen Liter Wasser?

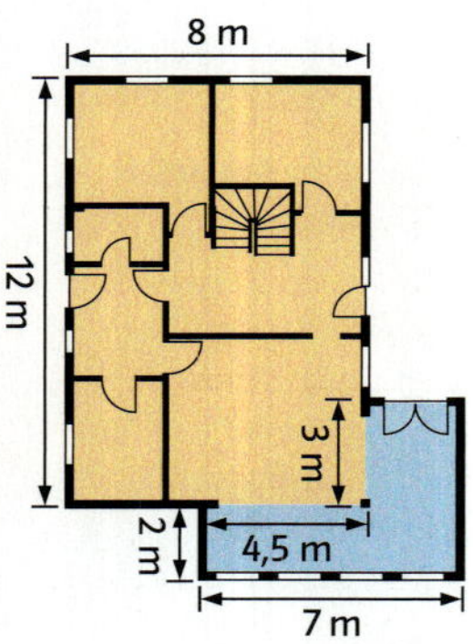

Fig. 1

4 Ein Haus mit rechteckigem Grundriss (orange in Fig. 1) soll durch einen Anbau (blau) vergrößert werden. Das Haus hat ein Flachdach und ist 6,50 m hoch. Der Anbau soll 3,50 m hoch werden. Um wie viel Prozent vergrößert sich dabei:
a) der Umfang des Hauses
b) der Flächeninhalt des Grundrisses
c) das Volumen des Hauses?

5 Bei Wettkampfspielen nennt man die reine Spielzeit auch Nettospielzeit, die Dauer des gesamten Spieles (ohne Pausen) auch Bruttospielzeit. Die Tabelle in Fig. 2 zeigt typische Spielzeiten bei einigen Spielen. Um wie viel Prozent übersteigt jeweils die Bruttospielzeit die Nettospielzeit? Runde auf ganze Prozentzahlen.
Wenn über Sport gesprochen und berichtet wird, werden oft Prozente verwendet. Eine kleine Geschichte dazu steht auf Seite 30.

Ballspiel	Zeit netto	Zeit brutto
Fußball	58 min	94 min
Basketball	40 min	88 min
Tennis	39 min	168 min
Eishockey	60 min	133 min

Fig. 2

6 Ken meint: „Im Jahr 1998 gab es 75% weniger Handybesitzer als 2002." Barbie sagt darauf: „Im Jahr 2002 gab es also 25% mehr Handybesitzer als 1998."
a) Was meinst du dazu? (Fig. 3)
b) Die Summe der Angaben für 2002 übersteigt 100 Prozent. Kann das sein?

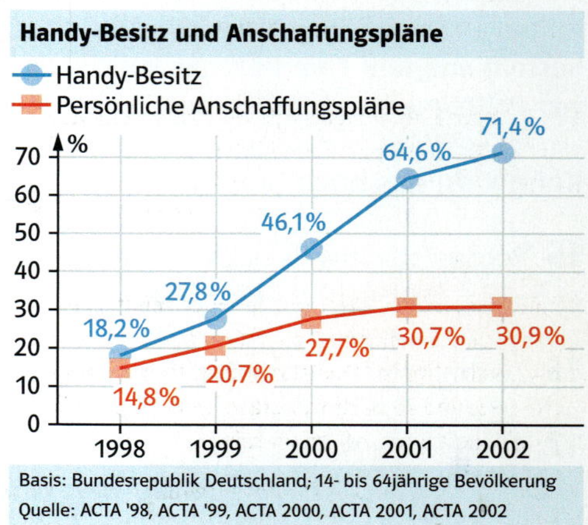

Fig. 3

Aus einem Lexikon
Der Pazifische Ozean bedeckt etwa 35 % der Erdoberfläche und enthält über die Hälfte des nicht als Eis gebundenen Wassers des Planeten. Die Oberfläche des Pazifischen Ozeans ist erheblich größer als die der gesamten Landmasse der Erde. Die größte Länge beträgt von der Beringstraße bis zur Antarktis etwa 15 500 Kilometer, die größte Breite von Panama bis zur Malaiischen Halbinsel etwa 17 700 Kilometer. Die mittlere Tiefe des Pazifiks beträgt 4 282 Meter; die tiefste Stelle, die überhaupt in einem der Weltmeere bekannt ist, liegt im Marianengraben vor Guam und beträgt 11 034 Meter (die so genannte Challenger Deep). Im Pazifischen Ozean gibt es insgesamt mehr als 30 000 solcher Inseln wie im Bild rechts, deren Oberfläche zusammengenommen jedoch nur 2,5 Promille der Gesamtoberfläche des Pazifiks ausmacht.

7 Befinden sich so genannte Treibhausgase wie Kohlenstoffdioxid, Methan, Stickstoff und Ozon in zu hoher Konzentration in der Atmosphäre, kann ein Teil der Wärmestrahlung nicht mehr ins Weltall abgestrahlt werden. Sie wird in der Atmosphäre absorbiert, was zu einer globalen Erwärmung führt.
a) In Deutschland verursacht das Heizen von Räumen pro Jahr 180 Millionen Tonnen klimaschädliches Kohlenstoffdioxid, etwa 20 Prozent der deutschen Kohlenstoffdioxid-Emissionen. Wie viel Kohlenstoffdioxid wird in Deutschland pro Jahr etwa in die Atmosphäre abgegeben?
b) Das Vorkommen von Kohlenstoffdioxid in der Atmosphäre steigt wegen der Nutzung fossiler Brennstoffe wie Öl, Gas und Kohle jährlich um 0,4 Prozent an. Um wie viel Prozent wächst es in 5 (10, 20) Jahren an?

8 Angaben aus einem Lexikon verwerten
a) Die Erdoberfläche beträgt 510 Millionen km^2. Welche Oberfläche nehmen die 30 000 kleinen Pazifikinseln etwa ein?
b) Der Erdumfang beträgt etwa 40 000 km. Wie viel Prozent des Erdumfangs beträgt die größte Länge im Pazifik?
c) Wie viel Prozent der mittleren Tiefe des Pazifiks beträgt die Challenger Deep?
d) Wie viel Wasser enthält der Pazifik?
e) Stell dir vor, das gesamte Wasser des Pazifiks würde einen überall gleich tiefen See von der Größe Deutschlands bilden. Wie tief wäre dieser See? Die Oberfläche Deutschlands kannst du in einem Lexikon oder im Internet nachschlagen.

9 Das gibt's doch gar nicht – was ist hier faul?
Nimm zu den Zeitungsartikeln Stellung.

Jede dritte Ehe in Deutschland wird geschieden, in Großstädten sogar jede vierte.

Wochenpost 1995

Fuhr vor einigen Jahren noch jeder zehnte Autofahrer zu schnell, so ist es mittlerweile heute nur noch jeder fünfte. Doch auch fünf Prozent sind zu viele, und so wird weiterhin kontrolliert, und die Schnellfahrer haben zu zahlen.

Süddeutsche Zeitung, zitiert nach „Der Spiegel", Nr. 49/1995

Nach Mitteilung des Statistischen Bundesamtes ist die Zahl der Abiturienten, die die Absicht haben, zu studieren, in diesem Sommer erstmals wieder gestiegen. Von denen, die studieren wollen, sind 69 Prozent männlich und nur 52,4 Prozent weiblichen Geschlechts, verlautete aus Wiesbaden.

Badische Neueste Nachrichten 1987

Die epidemiologischen Untersuchungen haben nachgewiesen, dass unser Älterwerden mit besserer Gesundheit einhergeht. Beispielsweise waren die 70-Jährigen 1983 um 10 Jahre jünger und gesünder als die 70-Jährigen 1973.

Leipziger Volkszeitung 1995

Das nächste Mal gehen wir Fußball spielen

Svea Reiners

„Wenn die so weiter machen, verlieren sie noch das Spiel“, sagte Thomas und schob nach, dass sie nur vierzig Prozent der Freiwürfe verwandelt hätten, und dass man so keine Meisterschaft gewinnen könne. Eigentlich fand Lukas ihn ja ganz nett, aber seine ständigen Kommentare nervten. Das ganze Spiel über ging das schon so. Thomas war Mutters neuer Freund und es war ihre Idee gewesen, dass die beiden zum Basketballspiel gingen. Thomas rammte Lukas den Ellbogen in die Seite. „Hast du das gesehen?“ fragte er. „Schon der dritte von fünf Freiwürfen, den der nicht reinbekommen hat!“ Sie sollten gut miteinander auskommen, gemeinsame Erlebnisse würden das fördern, hatte die Mutter gesagt, und so nickte Lukas verständig.

Nach dem dritten Viertel fragte Thomas ihn, ob er nicht Lust habe, nächstes Wochenende mit zum Baseball zu kommen. Beim Baseball wäre es viel spannender, das ganze Spiel lebe ausschließlich von Statistiken, von dem Wer, Wann, Wie oft, Auf welche Art.

Nichts konnte schlimmer sein als mit Thomas bei einem Baseballspiel zu sein und sich die Zahlen zu den jeweiligen Spielern anzuhören, dachte Lukas, und er musste sich etwas einfallen lassen.

Vielleicht könnte man mit Thomas zum Fußball gehen, dachte er, doch dann stellte er sich vor, wie Thomas selbst das kommentieren würde: Mit links aus dem vorderen Mittelfeld kommen bei dem nur dreißig Prozent aller Flanken an. Mit dem Kopf trifft er das Tor nur in achtzig Prozent der Fälle.

Er wurde aus seinen Gedanken gerissen, als Thomas ihm sagte, dass die Heimmannschaft eine ausgesprochene Abschlussschwäche bei Fastbreaks habe, nur siebzig Prozent Trefferquote, dabei wären das ja hundertprozentige Chancen.

Fußball, das nächste Mal gehen wir zum Fußball, oder besser noch, spielen wir Fußball, dann kann er nicht reden, dachte Lukas, während Thomas verkündete, dass die 37 schon sieben von dreizehn Angriffen geblockt habe. „Weißt du, Thomas“, sagte Lukas, „das nächste Mal gehen wir Fußball spielen. Hundert Pro.“

Geschichte der Prozentrechnung

Schon im antiken Ägypten findet man Ansätze einer Prozentrechnung. So kommen schon Ausdrücke wie „ihr 5 von 100“ vor, in der Sprache von heute also 5%. Im Mittelalter begannen die Kaufleute erst in Italien (pro cento (ital.): für hundert), dann auch in Deutschland, immer häufiger den Prozentbegriff zu benutzen.

Das Zeichen % für Prozent entstand aber erst später aus der Abkürzung p c^0 für pro cento. Aus dem handschriftlichen $\mathcal{c}^0$ für c^0 wurde im Laufe der Jahrhunderte %.

Im Mittelalter wurden die Preise für Waren oft für einen Zentner (= 100 Pfund) der Ware angegeben. Auf 100 Pfund bezogen wurden dann z. B. Gewinne und Verluste oder der Verpackungsanteil (Tara) berechnet.

Die älteste Form der Prozentrechnung ist jedoch die „Fusti“-Rechnung. Das italienische „fusto“ bedeutet so viel wie „Stängel, Stiel, Halm, Stamm“. Man verstand unter „Fusti“ das Unreine, Minderwertige einer Ware.

Der Fusti-Anteil wird mit 13% angegeben, nämlich je 1 Zentner 13 Pfund. Entsprechend ist 13% von 2781 Pfund zu berechnen. Als Ergebnis wird $361\frac{53}{100}$ Pfund genannt.
Rechne nach.

Aus dem Bamberger Rechenbuch von 1483

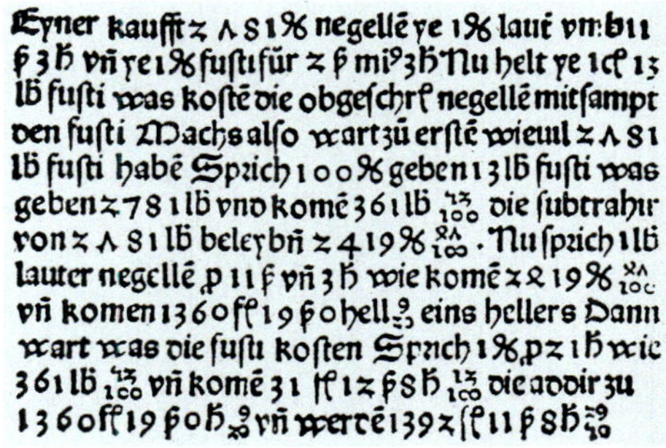

Der Text in der heutigen Sprache

Einer kauft (Gewürz-)Nelken, je 1 Pfund reine (= lauter) Nelken für 11 Schilling und 3 Heller und je 1 Pfund Fusti für 2 Schilling minus 3 Heller. Nun enthält je 1 Zentner 13 Pfund Fusti. Was kosten die oben geschriebenen Nelken mitsamt den Fusti?
Mache es so: Prüfe zuerst, wie viel Fusti 2781 Pfund haben. Sprich: 100 Pfund ergeben 13 Pfund Fusti, was ergeben 2781 Pfund? Heraus kommen $361\frac{53}{100}$ Pfund.
[Es folgt die Berechnung der Kosten.]

Als nächstes eine Aufgabe aus dem **Rechenbuch von Adam Ries** von 1550.

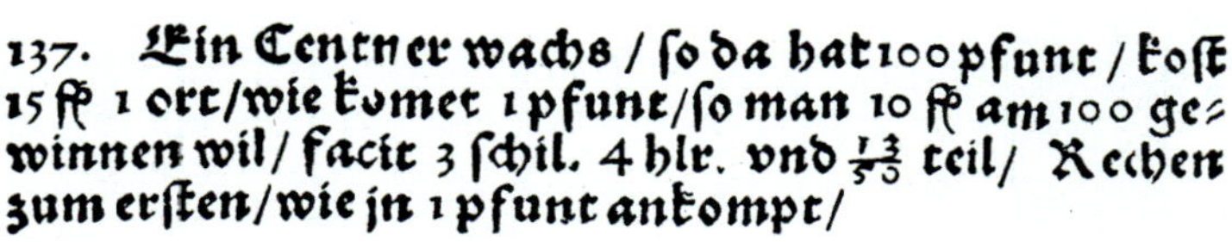

137. Ein Centner wachs / so da hat 100 pfunt / kost 15 fl 1 ort / wie kumet 1 pfunt / so man 10 fl am 100 gewinnen wil / facit 3 schil. 4 hlr. vnd $\frac{13}{50}$ teil / Rechen zum ersten / wie jn 1 pfunt ankompt /

Ein Zentner Wachs, das 100 Pfund hat, kostet 15 Gulden 1 Ort. Wie (teuer) kommt 1 Pfund, so man 10 Gulden an 100 gewinnen will.

Der Gewinn ist hier mit „10 Gulden an 100“ angegeben, also 10%. Als Lösung soll dann zuerst der Einkaufspreis von 1 Pfund berechnet werden, also der hundertste Teil von 15 Gulden 1 Ort, das sind 3 Schilling $\frac{3}{5}$ Heller (rechne nach!). Der vorgesehene Gewinn soll 10% betragen, also $3\frac{33}{50}$ Heller (rechne ebenfalls nach!). Damit ergibt sich als „facit“ der Preis für ein Pfund Wachs: 3 Schilling $4\frac{13}{50}$ Heller.

1 fl = 1 Florin oder Gulden

1 Gulden = 4 Ort (Viertel)
= 20 Schilling
= 240 Heller

Exkursion

Von großen und kleinen Tieren

1 Das größte Landtier, das es je auf der Erde gab, war vermutlich der Riesensaurier. Die Abbildung zeigt einen Größenvergleich zwischen diesem ausgestorbenen Tier und einem Elefanten.
a) Wie viel Prozent beträgt die Größe des Elefanten im Vergleich zur Größe des Sauriers?
b) Nenne ein Tier, dessen Größe so viel Prozent der Größe eines Elefanten beträgt, wie du in Teil a) berechnet hast.

2 Einige unserer heutigen Tiere (z.B. Elefant, Strauß, Krokodil) hatten vor Millionen Jahren riesige Verwandte (Mammut, Riesenstrauß, Riesenkrokodil).

Mammut	4,5 m Höhe	Riesenstrauß	3 m Höhe	Riesenkrokodil	15 m Länge
Afrik. Elefant	3,5 m Höhe	Strauß	2,75 m Höhe	Leistenkrokodil	8,5 m Länge

Auf wie viel Prozent ihrer ehemaligen „Riesengröße" sind die heutigen Tiere geschrumpft?

3 Von manchen Tieren gibt es auch heute Rassen von sehr unterschiedlicher Größe. Die kleinste Ponyrasse ist das Falabella-Miniaturpferd. Es hat eine Rückenhöhe (beim Pferd Widerristhöhe genannt) von 72 cm. Damit erreicht es nur 40 % der Widerristhöhe des größten Kaltblutpferdes, des schottischen Cleydesdale. Wie groß ist dieses Pferd?

4 Auf der Erde sind heute ungefähr 1,2 Millionen Tierarten bekannt. Über die Hälfte davon sind Insekten. Die Wirbeltiere, d.h. Fische, Lurche, Kriechtiere, Vögel und Säugetiere zusammen, machen nur 3,75 % dieser Tierarten aus.
a) Wie viele Arten von Wirbeltieren sind insgesamt bekannt?
b) Bestimme mithilfe der Grafik, wie viele Arten von Fischen, Lurchen, Kriechtiere, Vögeln und Säugetieren jeweils bekannt sind.

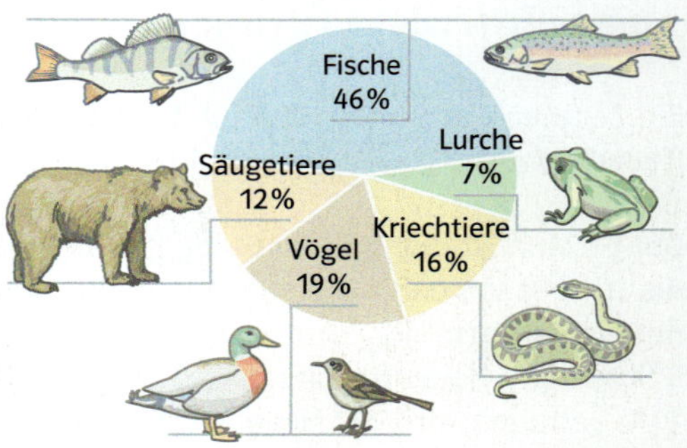

Von großen und kleinen Tieren

5 Die Säugetiere sind in Ordnungen unterteilt. Die Ordnung mit den meisten Arten bilden die Nagetiere. Die zweitgrößte Ordnung sind die Fledertiere. Sie besteht aus den Flederhunden und den Fledermäusen. Zusammen mit den Nagetieren stellt sie 70 % aller Säugetierarten. Dabei gibt es viermal so viel Nagetierarten wie Fledertierarten. Wie viel Prozent machen die Nagetierarten bzw. die Fledertierarten an allen Säugetierarten aus?

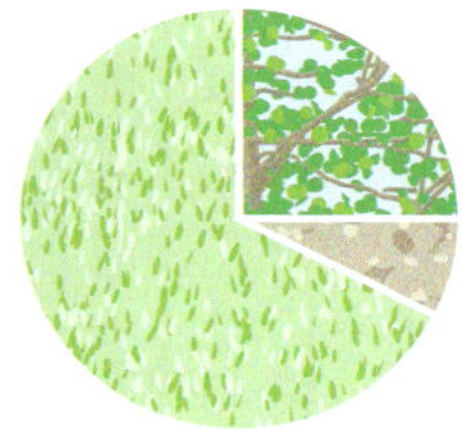

Wald

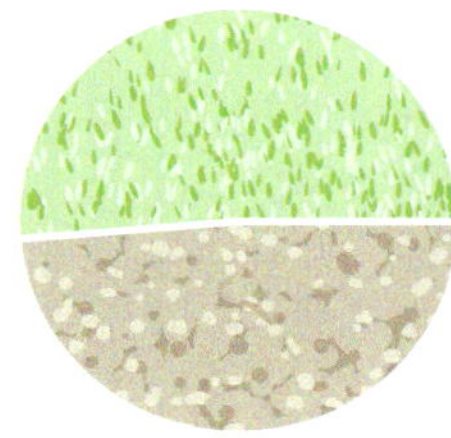

Steppe

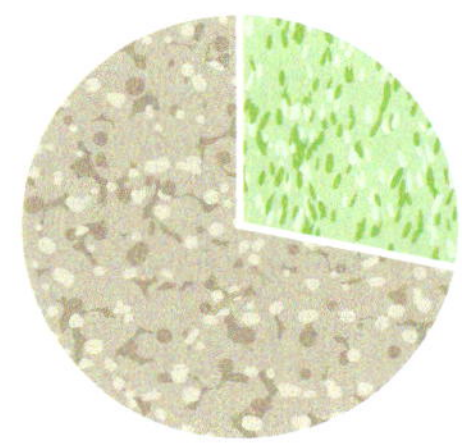

Wüste

6 Die Säugetiere haben im Laufe ihrer Entwicklung gelernt, sich den meisten Lebensräumen anzupassen. In der Steppe und in der Wüste werden sie allerdings durch fehlende Deckung und durch die Hitze gezwungen, teilweise unter der Erde zu leben. Bestimme mithilfe der Kreisdiagramme, wie viel Prozent der Säugetiere in Wäldern, auf Bäumen, am Boden bzw. unterirdisch leben. Wie lauten die Zahlen für Steppen und Wüsten?

7 a) Der Igel lebt im Winter „auf Sparflamme". Während seines Winterschlafs sinkt die Körpertemperatur von 35 °C um 80 % ab. Wie hoch ist die Temperatur dann noch?
b) Wenn der Igel wach ist, atmet er ca. 60-mal pro Minute, während des Winterschlafs dagegen nur dreimal pro Minute. Die Anzahl der Herzschläge pro Minute geht von 170 im wachen Zustand auf zwei herunter. Um wie viel Prozent nimmt die Anzahl der Herzschläge (des Atemholens) im Winterschlaf ab?

8 In der Tabelle sind bestimmte Gewichte einiger Säuger angegeben. Welcher Säuger bringt, verglichen mit dem Gewicht der Mutter, die schwersten Kinder zur Welt? Um wie viel Prozent muss das Neugeborene zunehmen, um das Gewicht der Mutter zu erreichen?

	Geburtsgewicht	Gewicht der Mutter
Afrikanischer Elefant	100 kg	2500 kg
Riesenkänguru	2 g	60 kg
Zwergfledermaus	1 g	5 g
Seehund	7 kg	70 kg
Mensch	3,4 kg	60 kg

Rückblick

Prozentangaben

Der Ausdruck 15 % ist eine andere Schreibweise für $\frac{15}{100}$.

Allgemein: p % ist eine andere Schreibweise für $\frac{p}{100}$.

$\frac{1}{2} = 50\,\%$ $\quad \frac{1}{3} = 33\frac{1}{3}\,\%$ $\quad \frac{1}{4} = 25\,\%$

$\frac{1}{5} = 20\,\%$ $\quad \frac{1}{8} = 12{,}5\,\%$ $\quad \frac{1}{10} = 10\,\%$

$\frac{1}{1} = 100\,\%$ $\quad \frac{3}{2} = 150\,\%$ $\quad \frac{2}{1} = 200\,\%$

Prozentsatz – Prozentwert – Grundwert

$$\frac{\text{Prozentwert}}{\text{Grundwert}} \quad \frac{W}{G} = p\,\% \quad \text{Prozentsatz}$$

Wenn p % und G gegeben sind, ist
$W = p\,\% \cdot G = \frac{p}{100} \cdot G$.

Wenn p % und W gegeben sind,
ist $G = \frac{W}{p} \cdot 100$.

Berechnen des Prozentsatzes
$W = 40;\ G = 200;$
$p\,\% = \frac{40}{200} = 20\,\%$

Berechnen des Prozentwertes
$p\,\% = 20\,\%;\ G = 400;$
$W = \frac{20}{100} \cdot 400 = 80$

Berechnen des Grundwertes
$p\,\% = 20\,\%;\ W = 400;$
$G = \frac{400}{20} \cdot 100 = 2000$
oder: 20 % entsprechen 400
1 % entspricht $400 : 20 = 20$
100 % entsprechen $20 \cdot 100 = 2000$

Prozentangaben werden oft mithilfe von Kreisdiagrammen veranschaulicht.
Grundwert (entsprechend 100 %) ist hier der „Vollwinkel“ 360°.

Prozentsatz	100 %	1 %	31 %	8 %
Winkel	360°	3,6°	111,6°	28,8°

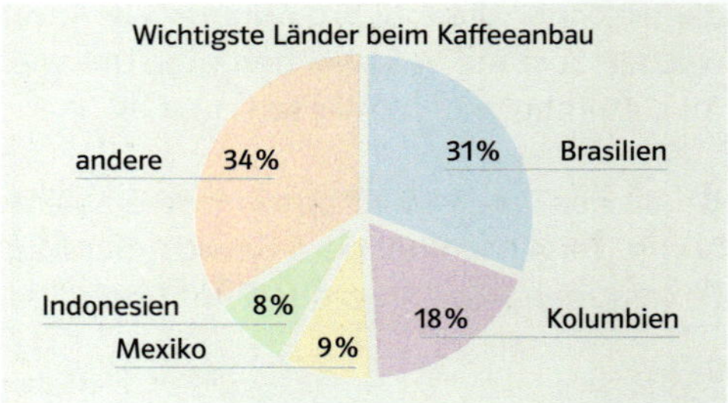

Fig. 1

Zinssatz – Zinsen – Guthaben – Zinseszinsen

Begriffe bei der Bank	Bedeutung
Zinssatz	Prozentsatz p %
Zinsen	Prozentwert W
Guthaben oder Kapital	Grundwert G
ein Monat	30 Tage
ein Jahr	360 Tage

Wenn die Zinsen am Jahresende einem Guthaben hinzugefügt werden, erbringen die Zinsen im folgenden Jahr auch Zinsen – diese nennt man Zinseszinsen.

Anna hat bei der Bank ein Kalenderjahr lang ein Guthaben von 200 €. Die Bank verzinst ihr Geld mit dem Zinssatz 1,5 %.

Sie bekommt dann am Jahresende Zinsen in Höhe von 1,5 % von 200 €, also 3 €. Ihr Guthaben wächst auf $1{,}015 \cdot 200\,€ = 203\,€$.

Wenn Anna ihr Geld innerhalb eines Jahres nur 120 Tage lang bei der Bank anlegt, bekommt sie $\frac{120}{360}$ der Jahreszinsen, also $\frac{120}{360} \cdot 3\,€ = 1\,€$.

Wenn Anna ihr Geld für drei Jahre bei der Bank anlegt, erhält sie am Ende $1{,}015 \cdot 1{,}015 \cdot 1{,}015 \cdot 200\,€ = 209{,}14\,€$.

Training

Runde 1

1 Gib die Brüche in Prozentschreibweise und die Prozentangaben als Brüche an.
a) $\frac{11}{100}$ b) 20 % c) $\frac{8}{13}$ d) 85 % e) 120 % f) 0,35

2 Welche Zahl ist größer?
a) 5 % oder $\frac{7}{150}$ b) 22 % oder 0,23 c) $\frac{7}{8}$ oder 87 %

3 Übertrage die Tabelle in dein Heft und vervollständige sie.

	a)	b)	c)	d)	e)	f)
p %	2 %		25 %		2,3 %	2,3 %
W		45	250	2,3	6,9	
G	400	900		6,9		6,9

4 Erstelle ein Kreisdiagramm mit Prozentangaben zu der Tabelle der Schülerzahlen in Klassenstufe 7.

Klasse	7a	7b	7c
Schülerzahl	26	30	24

5 Das gleiche Radio kostet bei Elektro Meier 175 € und bei EloWest 195 €.
a) Wie viel Prozent ist es bei Elektro Meier billiger als bei EloWest?
b) Wie viel Prozent ist es bei EloWest teurer als bei Elektro Meier?

Runde 2

1 Ordne die Zahlen 18 %; $\frac{39}{200}$; 0,19 und $\frac{7}{16}$ der Größe nach.

2 a) Wie viel Prozent sind 340 von 625?
b) Welche Zahl ist um 15 % größer als 220?
c) Eine Zahl wird um 35 % verkleinert und man erhält 162,5. Wie heißt die Zahl?

3 Beschreibe den Unterschied zwischen den beiden Werbetexten.
a) „Beim Kauf einer Jeans sparen sie 30 €".
b) „Beim Kauf einer Jeans sparen sie 30 %".

4 a) Bei welchem Zinssatz erhält man 18 € Jahreszinsen für ein Guthaben von 720 €?
b) Auf welchen Betrag wächst ein Guthaben von 2000 € bei einem Zinssatz von 3,25 % in vier Jahren an?

5 Auf einem rechteckigen Grundstück wird ein L-förmiges Haus gebaut (Fig. 1). Wie viel Prozent des Grundstücks werden bebaut? Die Maße sind in Meter angegeben. Die Zeichnung ist nicht maßstabsgerecht.

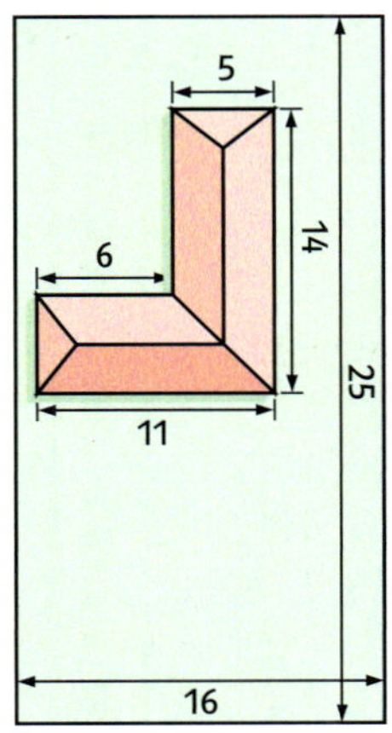

Fig. 1

6 Vor Schuljahresende soll in einem Schreibwarengeschäft das Lager geleert werden. Daher werden viele Artikel mit Preisnachlass verkauft.
Jens kauft sechs Hefte, zwei Radierer und drei Stifte. Wie viel Prozent spart er im Vergleich zum alten Preis?

Artikel	alter Preis €	Rabatt %
Heft	0,72	25
Radierer	0,95	40
Stift	1,40	60

Das kannst du schon

- Anteile als Bruch oder in Prozent angeben
- Brüche addieren und multiplizieren

Zahl und Maß

Daten und Zufall

Beziehung und Änderung

Modell und Simulation

Muster und Struktur

Form und Raum

Alles Zufall – oder was?

Zufälle gehören zum Leben, denn vieles lässt sich nicht oder nur schwer vorhersagen. Den meisten Menschen ist es jedoch wichtig, Vorgänge, bei denen der Zufall eine Rolle spielt, einzuschätzen – es sind gute Prognosen gefragt. Die Mathematik kann dabei helfen.

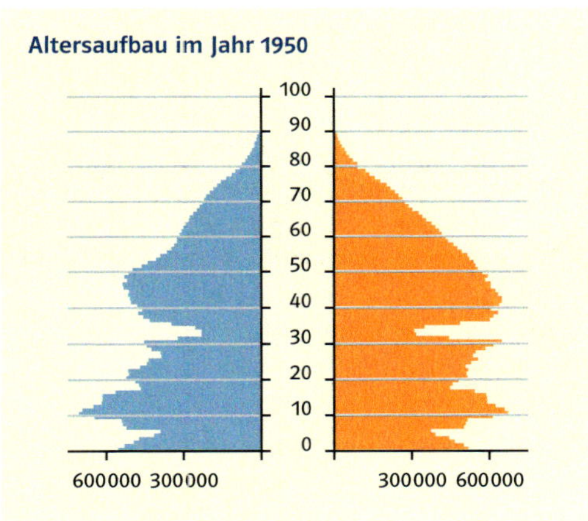

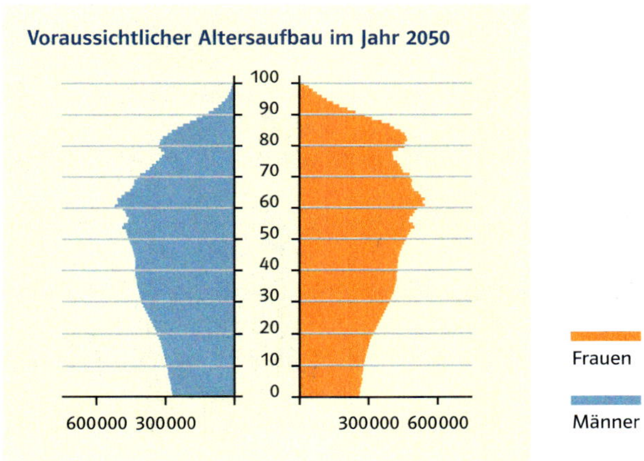

Das kannst du bald

- Vorgänge beschreiben, bei denen der Zufall eine Rolle spielt
- Wahrscheinlichkeiten bestimmen
- Wahrscheinlichkeiten für Vorhersagen nutzen

1 Wahrscheinlichkeiten – Entscheidungshilfen

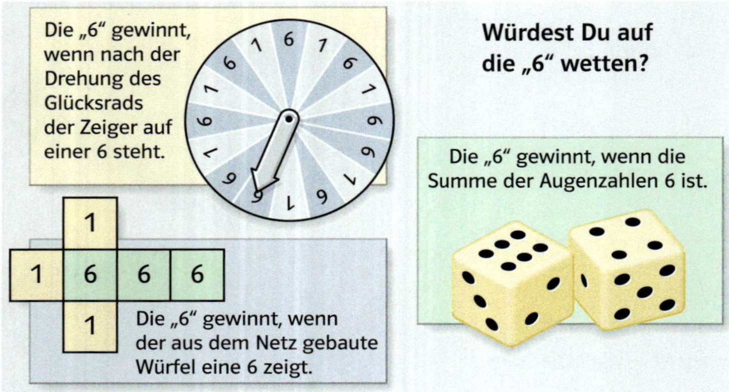

Es gibt Situationen und Experimente, bei denen der Ausgang oder das Ergebnis vom Zufall abhängt. In vielen Fällen ist es möglich, die Chancen solcher Ergebnisse einzuschätzen. Wie man dabei vorgehen kann, erfährst du auf den nächsten Seiten.

Bei dem abgebildeten Glücksrad wird der Zeiger gedreht. Es hängt vom Zufall ab, wo er stehen bleibt.
Da die Hälfte der Kreisscheibe blau ist, erwartet man bei Wiederholungen dieses **Zufallsversuchs** etwa bei der Hälfte aller Drehungen das **Ergebnis** „blau“. Für die Ergebnisse „gelb“ und „grün“ erwartet man jeweils den Anteil $\frac{1}{4}$.
Man sagt daher: Die **Wahrscheinlichkeit** für „blau“ beträgt $\frac{1}{2}$ und die Wahrscheinlichkeit für „gelb“ und „grün“ beträgt jeweils $\frac{1}{4}$.
Bei 200 Drehungen wird man also erwarten, dass das Ergebnis „blau“ etwa 100-mal und die Ergebnisse „gelb“ und „grün“ je etwa 50-mal auftreten.
Die nebenstehende Tabelle zeigt die Ergebnisse einer solchen Versuchsreihe. Die beobachteten Häufigkeiten stimmen hier recht gut mit den erwarteten Häufigkeiten überein.

Wahrscheinlichkeiten werden oft in Prozent angegeben.

Mit einem selbstgebauten Glücksrad (vgl. Aufgabe 5) könnt ihr den Versuch selbst durchführen.

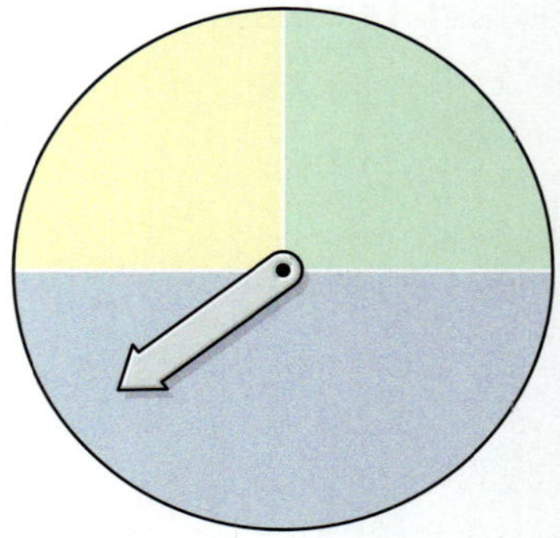

Fig. 1

Farbe	blau	gelb	grün
erwarteter Anteil	$\frac{1}{2}$	$\frac{1}{4}$	$\frac{1}{4}$

Bei 200 Versuchen:

Farbe	blau	gelb	grün
erwartete Häufigkeit	100	50	50
beobachtete Häufigkeit	107	38	55

Es gibt weitere Zufallsgeräte wie in Fig. 2 und Fig. 3, bei denen man die Wahrscheinlichkeiten der möglichen Ergebnisse als Anteile bestimmen kann.

Die Wahrscheinlichkeit eine rote Kugel zu ziehen (Fig. 2) beträgt $\frac{4}{10} = 40\,\%$. Beim Wetten würde man eher auf „weiß“ setzen.

Die Wahrscheinlichkeit beträgt beim Würfeln (Fig. 3) für jede Augenzahl $\frac{1}{6} \approx 16{,}7\,\%$. Beim Wetten würde man keine Augenzahl bevorzugen.

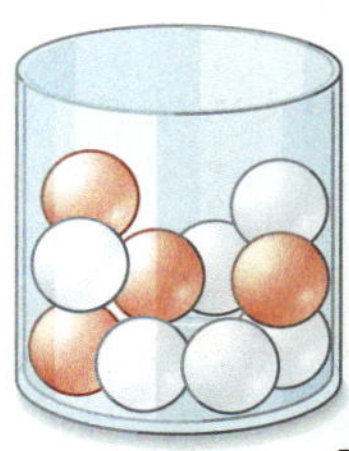

Fig. 2

Fig. 3

Bei einem Zufallsversuch gibt die **Wahrscheinlichkeit eines Ergebnisses** an, welchen Anteil man für das Ergebnis bei Versuchswiederholungen erwartet. Wahrscheinlichkeiten können helfen, Entscheidungen zu treffen.

Mit Wahrscheinlichkeiten kann man Häufigkeiten von Ergebnissen in langen Versuchsreihen vorhersagen.

Beispiel 1
Der nebenstehende Körper wird geworfen. Als Ergebnis gilt die Zahl, auf der er liegen bleibt.
a) Wie wahrscheinlich ist das Ergebnis „3"?
b) Wie oft wird die „3" etwa bei 800 Würfen auftreten?
Lösung:
Da das Tetraeder regelmäßig gebaut ist, haben alle vier Seiten die gleiche Chance.
a) Die Wahrscheinlichkeit der „3" beträgt $\frac{1}{4} = 25\,\%$.
b) $800 \cdot \frac{1}{4} = 200$. Man erwartet, dass die „3" bei 800 Würfen etwa 200-mal vorkommt.

Fig. 1

Beispiel 2
Aus dem Behälter in Fig. 2 wird eine Kugel gezogen.
a) Wie groß ist die Wahrscheinlichkeit dafür, dass die Kugel weiß ist?
b) Wie groß ist die Wahrscheinlichkeit dafür, dass eine gerade Zahl auf der Kugel steht?
c) Worauf sollte man eher wetten?
Lösung:
a) *Fünf von neun Kugeln sind weiß.* Die Wahrscheinlichkeit für „weiß" ist $\frac{5}{9} \approx 55{,}6\,\%$.
b) *Auf vier Kugeln steht eine gerade Zahl.* Die Wahrscheinlichkeit für „gerade Zahl" ist: $\frac{4}{9} \approx 44{,}4\,\%$.
c) Man sollte auf „weiß" wetten.

Fig. 2

Aufgaben

1 a) Welche Wahrscheinlichkeit hat jeweils das Ergebnis „5" beim Drehen der Glücksräder in Fig. 3?
b) Claudia dreht jedes der Räder 240-mal. Wie oft kann sie dabei jeweils die „5" erwarten?

Fig. 3

2 a) Wie groß ist beim Roulette (Fig. 4) die Wahrscheinlichkeit, dass die Kugel auf ein rotes Feld fällt?
b) Wie groß ist die Wahrscheinlichkeit, dass die Kugel auf eine Zahl unter 10 fällt?

3 Michael schlägt Svea eine Wette vor:
Wenn er beim Würfeln unter 3 bleibt, zahlt er Svea ein Eis, ansonsten zahlt Svea ihm ein Eis.
a) Warum sollte Svea ablehnen?
b) Wie oft würde Michael etwa bei 300 Spielen zahlen, wie oft müsste Svea zahlen?
c) Ändere das Spiel so ab, dass es „gerecht" wird.

Fig. 4

Bist du sicher?

1 Das Glücksrad wird einmal gedreht.
a) Man achtet auf die Zahlen. Welche Wahrscheinlichkeit hat die „0"?
b) Man achtet auf die Farben. Welche Wahrscheinlichkeit hat „dunkelblau"? Welche Wahrscheinlichkeit hat „hellblau"?

Fig. 1

4 Jana verspricht Regine, dass sie morgen Zeit für ein Minigolfmatch hat. Sie sagt: „Das ist ganz sicher, mit 150 % Wahrscheinlichkeit."
Warum ist das nicht im Sinne der Mathematik gemeint?

Klassenexperiment

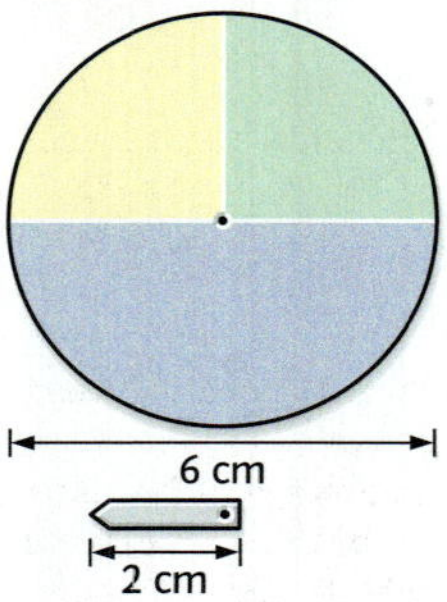

Fig. 2

5 a) Stelle das Glücksrad aus Fig. 2 her. Teile dazu die Kreisscheibe wie angegeben und färbe die Flächen. Der Zeiger aus Pappe wird an einem Ende durchbohrt und auf der Scheibe drehbar festgehalten (Fig. 3).
b) Drehe den Zeiger 20-mal durch „Anschnippen" und notiere die Ergebnisse.
c) Fasst in der Klasse jeweils die notierten Häufigkeiten von „blau", „gelb" und „grün" zusammen und berechnet die Anteile dieser Ergebnisse.

Fig. 3

6 Der Wetterbericht sagt für den nächsten Tag voraus, dass es mit der Wahrscheinlichkeit 80 % regnen wird. Zeichne zusammen mit deinem Nachbarn ein Glücksrad mit zehn gleich großen Feldern und färbt es so, dass man damit „Regen – nicht Regen" spielen kann. Haltet eure Versuchsreihe in einer Tabelle fest.

7 Svenja, Liz und Dagmar wollen zufällig entscheiden, ob sie Eis essen, ins Kino gehen oder eine Radtour machen. Wie könnten sie das mit den „Würfeln" in Fig. 4 machen?

Fig. 4

8 Nimm an, dass alle Tage des Jahres als mögliche Geburtstage gleich wahrscheinlich sind. Bestimme die Wahrscheinlichkeit, dass jemand, der nicht in einem Schaltjahr geboren ist,
a) am 12. Januar b) im März c) am 29. Februar Geburtstag hat.

9 Welche Begründung ist gerechtfertigt, welche ist annähernd gerechtfertigt, welche ist falsch?
a) Es gibt zwölf Monate, also ist die Wahrscheinlichkeit, dass eine zufällig ausgewählte Person im Januar Geburtstag hat, $\frac{1}{12} \approx 8{,}3\,\%$.
b) Es gibt sieben Wochentage, also ist die Wahrscheinlichkeit, dass eine zufällig ausgewählte Person in diesem Jahr an einem Sonntag Geburtstag hat, $\frac{1}{7} \approx 14{,}3\,\%$.
c) Es gibt sieben Wochentage, also ist die Wahrscheinlichkeit, dass der 1. Advent auf einen Montag fällt, $\frac{1}{7} \approx 14{,}3\,\%$.
d) Ein Bierdeckel hat zwei Seiten. Also ist die Wahrscheinlichkeit, dass er beim Werfen auf die Oberseite fällt, $\frac{1}{2} = 50\,\%$.

2 Versuchsreihen ergeben Wahrscheinlichkeiten

Bei einem Spiel wird ein „Dreieckskreisel“ 20-mal gedreht. Auf welche Seite fällt der Kreisel wohl am häufigsten? Worauf würdest du wetten?
Baue einen eigenen Kreisel. Lasse deine Sitznachbarn schätzen, auf welcher Seite der Kreisel am häufigsten liegen bleibt. Drehe dann den Kreisel 20-mal.

Es gibt Zufallsversuche, bei denen die Wahrscheinlichkeiten nicht direkt zu erkennen sind.

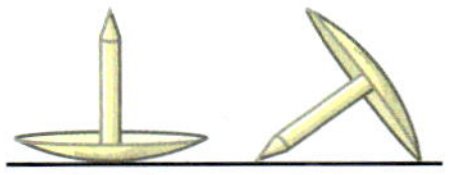

Wirft man beispielsweise einen Reißnagel, so kann man die Wahrscheinlichkeit der Lagen Kopf und Seite nicht direkt angeben. Man kann sie jedoch schätzen, indem man eine ausreichend lange Versuchsreihe durchführt. Man zählt dabei, wie oft Kopf und Seite auftreten. Diese Anzahlen nennt man **absolute Häufigkeiten**. Man bestimmt außerdem die Anteile der absoluten Häufigkeiten an der Gesamtzahl der Würfe. Diese Anteile nennt man **relative Häufigkeiten**. In der Tabelle sind die absoluten und relativen Häufigkeiten verschiedener Versuchsreihen beim Werfen eines Reißnagels aufgeführt. Bei 10 Würfen sind die Häufigkeiten des ersten und zweiten Durchgangs noch sehr verschieden. Bei 100 Würfen sind die Werte beider Durchgänge wesentlich ähnlicher. Und bei 1000 Würfen sind die Unterschiede schon sehr gering. Würde man noch häufiger werfen, so ist zu erwarten, dass die Unterschiede nochmals geringer wären.

1000 x Werfen	1. Durchgang		2. Durchgang	
Ergebnis	Kopf	Seite	Kopf	Seite
abs. Häuf.	595	405	601	399
rel. Häuf.	0,595	0,405	0,601	0,399

10 x Werfen	1. Durchgang		2. Durchgang	
Ergebnis	Kopf	Seite	Kopf	Seite
abs. Häuf.	4	6	8	2
rel. Häuf.	0,4	0,6	0,8	0,2

100 x Werfen	1. Durchgang		2. Durchgang	
Ergebnis	Kopf	Seite	Kopf	Seite
abs. Häuf.	65	35	57	43
rel. Häuf.	0,65	0,35	0,57	0,43

__Relativ__ bedeutet „bezogen auf“.
__Relative Häufigkeiten__ werden auf die Gesamtzahl der Durchführungen eines Versuches bezogen.

Bei Zufallsversuchen ist zu erwarten, dass sich die relativen Häufigkeiten bei wiederholter Durchführung umso stärker angleichen, je länger die Versuchsreihe ist. Daher schätzt man die Wahrscheinlichkeiten durch die relativen Häufigkeiten von langen Versuchsreihen. Beim obigen Reißnagelwurf kann man z. B. folgende Wahrscheinlichkeiten schätzen:

Ergebnis	Kopf	Seite
geschätzte Wahrscheinlichkeit	0,6 = 60 %	0,4 = 40 %

Die Wahrscheinlichkeiten hängen vom Reißnagel ab!

Wenn man einen Zufallsversuch oft wiederholt, dann sind die ermittelten relativen Häufigkeiten gute Schätzwerte für die Wahrscheinlichkeiten.

Lange Versuchsreihen führen zu Wahrscheinlichkeiten.

Beispiel Schätzen von Wahrscheinlichkeiten
Schätze zuerst ohne und dann mit Experiment die Wahrscheinlichkeiten dafür, dass die Zahlen 1 bis 5 oben liegen.
Lösung:
Für 1 und 5 sind gleiche Wahrscheinlichkeiten zu erwarten, da die Flächen gleich groß sind.
Aus dem gleichen Grund haben 2, 3 und 4 gleiche Wahrscheinlichkeiten.
Da der Baustein recht flach ist, haben 1 und 5 eine größere Wahrscheinlichkeit als 2, 3 und 4.
Ein Experiment (300 Würfe) hat die nebenstehende Tabelle ergeben:
Da die Wahrscheinlichkeiten für 1 und 5 gleich sind, kann man aus den relativen Häufigkeiten beider Zahlen einen Mittelwert bilden – es ergibt sich jeweils 33,5 %.
Aus dem gleichen Grund erhält man für 2, 3 und 4 je eine geschätzte Wahrscheinlichkeit von 11 %.

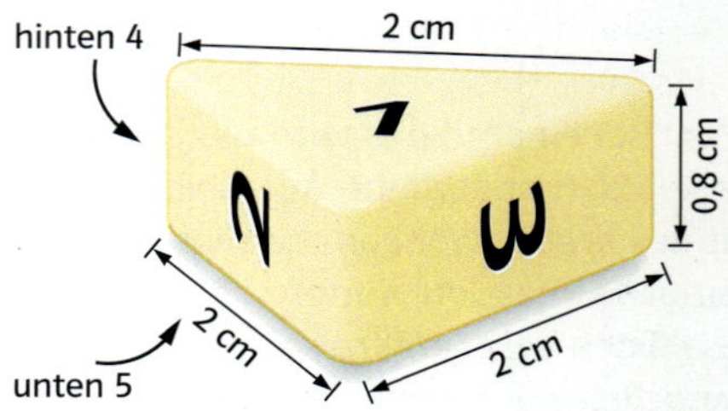

Augenzahl	1	2	3	4	5
Schätzung	30 %	20 %	20 %	20 %	30 %

Augenzahl	1	2	3	4	5
abs. Häuf.	104	37	29	34	96
rel. Häuf.	0,35	0,12	0,10	0,11	0,32
geschätzte Wahrsch.	0,335 33,5 %	0,11 11 %	0,11 11 %	0,11 11 %	0,335 33,5 %

Die Summe der relativen Häufigkeiten und der Wahrscheinlichkeiten muss 1 ergeben.

Aufgaben

1 Helena wirft einen Reißnagel 250-mal und erhält 177-mal Kopf, Susanne erhielt in 500 Würfen 322-mal Kopf und Pascal in 750 Würfen 466-mal Kopf.
Berechne die relativen Häufigkeiten in Prozent. Welche Wahrscheinlichkeit für Kopf werden sie etwa schätzen? Vergleiche.

Gruppenarbeit
Bei den Aufgaben 2, 3 und 5 bekommt man bessere Ergebnisse, wenn man in einer Gruppe arbeitet.

2 a) Paul hat die Seiten von Legosteinen durchnummeriert und die Wahrscheinlichkeiten für Lego-Achter, -Sechser und -Vierer geschätzt. Welche Schätzung gehört zu welchem Stein?
b) Würfle mit dem Lego-Achter, -Sechser und -Vierer jeweils 50-mal (einen Becher auf den Tisch stülpen) und ermittle die absoluten und relativen Häufigkeiten der Augenzahlen 1 bis 6.
c) Kannst du die Schätzungen von Paul verbessern?

Augenzahl	1	2	3	4	5	6
Schätzung 1	10 %	10 %	40 %	20 %	10 %	10 %
Schätzung 2	10 %	0,5 %	47 %	32 %	0,5 %	10 %
Schätzung 3	11 %	1,5 %	45 %	30 %	1,5 %	11 %

3 **Ein Buch mit vielen Zahlen**
Im Telefonbuch stehen neben den Telefonnummern auch Adressen, z. B. Huber Max, Hauptstraße 25. Die Hausnummer hat hier die Anfangsziffer 2. Sarah vermutet, dass die Anfangsziffern 1, 2, …, 9 der Hausnummern mit gleicher Wahrscheinlichkeit vorkommen. Überprüfe die Vermutung, indem du in einem Telefonbuch 50 Hausnummern zufällig auswählst und jeweils die Anfangsziffer notierst. Ermittle dann die relativen Häufigkeiten für die Ziffern 1, …, 9.

4 In der deutschen Sprache treten die einzelnen Buchstaben des Alphabets mit sehr unterschiedlicher Wahrscheinlichkeit auf, wie die Tabelle auf dem Rand zeigt.
a) Beschreibe eine Methode, mit der man die Wahrscheinlichkeiten ermitteln könnte.
b) Wähle einen Text aus oder schreibe eine Geschichte und untersuche, ob du ähnliche Werte erhältst. Stelle dein Ergebnis in einem Balkendiagramm dar und kommentiere es.
c) Der römische Kaiser Julius Cäsar (100 – 44 v. Chr.) soll die nach ihm benannte Cäsar-Scheibe (Fig. 1) zum Verschlüsseln von Nachrichten verwendet haben. Dazu ersetzte er jeden Buchstaben seiner Nachricht durch den Buchstaben, der im Alphabet beispielsweise drei Stellen danach kommt. Aus „Feldherr" wird z. B. in der Geheimschrift „ihogkhuu". Schon Cäsar hat erkannt, dass man mit dieser Methode keine längeren Texte sicher verschlüsseln kann. Warum?
d) Entschlüssle den folgenden Geheimtext unter Verwendung der Tabelle auf dem Rand.
„hvoczhvodfdnozdiznyzmdiozmznnvioznoz
iavzxczmhdonzcmcjczmrvcmnxczdigdxcfzd
ofviihvikmjwgzhzyznvggovbnhdocdgazyzm
hvoczhvodfgjznzi"

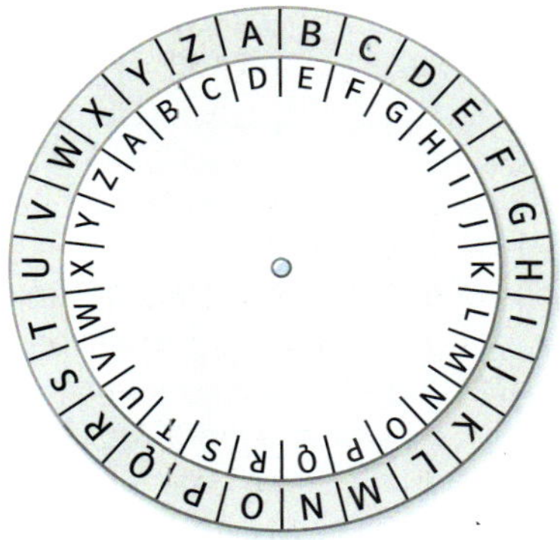

Fig. 1

Buchstabe	Vorkommen
a	6,51 %
b	1,89 %
c	3,06 %
d	5,08 %
e	17,40 %
f	1,66 %
g	3,01 %
h	4,76 %
i	7,55 %
j	0,27 %
k	1,21 %
l	3,44 %
m	2,53 %
n	9,78 %
o	2,51 %
p	0,79 %
q	0,02 %
r	7,00 %
s	7,27 %
t	6,15 %
u	4,35 %
v	0,67 %
w	1,89 %
x	0,03 %
y	0,04 %
z	1,13 %

5 In einem Comic werden zwei Möglichkeiten vorgeschlagen, um Noten für eine Klassenarbeit per Zufall zu ermitteln.
Erstens: Würfeln mit einem Spielwürfel mit sechs Seiten.
Zweitens: Vier Münzen werden geworfen. Zu der Anzahl der geworfenen „Wappen" addiert man eins und erhält so die Note.
a) Schätze für beide Methoden die Wahrscheinlichkeiten, mit der die einzelnen Noten auftreten können.
b) Führe beide Methoden für 50 Noten durch und berechne die relativen Häufigkeiten.
c) Verbessere deine Schätzungen aus a) mithilfe der Ergebnisse aus b). (Verwende dafür alle Ergebnisse deiner Klasse!)

6 In einer Urne befinden sich 13 Kugeln, von denen eine unbekannte Anzahl rot ist. Jan behauptet, dass er die Anzahl der roten Kugeln recht genau ermitteln kann, indem er mehrmals eine Kugel aus der Urne zieht, sich die Farbe notiert und die Kugel dann wieder zurück legt.
a) Jan hat 22-mal nach der Methode eine Kugel gezogen. Fünf davon waren rot. Wie viele Kugeln in der Urne sind wahrscheinlich rot?
b) Jan wiederholt sein Experiment und zieht 100-mal eine Kugel. Dabei hat er 31-mal eine rote Kugel gezogen. Wie viele rote Kugeln kann man mit diesem Ergebnis in der Urne erwarten? Bestätigt es die Vermutung aus a)? Begründe deine Aussage.

Kannst du das noch?

7 Ein Mauersegler kann große Strecken mit einer Geschwindigkeit von 150 km/h zurücklegen. Wie lange würde er für die Strecke Stuttgart – Berlin (600 km) brauchen? Wie lange braucht er zum Überfliegen eines 120 m langen Sportplatzes?

3 Zusammenfassen von Ergebnissen – Summenregel

Bei Zufallsversuchen gibt es manchmal Situationen, zu denen mehrere Ergebnisse gehören. Du lernst nun, wie man in solchen Fällen die Wahrscheinlichkeit bestimmen kann.

Marcella überlegt, mit welcher Wahrscheinlichkeit ihre rote Figur beim nächsten Zug die grüne Figur von Max überholt.
Dazu muss sie eine der vier Augenzahlen drei, vier, fünf oder sechs würfeln.
Die Wahrscheinlichkeit dafür beträgt daher $\frac{4}{6}$.

Diese Wahrscheinlichkeit kann sie auch berechnen, indem sie die Wahrscheinlichkeiten für die vier Augenzahlen addiert: $\frac{1}{6} + \frac{1}{6} + \frac{1}{6} + \frac{1}{6} = \frac{4}{6}$.

Nun verwenden Marcella und Max zum Ziehen der Figuren anstelle des Würfels einen Lego-Achter.
Dann kann man nur noch auf die zweite Art berechnen, wie groß die Wahrscheinlichkeit fürs Überholen ist:
47 % + 32 % + 0,5 % + 10 % = 89,5 %.
Die Wahrscheinlichkeit fürs Überholen beträgt also jetzt 89,5 %.

Augenzahl	1	2	3	4	5	6
Wahrscheinlichkeit	10 %	0,5 %	47 %	32 %	0,5 %	10 %

Summenregel: Man berechnet die Wahrscheinlichkeit bei Situationen mit mehreren Ergebnissen, indem man die Wahrscheinlichkeiten der zugehörigen Ergebnisse addiert.

Beispiel
In einer Tüte Schokolinsen sind 25 % hellblaue, 19 % dunkelblaue, 34 % gelbe und 22 % rote Schokolinsen. Anna zieht ohne hinzuschauen eine Linse. Wie groß ist die Wahrscheinlichkeit, dass es
a) eine blaue Linse ist,
b) eine blaue oder eine rote Linse ist,
c) keine rote Linse ist?

Lösung:
a) Die Wahrscheinlichkeit für eine blaue Linse beträgt: 25 % + 19 % = 44 %.
b) Die Wahrscheinlichkeit für eine blaue oder rote Linse beträgt:
25 % + 19 % + 22 % = 66 %.
c) Die Wahrscheinlichkeit dafür, dass Anna keine rote Linse zieht, beträgt:
25 % + 19 % + 34 % = 78 %.

Aufgaben

1 a) Bestimme für die Glücksräder die Wahrscheinlichkeit für die Ergebnisse „blau", „gelb" und „grün".
b) Bestimme die Wahrscheinlichkeit dafür, dass der Zeiger auf „gelb" oder auf „blau" stehen bleibt.
c) Löse b), falls die Wahrscheinlichkeiten durch die Tabelle in Fig. 3 gegeben sind.

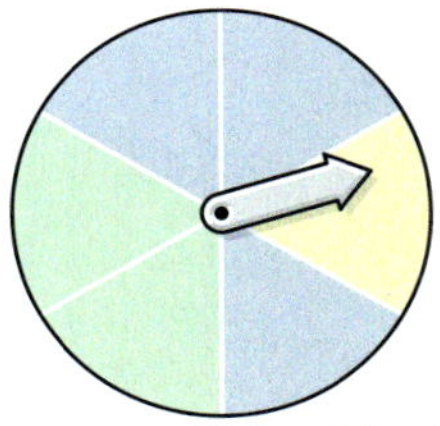

Fig. 1

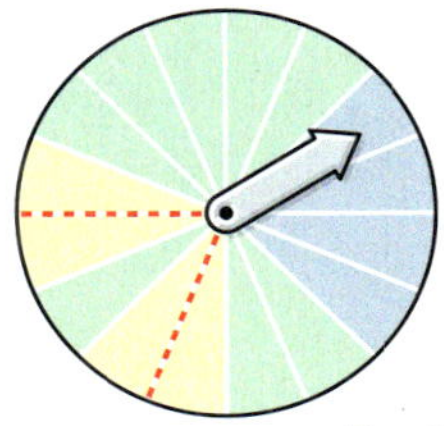

Fig. 2

Farbe	Wahrschein-lichkeit
blau	21 %
gelb	46 %
grün	33 %

Fig. 3

2 In der Bonbondose von Familie Schütz sind noch fünf Karamelbonbons, drei Vitamin-, vier Himbeer-, sieben Zitronen- und elf Pfefferminzbonbons. Insgesamt 25
a) Mit welcher Wahrscheinlichkeit erhält Jonas Schütz ein Bonbon seiner Lieblingssorten Karamel oder Zitrone, wenn er ohne hinzuschauen ein Bonbon aus der Dose nimmt?
b) Seine Schwester Ilka mag heute Himbeere oder Pfefferminze schmecken. Mit welcher Wahrscheinlichkeit zieht sie ein Bonbon dieser Sorten, wenn Jonas ihr den Vortritt lässt?
c) Was kann sich bei b) ergeben, wenn Jonas zuerst ein Bonbon nimmt?

3 Beim Spiel „Mensch ärgere dich nicht" ist der Spieler mit den gelben Figuren am Zug. Mit welcher Wahrscheinlichkeit
a) schlägt er eine andere Figur
b) erreicht er sein Haus
c) geschieht keines von beiden?
Was nutzt das Wissen aus a) bis c) dem Spieler?

Welches Problem entsteht, wenn die rechte gelbe Figur ein Feld weiter vorne steht?

4 a) Wie groß ist die Wahrscheinlichkeit, an einem Samstag oder Sonntag geboren zu werden? Welche Annahme machst du bei der Berechnung?
b) Wie groß ist die Wahrscheinlichkeit, an einem Tag geboren zu werden, in dem der Buchstabe „s" vorkommt?
c) Heutzutage werden am Wochenende nicht mehr so viele Kinder geboren wie früher, weil der Geburtstermin durch Medikamente beeinflusst werden kann. Wie verändern sich dadurch die Ergebnisse in b) und c)?

5 Bei einer Umfrage unter Jugendlichen im Alter von 13 Jahren zum täglichen Fernsehkonsum ergab sich die folgende Tabelle.

Tageskonsum	bis 1 Std.	über 1 bis 2 Std.	über 2 bis 3 Std.	über 3 bis 4 Std.	über 4 Std.
Anteil	10,4 %	20,1 %	33,2 %	19,8 %	16,5 %

a) Beim Klassenstufenfest des Richard-Wilhelmi-Gymnasiums sind 98 Schülerinnen und Schüler der Klassenstufe 7 anwesend. Wie viele Personen sind schätzungsweise darunter, die mehr als zwei Stunden täglich fernsehen?
b) Welche Annahme macht man bei der Berechnung nach Teil a)?

Klassenexperiment
Jede(r) schreibt auf einen Zettel, wie lange er/sie täglich vor dem Fernseher sitzt. Vergleicht eure Werte mit der Tabelle.

6 Zeichne ein Glücksrad mit den Farben blau, gelb und grün, bei dem der Zeiger mit der Wahrscheinlichkeit 50 % auf „gelb" oder „blau" und mit
a) der Wahrscheinlichkeit 70 % auf „gelb" oder „grün" stehen bleibt
b) der Wahrscheinlichkeit 90 % auf „blau" oder „grün" stehen bleibt.

4 Mehrstufige Zufallsversuche – Pfadregel

Wenn Herr Peetz mit seinem Auto zur Arbeit fährt, muss er zwei Ampeln passieren. Er weiß, dass jede Ampel mit der Wahrscheinlichkeit 50 % „grün" zeigt. Deshalb behauptet er, dass er zu 100 % an einer Ampel grün hat.

Manchmal besteht ein Zufallsversuch aus mehreren Stufen. Hierbei gilt die Abfolge der Einzelergebnisse als Ergebnis. Im Folgenden wird gezeigt, wie man die Wahrscheinlichkeiten der Ergebnisse von mehrstufigen Zufallsversuchen bestimmen kann.

Bei einem Schulfest kauft Anja zweimal hintereinander ein Los. Im Loseimer liegen am Anfang drei Gewinnlose und sieben Nieten. Es sind folgende vier Ergebnisse möglich:
1) „Beide Lose sind Gewinne" (GG),
2) „Das erste Los ist ein Gewinn, das zweite eine Niete" (GN),
3) „Das erste Los ist eine Niete, das zweite ein Gewinn" (NG) und
4) „Beide Lose sind Nieten" (NN).
Die Ergebnisse können wie in Fig. 1 mit einem **Baumdiagramm** verdeutlicht werden. Jedem Ergebnis entspricht ein farbig markierter Pfad.

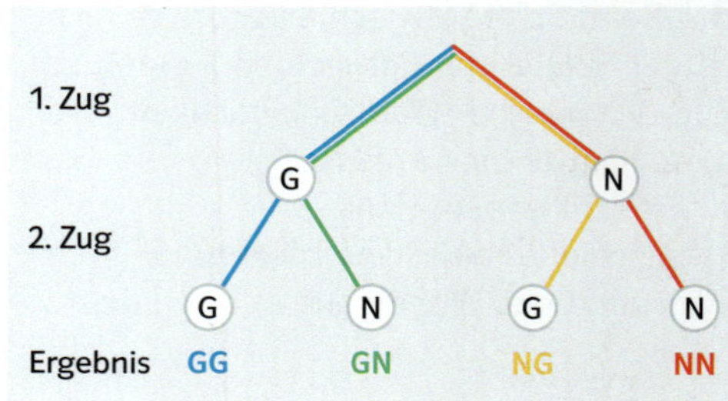

Fig. 1

Zunächst wird das erste Ergebnis (GG) untersucht: In etwa $\frac{3}{10}$ der Fälle zieht Anja beim ersten Zug ein Gewinnlos. Beim zweiten Zug sind jetzt nur noch neun Lose mit zwei Gewinnen im Eimer. Deshalb ist die Wahrscheinlichkeit für ein Gewinnlos im zweiten Zug nur noch $\frac{2}{9}$. Damit sind in ca. $\frac{2}{9}$ von $\frac{3}{10}$ aller Fälle beide Lose Gewinne.

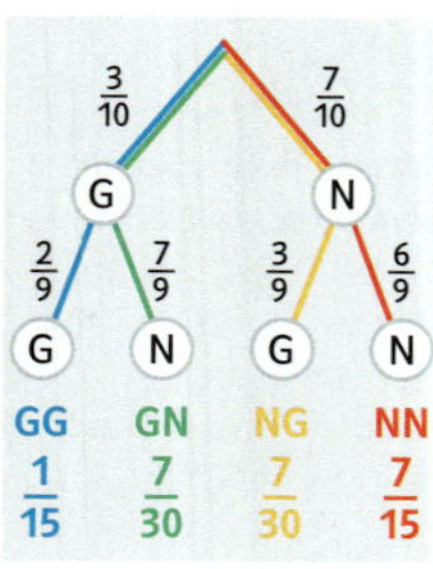

Fig. 2

Ergebnis	Wahrscheinlichkeit
GG	$\frac{3}{10} \cdot \frac{2}{9} = \frac{1}{15} \approx 6{,}7\,\%$
GN	$\frac{3}{10} \cdot \frac{7}{9} = \frac{7}{30} \approx 23{,}3\,\%$
NG	$\frac{7}{10} \cdot \frac{3}{9} = \frac{7}{30} \approx 23{,}3\,\%$
NN	$\frac{7}{10} \cdot \frac{6}{9} = \frac{7}{15} \approx 46{,}7\,\%$
Summe:	$1 = 100\,\%$

Die Wahrscheinlichkeit für das Ergebnis (GG) erhält man also, indem man die Wahrscheinlichkeiten der beiden Einzelergebnisse mutlipliziert: $\frac{2}{9} \cdot \frac{3}{10} = \frac{1}{15}$.

Um die Wahrscheinlichkeiten der anderen Ergebnisse zu bestimmen, beschriftet man wie in Fig. 2 die Pfade des Baumdiagramms mit den Wahrscheinlichkeiten der Einzelergebnisse und erhält die Tabelle.

Mehrstufige Zufallsexperimente kann man durch Baumdiagramme beschreiben. Die Wahrscheinlichkeit für ein Ergebnis erhält man, indem man die Wahrscheinlichkeiten längs des dazu gehörigen Pfades multipliziert. **(Pfadregel)**

Beispiel 1 Summen- und Pfadregel

Beim Torwandschießen trifft Jan mit 80 % und Axel mit 60 % Wahrscheinlichkeit. Wie groß sind die Wahrscheinlichkeiten, dass sie zusammen keinen, 1 oder 2 Treffer erzielen?

Lösung:

Wahrscheinlichkeit für keinen Treffer: $0{,}2 \cdot 0{,}4 = 0{,}08$

Ein Treffer wird bei den Ergebnissen TF (erst Treffer, dann Fehlschuss) und FT (erst Fehlschuss, dann Treffer) erzielt.

Die Wahrscheinlichkeiten der beiden Ergebnisse müssen daher nach der Summenregel addiert werden.

Wahrscheinlichkeit für einen Treffer: $0{,}8 \cdot 0{,}4 + 0{,}2 \cdot 0{,}6 = 0{,}44.$

Wahrscheinlichkeit für zwei Treffer: $0{,}8 \cdot 0{,}6 = 0{,}48.$

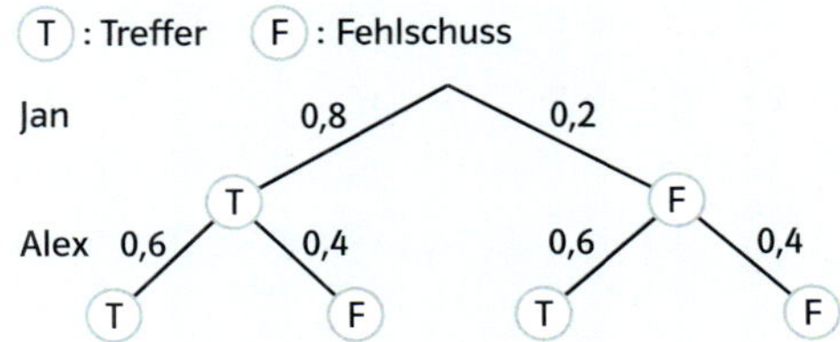

Fig. 1

Beispiel 2

Mit welcher Wahrscheinlichkeit gelingt der Start beim „Mensch ärgere dich nicht"?

Lösung:

Ergebnis	Wahrscheinlichkeit
6	$\frac{1}{6}$
$\not 6$ 6	$\frac{5}{6} \cdot \frac{1}{6} = \frac{5}{36}$
$\not 6$ $\not 6$ 6	$\frac{5}{6} \cdot \frac{5}{6} \cdot \frac{1}{6} = \frac{25}{216}$
Zusammen: $\frac{91}{216} \approx 42{,}1\,\%$	

Der Start gelingt mit der Wahrscheinlichkeit 42,1 %.

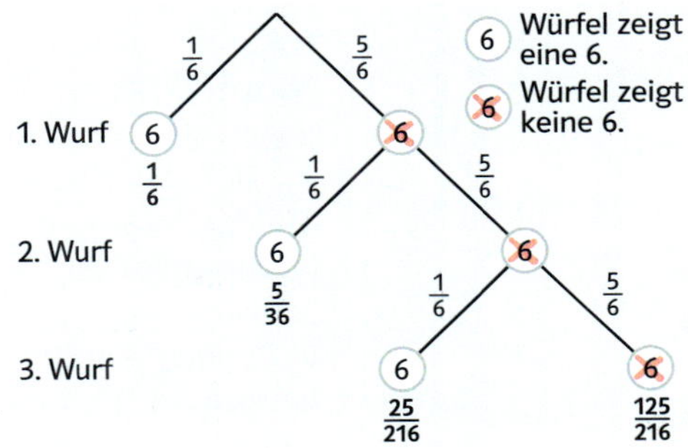

Fig. 2

Aufgaben

1 Herr Maier hat ein blaues, ein weißes und ein schwarzes Hemd. Außerdem besitzt er eine graue und eine blaue Hose. Stelle in einem Baumdiagramm alle Möglichkeiten dar, wie er ein Hemd mit einer Hose kombinieren kann.

2 Wie groß ist die Wahrscheinlichkeit, dass der quadratische Kreisel (Fig. 3)

a) beim einmaligen Drehen auf gelb kippt?

b) beim zweimaligen Drehen jedes Mal auf gelb kippt?

c) beim dreimaligen Drehen nie auf gelb kippt?

d) beim dreimaligen Drehen zweimal auf gelb kippt?

Fig. 3

3 Eine Münze wird dreimal geworfen. Wie groß ist die Wahrscheinlichkeit, dass

a) dreimal „Zahl" fällt b) einmal „Zahl" und zweimal „Wappen" fällt?

c) höchstens einmal „Zahl" fällt

4 Frau Hurtig muss auf dem Weg zur Arbeit drei Ampeln passieren. Die erste Ampel zeigt mit einer Wahrscheinlichkeit von $\frac{2}{5}$ grün, die zweite mit einer Wahrscheinlichkeit von 0,6 grün und die dritte mit einer Wahrscheinlichkeit von 85 % grün.

a) Wie groß ist die Wahrscheinlichkeit, dass Frau Hurtig an allen drei Ampeln grün erhält?

b) Wie groß ist die Wahrscheinlichkeit, dass Frau Hurtig an keiner Ampel grün erhält?

c) Wie groß ist die Wahrscheinlichkeit, dass Frau Hurtig drei Tage hintereinander an der ersten Ampel grün erhält?

5 Bei einem Schulfest kann man bei drei verschiedenen Glücksrädern einen Preis gewinnen (Fig. 1). Bei welcher Klasse sollte man spielen, wenn der Einsatz und der Preis jeweils gleich sind?

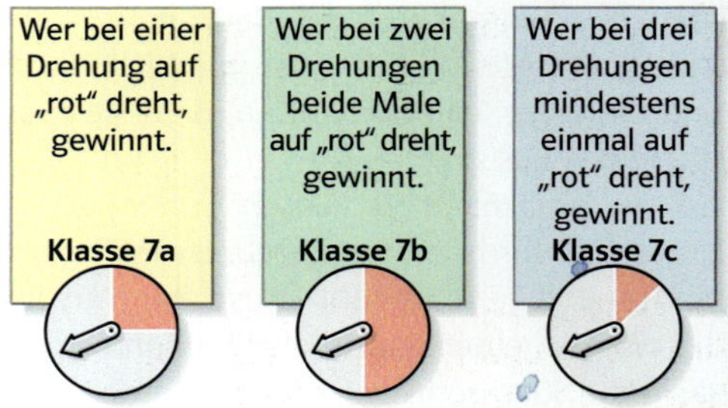

Fig. 1

6 Frank zieht aus der Schale in Fig. 2 ohne Hinschauen drei Kugeln.

Fig. 2

a) Berechne die Wahrscheinlichkeiten für die Farbreihenfolgen wrw, wwr, rww, wenn er die gezogene Kugel jeweils vor dem nächsten Zug wieder zurücklegt.
b) Welches Ergebnis erhält man, wenn die gezogenen Kugeln nicht zurückgelegt werden?
c) Frank bekommt ein Eis, wenn er in drei Zügen nur weiße Kugeln erwischt. Vor dem Experiment muss er sich aber festlegen, ob er eine einmal gezogene Kugeln vor dem nächsten Zug wieder in die Urne zurücklegen wird oder nicht. Wie soll er sich entscheiden? Berechne die Wahrscheinlichkeiten für „www“ mit und ohne Zurücklegen.

7 Ein Spielwürfel wird dreimal geworfen. Wie groß ist die Wahrscheinlichkeit,
a) dass dabei keine einzige Sechs auftritt
b) dass nur Zahlen über 2 auftreten
c) dass mindestens zwei Einsen auftreten?

8 Angenommen, man entscheidet sich bei dem in Fig. 3 dargestellten Labyrinth an jeder Weggabelung rein zufällig, welchen Weg man einschlägt.
a) Wie groß ist dann die Wahrscheinlichkeit, dass man das Ziel ohne umzudrehen erreicht?
b) Erfinde Labyrinthe und lass deinen Nachbarn die Wahrscheinlichkeit berechnen, das Ziel ohne umzudrehen zu erreichen.

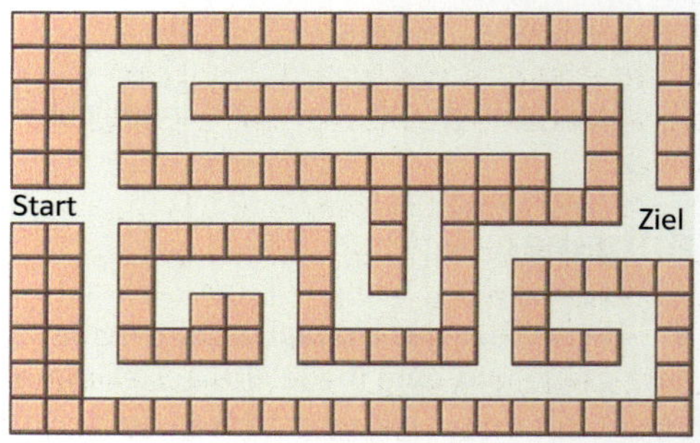

Fig. 3

9 Zwei Würfel werden zusammen geworfen. Wenn sie die gleiche Augenzahl zeigen, bezeichnet man das als **Pasch**. Berechne die Wahrscheinlichkeit für Pasch
a) mit zwei normalen Würfeln
b) mit zwei Lego-Achtern (Fig. 4).

Lego-Achter:

1	2	3	4	5	6
10 %	0,5 %	47 %	32 %	0,5 %	10 %

Fig. 4

Bist du sicher?

Lösungskonstrolle (Ergebnisse ungeordnet)
40 %; 4 %; 9,6 %; 51,2 %

1 Ein Glücksrad mit den Ziffern 1 bis 5 auf gleich großen Feldern wird dreimal gedreht. Die drei Ergebnisse werden hintereinander notiert und bilden so eine Zahl. Wie groß ist die Wahrscheinlichkeit,
a) dass eine Zahl entsteht, in der die Ziffer 5 nicht vertreten ist
b) dass eine Zahl entsteht, in der die Ziffer 5 zweimal vertreten ist
c) dass eine gerade Zahl entsteht
d) dass eine Zahl mit lauter gleichen Ziffern entsteht? Zeichne jeweils ein Baumdiagramm.

10 Überlege dir einen Zufallsversuch, der zu dem in Fig. 1 dargestellten Baumdiagramm passt.
Was bedeuten die Ergebnisse A bis D?

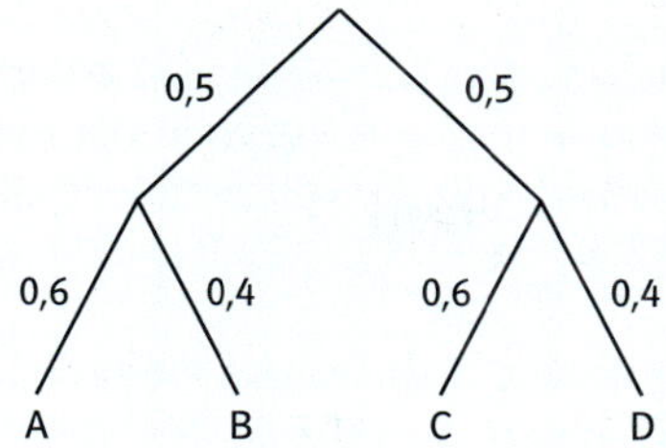

Fig. 1

11 Lotto „3 aus 5"
Gisa kreuzt drei der Zahlen von 1 bis 5 auf ihrem 5er-Lottozettel an (Fig. 2).
Jan zieht anschließend aus einer 5er-Lostrommel ebenfalls drei Zahlen (Fig. 3).
Berechne die Wahrscheinlichkeiten, dass Jan genau die drei Zahlen zieht, die Gisa angekreuzt hat.

Gisas Lottozettel

Fig. 2

Jans Ziehung

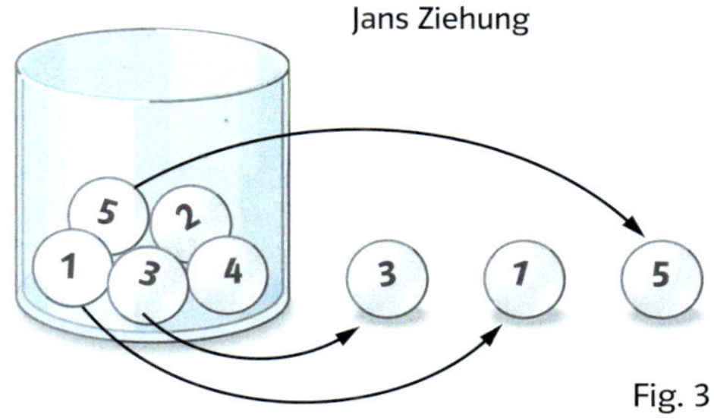

Fig. 3

12 Klassenexperiment
a) Spiele mit deinem Banknachbarn das Lotto „3 aus 5" der Aufgabe 11 40-mal. An Stelle einer Lostrommel kannst du auch einen Würfel verwenden. Wirf ihn so lange, bis drei verschiedene Zahlen von 1 bis 5 gefallen sind. Fällt 6 oder eine Zahl zum zweiten Mal, so würfelst du einfach weiter. Ermittle jeweils, wie viele der angekreuzten Zahlen in der Lottoziehung „gezogen" wurden.

Treffer	0	1	2	3
Relative Häufigkeit				

b) Fasse die Ergebnisse deiner Klasse in einer großen Tabelle zusammen und überprüfe die in Aufgabe 11 berechnete Wahrscheinlichkeit für drei Treffer.
c) Berechne mit der Pfad- und Summenregel die Wahrscheinlichkeiten für 0, 1, 2 Treffer und vergleiche sie mit den relativen Häufigkeiten des Klassenexperiments.
d) Untersucht, wie sich die Wahrscheinlichkeiten beim Lotto „3 aus 6" ändern.
Wie oft erwartet man drei Richtige bei 1000 Tipps?

Kannst du das noch?

13 Ein Güterwagen hat eine Tragfähigkeit von 20 t.
Kann man ihn mit 25 Stahlrohren von je 0,72 t und ebenso vielen Verbindungsstücken von je 45 kg beladen?

14 Beim Kauf von Waren muss man zusätzlich zum Preis der Ware eine Mehrwertsteuer von 16 % des Warenwertes bezahlen.
a) Eine Ware kostet ohne Mehrwertsteuer 421 €. Wie viel kostet die Ware mit Mehrwertsteuer?
b) Eine Ware kostet mit Mehrwertsteuer 487,20 €. Wie viel kostet sie ohne Mehrwertsteuer?

15 Zeichne einen Kreis mit dem Radius $r = 3\,cm$. Zeichne in diesen Kreis ein Dreieck, dessen Eckpunkte auf der Kreislinie liegen und bei dem ein Winkel 100° und ein anderer Winkel 40° groß ist.

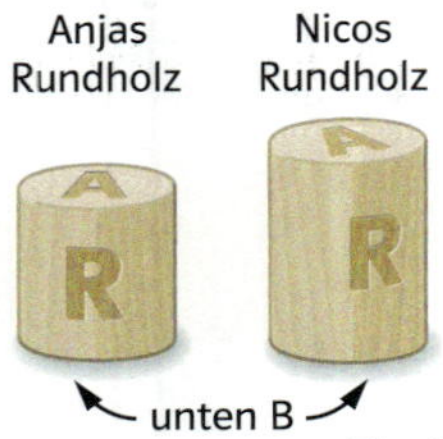

Fig. 1

A	B	R
81	92	127
40	42	218

Fig. 2

1 Anja und Nico würfeln je 300-mal mit einem der Rundhölzer in Fig. 1 und zählen jeweils, wie häufig die Ergebnisse A, B und R sind (Fig. 2).
a) Welche Angaben gehören wohl zu Anjas Holz, welche zu dem von Nico?
b) Schätze aus den Ergebnissen Wahrscheinlichkeiten für die beiden Rundhölzer.

2 a) In einer Urne liegen eine rote und vier weiße Kugeln. Wie groß ist die Wahrscheinlichkeit, dass man beim Hineingreifen die rote Kugel erwischt?
b) Frank hat beim ersten Zug eine weiße Kugel aus dieser Urne gezogen und legt sie nicht wieder zurück. Wie groß ist die Wahrscheinlichkeit, dass er nun beim zweiten Versuch die rote Kugel zieht?
c) Frank hat auch beim zweiten Versuch Pech. Mit welcher Wahrscheinlichkeit erwischt er nun die rote Kugel beim dritten Versuch?

3 Die erwachsenen Mitglieder des SC teilen sich auf wie in der Tabelle dargestellt. Mit welcher Wahrscheinlichkeit ist ein Mitglied des SC, das du zufällig triffst,

Mitglieder	weiblich	männlich
Aktive	70	60
Passive	10	20

a) eine aktive Frau
b) ein Mann
c) passiv oder männlich
d) mindestens 18 Jahre alt?

4 Ali, Claudia und Jennet werfen nacheinander je einen Stein in eine Kiste. Sie treffen mit den Wahrscheinlichkeiten 20 %, 30 % und 50 %.
a) Zeichne einen passenden Baum und berechne die Wahrscheinlichkeiten aller Trefferzahlen von 0 bis 3. Kontrolliere, dass sich zusammen 100 % ergibt.
b) Untersuche, ob sich die Wahrscheinlichkeiten für keinen, einen oder zwei Treffer ändern, wenn Jennet zuerst wirft, danach Claudia und zuletzt Ali.

5 Pferderennen
Bei einem Pferderennen nehmen sechs Pferde mit den Nummern 1 bis 6 teil. Alle Pferde werden als gleich stark eingeschätzt. Man kann darauf wetten, dass die ersten drei Pferde in einer bestimmten Reihenfolge ins Ziel kommen.
a) Schreibe alle Einlaufergebnisse für diese Wette auf, bei denen Pferd 5 gewinnt. Notiere zum Beispiel 536, wenn Pferd 5 zuerst, Pferd 3 als zweites und Pferd 6 als drittes einläuft.
b) Mit welcher Wahrscheinlichkeit hat ein Spieler den Einlauf der ersten drei Pferde richtig getippt?
c) Mit welcher Wahrscheinlichkeit hat ein Spieler nur den Einlauf der ersten zwei Pferde richtig getippt?

Eine Geschichte über „zufällige Treffen" findest du auf Seite 52.

6 Elke trifft Fred auf dem Heimweg erfahrungsgemäß mit der Wahrscheinlichkeit 50 %, Thomas mit der Wahrscheinlichkeit 70 %. Sie denkt sich: Nach der Summenregel treffe ich wenigstens einen der beiden mit der Wahrscheinlichkeit 120 %.
Aber Wahrscheinlichkeiten können doch höchstens 100 % betragen. Außerdem hat sie heute weder Fred noch Thomas getroffen. Wo steckt Elkes Denkfehler?

7 Beim Torwandschießen hat Markus die Trefferwahrscheinlichkeit 10 %, der Profi Rudi 90 %. Sie bilden ein Zweierteam. Jeder von ihnen muss einmal schießen. Sie können zusammen 0, 1 oder 2 Treffer erzielen. Nina und Miriam bilden ebenfalls ein Team. Sie haben aber beide die Trefferwahrscheinlichkeit 50 %.

a) Berechne die Wahrscheinlichkeit für 0, 1, 2 Treffer sowohl bei Team 1 als auch bei Team 2.
b) Bei 20 Schüssen erzielten die Teams die Ergebnisse in der Tabelle. Welche Trefferhäufigkeit gehört wohl zum Team Markus/Rudi, welche zum Team Nina/Miriam?
c) Wie sähen die Wahrscheinlichkeiten des ersten Teams aus, wenn Markus die Trefferwahrscheinlichkeit 0 %, Rudi 100 % hätte?

0 Treffer	1 Treffer	2 Treffer
2-mal	15-mal	3-mal
5-mal	9-mal	6-mal

8 Quoten – Quoten – Quoten
Täglich ermittelt die Gesellschaft für Konsumforschung (GfK) in Nürnberg die Quoten der Fernsehsender. Das sind die Anteile der Zeit, die besonders ausgewählte Zuschauer das Programm der Sender anschauen. 5640 Haushalte in Deutschland – davon 567 in Baden-Württemberg – mit rund 13 000 Menschen sind an die Computer der GfK angeschlossen. So wird ihr Fernsehverhalten exakt aufgezeichnet und auf rund 33 Millionen TV-Haushalte hochgerechnet.
a) Wie kommt die Zahl 567 für Baden-Württemberg zu Stande? Begründe deine Überlegung
b) Was bedeutet „hochrechnen"?
c) Wie viele Menschen in Baden-Württemberg und wie viele Menschen in Deutschland haben die Tagesschau gesehen, wenn die Quote 18,5 % beträgt und insgesamt 12 Millionen Zuschauer zu der fraglichen Zeit ferngesehen haben?
d) Ein von der GfK ausgewählter Zuschauer meint: „Wenn ich die Tagesschau einschalte, hat die gleich 5 000 Zuschauer mehr." Wie kann das sein?

Auskunft der GfK: „Die Teilnehmer werden durch genaueste Befragungen angeworben. Sie stellen einen repräsentativen Querschnitt der Bevölkerung dar."

9 Um die unbekannte Anzahl x der Schmetterlinge auf einer Insel zu schätzen, hat man 200 Schmetterlinge gefangen, durch einen kleinen Farbpunkt markiert und wieder freigelassen.
Die Wahrscheinlichkeit, dass ein später gefangener Schmetterling markiert ist, beträgt dann $\frac{200}{x}$. Einige Tage später fängt man 227 Schmetterlinge.
a) Wie viele davon werden markiert sein, wenn auf der Insel 400 (850, 2700) Schmetterlinge leben?
b) Tatsächlich sind 25 der gefangenen Schmetterlinge markiert. Wie viele Schmetterlinge leben schätzungsweise auf der Insel?

10 Klassenexperiment
Teilt euch in eine gerade Anzahl von Gruppen auf. Jede Gruppe bringt einen „See" (ein nicht durchsichtiges Gefäß) mit. In den See wird eine streng geheime Anzahl x „Fische" (z. B. Legosteine, Reißzwecken oder Chips) hineingefüllt.
Nun wird eine Partnergruppe ausgewählt, die mit dem Verfahren von Aufgabe 9 die Zahl x der Fische im See schätzen soll.
Die Gruppe, die am besten schätzt, gewinnt einen Preis.

Was machst du denn eigentlich hier?

Svea Reiners

Man sieht immer ein bisschen dumm aus, wenn man ohne Ziel die Straße auf und ab läuft, fand Anna, vor allem, wenn man sonst nie die Straße auf und ab läuft, vor allem, wenn man sonst nie die Schubertstraße auf und ab läuft. Doch das war ihr egal, denn sie hatte es sich genau überlegt. Jeden Dienstag, am Nachmittag, fuhr Zoran mit dem Fahrrad zum Badmintontraining. Immer um viertel vor vier fuhr er los. Um halb sechs kam er zurück. Nur einmal war er in den letzten zwei Monaten erst um sieben zurückgekommen. Das hatte Anna aus einem sicheren Versteck heraus ausgekundschaftet. Heute war Dienstag und Anna lief nun um viertel nach fünf die Schubertstraße auf und ab und hielt nach Zoran Ausschau. Bei jedem Kettenquietschen das sie hörte, bei jedem fernen Radfahrer den sie sah, schnellte ihr Puls in die Höhe – Zoran, dachte sie jedes Mal und jeder Herzschlag ließ ihren Kopf vibrieren. Sie fürchtete einen Herzinfarkt, fand sich mit zwölf zwar noch zu jung dafür, aber es fühlte sich so an. Anna überlegte, was sie sagen sollte, wenn sie Zoran endlich träfe. „Hallo, ich war grad zufällig in der Gegend", erschien ihr zu durchsichtig. „Hey Zoran, ich such meinen Hund, der ist weggelaufen", war auch nicht überzeugend, zumal sie gar keinen Hund besaß. Ihr fiel nichts ein, ihr Kopf gab nichts her, lediglich das Rauschen und Pochen des Pulses, mehr nicht.

Ein Auto näherte sich und mit Schrecken erkannte Anna das Auto ihrer Eltern. Zoran und ihr Vater stiegen aus. „Zoran hatte einen Platten. Direkt vor unserem Haus", sagte der Vater, „Lustig, nicht?" Was hatte Zoran in ihrer Straße gemacht, fragte sich Anna, „Was hast du bei uns in der Straße gemacht?", fragte sie Zoran. „Ich war zufällig in der Gegend", erwiderte Zoran und Anna hatte den Verdacht, dass dies erst der Anfang einer langen Reihe von Zufällen sein würde und war erleichtert, dass sie Zoran zuerst gefragt hatte. „Was machst du denn eigentlich hier?" fragte der Vater und grinste.

Wer höflich ist, gewinnt (fast immer)

Der Mathematiker Efron hat ein Spiel für zwei Personen erfunden, bei dem vier Würfel benutzt werden. Diese sind nicht in der gewohnten Weise beschriftet. Die zu den Würfeln gehörenden Netze sind in der nebenstehenden Grafik abgebildet.

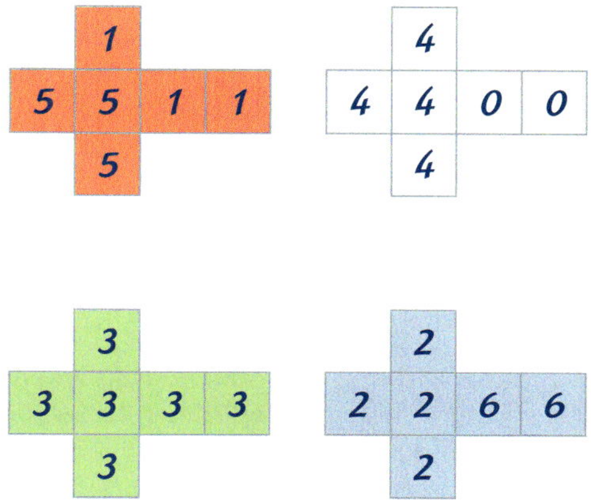

Fig. 1

Spielregel

1. Nacheinander wählen beide Spieler einen Würfel.
2. Nach der Wahl werfen beide Spieler ihren Würfel. Der Spieler mit der höheren Augenzahl bekommt einen Punkt gutgeschrieben.
3. Die Person, die nach zehn Würfen die größere Punktzahl gesammelt hat, gewinnt.

Die Efron-Würfel sind leicht herzustellen, indem man z. B. die Seiten von vier normalen Spielwürfeln nach den angegebenen Netzen beschriftet. Beim Spielen kann man interessante Erfahrungen sammeln…

Beim Spielen gegen eine Person, die über ein bestimmtes Wissen verfügt, stellt man fest, dass das Spiel fast nicht zu gewinnen ist. Dieses „Expertenwissen" kannst Du Dir aneignen. Du benötigst dazu die in diesem Kapitel erworbenen Kenntnisse.

Wenn du die folgenden Aufträge bearbeitet hast, lernst du das „Geheimnis" des Spiels kennen.

Überlege zunächst, welche Möglichkeiten es gibt, mit zwei Würfeln gegeneinander zu spielen.

Bestimme für die sechs Möglichkeiten aus Aufgabe 1 jeweils die Wahrscheinlichkeiten für die Gewinnchancen der beiden beteiligten Würfel. In der nebenstehenden Grafik siehst du eine Möglichkeit.

Stelle in einer Tabelle wie in Fig. 2 die Gewinnchancen bei den Würfelpaarungen dar.

Erarbeite eine Strategie für ein Gewinn bringendes Spielverhalten. Versuche eine möglichst einfache Merkregel für deine erfolgreiche Vorgehensweise in den verschiedenen Spielsituationen zu finden.

Teste nun deine Strategie – spiele das Spiel mit anderen Überlege, welche Reihenfolge der Auswahl für den ersten Würfel du vorschlagen würdest, wenn jemand das Spiel mit dir spielen will.

Als Beispiel ist das Baumdiagramm zum Spiel Weiß gegen Blau abgebildet.

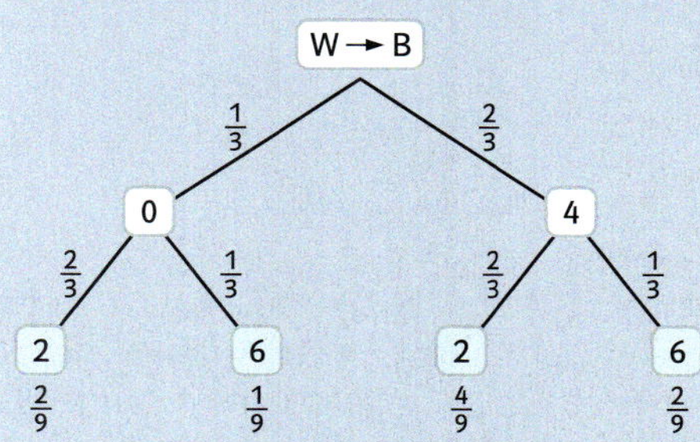

Blau gewinnt gegen Weiß mit der Wahrscheinlichkeit $\frac{2}{9} + \frac{1}{9} + \frac{2}{9} = \frac{5}{9}$. Die Gewinnchance Blau gegen Weiß ist deshalb 5:4.

Übersicht der Gewinnchancen:

	Rot	Weiß	Gelb	Blau
Rot	x			
Weiß		x		4:5
Gelb			x	
Blau		5:4		x

Fig. 2

Rückblick

Wahrscheinlichkeit
Bei einem Zufallsversuch gibt die Wahrscheinlichkeit eines Ergebnisses an, welchen Anteil man für dieses Ergebnis bei vielen Versuchswiederholungen erwartet.

Wahrscheinlichkeit für jede einzelne Kugel: $\frac{1}{12} \approx 8{,}3\,\%$.

Wahrscheinlichkeit für „rot“: $\frac{3}{12} = 25\,\%$.

Fig. 1

Wahrscheinlichkeit und relative Häufigkeit
Die absolute Häufigkeit eines Ergebnisses gibt an, wie oft das Ergebnis in der Versuchsreihe aufgetreten ist.
Die relative Häufigkeit eines Ergebnisses gibt an, wie groß der Anteil seiner absoluten Häufigkeit an den durchgeführten Versuchen ist.
Als Schätzwerte für Wahrscheinlichkeiten kann man relative Häufigkeiten aus langen Versuchsreihen nehmen.

Absolute Häufigkeiten bei 2000 Drehungen:

gelb	871 mal
grün	460 mal
blau	669 mal

Fig. 2

Für das obige Glücksrad ergibt sich:

Ergebnis	gelb	grün	blau
rel. Häufigkeit	$\frac{871}{2000}$	$\frac{460}{2000}$	$\frac{669}{2000}$
geschätzte Wahrscheinlichkeit	43,5 %	23 %	33,5 %

Summenregel
Die Wahrscheinlichkeit einer Situation, zu der mehrere Ergebnisse gehören, ist gleich der Summe der Wahrscheinlichkeiten aller zugehörigen Ergebnisse.

Bei einem gefälschten Würfel hat die 6 die Wahrscheinlichkeit 0,25 und die Augenzahlen 1 bis 5 haben jeweils nur die Wahrscheinlichkeit 0,15.
Dann beträgt die Wahrscheinlichkeit für eine gerade Augenzahl $0{,}15 + 0{,}15 + 0{,}25 = 0{,}55$.

Pfadregel
Mehrstufige Zufallsversuche lassen sich durch Baumdiagramme beschreiben. Jedem Ergebnis des Gesamtversuchs entspricht ein Pfad im Baum vom Startpunkt zu einem Endpunkt.
Die Wahrscheinlichkeit eines Ergebnisses ist gleich dem Produkt der Wahrscheinlichkeiten längs des zugehörigen Pfades.

Wahrscheinlichkeit für zwei Treffer bei drei Versuchen:

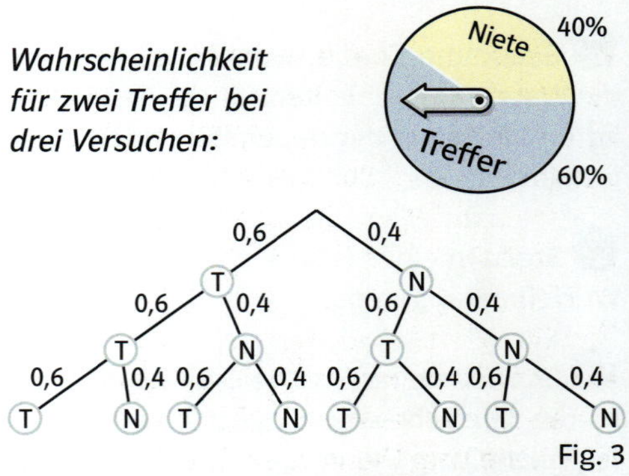

Fig. 3

Jeder der Pfade TTN, TNT und NTT hat die Wahrscheinlichkeit $0{,}6 \cdot 0{,}6 \cdot 0{,}4 = 0{,}144$.
Also beträgt die gesuchte Wahrscheinlichkeit nach der Summenregel
$0{,}144 + 0{,}144 + 0{,}144 = 0{,}432 = 43{,}2\,\%$.

Training

Runde 1

1 Aus dem Behälter in Fig. 1 wird zufällig eine Kugel gezogen.
Wie groß ist die Wahrscheinlichkeit,
a) dass die Kugel weiß ist
b) dass eine gerade Zahl auftritt?

2 Ein Glücksrad mit den Feldern A, B und C wurde gedreht (Fig. 2). Bestimme relative Häufigkeiten und schätze Wahrscheinlichkeiten für A, B und C.

3 Tina fragt Kirsten nach ihrem Geburtstag. Kirsten antwortet: „Mein Geburtstag ist im Januar. Die Zehnerziffer ist um 2 größer als die Einerziffer."
Wie groß ist jetzt die Wahrscheinlichkeit, dass Tina Kirstens Geburtstag errät?

4 Ein Würfel und eine Münze werden zusammen geworfen.
a) Wie groß ist die Wahrscheinlichkeit, dass der Würfel eine gerade Augenzahl zeigt und bei der Münze „Kopf" oben liegt?
b) Wie groß ist die Wahrscheinlichkeit, dass der Würfel keine Sechs zeigt und bei der Münze „Kopf" unten liegt?

5 Oliver zieht aus dem Behälter in Fig. 3 zufällig drei Kugeln und legt sie in der gezogenen Reihenfolge hintereinander.
a) Zeichne ein Baumdiagramm für alle möglichen Ergebnisse.
b) Berechne die Wahrscheinlichkeit, dass das Wort „OLI" entsteht.

Fig. 1

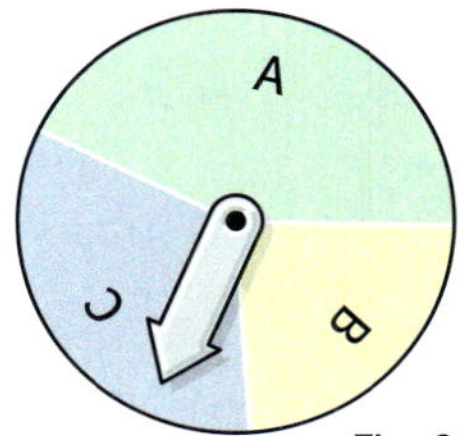

Fig. 2

Bei 96 Drehungen trat A 39-mal und B 27-mal auf.

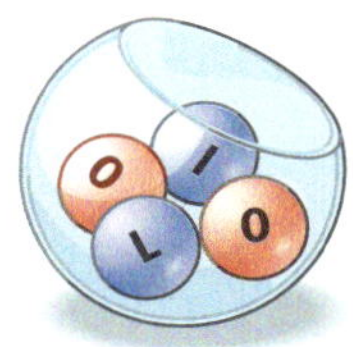

Fig. 3

Runde 2

1 Das Glücksrad in Fig. 4 wird einmal gedreht.
a) Man achtet auf die Zahlen. Wie wahrscheinlich ist die „7"?
b) Man achtet auf die Farben. Wie wahrscheinlich ist „blau"?

2 Bei einem Quader wurden gegenüberliegende Seiten gleich mit H bzw. Q bzw. F beschriftet. Die Wahrscheinlichkeit für H wurde zu 7% und die von F zu 69,7% geschätzt.
Der Quader wird 300-mal geworfen.
Welche absoluten Häufigkeiten erwartest du für die Ergebnisse H, Q und F?

3 Ein Würfel wird zweimal geworfen.
a) Mit welcher Wahrscheinlichkeit zeigt der Würfel eine Eins und der andere keine Eins?
b) Mit welcher Wahrscheinlichkeit ist mindestens eine Eins dabei?

4 Robert zieht aus dem Behälter in Fig. 5 drei Kugeln zufällig und legt sie in der gezogenen Reihenfolge hintereinander.
a) Zeichne ein Baumdiagramm für alle möglichen Ergebnisse.
b) Mit welcher Wahrscheinlichkeit legt Robert das Wort „SOS"?

Fig. 4

Fig. 5

Das kannst du schon

- Punkte in ein Koordinatensystem einzeichnen
- den Dreisatz anwenden

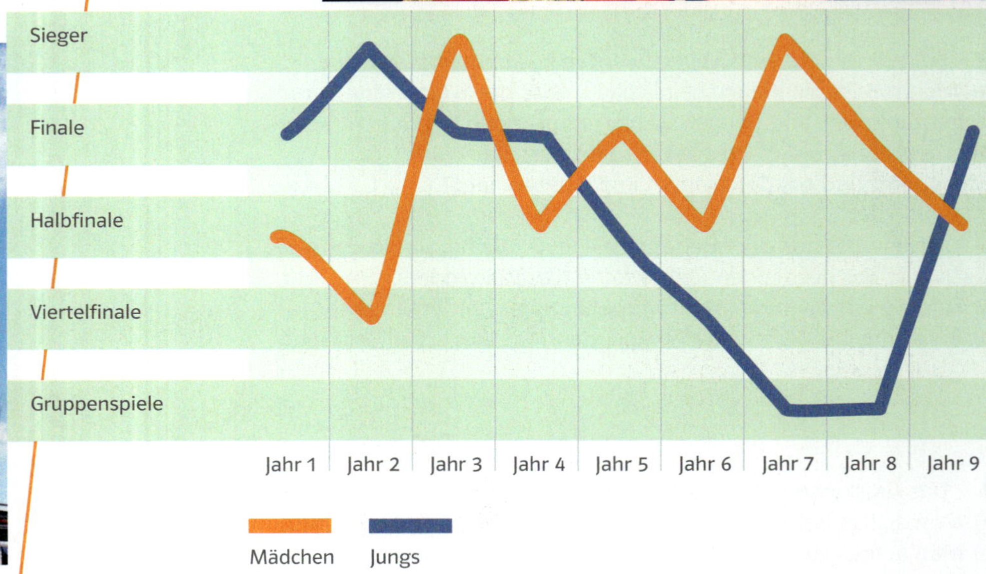

Was zu was, und wer zu wem

Wann kann Sparky wieder im Garten spielen?

Pilze ?

Gemüse ?

Obst ?

Das kannst du bald

- Zusammenhänge zwischen Größen als Zuordnung aufschreiben und darstellen
- Eigenschaften von Zuordnungen aus ihren Darstellungen ablesen
- Besondere Zusammenhänge rechnerisch beschreiben

1 Zuordnungen

Beziehungen im Alltag …

In der Mathematik kann man Beziehungen durch **Zuordnungen** beschreiben.

Cola	Preis
klein	0,50 €
mittel	1,00 €
groß	1,50 €

Fig. 1

Klasse	7a	7b	7c
Anzahl der Schüler/-innen	28	32	29

Fig. 2

Eine Einfachkarte zwischen Neustadt und Freiburg für die Bahn kostet 4,40 €.
Eine Hin- und Rückfahrkarte ist doppelt so teuer.

Fig. 3

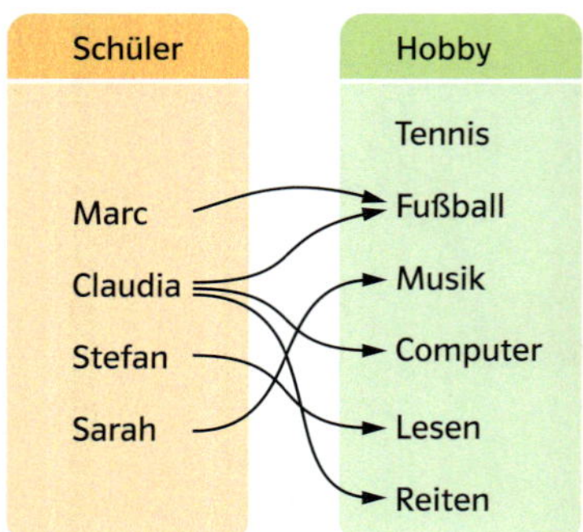

Fig. 4

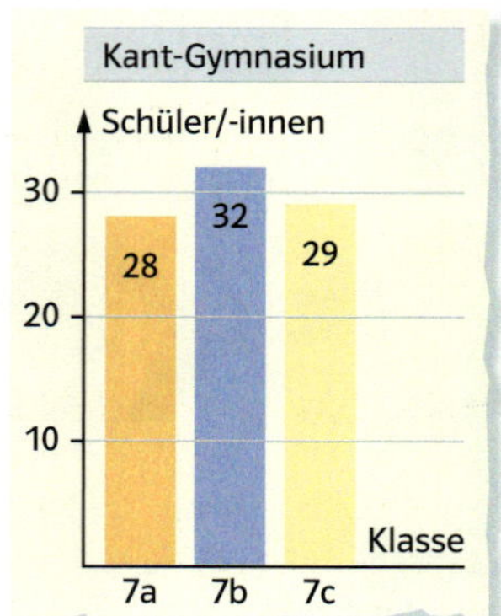

Fig. 5

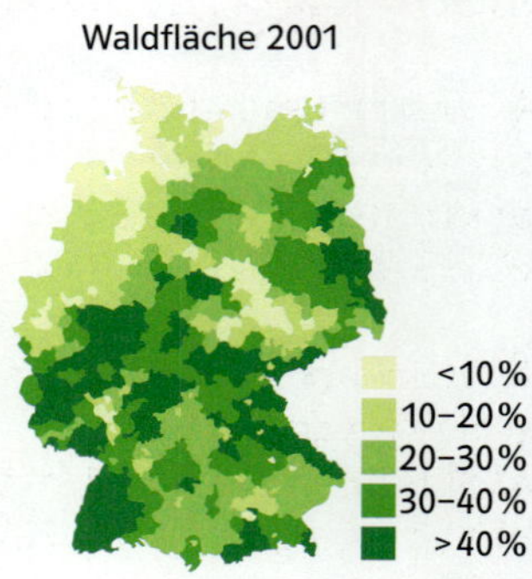

Fig. 6

In den Figuren sind mögliche Darstellungen von Zuordnungen abgebildet:
- die Zuordnung *Cola-Größe → Preis* (Fig. 1) und die Zuordnung *Klasse → Anzahl der Schülerinnen und Schüler* (Fig. 2) werden durch eine Tabelle dargestellt,
- die Zuordnung *Fahrkarte → Preis* (Fig. 3) wird durch einen Text beschrieben,
- die Zuordnung *Schüler → Hobby* (Fig. 4) wird mit Pfeilen veranschaulicht und
- die Zuordnung *Klasse → Anzahl der Schüler und Schülerinnen* (Fig. 5) sowie die Zuordnung *Region → Anteil der Waldfläche* (Fig. 6) werden in einer Grafik abgebildet.

Zuordnungen können beispielsweise durch Tabellen, Grafiken, Pfeile oder Texte dargestellt werden.

Beispiel

Die 24 Schülerinnen und Schüler der Klasse 7b haben überprüft, wie die Augenfarben in ihrer Klasse verteilt sind. Blaue Augen haben zwölf Schülerinnen und Schüler, braune Augen acht und grüne Augen die übrigen Schülerinnen und Schüler.

a) Welche Zuordnung wird durch den Text beschrieben?

b) Stelle die Zuordnung in einer Tabelle und mit einer Grafik dar.

Lösung:

a) Es wird die Zuordnung *Augenfarbe → Anzahl der Schüler* beschrieben.

b)

Augenfarbe	blau	braun	grün
Anzahl der Schüler/-innen	12	8	4

Zwei mögliche Grafiken sind in Fig. 1 dargestellt.

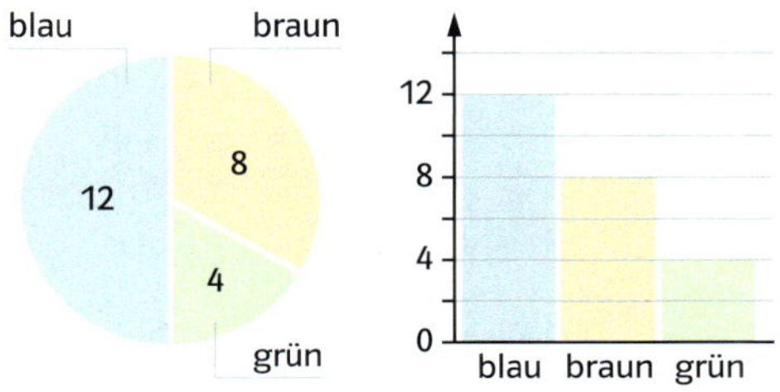

Fig. 1

Aufgaben

1 Miss die Länge der Finger einer deiner Hände und lege eine Tabelle für die Zuordnung *Finger → Länge* an.

2 Stellt auf einem großen Plakat für eure Klasse die Zuordnung *Schüler/-in → Lieblingsessen* mit Pfeilen dar.

3 Stelle in zwei verschiedenen Darstellungen die Zuordnung *Alter → Anzahl der Schüler/-innen deiner Klasse* dar.

4 Katrin besorgt sich bei der Bank eine Währungstabelle für den Urlaub (Fig. 2).

a) Wie viel $ bekommt man für 50 € (300 €; 3 €)?

b) Wie viel € bekommt man für 50 $ (300 $; 3 $)?

Umtauschkurse USA (25.02.2004)			
€	$	$	€
1	1,23	1	0,81
2	2,46	2	1,63
3	3,69	3	2,44
4	4,92	4	3,25
5	6,15	5	4,07
10	12,29	10	8,14
20	24,58	20	16,27
30	36,87	30	24,41
40	49,16	40	32,55
50	61,45	50	40,68
100	122,90	100	81,37
200	245,80	200	162,73
300	368,70	300	244,10
400	491,60	400	325,47
500	614,50	500	406,83

Fig. 2

5 Schuhgrößen werden in Deutschland und England unterschiedlich angegeben.

a) Welche Größen werden in Fig. 3 einander zugeordnet?

b) Lies ab, wie lang dein Fuß etwa in cm ist.

c) Was entspricht der englischen Größe 9?

d) Welche Größen entsprechen der Fußlänge 27 cm?

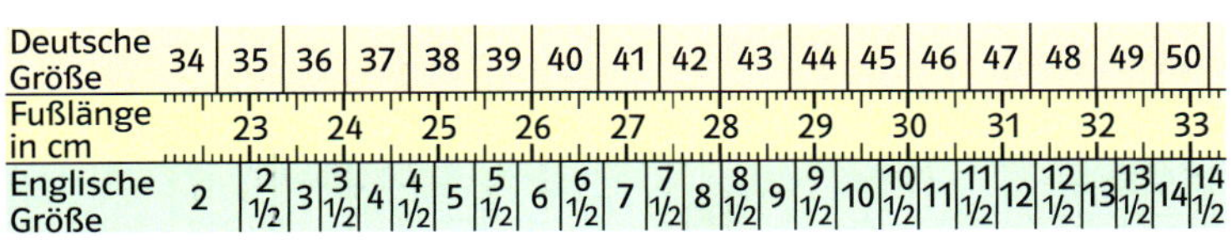

Fig. 3

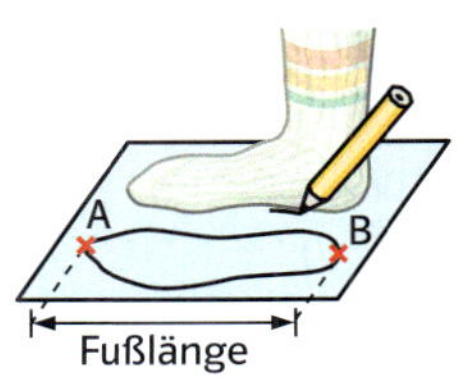

Fig. 4

6 Lege eine Tabelle für die Zuordnung *Natürliche Zahl → Anzahl der Teiler* für die Zahlen 1 bis 20 an.

7 a) In der Geschichte „Alles hat seinen Preis“ auf Seite 79 werden Dinge und Größen beschrieben, die einander zugeordnet sind. Beschreibe sie als Zuordnung.

b) Gibt es auch bei dir zu Hause ähnliche Zuordnungen? Beschreibe sie.

c) Schreibe selbst eine kurze Geschichte und gib sie deinem Nachbarn.

2 Graphen von Zuordnungen

Die Werte einer Zuordnung werden häufig in einer Tabelle festgehalten. Hat man für eine Zuordnung sehr viele Daten zur Verfügung, können die Tabellen sehr umfangreich und damit auch unübersichtlich werden.
Du lernst nun, wie man solche Zuordnungen übersichtlich darstellen kann.

Die folgende Tabelle gibt die Temperaturen an, die an einem Ort stündlich gemessen wurden.

Uhrzeit	0	1	2	3	4	5	6	7	8	9	10	11	12	13	14	15	16	17	18	19	20	21	22	23	24
Temperaturen	−2,1	−2,8	−3,2	−3,7	−3,8	−3,6	−3,2	−2,7	−1,4	1,0	3,1	5,0	6,4	6,9	6,9	6,5	5,8	4,8	3,5	2,2	1,2	0,6	0,0	−0,7	−1,1

Wertepaare als Punkte im Koordinatensystem:
;… (6|−3,2); (7|−2,7); (8|−1,4); (9|1,0); (10|3,1); (11|5,0); (12|6,4); (13|6,9); …

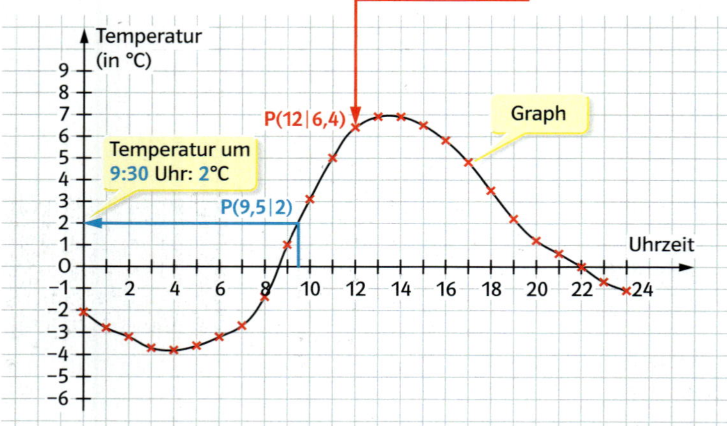

Fig. 1

Die Zuordnung *Uhrzeit → Temperatur* kann in einem Koordinatensystem veranschaulicht werden.
1. Schritt (Koordinatensystem)
Zeichne ein Koordinatensystem und beschrifte die Achsen sinnvoll.
2. Schritt (Punkte einzeichnen)
Zu jedem Eintrag in der Tabelle zeichnet man einen Punkt in das Koordinatensystem.
Die Menge aller so entstandenen Punkte nennt man **Graph** der Zuordnung.

Da man bei der Zuordnung zu jeder Uhrzeit die Temperatur messen könnte, kann man die Punkte durch eine passende Linie verbinden. Man erhält so als Graph eine Kurve.

Umgekehrt lassen sich auch aus einem Graphen die Werte der Tabelle ablesen: Zur Uhrzeit 9.30 Uhr gehört die Temperatur 2 °C.

Stellt man Zuordnungen in einem Koordinatensystem durch einen Graphen dar, so lassen sich Eigenschaften der Zuordnung gut ablesen.
Man erkennt zum Beispiel auf einen Blick, wo zugeordnete Werte
- positiv oder negativ sind,
- am größten oder kleinsten sind,
- ansteigen oder abfallen.

Beispiel

Bei einem Fluss werden an einem Messpunkt stündlich die Wasserstände gemessen. Diese geben an, um wie viel die Wasserhöhe von der durchschnittlichen Höhe abweicht.

Uhrzeit	6	7	8	9	10	11	12	13	14	15	16	17	18	19	20	21	22
Wasserstand (in cm)	−8	−10	−3	8	19	27	29	27	22	12	8	5	5	5	2	−2	−6

a) Zeichne einen Graphen der Zuordnung *Uhrzeit → Wasserstand* in ein Koordinatensystem.
b) Wie hoch war der Wasserstand in etwa um 13.30 Uhr?
c) Lies aus dem Graphen ab, wann der höchste und wann der niedrigste Wasserstand im Messzeitraum war.
d) Wann war der Wasserstand höher als 20 cm?
e) In welchen Zeiträumen ist der Wasserstand im Messzeitraum gestiegen und in welchen ist er gefallen?

Lösung:
a) Siehe Fig. 1.
b) Um 13.30 Uhr war der Wasserstand bei etwa 25 cm.
c) Der höchste Wasserstand war etwa um 12.00 Uhr, der niedrigste um 7.00 Uhr.
d) Der Wasserstand ist etwa zwischen 10.30 Uhr und 14.00 Uhr höher als 20 cm.
e) Der Wasserstand ist zwischen 7.00 Uhr und 12.00 Uhr gestiegen und zwischen 6.00 Uhr und 7.00 Uhr sowie zwischen 12.00 Uhr und 22.00 Uhr gefallen.

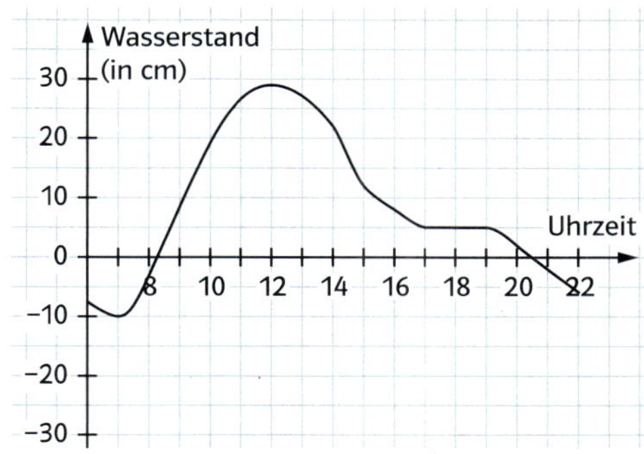

Fig. 1

Aufgaben

1 Auf einem Berg wurden zu verschiedenen Zeiten die Schneehöhen gemessen und in eine Tabelle eingetragen.

Uhrzeit	9	10	11	12	13	14	15	16	17
Schneehöhe (in cm)	7	7	7	12	17	25	28	27	22

a) Zeichne einen Graphen der Zuordnung *Zeit → Schneehöhe* in ein Koordinatensystem.
b) Wie hoch wird der Schnee um 12.30 Uhr vermutlich gelegen haben?
c) Wann hat es vermutlich geschneit?

2 Die Tabelle gibt die Temperaturen von heißem Wasser an, das in zwei unterschiedlichen Gefäßen abkühlt.

Zeit (in min)	0	5	10	15	20	25	30	35	40	45	50	55	60
Temperatur, Gefäß 1 (in °C)	50,0	34,2	26,7	23,2	21,5	20,7	20,3	20,2	20,1	20,0	20,0	20,0	20,0
Temperatur, Gefäß 2 (in °C)	50,0	40,1	33,5	29,5	26,1	24,1	22,7	21,8	21,2	20,8	20,5	20,4	20,2

a) Zeichne die Graphen der Zuordnungen *Zeit → Temperatur* für die beiden Gefäße in dasselbe Koordinatensystem.
b) Welche Temperatur hat das Wasser in den beiden Gefäßen etwa nach 22 Minuten?
c) Gib mögliche Ursachen für den unterschiedlichen Verlauf der Graphen an. Wie hoch ist die Umgebungstemperatur vermutlich?

Bei den Skizzen in Aufgabe 4 und 5 benötigen die Achsen keine Einheiten.

3 Stelle ein zylinderförmiges Gefäß unter einen gleichmäßig fließenden Wasserhahn, miss die Füllhöhe in geeigneten Zeitabständen. Zeichne den Graphen der Zuordnung *Zeit → Füllhöhe* in ein Koordinatensystem.

4 Die in Fig. 1 abgebildeten vier Gefäße werden unter einem gleichmäßig fließenden Wasserhahn gefüllt. Die Graphen veranschaulichen die Zuordnung *Zeit → Füllhöhe*. Welcher Graph gehört zu welchem Gefäß? Begründe.

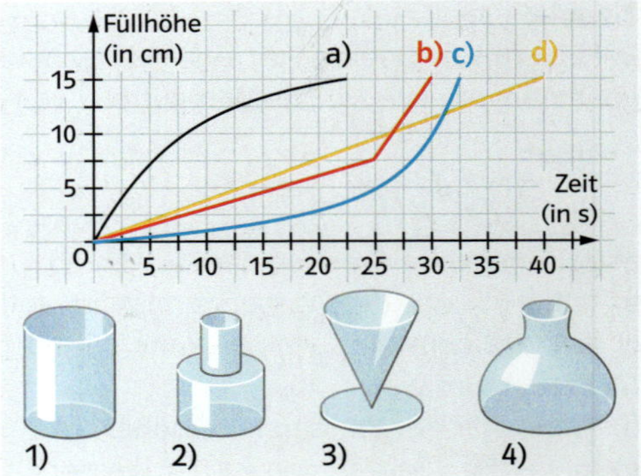

Fig. 1

5 Eine Kugel rollt auf der in Fig. 2 abgebildeten Bahn hinunter. Welche der drei in Fig. 3 abgebildeten Graphen gehört zu der Zuordnung *Zeit t → Geschwindigkeit v*? Begründe deine Entscheidung.

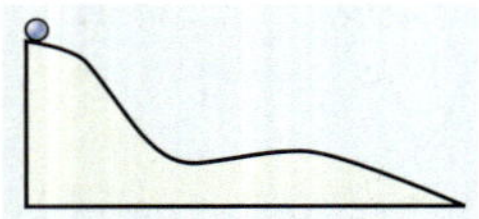

Fig. 2

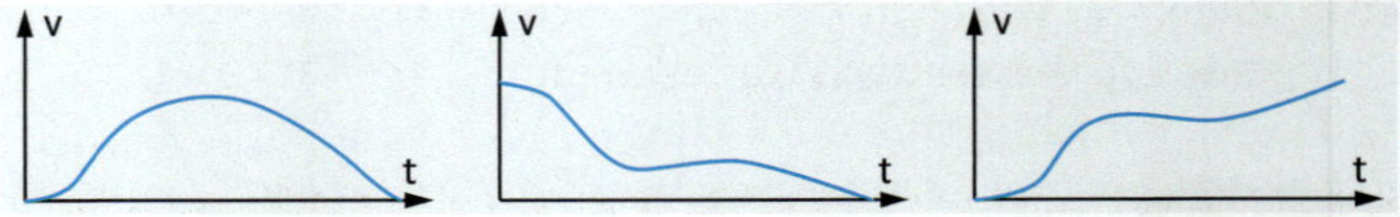

Fig. 3

6 Gib verschiedene Zuordnungen an, die zu den drei in Aufgabe 5 dargestellten Graphen gehören können. Vergleiche deine Ergebnisse mit deinem Nachbarn.

7 Will man von Stadt A zu Stadt E fahren, so gibt es die in Fig. 4 dargestellten drei Wege.
a) Beschreibe für die drei Wege, wie sich die Geschwindigkeiten während einer möglichen Fahrt verändern.
b) Skizziere für die drei Wege je einen möglichen Graphen der Zuordnung *zurückgelegte Wegstrecke → Geschwindigkeit*.

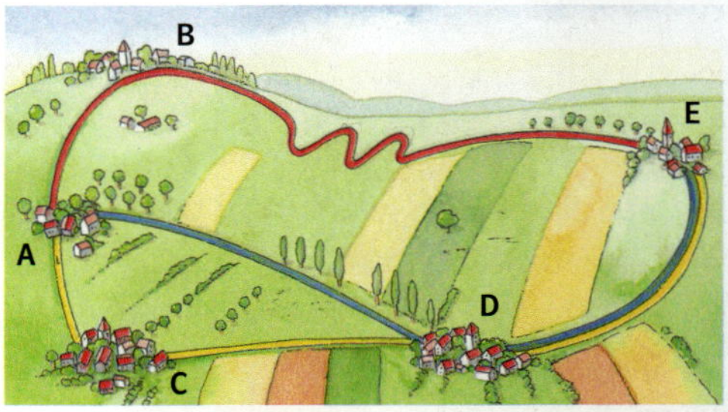

Fig. 4

8 Skizziere einen Graphen für die Zuordnung *zurückgelegte Wegstrecke → Geschwindigkeit* für eine Autofahrt und beschreibe in einer kurzen Geschichte den Verlauf der Fahrt (z. B.: Welche Straßen wurden benutzt? Wann wurden Pausen eingelegt? Gab es Besonderheiten während der Fahrt?). Gib die Geschichte deinem Nachbarn.

9 Fig. 5 zeigt den Wasserverbrauch einer Gemeinde am Abend der Übertragung eines Fußballendspieles.
a) Wie hoch war der Wasserverbrauch um 21.00 Uhr (19.15 Uhr)?
b) Wann begann das Spiel? Wann war die Halbzeit? Gab es eine Verlängerung?
c) Wie könnte der Graph aussehen, wenn ein Eishockeyspiel (Tennisfinale) übertragen würde?

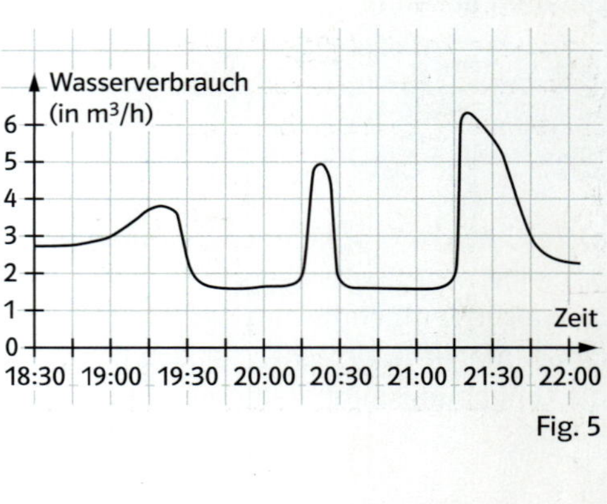

Fig. 5

10 Busfahrer müssen die Geschwindigkeit ihrer Fahrt mithilfe einer Tachoscheibe (Fig. 1) aufzeichnen.
a) Um welche Uhrzeit ist der Busfahrer losgefahren? Wann war das Fahrtende?
b) Wann wurde eine Pause eingelegt?
c) Wie groß war die Höchstgeschwindigkeit des Busses?
d) Woran erkennt man, dass der Bus zwischen 7.45 Uhr und 9.30 Uhr vermutlich auf der Autobahn fuhr?
e) Beschreibe die Fahrt in einer Geschichte.

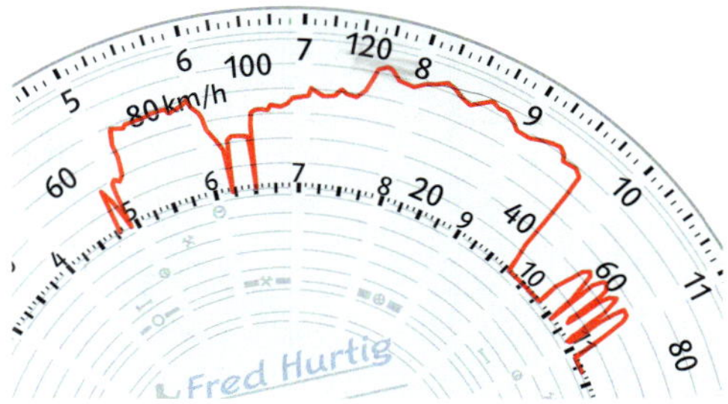

Fig. 1

Bist du sicher?

1 Bei Tieren ändert sich (wie beim Menschen) die Körpertemperatur im Laufe eines Tages. Messungen bei einer Drossel und bei einer Eule ergaben die Tabelle.

Uhrzeit	0	3	6	9	12	15	18	21
Körpertemperatur der Drossel (in °C)	38,5	39,0	41,9	42,1	42,8	41,8	41,6	39,7
Körpertemperatur der Eule (in °C)	40,8	41,1	40,6	40,2	39,9	40,1	40,2	40,5

a) Zeichne die Graphen der Zuordnungen für die Drossel und die Eule in dasselbe Koordinatensystem.
b) Welche Körpertemperatur hatten die beiden Vögel vermutlich um 7.00 Uhr?
c) Welcher der beiden Vögel ist ein Tagtier, welcher ein Nachttier? Begründe.

11 a) Bei Andreas wurde in Abständen von zwölf Stunden die Körpertemperatur gemessen (Fig. 2). Warum entspricht diese „Fieberkurve" nicht dem tatsächlichen Temperaturverlauf?
b) Übertrage die gemessenen Werte in ein Koordinatensystem und skizziere einen möglichen Graphen, der dem Temperaturverlauf entspricht.

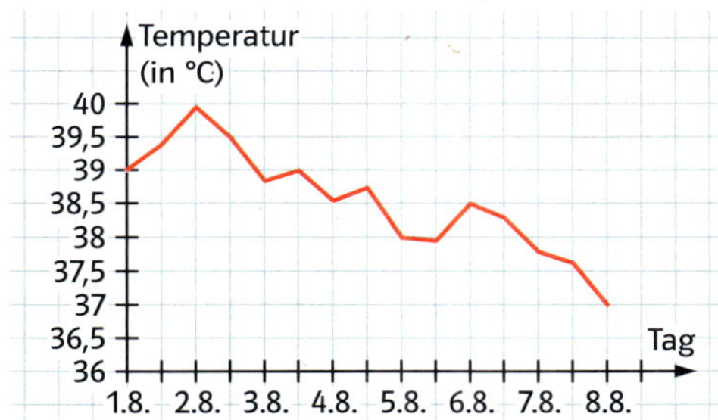

Fig. 2

Warum werden Fieberkurven im Krankenhaus wie in Fig. 2 dargestellt?

Kannst du das noch?

12 Die unten gezeigten Figuren haben die blau eingezeichneten Symmetrieachsen.
a) Gib zu den bezeichneten Punkten die Symmetriepartner bei der zugehörigen Achsenspiegelung an.
b) Welche Strecken und Winkel sind aufgrund der Symmetrie gleich groß?
c) Hat die Figur noch weitere Symmetrieachsen oder liegt eine Punktsymmetrie vor?
d) Hat die Figur einen besonderen Namen?

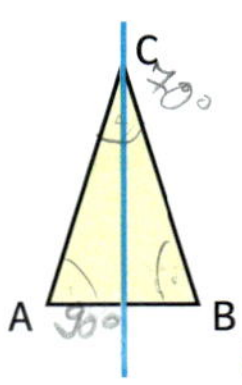

Fig. 3

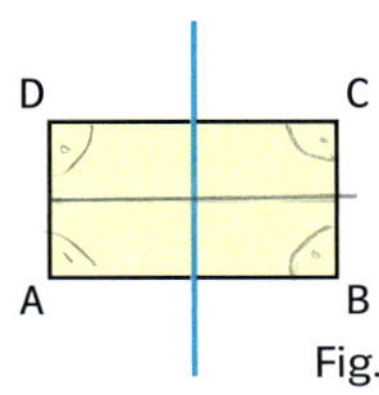

Fig. 4

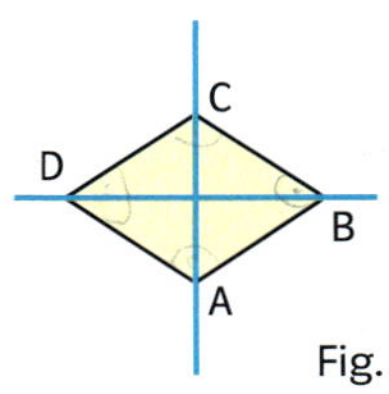

Fig. 5

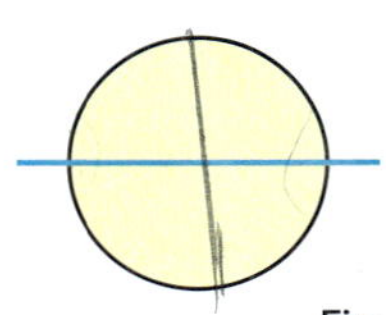
Fig. 6

3 Gesetzmäßigkeiten bei Zuordnungen

Taschengeld pro Monat (in €)

Klasse	5	6	7	8	9	10	11	12
Peter	*5*	*7*	*10*	*15*	*15*	[illegible]	[illegible]	*33*
Sabine	*5*	*9*	*13*	*17*	*21*	[illegible]	[illegible]	*33*

In den letzten beiden Lerneinheiten hast du gelernt, was Zuordnungen sind und wie sie sich darstellen lassen. In dieser Lerneinheit sollen Zuordnungen betrachtet werden, bei denen zwischen den Größen eine Gesetzmäßigkeit besteht.

Bei einem Quadrat kann man der Seitenlänge s (in cm) den Flächeninhalt A (in cm^2) zuordnen. Die Werte für den Flächeninhalt A können mit der Formel

$A = s^2$

berechnet werden. Damit kann man die folgende **Wertetabelle** erstellen.

s (in cm)	1	2	3	4	5	10
A (in cm^2)	1	4	9	16	25	100

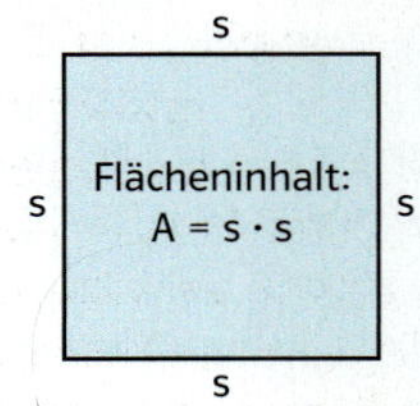

Fig. 1

Bei manchen Zuordnungen lässt sich die zweite Größe mithilfe einer Formel berechnen.

Bei Zuordnungen spricht man statt von einer Formel auch von einer Gleichung der Zuordnung.

Beispiel

In den Vereinigten Staaten wird die Temperatur in °F (Fahrenheit) gemessen. Jeder Temperatur in °C kann eine Temperatur in °F zugeordnet werden. Für die Umrechnung lässt sich die Formel

$T_F = \frac{9}{5} \cdot T_C + 32$

verwenden. Dabei bedeutet T_F: Temperatur (in °F) und T_C: Temperatur (in °C).

a) Welche Temperatur in °F entspricht 25 °C?

b) Erstelle für die Zuordnung $T_C \rightarrow T_F$ eine Wertetabelle und zeichne den Graphen.

Lösung:

a) Für die Temperatur in Fahrenheit erhält man $T_F = \frac{9}{5} \cdot 25 + 32 = 77$.
Der Temperatur von 25 °C entspricht die Temperatur von 77 °F.

b) *Wie in a) gezeigt, berechnet man die Werte der Tabelle.*

T_C (in °C)	0	5	10	15	20	25	30
T_F (in °F)	32	41	50	59	68	77	86

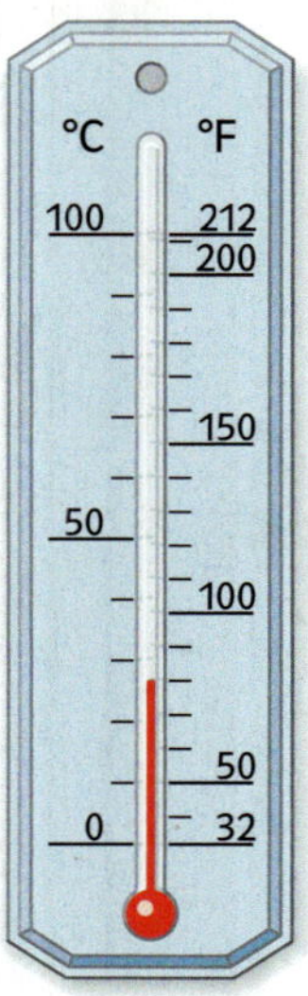

Fig. 2

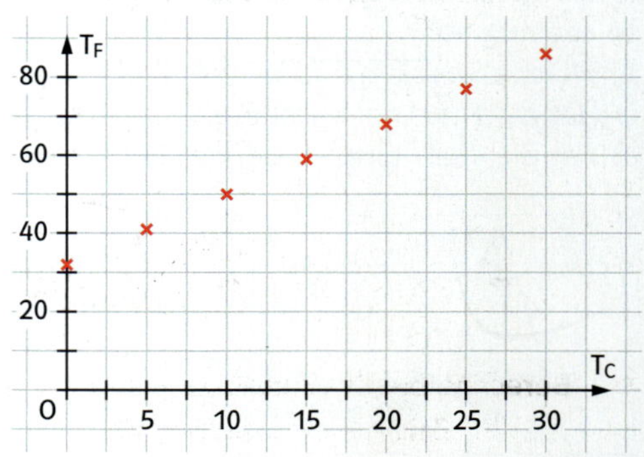

Fig. 3

Aufgaben

1 a) Gib für Fig. 1 und Fig. 2 jeweils eine Formel an, mit der sich der Flächeninhalt A berechnen lässt.
b) Erstelle für die Zuordnungen *Strecke s → Flächeninhalt A* je eine Wertetabelle.
c) Zeichne den Graphen der zweiten Zuordnung aus Teilaufgabe b).

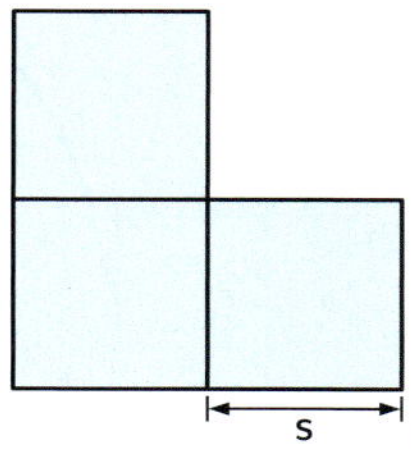

Fig. 1

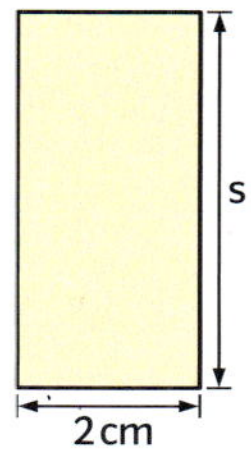

Fig. 2

2 Die Zuordnung *k → V* ordnet bei einem Würfel jeder Kantenlänge k (in cm) den Rauminhalt V (in cm^3) zu.
a) Gib eine Formel an, mit der sich das Volumen berechnen lässt.
b) Erstelle eine Wertetabelle für die Kantenlängen 0,5 cm; 1 cm; 2 cm; 3 cm und 4 cm.
c) Zeichne den Graphen der Zuordnung.

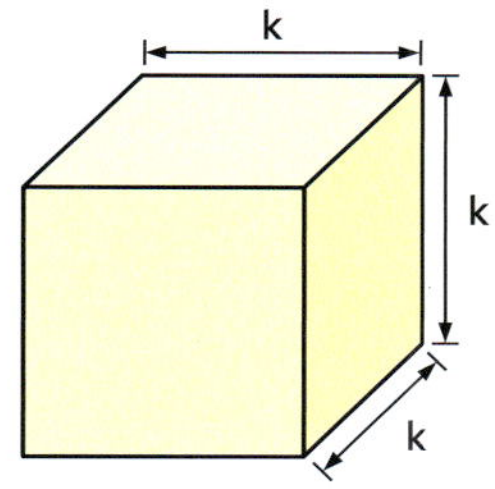

Fig. 3

3 Zur Ermittlung des „Normalgewichts" eines Erwachsenen findet man häufig die Faustregel: „Körpergröße in cm minus 100 ergibt das Normalgewicht in kg."
a) Lege eine Tabelle an, in die du das Normalgewicht für Körpergrößen zwischen 150 cm und 195 cm (in Schritten von jeweils 5 cm) einträgst.
b) Gib für die Zuordnung *Körpergröße l → Normalgewicht g* eine Formel an, mit der sich das Normalgewicht g berechnen lässt.
c) Gilt die Faustregel für alle Menschen?

4 In der Fahrschule lernt man eine Regel, wie man zu jeder Geschwindigkeit v (in km/h) eines Autos den Bremsweg s (in m) berechnen kann: „Dividiere die Geschwindigkeit durch 10 und multipliziere das Ergebnis mit sich selbst."
a) Bestimme eine Formel, mit der man den Bremsweg für verschiedene Geschwindigkeiten berechnen kann.

b) Lege eine Tabelle an, in die du den Bremsweg für die Geschwindigkeiten 20 km/h, 30 km/h, 50 km/h und 100 km/h einträgst.
c) Zeichne den Graphen der Zuordnung *v → s*.

5 Gib für die Werte der Zuordnung *x → y* an, wie sich die y-Werte berechnen lassen, und ergänze die Tabelle entsprechend.

a)

X	0	1	2	3		5
Y	0	6		18	24	30

b)

x	1	2	3	4	5	
y	1	4	9			81

c)

X	0	1	2	3	4	
Y	2	5	8	11		20

d)

x	0,5	1	2	4	5	6
y	2	1	0,5	0,25		

6 Berechne bei der Zuordnung x → y die y-Werte mit der angegebenen Gleichung für $x = \frac{1}{2}$; 5; 10. Zeichne die Graphen für die Teilaufgaben a) und b).

a) $y = 3 \cdot x$ b) $y = -x$ c) $y = \frac{1}{x}$ d) $y = \frac{1}{x^2}$

Die zu bedienenden Tasten sind hier nicht angegeben, da es viele verschiedenen Rechner gibt. Für einige Rechner sind unter <u>www.klett.de</u> Bedienungshilfen vorhanden.

Info

GTR – der grafikfähige Taschenrechner

Der grafikfähige Taschenrechner (kurz: GTR) ist ein Taschenrechner mit dem man – neben den üblichen Rechnungen – auch Wertetabellen und Graphen von Zuordnungen erstellen kann.

Das allgemeine Vorgehen und die Möglichkeiten sollen am Beispiel der Zuordnung $x \rightarrow y$, bei der sich der y-Wert mit der Gleichung $y = \frac{1}{2} \cdot x^2 - 1$ berechnen lässt, gezeigt werden.

Zunächst gibt man die Gleichung in den Rechner ein. Dazu wählt man das Fenster für die Eingabe aus (Fig. 1). Um die Wertetabelle anzuzeigen, wählt man das Tabellenfenster aus (Fig. 2).

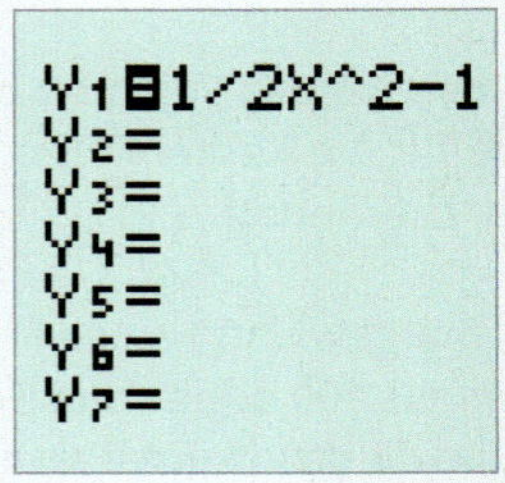

Fig. 1

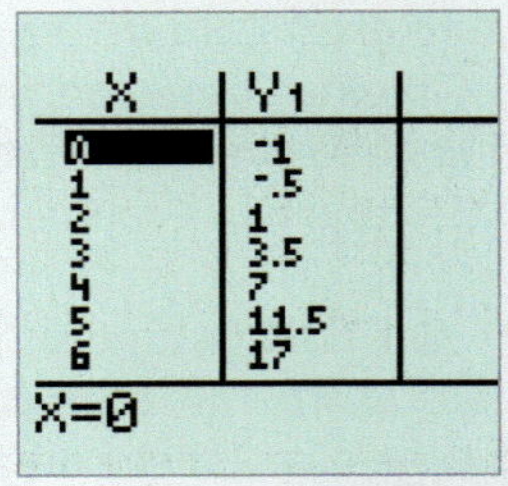

Fig. 2

Man kann die „Schrittweite“ verändern und erhält dann die Tabellenwerte in feineren Schritten (Fig. 3). Auch der Startwert der Tabelle kann eingestellt werden, oder man „rollt“ nach oben oder unten durch die Anzeige (Fig. 4).

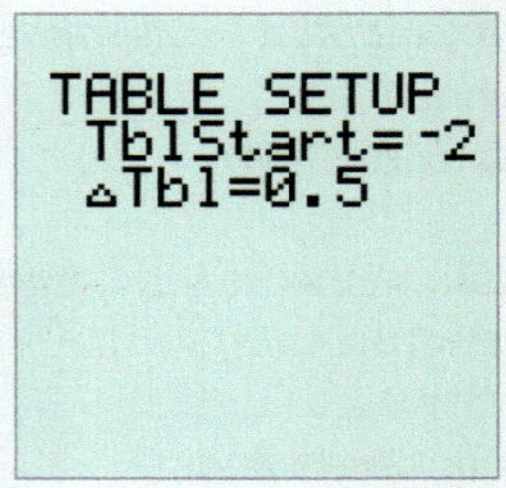

Fig. 3

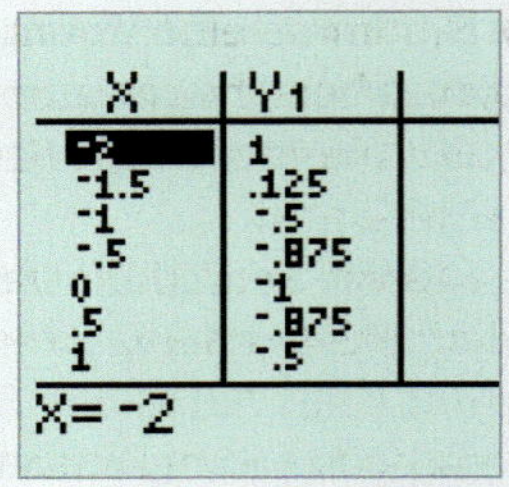

Fig. 4

Der Graph wird im Graph-Fenster angezeigt (Fig. 5). Falls der Ausschnitt zu klein oder zu groß ist, kann man die Grenzen anders einstellen (Fig. 6). Auch das „Zoomen“ wie beim Fotografieren ist möglich. Das Ablesen der y-Werte kann auch am Graphen erfolgen. Der Rechner zeigt den abgelesenen Punkt an (Fig. 7). Damit kann man leicht den Graphen in sein Heft übertragen.

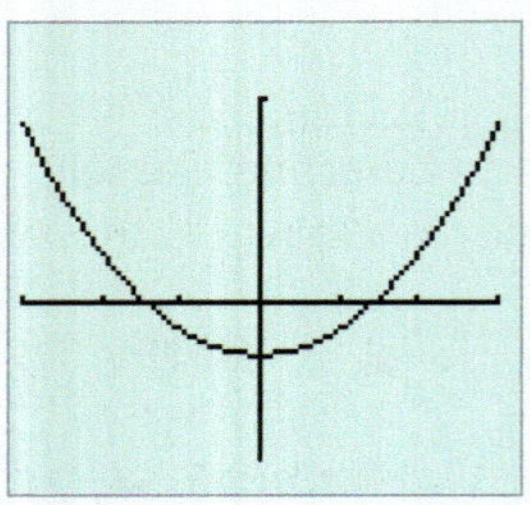
Fig. 5

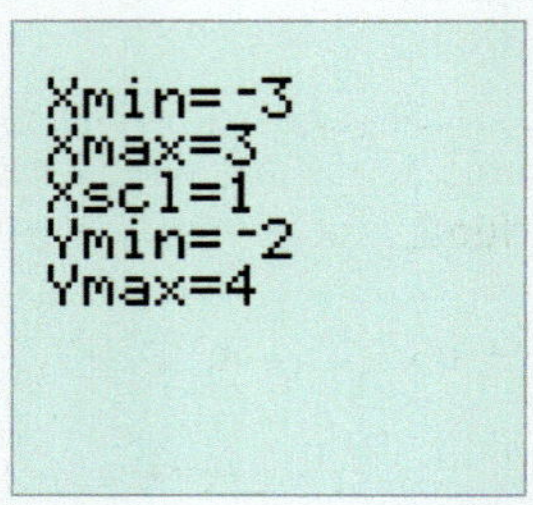

Fig. 6

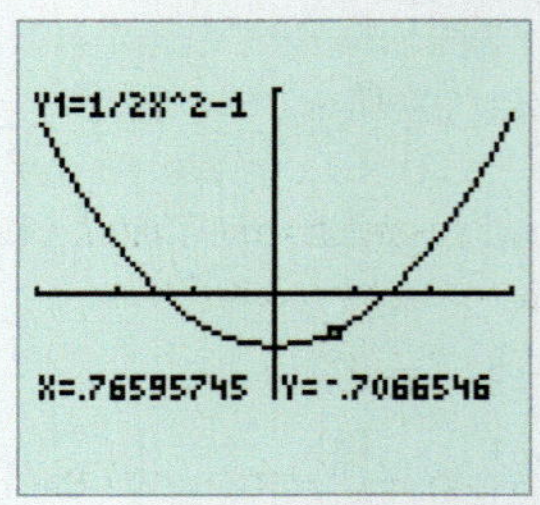

Fig. 7

Will man mehrere Zuordnungen grafisch darstellen, so müssen die dazugehörigen Gleichungen für die y-Werte im Eingabefenster (Fig. 1) unter $Y_1 =$, $Y_2 =$, $Y_3 = \ldots$ eingegeben werden.

Aufgaben, die mit dem GTR gelöst werden können, sind so ▯ gekennzeichnet.

7 a) Stelle die Graphen der Zuordnungen aus Aufgabe 6 mithilfe des GTR dar.
b) Bestimme für jede Zuordnung aus Aufgabe 6 den y-Wert an der Stelle $x = 2{,}5$.

8 Erstelle mithilfe des GTR eine Wertetabelle und einen Graphen für die Zuordnung $x \to y$ mit der Gleichung:

a) $y = \frac{3}{2} \cdot x$ b) $y = \frac{3}{2} \cdot x + 2$ c) $y = x^2$ d) $y = x^2 - 4$
e) $y = -x^2 + 4$ f) $y = x^3$ g) $y = x^4$ h) $y = x^3 - 6x$.

9 In einer Formelsammlung findet man zur Berechnung der Oberfläche O und des Rauminhaltes V einer Kugel mit Radius r folgende Formeln:

$O = 4 \cdot \pi \cdot r^2$ und $V = \frac{4}{3} \cdot \pi \cdot r^3$.

Setzt man für π den Nährungswert 3,14 oder den GTR-Wert ein, so lassen sich die Oberfläche und das Volumen für die beiden Zuordnungen $r \to O$ und $r \to V$ berechnen.
Berechne die Oberfläche und den Rauminhalt einer Kugel mit dem Radius $r = 1\,\text{cm}$ (0,5 cm; 4 cm; 2,5 m; 100 km; 3671 km).

$\pi = 3{,}1415926\ldots$

10 Aus einem quadratischen Pappstück mit der Seitenlänge 10 cm soll ein Quadrat mit der Seitenlänge x herausgeschnitten werden (Fig. 1).
a) Bestimme eine Formel, mit der man den Flächeninhalt des grau schattierten Reststückes berechnen kann.
b) Bestimme mithilfe des GTR den Flächeninhalt des Reststückes für fünf verschiedene Seitenlängen x.
c) Bestimme mithilfe des GTR, wie groß x etwa gewählt werden muss, damit der Flächeninhalt des ursprünglichen Quadrates durch das Herausschneiden halbiert wird.

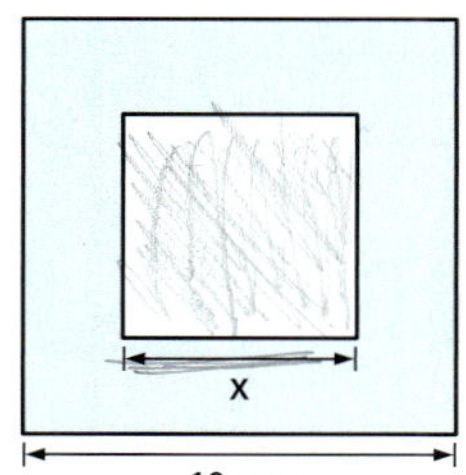

Fig. 1

Der GTR bei komplizierten Zuordnungen

11 Für welche x-Werte gilt für den Graphen der Zuordnung mit der Gleichung
$y = x^4 - 5x^2 + 4$
a) der y-Wert ist 0
b) die y-Werte sind negativ
c) die y-Werte steigen an (fallen ab)
d) die y-Werte nehmen den niedrigsten Wert an

Kannst du das noch?

12 Übertrage ins Heft und setze für □ die richtige Zahl ein. Mache zur Überprüfung des Ergebnisses die Probe.
a) $\square + 2{,}5 = 17$ b) $\square : 2 + 2 = 8$ c) $\square - 2{,}5 \cdot 3 = -1$ d) $1 + \square \cdot 13 = 197$

13 Bauer Erwin besitzt drei Felder. Auf dem ersten Feld (55 a) baut er Kartoffeln an, auf dem zweiten Feld (1,2 ha) Rüben und auf dem dritten Feld (2500 m²) baut Bauer Erwin Getreide an.
a) Wie groß ist die Gesamtfläche der drei Felder?
b) Berechne jeweils den prozentualen Anteil der Felderflächen an der Gesamtfläche.
c) Das zweite Feld möchte er nur zu 45 % mit Rüben bebauen. Wie groß wäre diese Fläche?

4 Proportionale und antiproportionale Zuordnungen

In Klasse 6 hast du zwei Formen des Dreisatzes kennen gelernt. Mit ihnen erhältst du in dieser Lerneinheit zwei besondere Zuordnungstypen.

Proportionale Zuordnungen

Kauft man Obst ein, so richtet sich der Preis nach dem Gewicht des Obstes. Wenn z. B. 1 kg des Obstes 2,00 € kosten, muss man für das doppelte Gewicht auch den doppelten Preis bezahlen, während man das halbe Gewicht entsprechend zum halben Preis erhält.

Wenn bei einer Zuordnung dem 2-, 3- bzw. n-fachen der ersten Größe jeweils das 2-, 3- bzw. n-fache der zweiten Größe zugeordnet ist, dann nennt man die Zuordnung **proportional**. In der Tabelle sind Werte der Zuordnung *Obstgewicht g → Preis p* angegeben.

(:2, ·2, ·3, ·5)

g: Gewicht (in kg)	0,5	1	2	3	5	10
p: Preis (in €)	1	2	4	6	10	20

(:2, ·2, ·3, ·5)

Da man das Wertepaar (3|6) erhält, indem man beide Werte des Paares (1|2) mit 3 multipliziert, sind die Quotienten der Wertepaare gleich:

$\frac{2}{1} = \frac{3 \cdot 2}{3 \cdot 1} = \frac{6}{3}$.

In gleicher Weise erhält man für alle Quotienten zugeordneter Werte:

$\frac{1}{0,5} = \frac{2}{1} = \frac{4}{2} = \frac{6}{3} = \frac{10}{5} = \frac{20}{10} = \ldots = 2.$

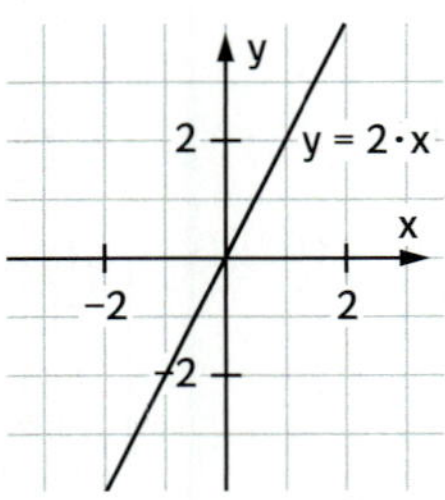

Fig. 2

Man sagt, die Wertepaare der proportionalen Zuordnung sind **quotientengleich** mit dem **Proportionalitätsfaktor 2**.
Der Preis p lässt sich mit der Formel $p = 2 \cdot g$ berechnen. Der zugehörige Graph liegt auf einer Geraden (Fig. 2).

> Bei einer proportionalen Zuordnung $x \to y$ sind die Quotienten zugeordneter Größen gleich. Ist dieser Quotient 2, so lässt sich der y-Wert mit der Gleichung
> $y = 2 \cdot x$
> berechnen. Der Graph einer proportionalen Zuordnung liegt auf einer Geraden.

Antiproportionale Zuordnungen

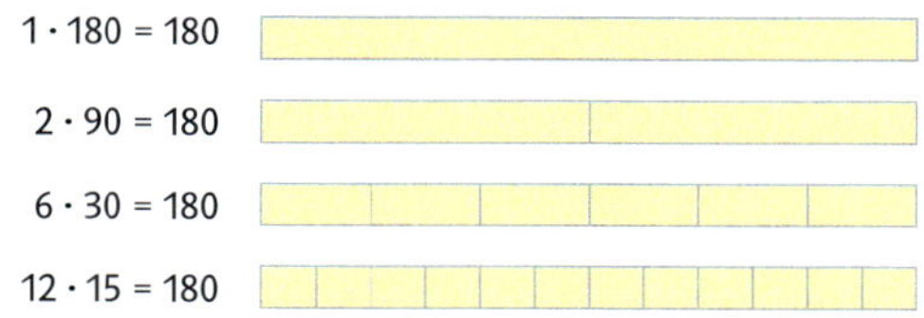

Fig. 1

Schneidet man ein 180 cm langes Band in gleich lange Stücke, so richtet sich die Länge der Stücke l nach der Anzahl der Stücke a. Dem Doppelten (Dreifachen, Vierfachen usw.) der Stückzahl ist die Hälfte (ein Drittel, ein Viertel usw.) der Länge der Stücke zugeordnet.

Wenn bei einer Zuordnung dem 2-, 3- bzw. n-fache der ersten Größe jeweils der 2-te, 3-te bzw. n-te Teil der zweiten Größe zugeordnet ist, dann nennt man die Zuordnung **antiproportional**. In der Tabelle sind Werte der Zuordnung *Anzahl der Stücke a → Länge der Stücke l* angegeben.

·2 ·3 ·6 ·12

a: Anzahl der Stücke	1	2	3	6	12	100
l: Länge der Stücke (in cm)	180	90	60	30	15	1,8

:2 :3 :6 :12

Da man das Wertepaar (3|60) erhält, indem man den x-Wert des Paares (1|180) mit 3 multipliziert und den y-Wert durch 3 dividiert, sind die Produkte der Wertepaare gleich:

$1 \cdot 180 = 1 \cdot 180 \cdot 3 : 3 = 1 \cdot 3 \cdot 180 : 3 = 3 \cdot 60.$

In gleicher Weise erhält man für alle Produkte zugeordneter Werte:

$1 \cdot 180 = 2 \cdot 90 = 3 \cdot 60 = 6 \cdot 30 = 12 \cdot 15 = 100 \cdot 1{,}8 = \ldots = 180.$

Im Beispiel ist das Produkt der zwei zugehörigen Größen immer 180. Man sagt, die Wertepaare der antiproportionalen Zuordnung sind **produktgleich**.

Die Länge der Stücke l lässt sich mit der Formel $l = \frac{180}{a}$ berechnen.

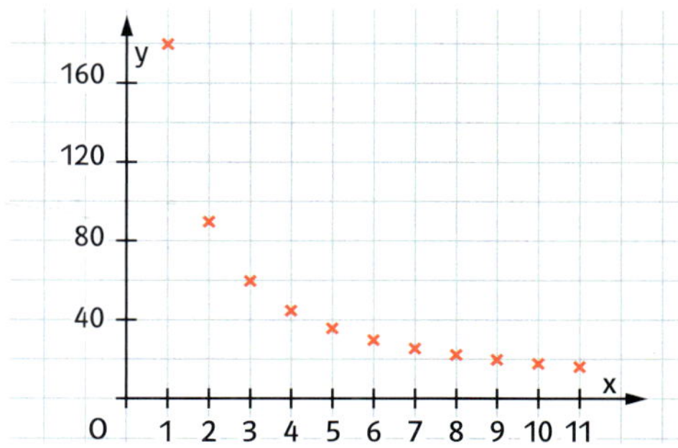

Fig. 2

Warum werden die Punkte in Fig. 2 nicht verbunden?

> Bei einer **antiproportionalen Zuordnung** $x \to y$ sind die Produkte zugeordneter Größen gleich. Ist dieses Produkt 180, so lässt sich der y-Wert mit folgender Gleichung berechnen: $y = \frac{180}{x}$.

Beispiel 1 Proportionale Zuordnungen

Eine Drahtrolle mit 100 m Draht wiegt 1,2 kg.

a) Begründe, warum die Zuordnung *Drahtlänge l (in m) → Gewicht g (in kg)* proportional ist.

b) Mit welcher Formel lässt sich das Gewicht g berechnen?

c) Wie schwer sind 10 m (130 m) desselben Drahtes?

d) Veranschauliche die Zuordnung

Lösung:

a) Nimmt man die 2-, 3- bzw. n-fache Länge des Drahtes l, so erhält man das 2-, 3- bzw. n-fache des Gewichtes g.

b) Für den Proportionalitätsfaktor gilt: $\frac{g}{l} = \frac{1{,}2}{100} = 0{,}012$. Damit erhält man die Formel: $g = 0{,}012 \cdot l$.

c) Für $l = 130$ erhält man $g = 0{,}012 \cdot 130 = 1{,}56$. 130 m Draht wiegen 1,56 kg.

d) Siehe Fig. 3.

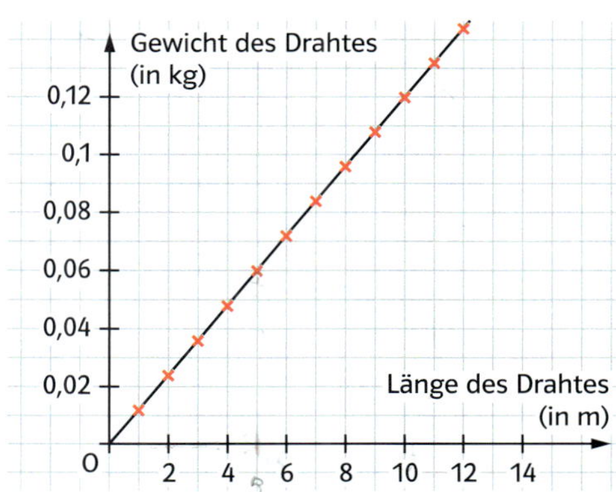

Fig. 3

Beispiel 2 Antiproportionale Zuordnungen
Kann die Tabelle zu einer antiproportionalen Zuordnung gehören?

1. Wert	1	2	3	4	6
2. Wert	24	12	8	6	4

Lösung:
Da die Werte der Zuordnung produktgleich sind, $1 \cdot 24 = 2 \cdot 12 = 3 \cdot 8 = 4 \cdot 6 = 6 \cdot 4$, kann die Zuordnung antiproportional sein.

Aufgaben

Proportionale Zuordnungen

1 Welche Zuordnungen sind proportional? Begründe deine Antwort.
a) Bei Kopierpapier: *Anzahl der Blätter → Höhe des Stapels.*
b) Bei einem Menschen: *Alter → Körpergewicht.*
c) Bei Quadraten: *Seitenlänge → Umfang.*

2 Die Tabelle gehört zu einer proportionalen Zuordnung. Ergänze sie im Heft.

a)

x	0	1	2	3	5	7
y				6		

b)

x	0	1	2	4	5	8
y			3			

c)

X	3,5	7	10,5	14	28	35
Y				44		

d)

x	0,02	0,05	0,1	0,5	1	8,5
y			125			

3 Stelle die Zuordnungen der Tabellen a) und b) aus Aufgabe 2 mit möglichen Zwischenwerten als Graphen in einem Koordinatensystem dar. Was haben die beiden Graphen gemeinsam? Wodurch unterscheiden sie sich?

4 Die Tabellen gehören zu proportionalen Zuordnungen.

Zeit (in s)	Volumen (in l)
10	5
8	
25	

Gewicht (in kg)	Preis (in €)
0,5	0,75
1,2	
4,3	

Länge (in m)	Gewicht (in kg)
5	43
3,8	
6,2	

Zeit (in min)	Strecke (in km)
30	
120	50
125	

a) Bestimme jeweils den Proportionalitätsfaktor.
b) Übertrage die Tabellen in dein Heft und fülle sie aus.
c) Veranschauliche die ersten beiden Zuordnungen in je einem Koordinatensystem. Lies weitere Wertepaare der Zuordnungen ab.

5 Hängt man Gewichte an eine Feder, so dehnt sie sich aus. Ein Experiment ergab:

Gewicht (in g)	10	15	25	40	55	60	65
Ausdehnung (in cm)	2,5	3,7	6,3	10,1	13,7	14,8	16,3

a) Prüfe, ob die Werte annähernd quotientengleich sind. Erläutere „annähernd".
b) Zeichne den dazugehörigen Graphen in ein Koordinatensystem.
c) Welche Ausdehnung der Feder wäre mit einem Gewicht von 30 g zu erwarten?

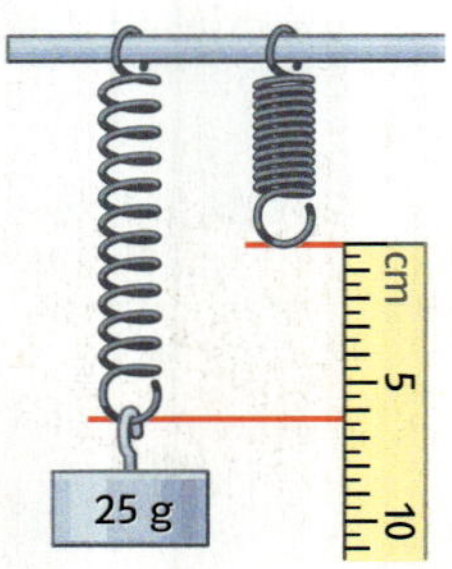

Fig. 1

Antiproportionale Zuordnungen

6 Können die Tabellen zu antiproportionalen Zuordnungen gehören? Begründe.

a)

x	1	2	3	4	6	8
y	48	24	16	12	8	6

b)

x	2	5	10	20	25	50
y	2,5	1	0,5	0,3	0,2	0,1

7 Die Tabellen gehören zu antiproportionalen Zuordnungen. Ergänze sie im Heft.

a)

x	4	6	8	12	16	24
y	30	20	15	10	7,5	5

b)

x	3	4	6	8	24	60
y	20	15	10	7,5	2,5	1

8 Ein Rechteck soll den Flächeninhalt 12 (in cm^2) besitzen. Für die Seitenlängen a und b (jeweils in cm) ergibt sich damit die Produktgleichheit: $a \cdot b = 12$.
a) Übertrage die folgende Tabelle für die Zuordnung in dein Heft und fülle sie aus.

a (in cm)	0,5	1	2	3	4	5	6	8	10	12
b (in cm)	24	12	6	4	3	2,4	2	1,5	1,2	1

b) Wie lautet die Formel, mit der sich die Seitenlänge b berechnen lässt?
c) Zeichne den Graphen der Zuordnung in ein geeignetes Koordinatensystem.
Lies weitere Wertepaare der Zuordnung ab.

Den Graphen einer antiproportionalen Zuordnung nennt man ***Hyperbel****.*

9 In einem Blumengeschäft werden Rosen zu 1,25 € das Stück angeboten.
a) Wie viel Euro kostet ein Strauß mit 15 (20; 25; 30) Rosen? Um welchen Zuordnungstyp handelt es sich bei der Zuordnung *Anzahl der Rosen → Preis des Straußes*?
b) Die Belegschaft einer Firma hat zum Jubiläum eines Kollegen einen Blumenstrauß für 30 € bestellt. Wie viel Euro muss jeder bezahlen, wenn sich 15 (20; 25; 30) Personen zu gleichen Teilen an den Kosten beteiligen? Um welchen Zuordnungstyp handelt es sich bei der Zuordnung *Anzahl der Personen → Kosten pro Person*?

10 a) Überlege dir eine proportionale und eine antiproportionale Zuordnung. Formuliere für beide Zuordnungen zwei Aufgaben.
b) Tausche die Aufgaben mit deinem Nachbarn und löst sie gegenseitig.
c) Korrigiert die Lösungen der vier Aufgaben gemeinsam.

Bist du sicher?

1 Die Wanderkasse einer Jugendgruppe enthält 840 €.
a) Wie viel Euro kann die Jugendgruppe täglich ausgeben, wenn sie 4 (6; 8) Tage unterwegs ist?
b) Stelle die Werte der Zuordnung *Anzahl der Tage → Ausgaben pro Tag* in einer Tabelle zusammen. Um welchen Zuordnungstyp handelt es sich bei der Zuordnung?
c) Die Gruppe möchte pro Tag 120 € ausgeben. Wie viel Geld benötigt sie für die Wanderkasse, wenn sie 5 Tage (8 Tage; 14 Tage) unterwegs ist?
d) Stelle die Werte der Zuordnung *Anzahl der Tage → Betrag in der Wanderkasse* in einer Tabelle zusammen. Um welchen Zuordnungstyp handelt es sich dabei?

5 Lineare Zuordnungen

Beim Taxiunternehmen Blitz hängt der Fahrpreis von der gefahrenen Strecke ab. Die abgebildeten Rechnungen sind alle richtig ausgestellt.

Aus einem Brunnenrohr fließt Wasser in zwei zylinderförmige Gefäße. Gefäß 1 (links) war zu Beginn leer, in Gefäß 2 (rechts) stand das Wasser zu Beginn 3 cm hoch. Pro Sekunde erhöht sich in beiden Gefäßen der Wasserstand um 2 cm.

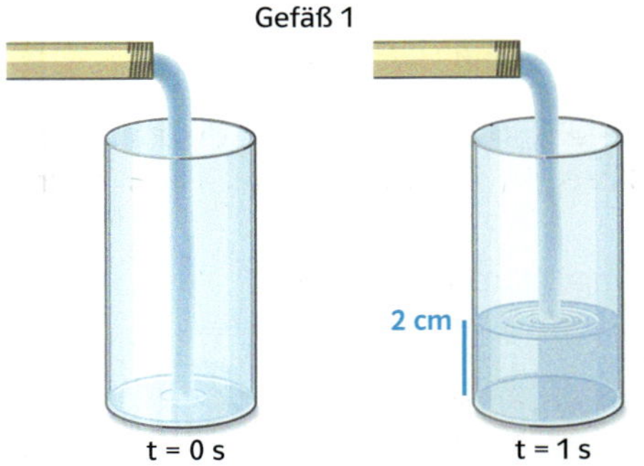

Fig. 1

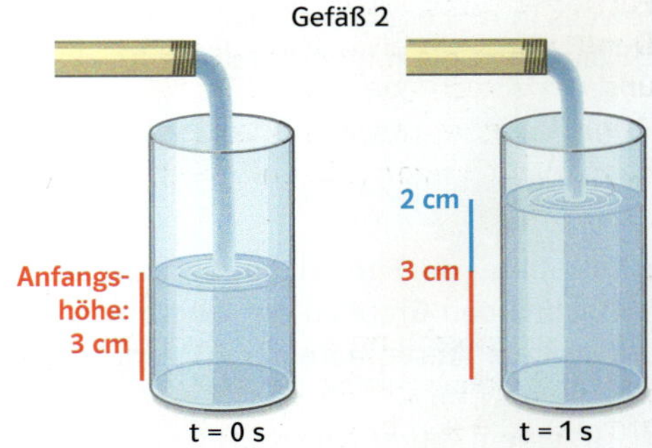

Fig. 2

Für die Zuordnung *Zeit t → Füllhöhe h* erhält man folgende Werte.

Gefäß 1						
t (in s)	0	1	2	3	4	5
h (in cm)	0	2	4	6	8	10

Gefäß 2						
t (in s)	0	1	2	3	4	5
h (in cm)	3	5	7	9	11	13

Die dazugehörigen Graphen liegen auf zwei Geraden, die parallel zueinander liegen.

Da die Füllhöhe in beiden Gefäßen pro Sekunde jeweils um 2 cm zunimmt, steigt auch die Gerade pro Einheit in t-Richtung jeweils um 2 Einheiten in h-Richtung.
In dem zweiten Gefäß ist die Füllhöhe zu jedem Zeitpunkt um 3 cm größer als im ersten Gefäß.

Die Formeln, mit denen sich die Füllhöhe h berechnen lässt, unterscheiden sich nur in dem Summand 3.

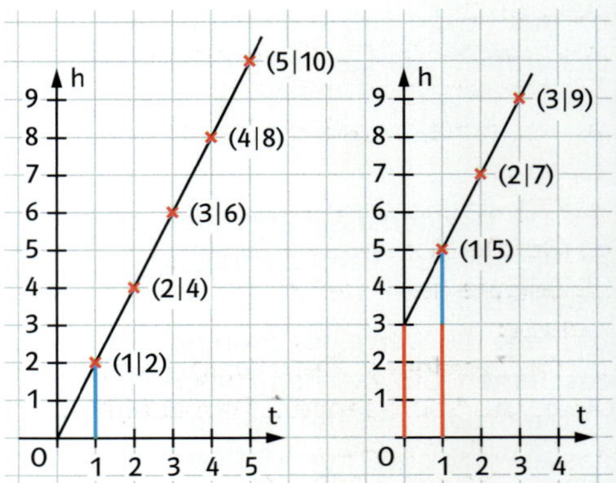

Fig. 3

$h = 2 \cdot t$ $\qquad$ $h = 2 \cdot t + 3$

Zuordnungen $x \rightarrow y$, bei denen die Zunahme der x-Werte um eine Einheit immer die gleiche Zunahme bzw. Abnahme der y-Werte zur Folge hat, heißen lineare Zuordnungen. Der Graph einer linearen Zuordnung liegt auf einer Geraden.
Die Gleichung, mit der sich bei einer linearen Zuordnung $x \rightarrow y$ der y-Wert berechnen lässt, hat die Form

$y = 5 \cdot x + 4$

Wenn hier der x-Wert um eine Einheit zunimmt, nimmt der y-Wert um 5 Einheiten zu.
Für $x = 0$ ist der y-Wert 4.

Proportionale Zuordnungen sind besondere lineare Zuordnungen!

Um den Graph der linearen Zuordnung $x \rightarrow y$ mit der Gleichung $y = 2 \cdot x + 3$ in ein Koordinatensystem zu zeichnen, benötigt man zwei Punkte der Geraden.
Für $x = 0$ erhält man: $y = 2 \cdot 0 + 3 = 3$ und damit $P(0|3)$.
Für $x = 1$ erhält man: $y = 2 \cdot 1 + 3 = 5$ und damit $Q(1|5)$.
Den Punkt Q erhält man auch grafisch, indem man von Punkt $P(0|3)$ um 1 nach rechts und um 2 nach oben geht (Fig. 1).
Bemerkung: Manchmal ist es einfacher, für den zweiten Punkt 2 oder 3 Einheiten in x-Richtung zu gehen und entsprechend 4 (= 2 · 2) bzw. 6 (= 3 · 2) Einheiten in y-Richtung zu gehen.

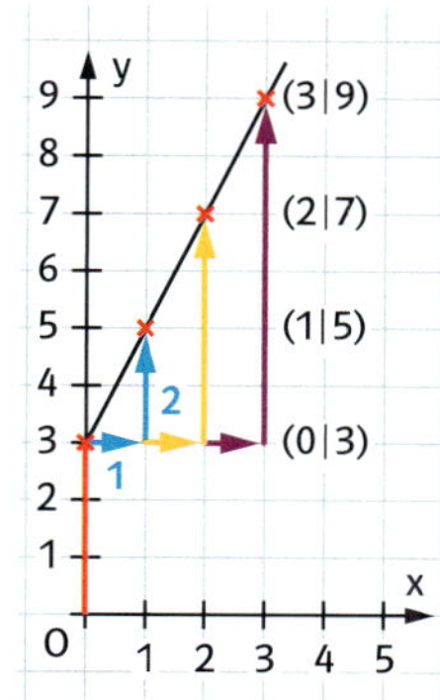

Fig. 1

Beispiel 1
Bei einer Zuordnung $x \rightarrow y$ lässt sich der y-Wert mit der angegebenen Gleichungen berechnen. Zeichne den zugehörigen Graphen.
a) $y = 2 \cdot x - 4$ b) $y = -3 \cdot x + 2$ c) $y = \frac{2}{3} \cdot x - 4$ d) $y = 5$
Lösung:
a) *Für $x = 0$ erhält man: $y = 2 \cdot 0 - 4 = -4$ und damit den Punkt $P_a(0|-4)$. Für $x = 1$ erhält man: $y = 2 \cdot 1 - 4 = -2$ und damit $Q_a(1|-2)$. Die Gerade verläuft durch die beiden Punkte P_a und Q_a.*
b) *Die Gerade verläuft durch die Punkte $P_b(0|2)$ und $Q_b(1|-1)$.*
c) *Die Gerade verläuft durch die Punkte $P_c(0|-4)$ und $Q_c(3|-2)$.*
d) *Da der y-Wert der Zuordnung für alle x-Werte 5 ist, verläuft die Gerade parallel zur x-Achse.*

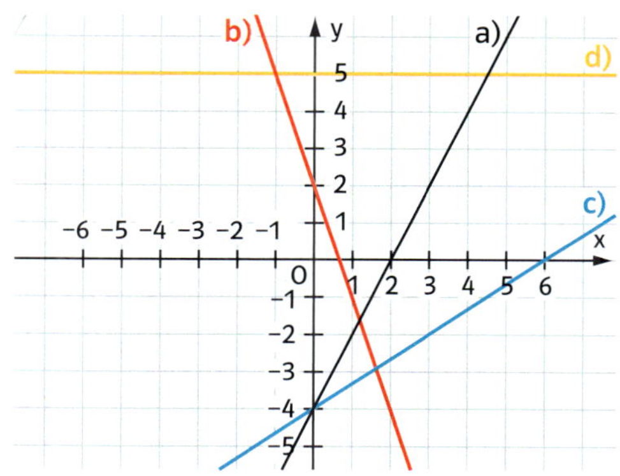

Fig. 2

Beispiel 2
Eine Daunenfeder wird in einer Höhe von 240 cm losgelassen. Sie schwebt gleichmäßig 30 cm pro Sekunde abwärts.
a) Begründe, warum die Zuordnung *Zeit t (in s) → Höhe h (in cm)* linear ist.
b) Mit welcher Formel lässt sich die Höhe h berechnen?
c) Welche Höhe hat die Daunenfeder nach 2,5 Sekunden?
d) Zeichne den Graphen der linearen Zuordnung.
Lösung:
a) Die Zuordnung *Zeit t (in s) → Höhe h (in cm)* ist linear, da die Höhe pro Sekunde um 2,5 cm abnimmt.
b) $h = -30 \cdot t + 240$
c) $h = -30 \cdot 2{,}5 + 240 = 165$
Nach 2,5 Sekunden hat die Daunenfeder eine Höhe von 165 cm.
d) Siehe Fig. 3.

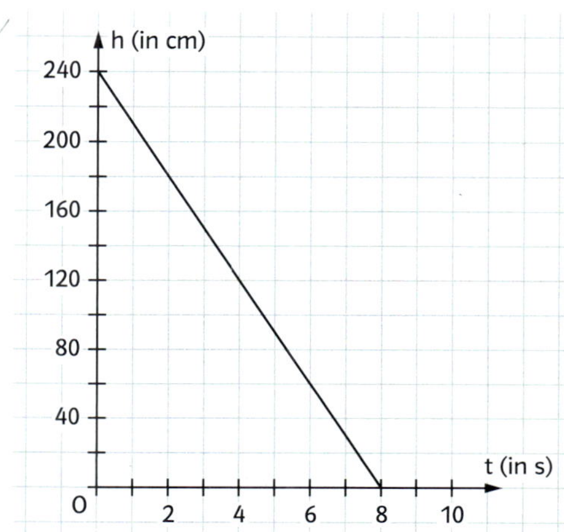

Fig. 3

Aufgaben

1 Familie Kern will im Garten eine Terrasse anlegen und braucht dazu Sand. Auf Anfrage bei einem Unternehmen erhält sie folgende Preisliste.

Sandmenge (in m^3)	1	2	3	4	5	6
Kosten (in €)	150	210	270	330	390	450

a) Begründe, warum die Zuordnung *Sandmenge (in m^3) → Kosten* eine lineare Zuordnung ist.
b) Wie viel Geld muss Familie Kern bezahlen, wenn sie $8\,m^3$ ($22\,m^3$) Sand bestellt?
c) Mit welcher Formel lassen sich die Kosten bestimmen?
d) Warum rechnet das Unternehmen nicht mit einer proportionalen Zuordnung?

2 Aus einem Wassergefäß läuft aus einem Leck Wasser heraus. Pro Sekunde sinkt die Füllhöhe des Wassers um 1,4 cm. Zu Beginn der Messung stand das Wasser 22 cm hoch.
a) Ist die Zuordnung *Zeit t → Füllhöhe h* linear? Begründe.
b) Zeichne den Graphen der Zuordnung.
c) Mit welcher Formel lässt sich die Füllhöhe h berechnen?

3 Aus einem Brunnenrohr fließt Wasser in vier Gefäße A bis D. Hierbei lassen sich die Füllhöhen h (in cm) durch die Zeit t (in s) mit den Formeln berechnen:

A $h = \frac{3}{2} \cdot t + 2$ B $h = 2 \cdot t + 2$ C $h = t + 1$ D $h = 3 \cdot t$

a) Wie hoch steht das Wasser in den Gefäßen A und B zu Beginn der Messung?
b) Wie schnell steigt das Wasser in Gefäß C?
c) In welchen Gefäßen ist zu Beginn der Messung kein Wasser vorhanden?
d) In welchem Gefäß steigt das Wasser um 2 cm pro Sekunde?
e) In welchem Gefäß steigt das Wasser am schnellsten (langsamsten)?
f) Zeichne die Graphen der Zuordnungen *Zeit t → Füllhöhe h.*

4 Zeichne den Graphen von $x \to y$.
Welche der Zuordnungen sind proportional?

a) $y = 2 \cdot x + 1$ b) $y = \frac{1}{2} \cdot x$
c) $y = -x + 3$ d) $y = 3$
e) $y = \frac{3}{2} \cdot x - 2$ f) $y = -2 \cdot x$

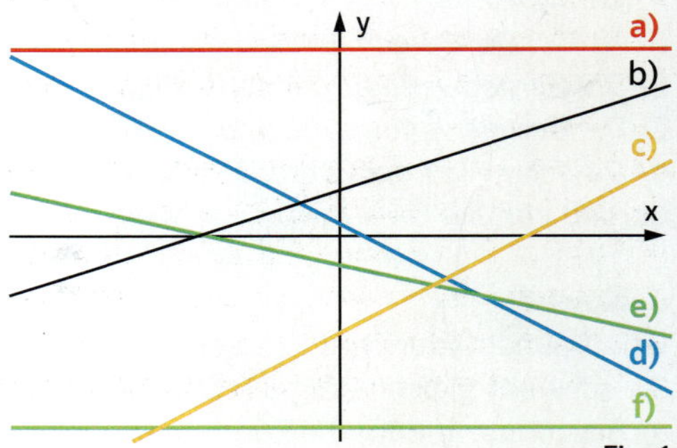

Fig. 1

5 In Fig. 1 sind Geraden abgebildet, die zu linearen Zuordnungen $x \to y$ gehören.
a) Bei welcher Zuordnung nehmen die y-Werte für wachsende x-Werte zu?
b) Bei welcher Zuordnung nehmen die y-Werte für wachsende x-Werte ab?
c) Bei welcher Zuordnung sind die y-Werte konstant?
d) Welche Zuordnungen haben für $x = 0$ einen positiven y-Wert?

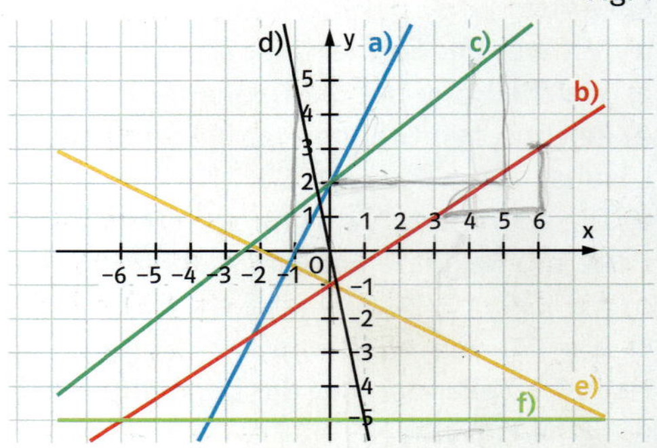

Fig. 2

6 Gib jeweils die Gleichung zu den Geraden (Fig. 2) der Zuordnung $x \to y$ an, mit der sich der y-Wert berechnen lässt.

Bist du sicher?

Lösungskontrolle: Die Geraden der Teilaufgaben 2 und 3 schneiden sich in einem Punkt.

1 Zwei Kerzen werden gleichzeitig angezündet. Die erste Kerze ist zu Beginn 25 cm lang und brennt pro Stunde 2 cm ab. Die zweite Kerze ist 5 cm kürzer; sie brennt 1,5 cm pro Stunde ab.
a) Begründe, warum die Zuordnungen *Zeitdauer t → Höhe h* für beide Kerzen linear sind.
b) Welche Höhe haben beide Kerzen nach 3 (5; 11) Stunden?
c) Zeichne die Graphen der beiden Zuordnungen in ein Koordinatensystem. Lies aus den Graphen ab, nach welcher Zeit die beiden Kerzen gleich groß sind und welche Höhe sie dann haben. Wie lange werden die beiden Kerzen etwa brennen?
d) Wie lauten die Formeln, mit denen sich die Höhen der beiden Kerzen berechnen lassen?
Für die Höhe h (in cm) einer dritten Kerze soll die Formel $h = -0{,}75 \cdot t + 10$ (t: Zeit in Stunden) gelten.
e) Wie hoch ist die dritte Kerze zu Beginn? Wie schnell brennt sie pro Stunde ab?

Lernkontrolle auch mit GTR.

7 Frau Böttger erhält die abgebildete Telefonrechnung für ihr Handy (Fig. 1). Der zu bezahlende Rechnungsbetrag setzt sich zusammen aus dem Basispreis und den Kosten für die Einheiten.
a) Wie hoch liegen die Kosten für eine Einheit?
b) Erstelle eine Formel, mit der man den Rechnungsbetrag mit der Anzahl der Einheiten berechnen kann.
c) Wie teuer wäre der Rechnungsbetrag, wenn Frau Böttger 205 (857) Einheiten vertelefoniert hätte?
d) Erfinde selbst einen Handytarif. Findet dein Nachbar die Gesetzmäßigkeit?

Frau Kathrin Böttger	
RECHNUNG	
Erfassungszeitraum vom 1.2.–1.3.2004	
Basispreis (monatlich)	
1 D3-Karte im 10 Sek.-Takt	**9,50 €**
Verbindungspreise	
158 Einheiten	**42,66 €**
Rechnungsbetrag	**52,16 €**

Fig. 1

8 Freddy Friedlich fährt mit konstanter Geschwindigkeit auf der Autobahn. Für die 225 km lange Strecke von Klein Knickersdorf nach Hinterpfützenhausen benötigt er 2,5 Stunden.
a) Zeichne den Graphen der Zuordnung *Zeit → Fahrtstrecke* für Freddy Friedlich.
b) Lies aus dem Graphen ab, wie weit Freddy Friedlich nach 1,5 Stunden ($2\frac{1}{4}$ Stunden) gefahren ist.
Kalle Bleifuß möchte mit seinem Sportauto die gleiche Strecke fahren. Zum Zeitpunkt als Freddy Friedlich losfährt, ist Kalle Bleifuß bereits 50 km gefahren. Hinterpfützenhausen erreicht er eine Stunde früher als Freddy Friedlich.
c) Zeichne den Graphen der Zuordnung *Zeit → Fahrtstrecke* für Kalle Bleifuß in das gleiche Koordinatensystem.
d) Wie lässt sich an den Graphen ablesen, dass Kalle Bleifuß schneller fährt?

Kannst du das noch?

9 Berechne schriftlich.
a) $2{,}15 + 8{,}25$ b) $(-5{,}4) \cdot (-0{,}45)$ c) $\frac{1}{2} - \left(\frac{3}{5} - \left(2 - \frac{1}{10}\right)\right)$ d) $\frac{6}{21} : \frac{5}{14} \cdot \frac{10}{2}$

10 Berechne den Wert für x durch Rückwärtsrechnen mit dem Rechenstrich.
a) $5 \cdot x - 16 = 4$ b) $20 \cdot x : 100 = 2{,}5$
c) $(6 \cdot x + 5) : 5 = 19$ d) $5 \cdot (x + 3) = 27{,}5$
e) $\frac{5}{3} \cdot x : \frac{1}{2} = 5$ f) $\frac{15}{100} \cdot x = 24\,€$

Beispiel: $2 \cdot x + 7 = 13$

also: $x = 3$

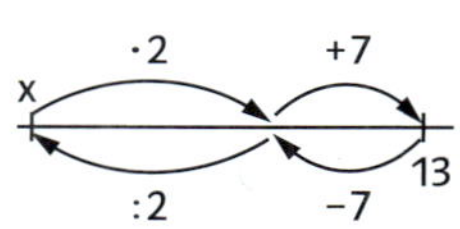

Wiederholen – Vertiefen – Vernetzen

1 Für welche Zuordnungen lässt sich eine Gesetzmäßigkeit finden? Beschreibe – wenn möglich – die Gesetzmäßigkeit in Worten.

a) *Uhrzeit → Temperatur*
b) *Anzahl von Brötchen → Preis*
c) *Alter eines Kindes → Körpergröße*
d) *Anzahl der Arbeiter → Arbeitszeit*

2 Die Entwicklung der Erdbevölkerungszahlen ist in folgender Tabelle angegeben.

Entwicklung der Erdbevölkerung seit 1650 (in Mio.)								
Jahr	1650	1750	1850	1900	1950	1970	1980	1990
Anzahl	470	694	1091	1571	2513	3678	4478	5321

a) Zeichne einen Graphen der Zuordnung *Jahr → Anzahl* in ein Koordinatensystem.
b) Wie viele Menschen werden vermutlich im Jahr 1800 auf der Erde gelebt haben?
c) Wie wird sich die Bevölkerung wohl in den nächsten Jahren entwickeln?

3 Ein Wald muss im Laufe seines etwa 100-jährigen Wachstums dreimal durchforstet werden. Der Graph in Fig. 1 zeigt den Holzbestand in einem 1 ha großen Wald.
a) Nach wie vielen Jahren beträgt der Holzbestand 300 m^3 (400 m^3; 275 m^3)?
b) Wann wurde jeweils durchforstet und wie viel m^3 wurde bei den Durchforstungen insgesamt geschlagen?

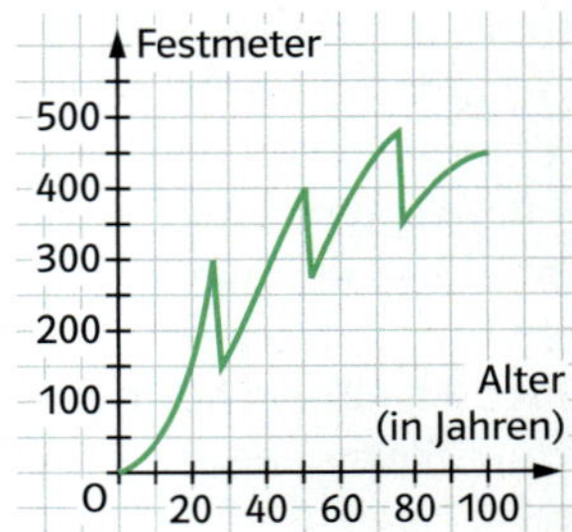

Fig. 1

4 Ein Auto fährt auf der in Fig. 2 abgebildeten Straße von A nach B. Welche der drei abgebildeten Graphen gehört vermutlich zur Zuordnung *Zeit t → Geschwindigkeit v*? Begründe deine Entscheidung.

Fig. 2

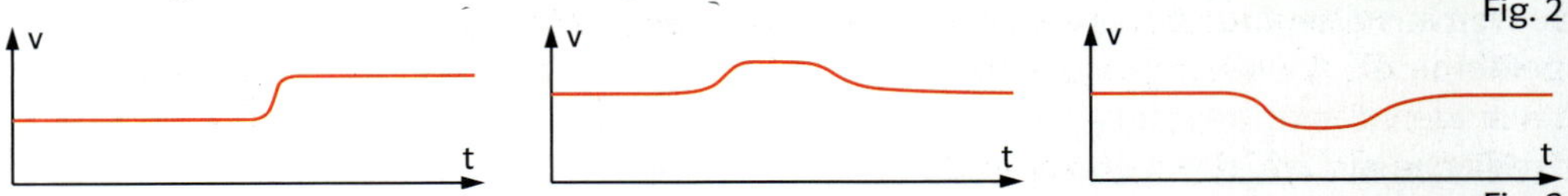

Fig. 3

5 Wenn Herr Wassenberg sein Auto voll tankt, befinden sich 50 Liter Benzin im Tank. Er kann damit erfahrungsgemäß etwa 600 km weit fahren.
a) Gib für die Zuordnung *Tankinhalt → Reichweite* eine Formel an, mit der sich die Reichweite berechnen lässt.
b) Um welchen Zuordnungstyp handelt es sich?
c) Zeichne einen Graphen der Zuordnung.
d) Wie verändert sich der Graph, wenn Herr Wassenberg nicht energiesparend fährt?

6 Eine 2,40 m lange Schnur wird in gleich lange Stücke zerschnitten.
a) Lege eine Tabelle für die Zuordnung *Anzahl der Stücke → Länge der Stücke* für 1; 2; …; 10 Stücke an.
b) Gib die dazugehörige Formel an.
c) Um welchen Zuordnungstyp handelt es sich?
d) Zeichne einen Graphen der Zuordnung.
e) Ist es bei dieser Zuordnung sinnvoll, die eingetragenen Punkte zu verbinden? Begründe.

7 a) Die Werte der Tabelle gehören zu einer Zuordnung. Kannst du einen Zuordnungstyp angeben?
b) Veranschauliche die proportionale und antiproportionale Zuordnung in einem Koordinatensystem. Verbinde die Punkte des Graphen durch mögliche Zwischenwerte zu einer Kurve.

A

x	1	2	3	4	5	6
y	0,5	1	1,5	2	2,5	3

B

x	1	2	3	4	5	6
y	5	9	13	17	21	25

C

x	1	2	3	4	5	6
y	6	3	2	1,5	1,2	1

D

x	1	2	3	4	5	6
y	30	15	10	8	6	5

8 Übertrage die Tabelle in dein Heft und fülle sie mit den Angaben auf dem Marmeladenglas aus (Fig. 1).

Marmeladenmenge (in g)	0	10	50	100	200	250	500	800
Früchtegehalt (in g)								
Zuckergehalt (in g)								

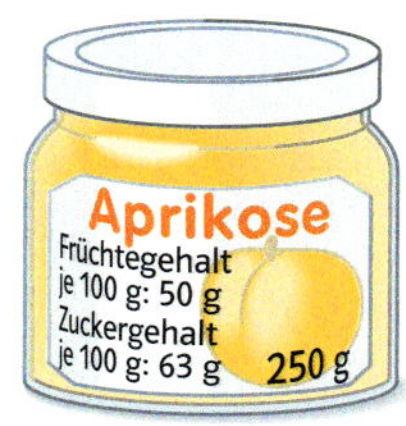

Fig. 1

9 Die drei Flugzeuge F1, F2 und F3 verändern jeweils ihre Flughöhe:
Flugzeug F1 besitzt zum Zeitpunkt $t = 0$ eine Höhe von 1000 m und steigt pro Sekunde gleichmäßig um 2 m.
Flugzeug F2 besitzt zum Zeitpunkt $t = 0$ eine Höhe von 1000 m und steigt pro Sekunde gleichmäßig um 3 m.
Flugzeug F3 besitzt zum Zeitpunkt $t = 0$ eine Höhe von 5000 m und sinkt pro Sekunde gleichmäßig um 4,5 m.
a) Um welchen Zuordnungstyp handelt es sich bei den Zuordnungen *Zeit t (in s) → Höhe (in m)* der drei Flugzeuge?
b) Welche Höhen besitzen die drei Flugzeuge nach einer Minute?
c) Gib für die Zuordnungen je eine Formel an, mit der sich die Höhe h des Flugzeugs berechnen lässt.
d) Zeichne die drei dazugehörigen Graphen.
e) Lies aus dem Graphen von Teilaufgabe d) ab, nach welcher Zeit und in welcher Höhe die Flugzeuge F1 und F3 (F2 und F3) die gleiche Höhe besitzen.

10 In Fig. 2 sind die Graphen von verschiedenen linearen Zuordnungen $x \rightarrow y$ dargestellt. Gib jeweils die Gleichung an, mit der sich der y-Wert berechnen lässt.

11 Überprüfe rechnerisch, ob der Punkt P(3 | −5) auf dem Graphen der Zuordnung $x \rightarrow y$ mit der Gleichung liegt.
a) $y = \frac{5}{3}x$ b) $y = 3 \cdot x - 14$ c) $y = \frac{6}{x} - 7$

12 Denke dir für drei verschiedene lineare Zuordnungen $x \rightarrow y$ Gleichungen aus, mit denen sich die y-Werte berechnen lassen. Zeichne anschließend die dazugehörigen Graphen.

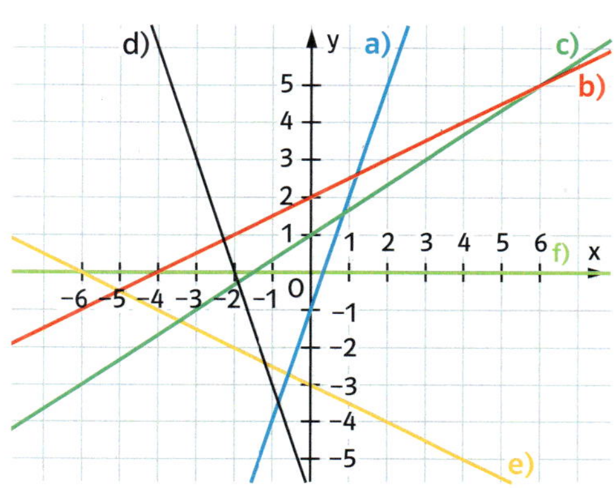

Fig. 2

13 Ein Taxiunternehmen berechnet 2 € als Grundgebühr und 2,5 € für jeden gefahrenen Kilometer.
a) Um welchen Zuordnungstyp handelt es sich bei der Zuordnung *Fahrstrecke → Fahrtkosten?* Begründe.
b) Wie teuer wäre eine Fahrt von 12 km Länge?
c) Wie weit könnte man für 22 € fahren?
d) Entwerfe zusammen mit deinem Nachbarn ein eigenes Tarifmodell für ein Taxiunternehmen und fertige ein Werbeplakat an.

14 a) Chris behauptet, dass die drei Graphen zu einer linearen Zuordnung gehören. Hat sie Recht? Begründe.
b) Welcher Graph stellt die Zuordnung am besten dar? Begründe deine Entscheidung.
c) Zeichne weitere Graphen der Zuordnung.

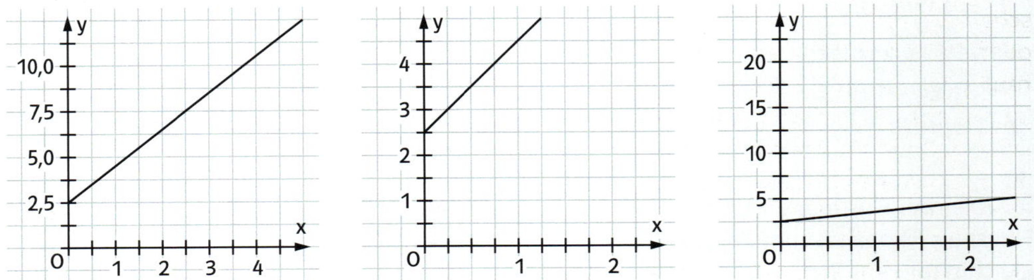

Fig. 1

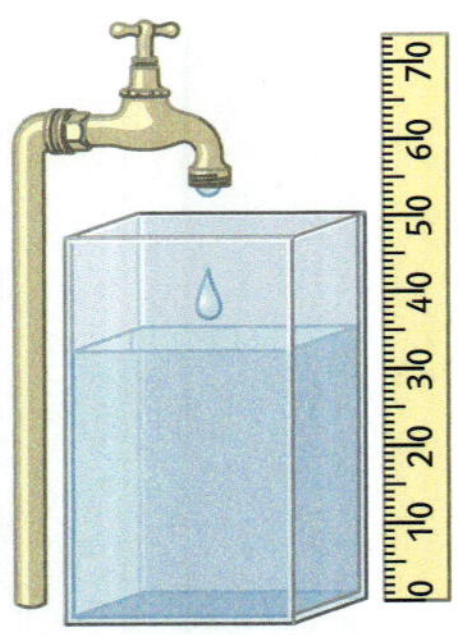
Fig. 2

15 Lilian experimentiert an einem defekten Wasserhahn, der seit einiger Zeit gleichmäßig tropft. Sie stellt ein Gefäß unter den Wasserhahn und sieht nach 15 Minuten, dass die Höhe des Wasserspiegels 35 cm beträgt.
a) Nach welcher Zeit wird das Gefäß überlaufen, wenn es 50 cm hoch ist?
b) Nach welcher Zeit würde das Gefäß überlaufen, wenn aus dem Wasserhahn die dreifache Wassermenge in gleicher Zeit tropft?
c) Nach welcher Zeit würde das Gefäß überlaufen, wenn Lilian das Gefäß durch ein gleich hohes ersetzt, bei dem eine Seite der Grundfläche nur halb so lang ist?

16 Rebecca schneidet aus Pappe verschieden große Rechtecke aus. Sie misst die Seitenlängen, berechnet die Flächeninhalte und wiegt dann die Rechtecke. Die gefundenen Werte trägt sie in ein Koordinatensystem ein (Fig. 3).
a) Müsste die Zuordnung *Flächeninhalt → Gewicht* proportional sein?
b) Wie kommt es, dass die Punkte nicht alle auf einer Geraden liegen?
c) Nach welchen Gesichtspunkten wurde die Gerade ins Koordinatensystem gezeichnet?
d) Bei welchem Wert wird sie wohl falsch gemessen haben?
e) Wie schwer wird in etwa ein Rechteck aus Pappe mit dem Flächeninhalt 1 m² sein?

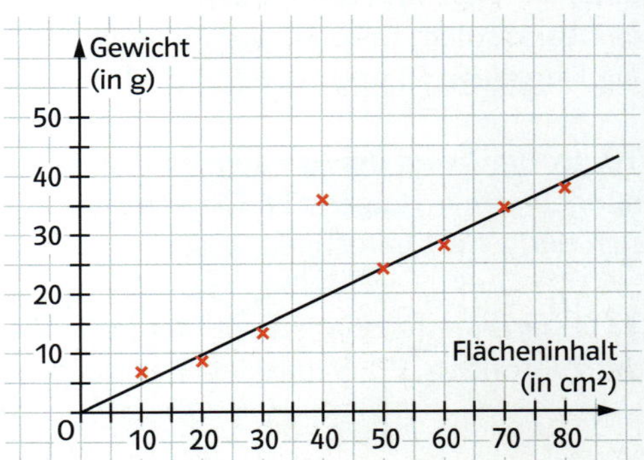

Fig. 3

Alles hat seinen Preis

Felicitas Hoppe

Alles hat seinen Preis, sagt mein Vater. Ich glaube, es ist sein Lieblingssatz, denn er sagt ihn oft und deutlich und laut. Er wiederholt ihn bei jeder Gelegenheit und schlägt mir dabei auf die Schulter und lacht, als wären wir dickste Freunde. Natürlich, auch Freundschaft hat ihren Preis. Mein Vater sagt auch andere Sätze, aber eigentlich meint er immer dasselbe, denn die anderen Sätze klingen genauso. Er sagt zum Beispiel: Man bekommt nichts geschenkt, oder: Man kriegt nichts umsonst, oder: Du wirst schon sehen, was du davon hast, oder: Das steht doch in keinem Verhältnis dazu. Und manchmal sagt er auch ernst und mit Nachdruck: So billig kommst du mir nicht davon, das musst du dir erst noch verdienen!

Mein Vater ist ein glänzender Rechner, Zuordnung ist sein Lieblingsspiel, weil er weiß, dass alles zusammenhängt und wie man die Dinge deutlich und klar zueinander in eine Beziehung setzt: Leben und Schule, Ergebnis und Arbeit, Belohnung und Strafe, Leistung und Liebe. Und ich weiß das auch, denn ich lerne sehr schnell und aus eigener Erfahrung, dass Beziehungen niemals stabil sein können, weil sich jederzeit alles verändern kann. Auf nichts ist im Leben wirklich Verlass, das hat mir mein Vater beigebracht.

Bringe ich schlechte Noten nach Hause, verfinstert sich sein Gesicht sofort, kein Eis, kein Ausflug und keine Bootsfahrt, ich bezahle mit Fernseh- und Ausgehverbot. Komme ich aber mit guten Noten, gibt es Geschenke und große Versprechen, und er schlägt mir von hinten auf die Schulter, als wären wir jetzt wirklich dicke Freunde. Er liebt mich, wenn ich Tore schieße, doch schieße ich nichts, dann ist er enttäuscht und sagt, ich hätte zu wenig gegeben. Je höher das Wasser, desto schneller der Fluss, und je schneller man läuft, desto schneller am Ziel, sagt mein Vater und dreht sich weg. Meine Mutter dagegen sieht alles anders, sie dreht den Spieß meines Vaters um. Nicht alles, sagt sie, lässt sich berechnen, und manches zahlt sich erst später aus. Und der Fluss, der heute so langsam fließt, ist morgen vielleicht ein reißender Strom. Ich weiß, ehrlich gesagt, nicht genau, was sie meint, doch auch sie hat eine Beziehung zu mir und eine ziemlich klare Funktion. Denn ob ich ein Tor schieße oder nicht, ich bekomme trotzdem den doppelten Nachtisch, weil sie findet, dass Kinder wachsen müssen und dass es zwischen Erfolg und Sahne nicht wirklich eine Beziehung gibt.

Uhren

Schon sehr früh versuchten die Menschen die Zeit zu messen. Erste Hinweise dazu findet man in den ägyptischen Hieroglyphen, die vor etwa 5000 Jahren aufgezeichnet wurden.
Durch einen Stab im Boden konnte mittels der Schattenlänge und Schattenrichtung der Tag in Zeitabschnitte unterteilt und so die Zeit gemessen werden.

Bauanleitung für eine Sonnenuhr

Steckt einen etwa 1m langen Stab in den Boden. Der Schatten des Stabes ist der Stundenzeiger der Uhr; er bewegt sich mit der Sonne.

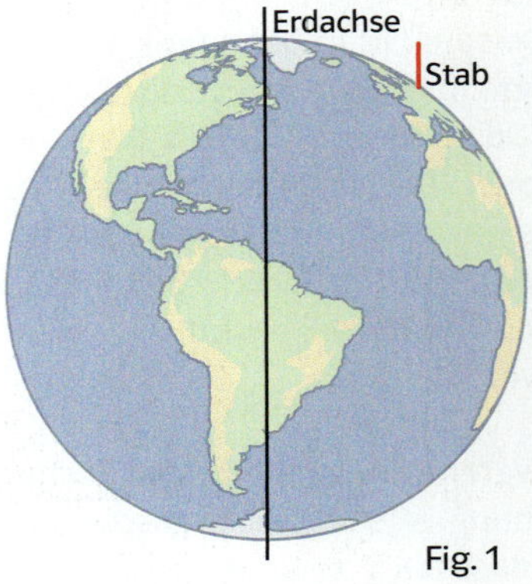

Fig. 1

Damit der Schatten in gleichen Zeiten gleiche Winkel überstreicht, muss der Stab parallel zur Erdachse stehen. Das erreicht man, wenn der Stab nicht senkrecht in den Boden gesteckt wird, sondern schräg in nördlicher Richtung.

Der Winkel α zwischen Stab und Erdboden richtet sich dabei nach dem Breitengrad, auf dem die Sonnenuhr aufgestellt wird. Sucht den passenden Breitengrad (Winkel) im Atlas. Freiburg liegt zum Beispiel auf dem 48. Grad (Winkel) nördlicher Breite.

Messt jetzt den Winkel, den der Schatten des Stabes von Stunde zu Stunde überstreicht. Was lässt sich feststellen?
Wenn ihr schließlich ein Ziffernblatt für die Sonnenuhr (z.B. mit Steinchen) markiert, ist die Sonnenuhr fertig. Überprüft sie zu verschiedenen Zeiten!

Es gab auch tragbare Sonnenuhren. Die Taschenuhr in Fig. 2 aus Elfenbein stammt aus der Zeit um 1650 n.Chr.
Sie hatte eine Einstellmöglichkeit für die Breitengrade von 42° (z.B. Rom) bis 56° (z.B. Kopenhagen) und konnte sowohl vertikal als auch horizontal abgelesen werden. Wozu diente wohl der eingebaute Kompass?

Fig. 2

Uhren

Sonnenuhren hatten jedoch einen Nachteil: Bei Nacht oder schlechter Witterung konnte man sie nicht benutzen.
Deshalb hat man schon früh auch andere Uhren gebaut.

Könnt ihr erklären, wie die dargestellten „Uhren" funktionieren?
Was wird jeweils der Zeit zugeordnet?

Fig. 1

Fig. 2

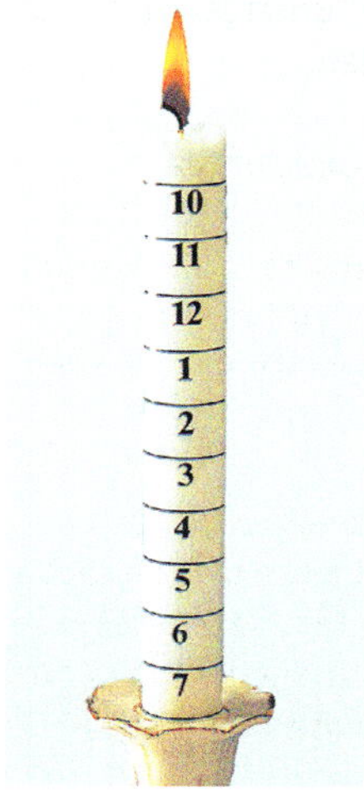

Fig. 3

Fig. 4

Versucht selbst eine Uhr zu entwickeln und zu bauen.

Bis ins 19. Jahrhundert hinein benutzte man im Bergischen Land Öluhren wie in Fig. 5. Der sinkende Ölspiegel zeigte die verstrichene Zeit an. Bei einer Öluhr, deren Gefäß eine quadratische Grundfläche hat, lässt sich der Ölstand leicht berechnen.
In einem quadratischen Messgefäß mit 3 cm Kantenlänge und 8 cm Höhe steht das Öl 6 cm hoch. Pro 40 Minuten sinkt die Höhe des Ölstandes um 2 cm.
a) Die Höhe des Ölstands stellt ein Maß für die Zeit dar. Legt eine Wertetabelle im 15-Minuten-Abstand an. Zeichnet den dazugehörigen Graph.
b) Welche quadratische Grundfläche muss das Gefäß haben, damit der Ölspiegel alle 10 Minuten um 1 mm; 2 mm; 1 cm sinkt? Bei welcher der drei Grundflächen lässt sich die Uhr am genauesten ablesen?

Fig. 5

a) Betrachtet den Abbrand der Kerze in Fig. 6 und erstellt eine Wertetabelle für die Zuordnung *Brenndauer → Abbrand*.
b) Zeichnet den dazugehörigen Graph.
c) Um welchen Funktionstyp handelt es sich?
d) Wie weit wird die Kerze nach 1,5 h (40 min) abgebrannt sein?
e) Nach welcher Zeit ist die Kerze vollständig abgebrannt?

Fig. 6

Rückblick

Darstellung einer Zuordnung
Eine Zuordnung kann man z. B. beschreiben mit
- einer Tabelle,
- einem Text,
- Pfeilen,
- einer Grafik,
- einem Graphen oder
- einer Gleichung.

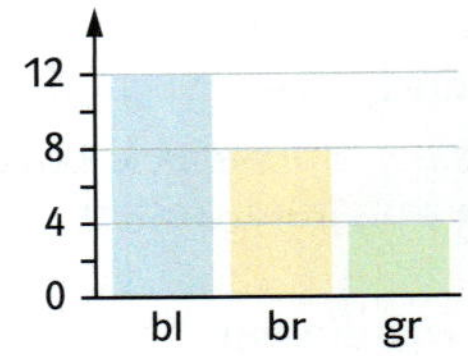

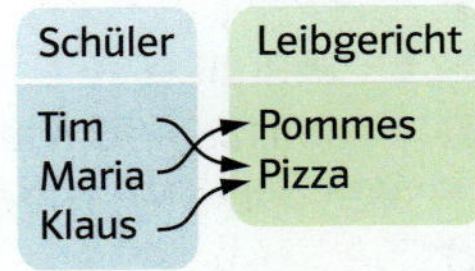

$y = -5 \cdot x + 3$

x	0	1	2	3
y	2	5	−1	1,5

Fig. 1

Graph einer Zuordnung
Um eine Zuordnung mit einem Graphen darzustellen, werden die Wertepaare als Punkte in ein Koordinatensystem gezeichnet. Wo es sinnvoll ist, werden die Punkte durch eine passende Linie verbunden.
Stellt man Zuordnungen in einem Koordinatensystem durch einen Graphen dar, so lassen sich Eigenschaften der Zuordnung gut ablesen.

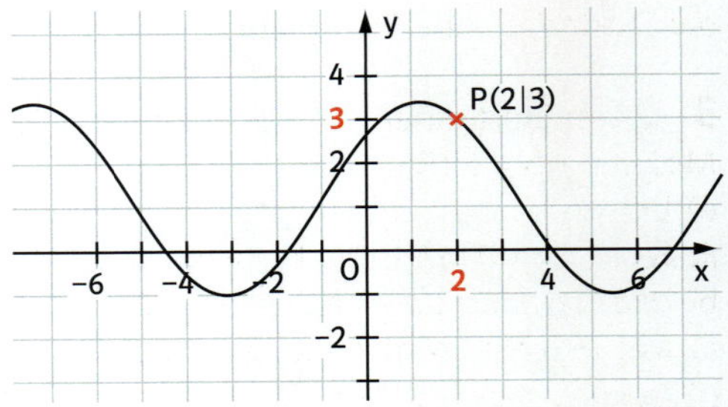

Fig. 2

Besondere Zuordnungstypen

Proportionale Zuordnungen $x \to y$ haben quotientengleiche Wertepaare. Ist dieser Quotient 2, so lässt sich der y-Wert mit der Gleichung
$y = 2 \cdot x$
berechnen.
Der Graph einer proportionalen Zuordnung liegt auf einer Geraden durch den Ursprung (0|0).

Kauft man Kaugummis ein, so ist die Zuordnung Anzahl der Kaugummis k → Gesamtpreis p (in €) *proportional.*

Der Quotient $\frac{p}{k}$ *entspricht dem Preis für einen Kaugummi (in €).*

Antiproportionale Zuordnungen $x \to y$ haben produktgleiche Wertepaare. Ist dieses Produkt 4, so lässt sich der y-Wert mit der Gleichung
$y = \frac{4}{x}$
berechnen.

Kauft man für sein gesamtes Taschengeld (in €) Kaugummis ein, so ist die Zuordnung Preis für einen Kaugummi p (in €) → Anzahl der Kaugummis k *antiproportional. Das Produkt* $p \cdot k$ *entspricht dem Taschengeld.*

Bei einer **linearen Zuordnung** $x \to y$ hat die Zunahme der x-Werte um eine Einheit immer die gleiche Zunahme bzw. Abnahme der y-Werte zur Folge.
Die Gleichung, mit der sich bei einer linearen Zuordnung $x \to y$ der y-Wert berechnen lässt, hat die Form
$y = 1{,}5 \cdot x + 1$
Für $x = 0$ ist der y-Wert 1.
Wenn der x-Wert um eine Einheit zunimmt, nimmt der y-Wert um 1,5 Einheiten zu.

Der Graph einer linearen Zuordnung liegt auf einer Geraden.
Proportionale Zuordnungen sind besondere lineare Zuordnungen.

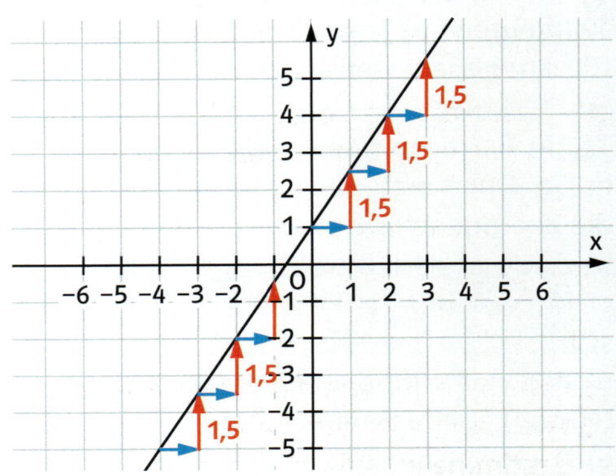

Fig. 3

Training

Runde 1

1 Welcher der abgebildeten Graphen gehört vermutlich zur Zuordnung? Begründe.
a) *Brenndauer → Höhe einer brennenden Kerze*
b) *Alter eines Menschen → Körpergröße*
c) *Zeit → Höhe einer Schaukel*
d) *Zeit → Temperatur eines sich abkühlenden Getränks*

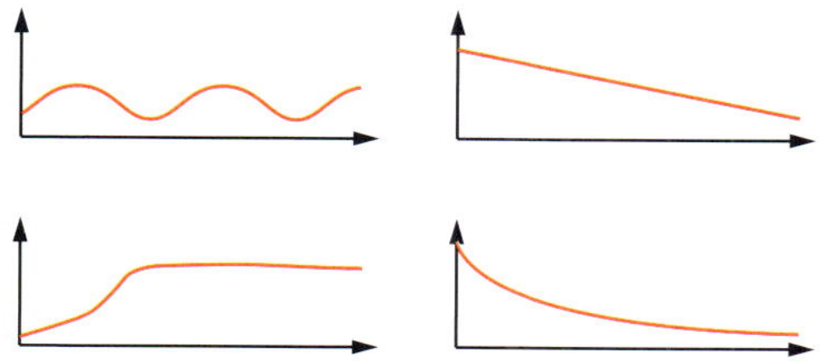

Fig. 1

2 Bei einer Bakterienkultur verdoppelt sich die Anzahl der Bakterien jede Stunde. Zu Beginn der Messung misst man 100 Bakterien. Lege für die Zuordnung *Stunden → Anzahl der Bakterien* eine Tabelle für fünf Stunden an und zeichne den dazugehörigen Graphen.

3 Beim Start einer Rakete mit einem Startgewicht von 800 t werden in den ersten zwei Minuten 612 t Treibstoff gleichmäßig verbrannt.

a) Um welchen Zuordnungstyp handelt es sich bei der Zuordnung *Zeit → Gewicht der Rakete*? Begründe deine Entscheidung.
b) Wie schwer ist die Rakete zehn Sekunden nach dem Start?
c) Mit welcher Formel lässt sich das Gewicht der Rakete berechnen?
d) Zeichne den Graphen der Zuordnung und lies ab, nach welcher Zeit die Rakete nur noch die Hälfte ihres Anfangsgewichtes hat.

4 Bei einer Zuordnung $x \to y$ lassen sich die y-Werte mit der Gleichung $y = \frac{2}{7} \cdot x - 3$ berechnen. Liegen die Punkte $P(14 \mid 1)$, $Q(-\frac{21}{4} \mid 4{,}5)$, $R(\frac{7}{5} \mid \frac{1}{3})$ auf dem dazugehörigen Graphen?

Runde 2

1 Zeichne die Graphen der Zuordnungen mit den Gleichungen
$y = 5 \cdot x$ und $y = -\frac{3}{4} \cdot x + 1{,}5$.

2 Aus Fig. 2 kannst du die Jahresmitteltemperaturen der letzten Eiszeit bis heute ablesen.
a) Lies die Temperatur in 10 000er-Schritten ab und stelle eine Wertetabelle auf.
b) Welche Vorteile hat die gezeichnete Kurve gegenüber einer Wertetabelle?

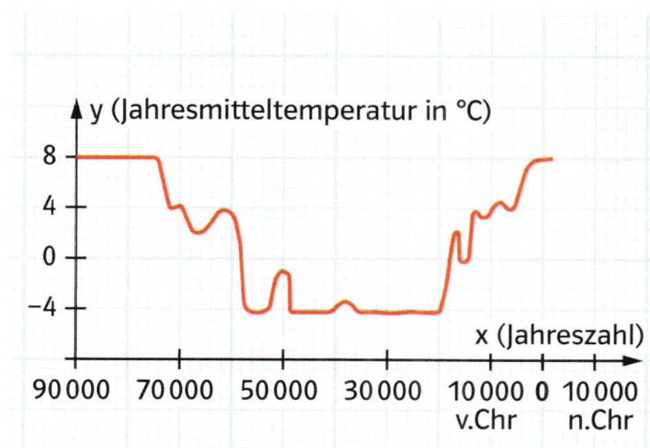

Fig. 2

3 Beschreibe mit eigenen Worten, was man unter einer proportionalen, einer antiproportionalen und einer linearen Zuordnung versteht. Gib jeweils ein Beispiel an.

4 In einem Experiment wird Wasser in einem Topf erhitzt (siehe Tabelle).

Zeit (in min)	0	1	2	3	4
Temperatur (in °C)	20	24	28	32	36

a) Begründe anhand der Messwerte, warum es sich um eine lineare Zuordnung handelt.
b) Wie warm wird das Wasser im Topf nach sieben Minuten (30 Sekunden) sein?
c) Bestimme eine Formel, mit der sich die Temperatur berechnen lässt.
d) Warum lässt sich mit der Formel nicht die Temperatur nach einer Stunde bestimmen?

Das kannst du schon

- Zusammenhänge zwischen Größen mit Zuordnungen beschreiben
- einfache Terme und Gleichungen aufstellen und deuten
- die Rechenregeln für rationale Zahlen

Mehr grüne als rote? Einfach zählen oder erst ordnen?

Ganz New York ist auf der Suche

Gesucht wird das Alter von Anna

New York. Es gibt in dieser Stadt viele Bürger und Bürgerinnen, die sich in den letzten Monaten immer wieder der einen Frage stellen müssen: Wie alt ist Anna?

„Dabei ist es eigentlich ganz logisch“, berichtet der mathematikbegeisterte Roda, „man hört es doch an jeder Ecke, jeder weiß es doch eigentlich.“

Das, was alle wissen, beschreibt Roda aus New York dann so: „Maria ist 24 Jahre alt. Sie ist doppelt so alt, wie Anna war, als Maria so alt war, wie Anna jetzt ist.“

Doch trotz dieser logischen Aussage weiß nicht jeder sofort, wie alt Anna ist – ist sie jetzt 25 Jahre alt? Oder jünger oder älter? Wer weiß das schon.

Zahl und Maß

Daten und Zufall

Beziehung und Änderung

Modell und Simulation

Muster und Struktur

Form und Raum

Die Tricks mit X – und immer variabel

„Die Buchstaben-Rechenkunst wird diejenige genennet, welche anstatt der Zifern allgemeine Zeichen der Größen brauchet, und damit die gewöhnlichen Rechenarten verrichtet."
(Mathematiker Wolff. 1797)

Das kannst du bald

- Formeln, Terme und Gleichungen sicher aufstellen und damit gesuchte Werte oder Größen berechnen
- Terme und Gleichungen rechnerisch bearbeiten
- Fragen aus dem Alltag mithilfe von Termen und Gleichungen beantworten

1 Aufstellen von Termen – Formeln

Umfangsformeln:

$U = 2 \cdot 5 + \ldots$
$U = \ldots + 2 \cdot (2 \cdot x \ldots)$
$U = \ldots + 4{,}5 + 2 \cdot x \ldots$

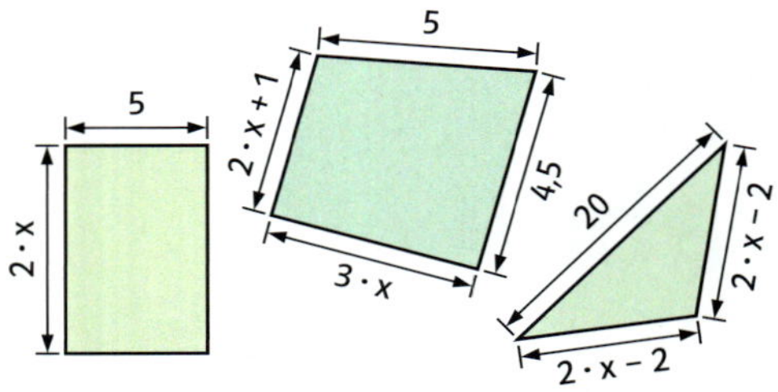

Wenn man zum Beispiel den Umfang oder Flächeninhalt einer geometrischen Figur oder die Kosten einer Bestellung bei einem Versandhaus berechnen will, können Formeln sehr hilfreich sein. Und so geht´s.

Oft sind Zusammenhänge zwischen verschiedenen Größen nicht sofort zu erkennen. In diesen Fällen ist es sinnvoll, die Zusammenhänge schrittweise zu entwickeln.

Wenn in einer Knobelaufgabe gefragt wird, wie viele Streichhölzer man zum Legen von 85 Dreiecken wie in Fig. 1 benötigt, wäre ein Abzählen sehr aufwändig. Man kann jedoch entdecken, dass zwischen der Anzahl der Dreiecke und der Anzahl der Streichhölzer ein Zusammenhang besteht. Dieser kann in einem **Term** formuliert werden.

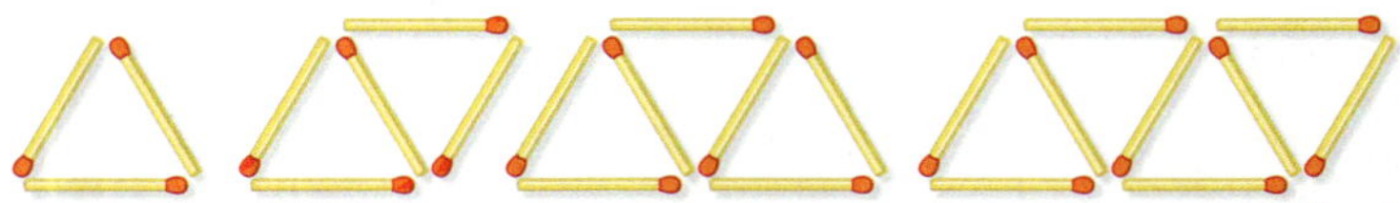
Fig. 1

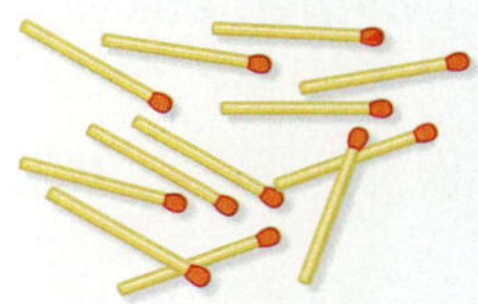

Um diesen Term zu finden, kann man so vorgehen:

1. Schritt: Man untersucht einfache Beispiele.

Anzahl der Streichhölzer		Bild der Kette
– für 1 Dreieck:	3	
– für 2 Dreiecke:	3 + 2	
– für 3 Dreiecke:	3 + 2 + 2 = 3 + 2 · 2	
– für 4 Dreiecke:	3 + 3 · 2	

Nun sieht man: Anzahl der Streichhölzer = 3 + (Anzahl der Dreiecke – 1) · 2.
2. Schritt: Man führt eine geeignete Variable ein.
d bezeichnet die Anzahl der Dreiecke
3. Schritt: Man schreibt die Rechenschritte der einfachen Beispiele mit der Variable auf.
Anzahl der Streichhölzer: $3 + (d - 1) \cdot 2$

Zur Erinnerung:
Man wählt eine Variable, weil man verschiedene Zahlen einsetzen will.

variare *(lat.): (ver)ändern*

Bezeichnet man die Anzahl der Streichhölzer mit S, erhält man die Formel $S = 3 + (d - 1) \cdot 2$. Setzt man für d die Anzahl der zu legenden Dreiecke ein, kann leicht die Anzahl der Streichhölzer berechnet werden: $S = 3 + (85 - 1) \cdot 2 = 171$.
Für 85 Dreiecke werden 171 Streichhölzer benötigt.

Beim **Aufstellen von Formeln** ist folgendes Vorgehen oft hilfreich:
1. einfache Beispiele betrachten
2. Variable einführen und
3. einen Term formulieren.

Mit dem Term kann eine Formel aufgeschrieben werden.

Beispiel Formel aufstellen und nutzen

Claudia mäht regelmäßig den Rasen der Nachbarn und erhält dafür 5 Euro pro Stunde. Ihr Vater schlägt vor, für den Materialverschleiß des Mähers 0,75 Euro pro Einsatz zu verlangen. Die Rechnungen möchte Claudia „professionell" mit einem Tabellenkalkulationsprogramm erstellen. Dazu benötigt sie eine Formel für die Kosten. Stelle die Formel auf und berechne damit die Kosten für einen Arbeitseinsatz von 2,5 Stunden.

Lösung:

1. Stelle geeignete Beispiele auf:	1 Stunde: $0{,}75 + 5$
	2 Stunden: $0{,}75 + 5 \cdot 2$
2. Wähle geeignete Variablen:	s bezeichnet die Anzahl der Stunden und K die Kosten.
3. Stelle die Formel auf:	$K = 0{,}75 + 5 \cdot s$
Berechne K für $s = 2{,}5$:	$K = 0{,}75 + 5 \cdot 2{,}5 = 13{,}25$. Die Arbeit kostet 13,25 Euro.

Mit einem Tabellenkalkulationsprogramm können Firmen z. B. ihre Rechnungen mit dem Computer ausführen.

Tipp:
Für die Variable sachbezogene Abkürzungen wählen.
Beispiel:
s für Seitenlänge
h für Höhe

Aufgaben

1 Der Installateur Mohr berechnet Reparaturkosten mit der Formel $R = 20 + 11 \cdot v$. R bezeichnet die Reparaturkosten (in €) und die Variable v die Anzahl der gearbeiteten Viertelstunden.

a) Wie hoch ist der Festbetrag und wie viel kostet eine Viertelstunde Arbeitszeit?

b) Wie viel kostet die Reparatur eines Wasseranschlusses, wenn Herr Mohr genau 2; 4,5 bzw. 12 Stunden arbeitet?

2 Die Klasse 7b soll ein Oktaedermodell aus Draht bauen.

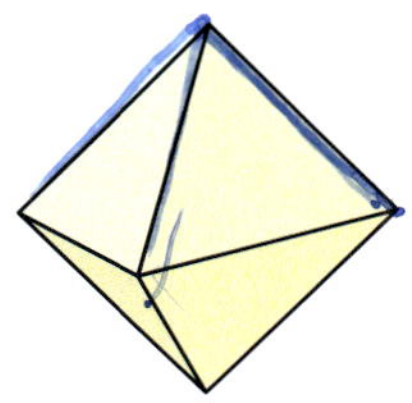

a) Stelle für die benötigte Drahtlänge eine Formel auf. Berechne die Drahtlänge, die zum Bau eines Oktaeders mit der Kantenlänge von 5 cm; 8,5 cm bzw. 0,7 m notwendig ist.

b) Wieso reicht die berechnete Länge zum Bau des Modells nicht aus?

3 Bei einem Gewitter kann ein Blitz sehr gefährlich sein. Darum ist es sinnvoll, die Entfernung des Blitzes zu kennen.

Zeitraum zwischen Blitz und Donner	1,5 s	3,0 s	5,1 s	7,5 s	9,0 s	21 s
Entfernung des Blitzes	0,5 km	1,0 km	1,7 km	2,5 km	3,0 km	7,0 km

a) Beschreibe mit einer Formel, wie man die Entfernung des Blitzes aus dem Zeitraum zwischen Blitz und Donner berechnen kann.

b) Gib die Entfernung des Blitzes an, wenn zwischen Blitz und Donner 12; 15 bzw. 18 Sekunden vergehen.

c) Zeichne den Graphen der Zuordnung *Zeitraum zwischen Blitz und Donner → Entfernung des Blitzes* und lies weitere Werte ab.

d) Welcher Zeitraum liegt zwischen Donner und Blitz, wenn der Blitz 12 km weit entfernt ist?

4 Ein quadratischer Hof soll mit quadratischen Pflastersteinen ausgelegt werden. Die Steine gibt es mit unterschiedlichen Kantenlängen zu kaufen (Fig. 1).

a) Stelle eine Formel zur Bestimmung der Anzahl der benötigten Steine auf.

b) Berechne für die gegebenen Kantenlängen die Anzahl der benötigten Steine.

c) Welche Steingröße würdest du kaufen?

Pflastersteine

Preise pro Stein (lieferbar pro m²)

4 cm · 4 cm	**0,05 €**
5 cm · 5 cm	**0,08 €**
6 cm · 6 cm	**0,12 €**
8 cm · 8 cm	**0,21 €**

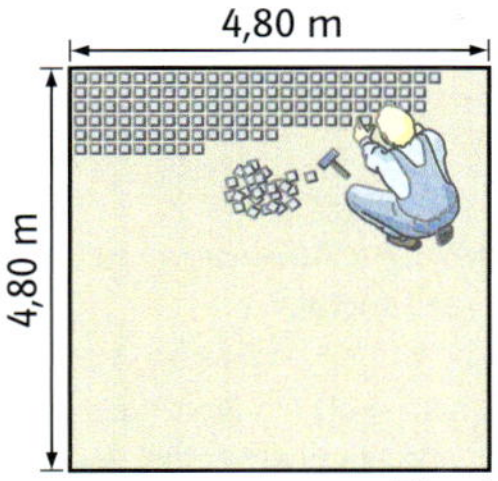

Fig. 1

2 Gleichwertige Terme – zielgerichtetes Umformen

„Und jetzt schnell noch zählen!"

Beim Aufstellen von Termen entstehen oft lange Rechenausdrücke, die schwer zu bearbeiten sind. Deshalb versucht man, sie in einem einfacheren Term darzustellen.

Trotz äußerer Verschiedenheit können zwei Terme bei jeder Einsetzung jeweils denselben Wert liefern.

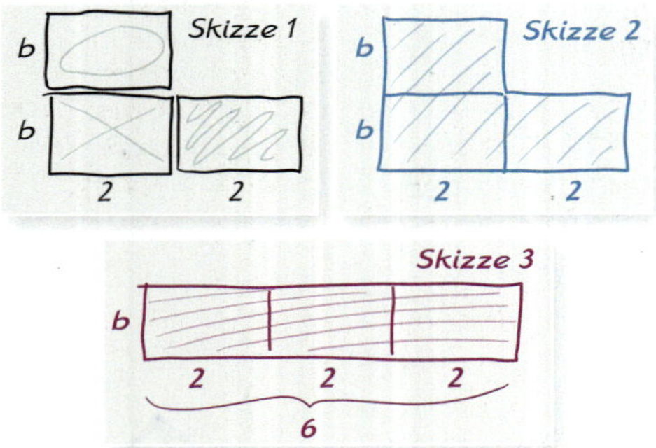

Fig. 1

Maike, Tom und Lisa sollen zur Berechnung der Inhalte der dargestellten Flächenstücke einen Term aufstellen und diesen mit einer Skizze begründen. Maike berechnet die Fläche
nach Skizze 1 mit $2 \cdot b + 2 \cdot b + 2 \cdot b$,
Tom nach Skizze 2 mit $3 \cdot (2 \cdot b)$ und
Lisa nach Skizze 3 mit $6 \cdot b$.
Die Terme geben verschiedene Rechenwege an. Bei jeder Einsetzung für b ergeben sie aber trotzdem jeweils denselben Wert. Die Terme heißen deshalb **gleichwertig** oder **äquivalent** und man kann schreiben
$2 \cdot b + 2 \cdot b + 2 \cdot b = 3 \cdot (2 \cdot b) = 6 \cdot b$.

äquus *(lat.): gleich*
valens *(lat.): wertig*

Nun stellt sich die Frage, wie man aus einem gegebenen Term einen gleichwertigen Term erhält, der beispielsweise zum Berechnen von Werten einfacher ist. Für Variablen können Zahlen eingesetzt werden. Daher kann man Terme nach den Rechenregeln für rationale Zahlen umformen. Für die Terme der Flächenstücke gilt beispielsweise:
$2 \cdot b + 2 \cdot b + 2 \cdot b = 3 \cdot (2 \cdot b)$ genauso wie $10 + 10 + 10 = 3 \cdot 10$ und
$3 \cdot (2 \cdot b) = 6 \cdot b$ genauso wie $3 \cdot (2 \cdot 5) = (3 \cdot 2) \cdot 5 = 6 \cdot 5$.

Alte Rechenregel – neuer Name
Die Umformungsregel
$3 \cdot (2 \cdot 4) = (3 \cdot 2) \cdot 4$
bzw.
$3 + (2 + 4) = (3 + 2) + 4$
heißt ***Assoziativgesetz.***

Wenn ein Term nach den gültigen Rechengesetzen umgeformt wird, erhält man einen äquivalenten Term. Durch Umformen kann man Terme oft zielgerichtet vereinfachen.

Will man zeigen, dass zwei Terme nicht äquivalent sind, genügt es eine Zahl zu finden, für welche die Terme unterschiedliche Werte haben. So ist der Wert der Terme $2 \cdot x^2 - 6$ und $4 \cdot x$ für $x = 3$ und $x = -1$ zwar gleich, aber für $x = 2$ ungleich.
Umgekehrt kann man die Äquivalenz von Termen nicht durch Einsetzproben zeigen, da man mit allen existierenden Zahlen testen müsste – dies ist unmöglich.

Beispiel 1 Vereinfachen
Vereinfache den Term $a + a + a \cdot 2 \cdot 3 + 6 + a + 3 \cdot 4$.
Lösung:
1. *Erstes Vereinfachen:* $a + a + a \cdot 2 \cdot 3 + 6 + a + 3 \cdot 4 = a + a + 6a + 6 + a + 12$
2. *Ordnen:* $= a + a + 6a + a + 6 + 12$
3. *Zusammenfassen:* $= 9a + 18$

Übliche Abkürzungen bei Termen:
statt $1 \cdot x$ *schreibe* x
statt $(-1) \cdot x$ *schreibe* $-x$
statt $4 \cdot x$ *schreibe* $4x$

Beispiel 2 Aufstellen und Vereinfachen

Der Hobbybarkeeper Jan möchte für einen Früchtecocktail vier Sorten Fruchtsäfte zu gleichen Anteilen mischen (Apfel-, Orangen-, Ananas- und Birnensaft).

a) Wie viel muss Jan inklusive Pfand bezahlen, wenn er pro Sorte m Liter kaufen will und zehn Ein-Liter-Flaschen Leergut zurückgibt?

b) Wie viel muss Jan für 1,5; 2 bzw. 2,5 Liter pro Sorte inklusive Pfand insgesamt zahlen?

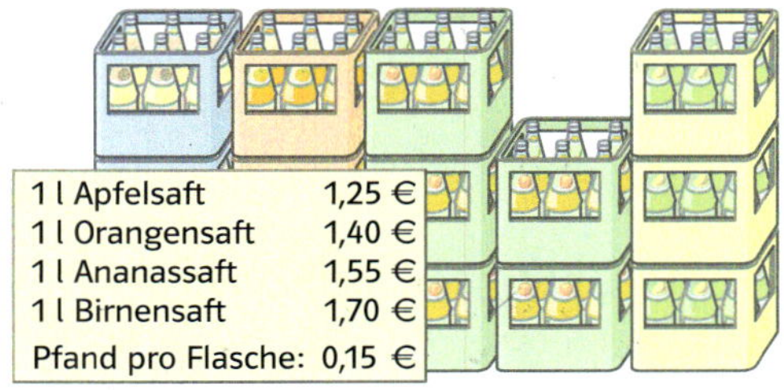

Fig. 1

Lösung:

a) *1. Aufstellen des Terms:* $1{,}55 \cdot m + 1{,}25 \cdot m + 1{,}4 \cdot m + 1{,}7 \cdot m - 10 \cdot 0{,}15 + 4 \cdot m \cdot 0{,}15$

2. Erstes Vereinfachen: $= 1{,}55m + 1{,}25m + 1{,}4m + 1{,}7m - 1{,}5 + 0{,}6m$

3. Ordnen: $= 1{,}55m + 1{,}25m + 1{,}4m + 1{,}7m + 0{,}6m - 1{,}5$

4. Zusammenfassen: $= 6{,}5m - 1{,}5$

b) *Berechnung des Wertes für* $m = 1{,}5$ Preis: $6{,}5 \cdot 1{,}5 - 1{,}5 = 8{,}25$

$m = 2$ Preis: $6{,}5 \cdot 2 - 1{,}5 = 11{,}50$

$m = 2{,}5$ Preis: $6{,}5 \cdot 2{,}5 - 1{,}5 = 14{,}75$

Wenn Jan pro Sorte 1,5; 2 bzw. 2,5 Liter kauft, muss er insgesamt 8,25; 11,50 bzw. 14,75 Euro zahlen.

Alte Rechenregel – neuer Name
Die Umformungsregel $3 + 2 = 2 + 3$ bzw. $3 \cdot 2 = 2 \cdot 3$ heißt auch ***Kommutativgesetz.***

Aufgaben

1 a) Übertrage die Tabelle in dein Heft und fülle sie aus.

x	$5 \cdot x - 1$	$7 \cdot x - 1 - 3 \cdot x$	$-x + 6 \cdot x - 1$	$1 + 4 \cdot x - 2$	$(x - 1) + 4 \cdot x$	$4 \cdot x + 1$
3						
15						
–5						
–7						

b) Welche Terme sind gleichwertig (äquivalent)? Begründe, indem du die Terme umformst.

c) Welche Terme sind nicht äquivalent? Begründe.

2 Vereinfache den Term im Kopf.

a) $s + s + s + s + s$ b) $x + x + 2x + x$ c) $t + t + 2t + t$ d) $-d - d - d - d - d$

e) $x - x + x - x$ f) $k + k + k - k - k$ g) $2b + 3b + b$ h) $6f + 3f + f + 9f$

i) $60g - 30g$ j) $2{,}3s + 1{,}3s$ k) $6{,}5t - 2{,}3t - t$ l) $60{,}3y - 42y + 2y$

Beachte:
$3 \cdot x + 2 \cdot x$
$= x + x + x + x + x$
$= 5 \cdot x$

3 Vereinfache den Term und berechne den Wert für $x = 2;\ 3;\ -4$ bzw. -5.

a) $3x - 7x + 13x$ b) $-23x + 34x + x$ c) $2{,}5x - 1{,}7x + 3x$ d) $0{,}23x - 0{,}27x - x$

e) $\frac{2}{3}x + \frac{5}{3}x$ f) $\frac{5}{12}x - \frac{11}{12}x + \frac{19}{12}x$ g) $-\frac{1}{4}x + \frac{3}{16}x - \frac{5}{8}x$ h) $\frac{1}{3}x - \frac{5}{6}x + \frac{11}{12}x$

4 Vereinfache den Term.

a) $d \cdot 2 + 5d$ b) $1096 \cdot x - x \cdot 96$ c) $f \cdot 6 + 7f - 2f$ d) $-3 \cdot 2x + 6x$

e) $2 \cdot 3{,}5x - 4 \cdot x \cdot 2$ f) $\frac{2}{4}x + \frac{1}{2} \cdot x - x$ g) $x \cdot \frac{5}{9} - \frac{1}{3}x + x$ h) $\frac{1}{3} \cdot x - x \cdot \frac{1}{6} + 2x$

5 Vereinfache und berechne den Wert für $n = 1{,}5;\ -2;\ -3$ bzw. 6.

a) $n + (-3) \cdot n + n \cdot 2$ b) $12 \cdot n - n \cdot 32$ c) $0{,}33n + n \cdot 2{,}5$ d) $-5 \cdot 2n - n \cdot 3$

e) $6n + (2n - 3n)$ f) $+(-2 \cdot n) - 34 \cdot n$ g) $n \cdot 6 \cdot 3 - 3n + n$ h) $5 \cdot n \cdot 3 + n \cdot 2 - n$

6 a) Übertrage die Tabelle in dein Heft und fülle sie aus.

d	5 · d − 3 · d − 1	3 · d + (1 − d)	d + 2 · d + 3	(1 − d) + 3 · d	2 · d − 1	6 · d
1						
8						
22						
60						

b) Welche Terme sind äquivalent? Welche sind nicht äquivalent? Begründe jeweils.
c) Mit welchem Term kann man die Anzahl der Streichhölzer berechnen, die man zum Legen einer beliebig langen Streichholzdreieckskette (s. Fig. 1, Seite 86) benötigt? Begründe. Wieso kann man in diesem Zusammenhang für d keine negativen Zahlen einsetzen?

Bist du sicher?

1 Welche der angegebenen Terme sind jeweils äquivalent? Begründe.
a) $5d - 4 - d$ b) $2d - 5 + d$ c) $(-3) \cdot d - 4 + 6d - 1$ d) $2d - 8 + 2d + 4$

2 Vereinfache soweit wie möglich und berechne den Wert für $a = -2$ und $a = 3$.
a) $3a + a \cdot 5 - 2$ b) $-2{,}5 - 5a + 1{,}4$ c) $5a - 8 + a - a \cdot 7$ d) $2 \cdot a \cdot 5 - a \cdot 3 + 2$

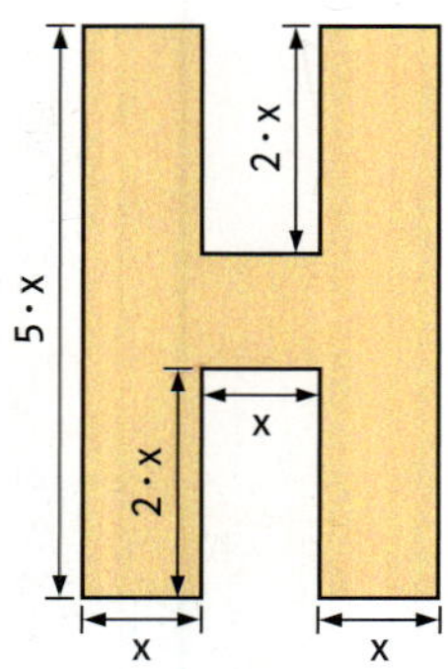

Fig. 1

7 Die Freunde Horst, Helmut und Hanna finden in einer Zeitschrift eine Skizze für ein Drahtmodell des Buchstaben H (Fig. 1) mit dem Titel: Für jeden die gewünschte Größe. Jeder überlegt sich einen Plan zum Nachbauen und stellt einen Term für die benötigte Drahtlänge auf.
Horst: $2 \cdot x + 2 \cdot 2 \cdot x + x + 2 \cdot x + 2 \cdot 2 \cdot x + x + 2 \cdot 5 \cdot x$
Helmut: $x + 2 \cdot x + x + 2 \cdot x + x + 5 \cdot x + x + 2 \cdot x + x + 2 \cdot x + x + 5 \cdot x$
Hanna: $2 \cdot (3 \cdot x) + 4 \cdot 2 \cdot x + 2 \cdot 5 \cdot x$
a) Erläutere mithilfe einer Skizze, welche Überlegungen sich Horst, Helmut und Hanna beim Aufstellen ihres Terms jeweils gemacht haben müssen.
b) Begründe, dass die Terme äquivalent sind.
c) Findest du einen einfacheren Term zur Berechnung der Drahtlänge?

8 Der Sportverein FC Olympia will eine neue Kunststoffbahn bauen. Zur Finanzierung soll ein Sponsorenlauf durchgeführt werden. Susanne bekommt von ihrem Sponsor für die Teilnahme 9 Euro und für jede gelaufene Runde weitere 5 Euro. Ihr Vater, der ebenfalls teilnimmt, bekommt von seinem Sponsor für die Teilnahme 7 Euro und für jede gelaufene Runde 4 Euro.

a) Stelle für Susanne und ihren Vater jeweils einen Term zur Ermittlung des Sponsorengeldes auf, das sie erlaufen.
b) Wie viel Geld bekommt Susanne, wenn sie 4; 5 bzw. 9 Runden läuft? Wie viel bekommt ihr Vater jeweils?
c) Wie viel bekommen beide zusammen, wenn jeder 7 Runden läuft?
d) Susannes Freundin Petra sagt: „Wenn du genauso viele Runden läufst wie dein Vater, kann man euer gemeinsames Sponsorengeld mit dem Term $16 + 9 \cdot r$ berechnen."
Hat sie Recht?
e) Erfinde selber weitere Terme, die Situationen bei einem Sponsorenlauf beschreiben und lasse von deinem Nachbarn Antworten formulieren.

9 Tom ist Hobbymaler und möchte sich nach einem Original vier Leinwände bauen.

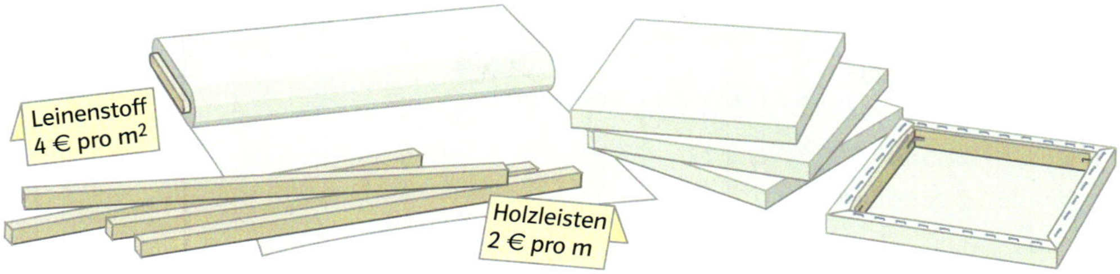

Fig. 1

a) Stelle für die Kosten für den Stoff bzw. die Holzleisten jeweils einen Term auf.
b) Berechne, wie viel Tom für die Leinwände bei einer Kantenlänge von 40 cm; 80 cm bzw. 1 m insgesamt bezahlen muss.
c) Tom zahlt mehr als er sich vor dem Kauf ausgerechnet hat. Woran kann das liegen?

10 Prüfe, welche der Terme äquivalent sind.

a)

$4 \cdot s + s - s$ $\quad 2 + s \cdot 1 + 3s - 2$ $\quad s \cdot 4$ $\quad 3 \cdot s - 5$ $\quad 3s + 4 - s$ $\quad -8 + s + 1 + 2s + 2$ $\quad -1 - 5s + 5 + 7s$ $\quad 4s - 5 + s$

b)

$3x + 1 - x$ $\quad x + 10 + x - 5 + 2x$ $\quad x + x + x + 5$ $\quad 0{,}8 + 2{,}1 + x \cdot 2 - 1{,}9$ $\quad 4x + 5$ $\quad -2 \cdot x + 3 + 6x + 2$ $\quad x + 1 + x$ $\quad \frac{5}{2} \cdot x + 7{,}3 + 0{,}5x - 2{,}3$

Kannst du das noch?

11 Bei der Planung des nebenstehenden Zweifamilienhauses hat der Architekt mathematische Kenntnisse angewendet.

a) Welche Symmetrie zeigt sich an der Fassade des Gebäudes? Welche geometrischen Figuren sind zu erkennen? Welche Gebäudeteile haben gleiche Abmessungen und Formen? Gibt es kleine Unterschiede der beiden Hälften?
b) Hat das Haus vermutlich noch weitere symmetrische Eigenschaften? Welche Vorteile hat die Planung für die beiden Familien?

12 Welche Zahl musst du für n einsetzen, um 10 zu erhalten?

a) $4 + 3n$ b) $22 - 4n$ c) $2{,}5n - 10$ d) $3(n - 1) + 5$
e) $\frac{1}{2} \cdot n$ f) $\frac{n}{2} - 10$ g) $n + \frac{n}{4}$ h) $2(n + 2) - 4$

13 Tina formt den Term $x \cdot (-2) + 3 + 4 \cdot x$ um und schreibt ihre Gedanken auf. „Zuerst vereinfache ich den ersten Summanden $x \cdot (-2)$ in $-2 \cdot x$. Dann sortiere ich die Summe so, dass alle Summanden, die ein x enthalten, nach vorne kommen: $-2 \cdot x + 4 \cdot x + 3$. Nun kann man die beiden ersten Summanden zusammenfassen und erhält den Term $2 \cdot x + 3$. Fertig." Schreibe deine Gedanken auf, die du beim Vereinfachen in Aufgabe 5 auf Seite 89 hattest.

3 Ausmultiplizieren und Ausklammern – Distributivgesetz

Was im Reich der Zahlen und Terme erlaubt und verboten ist…

Beim Umformen bzw. Vereinfachen von Termen muss man sich an Regeln halten, damit ein äquivalenter (gleichwertiger) Term entsteht.
Im Wesentlichen muss man dabei drei Regeln beachten. Das Assoziativ- und Kommutativgesetz hast du in der vergangenen Lerneinheit geübt, und das Distributivgesetz wird jetzt behandelt.

Alte Rechenregel – neuer Name
*Die Umformungsregeln $2 \cdot (5 \pm 3) = 2 \cdot 5 \pm 2 \cdot 3$ und $2 \cdot 5 \pm 2 \cdot 3 = 2 \cdot (5 \pm 3)$ heißen auch **Distributivgesetze**.*

Die Termumformung $2 \cdot (5 + 3) = 2 \cdot 8 = 16$ ist sofort einsichtig. Diese Umformung kann bei $2 \cdot (x + 3)$ nicht gemacht werden. Aufgrund der Rechenregeln für rationale Zahlen gilt: $2 \cdot (5 + 3) = 2 \cdot 5 + 2 \cdot 3$ – das **Ausmultiplizieren**. Da bei einem Term für die Variable Zahlen eingesetzt werden können, sind diese Regeln auch auf Terme mit Variablen übertragbar: $2 \cdot (x + 3) = 2 \cdot x + 2 \cdot 3$.

Umgekehrt kann man wie bei den rationalen Zahlen beim **Ausklammern** einen Faktor aus einer Summe „herausziehen". Genauso wie $8 - 4 = 4 \cdot (2 - 1)$ gilt: $4 \cdot x - 4 = 4 \cdot (x - 1)$.

distribuere *(lat.): verteilen*
associare *(lat.): vereinigen*
commutare *(lat.): vertauschen*

Die Rechengesetze für Terme leiten sich von den Rechenregeln für Zahlen ab:

$2 \cdot (3 + 4) = 2 \cdot 3 + 2 \cdot 4$	bzw.	$a \cdot (b + c) = a \cdot b + a \cdot c$	
$2 \cdot (3 - 4) = 2 \cdot 3 - 2 \cdot 4$	bzw.	$a \cdot (b - c) = a \cdot b - a \cdot c$	heißen **Distributivgesetze**.

Darüber hinaus gelten die Rechenregeln

$2 + (3 + 4) = (2 + 3) + 4$	bzw.	$a + (b + c) = (a + b) + c$	
$2 \cdot (3 \cdot 4) = (2 \cdot 3) \cdot 4$	bzw.	$a \cdot (b \cdot c) = (a \cdot b) \cdot c$	heißen **Assoziativgesetze**,
$2 + 3 = 3 + 2$	bzw.	$a + b = b + a$	
$2 \cdot 3 = 3 \cdot 2$	bzw.	$a \cdot b = b \cdot a$	heißen **Kommutativgesetze**.

Beispiel 1 Äquivalenz begründen
Begründe die Äquivalenz der beiden Terme $3(n + 1)$ und $3n + 3$ zur Berechnung der Anzahl der Punkte in Fig. 1 a) anschaulich und b) rechnerisch.
Lösung:
a) anschaulich

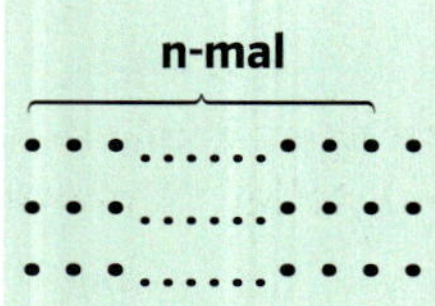

Fig. 1

$3(n + 1)$
In einer Reihe sind $n + 1$ Punkte. Davon gibt es 3 Reihen.

Es gibt drei Reihen zu je n schwarzen Punkten (also $3 \cdot n$) und zusätzlich drei rote Punkte.
Weil die Zusammensetzung beider Terme anschaulich richtig ist, müssen sie äquivalent sein.

b) rechnerisch
$3(n + 1) = 3n + 3 \cdot 1 = 3n + 3$
oder
$3n + 3 = 3n + 3 \cdot 1 = 3(n + 1)$

Weil man beide Terme mittels Umformungen ineinander überführen kann, sind sie äquivalent.

Warum kann man bei $3 \cdot 1$ das Malzeichen nicht weglassen?

Beispiel 2 Rechengesetze anwenden und nennen

Vereinfache den Term $3 \cdot (v \cdot 5) - 3 \cdot (4 + 2 \cdot v)$ und gib jeweils das verwendete Rechengesetz an.

Lösung:

	$3 \cdot (v \cdot 5) - 3 \cdot (4 + 2 \cdot v)$	
1. Erstes Vereinfachen	$= 3 \cdot (5v) - 3(4 + 2v)$	umgeformt nach dem Kommutativgesetz
2. Ausmultiplizieren	$= 3 \cdot (5v) - 12 - 6v$	umgeformt nach dem Distributivgesetz
	$= (3 \cdot 5)v - 12 - 6v$	umgeformt nach dem Assoziativgesetz
3. Ordnen	$= 15v - 6v - 12$	umgeformt nach dem Kommutativgesetz
4. Zusammenfassen	$= 9v - 12$	

Beispiel 3 Term aufstellen und vereinfachen

Die Wiese in Fig. 1 soll mit Stacheldraht eingezäunt werden. Stelle hierzu einen Term für die Länge des Drahtes auf und vereinfache ihn so, dass eine Berechnung möglichst schnell geht.

Lösung:

Aufstellen des Terms: $x \cdot 2 + 1 + 2 \cdot (3x + 2) + 10 + 9$

Vereinfachen:

1. Erstes Vereinfachen	$= 2x + 1 + 2(3x + 2) + 10 + 9$
2. Ausmultiplizieren	$= 2x + 1 + 6x + 4 + 10 + 9$
3. Ordnen	$= 2x + 6x + 1 + 4 + 10 + 9$
4. Zusammenfassen	$= 8x + 24$

Die benötigte Stacheldrahtlänge kann mit dem Term $8x + 24$ berechnet werden.

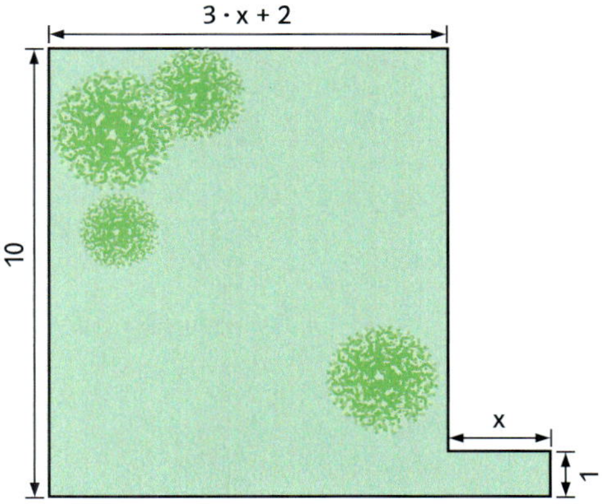

Fig. 1

Aufgaben

1 Forme mithilfe des angegebenen Rechengesetzes in einen äquivalenten Term um.

Kommutativgesetz:	a) $5 \cdot s + 6$	b) $c \cdot 9$	c) $3 \cdot t - 9$
Assoziativgesetz:	d) $2 \cdot (3 \cdot x)$	e) $2 + (3 \cdot x + 4)$	f) $(d \cdot 3) \cdot 6$

2 Vereinfache den Term durch Ausmultiplizieren mithilfe des Distributivgesetzes.

a) $4 \cdot (d + 5)$ b) $3 \cdot (2x + 4)$ c) $2 \cdot (s - 6)$ d) $(2t - 5) \cdot 12$

e) $(0{,}5 + 3x) \cdot 6$ f) $(-1) \cdot (z + 2)$ g) $(2 - 5k) \cdot (-3)$ h) $0{,}5 \cdot (10x + 20)$

3 Klammere mithilfe des Distributivgesetzes sinnvoll aus.

a) $8 \cdot x + 16$ b) $15 - 35 \cdot a$ c) $24 \cdot d - 48$ d) $-36 + 9 \cdot x$

e) $\frac{1}{2} \cdot b - \frac{3}{2}$ f) $\frac{15}{8} \cdot x + \frac{5}{8}$ g) $3{,}5v - 10{,}5$ h) $\frac{3}{4} - c \cdot \frac{1}{4}$

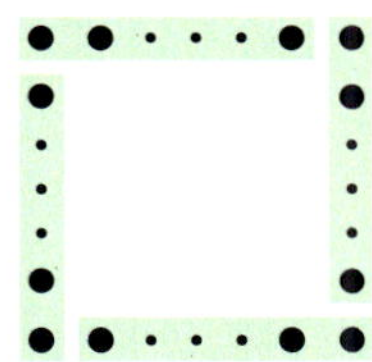
Fig. 2

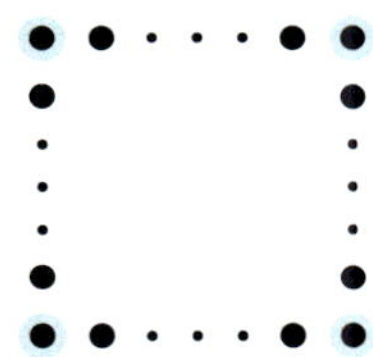
Fig. 3

4 Auf jeder Seite eines quadratischen Grundstücks sollen p Pfähle für einen Zaun eingeschlagen werden. Die Anzahl der Pfähle, die man für alle vier Seiten benötigt, kann man beispielsweise mit den Termen $4 \cdot p - 4$ und $4 \cdot (p - 1)$ berechnen.

a) Erläutere, welche Figur welchen Term anschaulich beschreibt.

b) Auch $4 \cdot (p - 2) + 4$ und $2 \cdot p + 2 \cdot (p - 2)$ beschreiben die Anzahl der Pfähle. Skizziere die Ideen dieser Terme wie in Fig. 2 und 3.

c) Berechne die Anzahl der Pfähle für $p = 3$; 25 bzw. 46 und weise die Äquivalenz der Terme aus b) rechnerisch nach. Begründe, warum p hier größer als 1 sein muss.

5 Vereinfache so weit wie möglich und nenne jeweils das verwendete Rechengesetz.

a) $4 \cdot (5 + x) + 3 \cdot (2x - 4)$
b) $7 \cdot (n - 2) + 5(1 + 2n)$
c) $5 \cdot (d + 3) + 4(2 - 2d)$
d) $-5 \cdot (4 + 2v) + 1{,}5 \cdot (2 - 4v)$
e) $-\frac{3}{5} \cdot (\frac{5}{2} \cdot x + 1) + \frac{1}{4} \cdot (\frac{3}{2} - 4x)$
f) $-\frac{5}{6}(\frac{3}{4}b - \frac{4}{9}) - (-\frac{3}{7}) \cdot (14 - \frac{7}{9}b)$

Vereinfachen *bedeutet:*
1. Erstes Vereinfachen,
2. Klammer auflösen,
3. Ordnen und
4. Zusammenfassen
(jeweils wenn nötig)

6 Zeige durch Anwenden geeigneter Rechengesetze, dass die Terme äquivalent sind.

a) $(3 \cdot n + 5) + 10 \cdot n$ und $13 \cdot n + 5$
b) $7 + x \cdot 2 + 15 - x$ und $2 \cdot (-x) + 22 + 3 \cdot x$
c) $7 \cdot s - (3 - 2 \cdot s)$ und $9 \cdot s - 3$
d) $5 \cdot x + 3 - 9 \cdot x$ und $-4 \cdot x + 3$
e) $2 \cdot (5 - 2 \cdot d) - 13$ und $4 \cdot (1 - d) - 7$
f) $(3v + 5) \cdot 5 - v$ und $32 + 7 \cdot (2v - 1)$

7 Welche Terme sind äquivalent? Begründe durch eine Rechnung.

a) $2 + d \cdot 4$ und $4d + 2$
b) $2 \cdot (1 + 2x)$ und $4 + 4x$
c) $27 - 7s$ und $s \cdot 7 - 27$
d) $5a - 55$ und $5 \cdot (a - 11)$
e) $3 \cdot (0{,}5 + 2t)$ und $6t + 2{,}5$
f) $5 \cdot x + 2{,}5$ und $(x + 0{,}5) \cdot 5$

Löse erst die „inneren Klammern" auf und dann die „äußeren Klammern".

8 Löse die Klammern auf und vereinfache.

a) $4x + (2x - 5)$
b) $9v - (2 - 5v) + 10$
c) $-(7 - 6x) + 4x + 5$
d) $r \cdot 13 + 3 \cdot (5r + 7)$
e) $(-10) \cdot d - (7 + 7d) \cdot 2$
f) $5 \cdot (-8z) - 2(6z + 2)$
g) $5a + [3a - (4a + 1)]$
h) $[(7x - 4) - (5x + 8)] + 9$
i) $\frac{3}{5}d - [(\frac{4}{5}d - \frac{1}{3}) + \frac{5}{3}]$

Bist du sicher?

1 Die Anzahl der Streichhölzer für zwei Reihen zusammenhängender Dreiecke kann man mit den Termen $2 \cdot (1 + 2 \cdot d)$ und $2 + d \cdot 4$ berechnen, wobei d die Anzahl der Dreiecke pro Reihe beschreibt.

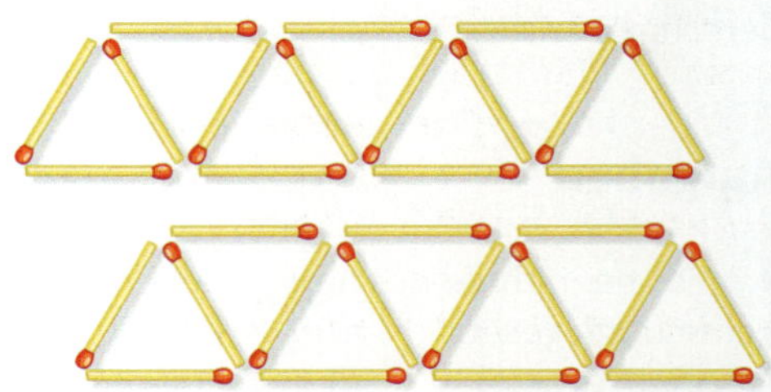

a) Mit welchen Überlegungen wurden die Terme gefunden?
b) Zeige, dass beide Terme äquivalent sind.

2 Vereinfache und gib jeweils das verwendete Rechengesetz an.

a) $x \cdot 2 + 6 - 3 \cdot (x \cdot 2)$
b) $2 \cdot (3v - 5) - v \cdot 6$
c) $(3z - 6) \cdot 4 - 2z$

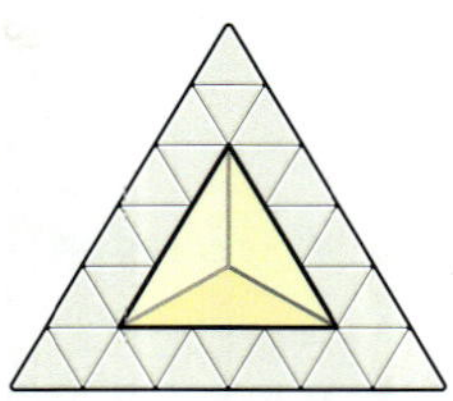

Fig. 1

9 Ein Weg, der um eine Dreieckspyramide herumführt, soll mit Platten der Form eines gleichseitigen Dreiecks gepflastert werden.
Zur Berechnung der Anzahl der benötigten Platten werden mehrere Terme vorgeschlagen. Die Variable n gibt dabei die Anzahl der Dreiecksgrundlinien entlang einer Seite an. In Fig. 1 ist $n = 6$.

$3 \cdot (2n - 3)$ $\quad 3 \cdot (2n - 1) - 3 \cdot 2$ $\quad 4 \cdot (n + 2) - 4 \cdot 2$ $\quad 3 \cdot (n - 1) + 3n$
$3 \cdot n + (2n - 1) \cdot 3$ $\quad 3 \cdot 2(n - 1) - 3 \cdot 1$

a) Mit welchen der angegebenen Terme kann man die Anzahl der Platten zum Bau des Weges bestimmen? Begründe mit einer Skizze, die die Termzusammensetzung jeweils erklärt.
b) Bestätige die Äquivalenz der in a) ausgewählten Terme rechnerisch.
c) Die Grundseite der Pyramide beträgt 50 m. Wie viele Platten werden für den Weg benötigt, wenn die Kantenlänge der Dreiecksplatten 2 m bzw. 2,50 m beträgt?

10 Familie Eigenheim plant den Grundriss ihres neuen Hauses. Außer der Breite b sind alle Maße des Grundrisses durch die gekaufte Grundstücksfläche vorgegeben. Nun möchte der Vater gerne die Grundrissfläche des Hauses bestimmen.
Also macht sich die vierköpfige Familie an die Planung und stellt Terme auf.

Vater:	$12 \cdot b - 3 \cdot 8$	Tochter:	$12 \cdot (b - 3) + 2 \cdot (2 \cdot 3)$
Mutter:	$2 \cdot (6 \cdot b - 3 \cdot 4)$	Sohn:	$8 \cdot (b - 3) + 2 \cdot (2 \cdot b)$

a) Die Tochter und die Mutter haben zur Herleitung ihres Terms je eine Skizze gezeichnet.

Skizze der Mutter:

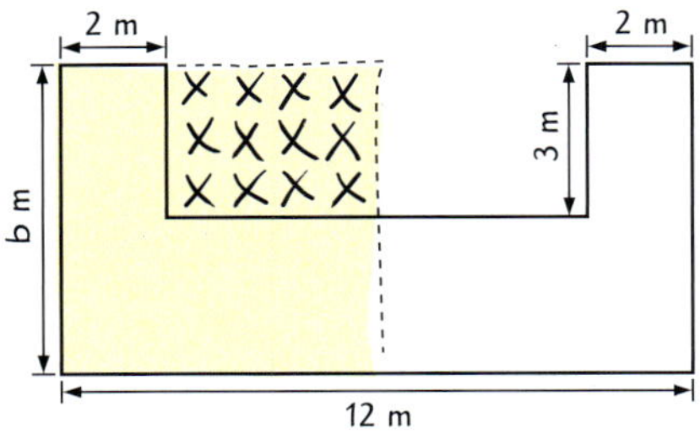

Fig. 1

Skizze der Tochter:

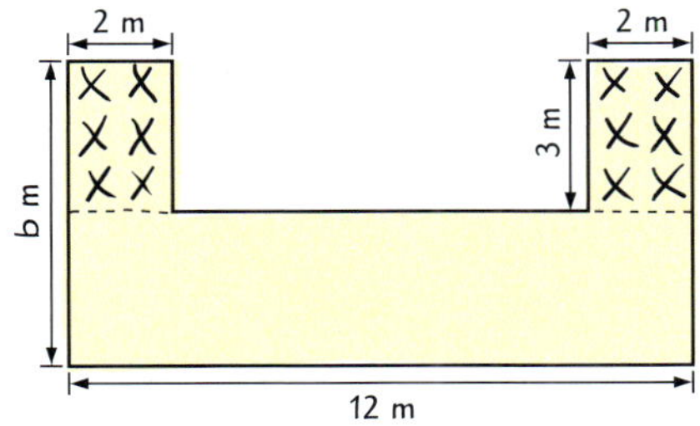

Fig. 2

Erläutere an den Skizzen, mit welchen Überlegungen beide ihren Term gefunden haben.
b) Erstelle für die Terme des Sohnes und des Vaters ebenfalls Skizzen, die die Zusammensetzung der Terme begründen.
c) Zeige durch eine Rechnung, dass alle vier Terme äquivalent sind.
d) Berechne die Fläche des Grundrisses, wenn die Breite b den Wert 7 m; 8 m bzw. 10 m annimmt. Rechne geschickt.
e) Wie breit muss das Haus sein, wenn die Fläche des Grundrisses $84\,m^2$ betragen soll?

Gesetzmäßigkeiten bei Zahlen

Terme helfen, Aussagen allgemein zu begründen.

11 Karin stellt fest: Wenn ich drei aufeinander folgende Zahlen wie zum Beispiel 5, 6 und 7 oder 21, 22 und 23 addiere, ist die Summe durch 3 teilbar.
a) Kontrolliere Karins Behauptung an einigen Zahlenbeispielen. Warum ist damit Karins Aussage noch nicht begründet?
b) Versuche die Behauptung allgemein zu erklären.

12 Addiere das Doppelte einer Zahl zu der um drei erhöhten Zahl.
Begründe, warum diese Summe immer durch drei teilbar ist.

13 Die Höhe des Finderlohnes ist gesetzlich geregelt (§ 971 BGB): Der Finderlohn beträgt 5 % vom Wert des gefundenen Gegenstandes. Dies gilt bis zu einem Wert von 500 €. Ist der Wert höher als 500 €, so beträgt der Finderlohn für den Mehrwert nur 3 %.
a) Guido findet eine Brieftasche mit 2100 € und gibt sie bei der nächsten Polizeiwache ab. Mit welchem Finderlohn kann er mindestens rechnen?
b) Auf der Polizeiwache in Neuhaus wird der Finderlohn mit einem Tabellenkalkulationsprogramm berechnet. Dazu wird die Formel für den Finderlohn benötigt. Stelle sie auf.
c) Frau Flüssig verliert einen mit Diamanten besetzten Ring im Wert von 8000 €. Sie ist bereit, das Vierfache des gesetzlichen Finderlohnes zu zahlen. Wie viel Prozent vom Wert des Ringes sind das?
d) Der gesetzliche Finderlohn für einen gefundenen Ring beträgt 71 €. Welchen Wert hat der gefundene Ring?

4 Gleichungen und Ungleichungen

Die Elefantenmutter ist 32 Jahre alt und in vier Jahren ist sie zwölf mal so alt wie ihr Nachwuchs.
Wo ist der kleine Elefant?

Gleichungen sind dir schon aus der Klasse 6 bekannt. Gleich kannst du zeigen, was du noch alles weißt…
Und: Auch mit Ungleichungen kann man rechnen.

Schon gewusst?
DSL heißt Digital Subscriber Line – suche weitere Informationen im Internet.

flatrate (engl.) = Pauschaltarif

t für time (engl.) = Zeit

Zum „Surfen" im Internet bietet ein Telefonanbieter verschiedene Tarife an. Fig. 1 entnimmt man die monatlichen Gebühren G:
DSL-Flatrate-Tarif: $G = 27$ und
Normaler DSL-Tarif: $G = 4{,}5 + 0{,}9 \cdot t$;
t steht für die („Surf"-)Zeit in Stunden.

Flatrate:	27 Euro Festpreis pro Monat
DSL:	monatliche Grundgebühr 4,50 Euro plus 0,90 Euro pro Stunde

Fig. 1

Welcher Tarif der günstigere ist, hängt von der Nutzungsdauer ab. Man möchte also wissen, nach wie vielen Stunden ein Normalnutzer dasselbe bezahlt wie ein Flatrate-Kunde. Dazu muss man die Gleichung $4{,}5 + 0{,}9 \cdot t = 27$ lösen. Als Lösung ergibt sich $t = 25$. Das heißt, wenn man 25 Stunden „surft", sind die Gebühren beider Tarife gleich.

Alle Zahlen, die beim Einsetzen für x eine Gleichung wie $4{,}5 \cdot x + 6{,}5 = 20$ erfüllen, heißen **Lösung dieser Gleichung**.

Flatrate teurer als Normaltarif:
$4{,}5 + 0{,}9 \cdot t < 27$, wenn $t < 25$

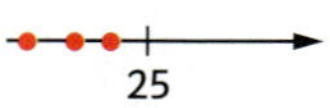

Flatrate billiger als Normaltarif:
$4{,}5 + 0{,}9 \cdot t > 27$, wenn $t > 25$

Das kennst du schon:
Lösen von Gleichungen durch Ausprobieren

Wann welcher Tarif günstiger ist, kann man auch mithilfe von **Ungleichungen** beantworten:

$4{,}5 + 0{,}90 \cdot t < 27$
Diese Ungleichung ist erfüllt, wenn man für t z. B. 0; 2; 5; 15 oder 24 einsetzt.
Jede Zahl, die kleiner als 25 ist, ist eine mögliche **Lösung dieser Ungleichung**.

Hier gilt: Der Normaltarif ist günstiger.

$4{,}5 + 0{,}90 \cdot t > 27$
Diese Ungleichung ist erfüllt, wenn für t eine Zahl, die größer als 25 ist, eingesetzt wird. Beispiel:
$t = 26$ ergibt $4{,}5 + 0{,}9 \cdot 26 = 27{,}9 > 27$ oder $t = 27$ Stunden (30; 50; …).
Hier gilt: Der Normaltarif ist teurer.

Beispiel Aufstellen und Lösen einer Ungleichung
Subtrahiert man von dem Vierfachen einer Zahl 1, so erhält man eine Zahl kleiner als 9.
Wie könnte die gesuchte Zahl z lauten?
Lösung:

1. Aufstellen der entsprechenden Gleichung:	$4z - 1 = 9$
2. Lösen der Gleichung durch Ausprobieren:	Die Gleichung ist für $z = 2{,}5$ erfüllt.
3. Nun ist es leicht, die Ungleichung mithilfe der Gleichung zu lösen:	$4z - 1 < 9$ Die Ungleichung ist erfüllt, wenn $z < 2{,}5$ gilt.
4. Beispiele für Lösungen angeben:	1; 1,5; 1,7; 2,0; … ; also 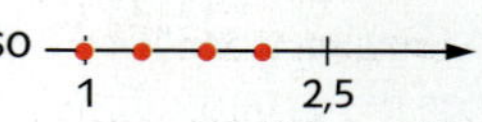

Aufgaben

1 Bestimme die Lösung im Kopf (durch Ausprobieren bzw. durch „rückwärts denken").

a) $b + 6 = 8$ b) $15 - g = 7$ c) $6d = 48$ d) $5x = -25$

e) $3{,}5 = 7v$ f) $0 = 3c - 12$ g) $-3a = -\frac{3}{7}$ h) $\frac{1}{9}x = 1$

__Das kennst du schon:__
Lösen von Gleichungen durch „rückwärts denken" (Rechenstrich)

Bsp.: $2 \cdot x + 7 = 13$

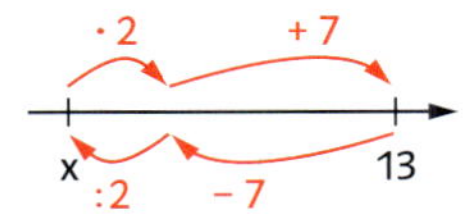

2 Notiere in einer Tabelle die Werte der Terme $7 + 5x$ und $2x + 25$ für alle ganzen Zahlen von −7 bis 7. Bestimme mithilfe dieser Tabelle mögliche ganzzahlige Lösungen.

a) $7 + 5x = 32$ b) $2x + 25 = 13$ c) $7 + 5x = -23$ d) $2x + 25 = 34$

e) $7 + 5x < 18$ f) $2x + 25 > 15$ g) $7 + 5x < -23$ h) $2x + 25 = 7 + 5x$

3 Vereinfache den Term auf der linken Seite der Gleichung oder Ungleichung und gib dann mögliche Lösungen auf einer Zahlengerade an.

a) $5x + 2 - x - 1 = 9$ b) $7n - (5 + 3n) = 5$ c) $0 = 6 + 2(3d + 3)$

d) $2t - (t - 1) - 1 > 2$ e) $3(x + 1) - 2x - 3 < 0$ f) $4(v - 8) - (2 + 2v) > 0$

4 Boris kauft sechs einzelne CD-Rohlinge. Er bezahlt mit einem 20-Euro-Schein und erhält 11 Euro zurück. Wie teuer war einer dieser CD-Rohlinge?

a) Stelle zu der gegebenen Situation eine Gleichung auf und löse diese.

b) Denke dir eine ähnliche Situation aus; erfinde eine Aufgabe. Stelle sie deinem Nachbarn.

5 Felix muss im Sommer jeden Abend die Pflanzen wässern. Dafür benötigt er im Durchschnitt 1,5 Stunden. Nun möchte er herausfinden, wie viel Geld das benötigte Wasser kostet. Er findet heraus, dass der Gartenschlauch in 10 Sekunden einen Wasserdurchlauf von 2 Litern hat. Von seinem Vater erfährt er, dass ein Kubikmeter Wasser 1,15 € kostet.

a) Wie viel Liter Wasser verbraucht Felix jeden Abend?

b) Berechne die Kosten für 1000 Liter Wasser.

c) Wie teuer ist die Bewässerung, die Felix abendlich durchführt?

d) Wie lange hat Felix gewässert, wenn sich die Wasserkosten auf 6,90 € belaufen?

6 Bestimme einige ganzzahlige Lösungen.

a) $4x - 2 = -14$ b) $4x - 2 = 8$ c) $4x - 2 < -2$ d) $4x - 2 > 8$

Bestimme nun mögliche Lösungen, wenn du die Zahlenmenge $\mathbb{Q}$ ($\mathbb{N}$) zugrunde legst.

7 Finde eine Situation, die durch die angegebene Gleichung bzw. Ungleichung beschrieben wird. Berechne sinnvolle Lösungen.

a) $14 \cdot a = 35$ b) $120 \cdot e + 20 = 32$ c) $5 \cdot k < 50$ d) $0{,}4 \cdot a + 1{,}6 > 2{,}9$

e) $2 \cdot s = 4{,}60$ f) $5 \cdot a \leq 150$

Info

Nicht alle Lösungen sind sinnvoll

Die Aussage „Hans ist jünger als 13" kann man mit der Ungleichung $h < 13$ beschreiben (h steht hier für das Alter von Hans). Wenn man hier für h die Zahl −10 einsetzt, entsteht zwar eine wahre Ungleichung $(-10 < 13)$, aber da negative Alter von Personen nicht möglich sind, können für h keine negativen Zahlen eingesetzt werden. Die Lösungen dieser Ungleichung müssen natürliche Zahlen sein. Man muss bei der Ermittlung der Lösungen also immer den **für die Lösungen (sinnvollen) zugrunde liegenden Zahlenbereich** beachten.

5 Lösen von Gleichungen durch Äquivalenzumformungen

Was ist hier passiert?

Bisher hast du Gleichungen durch Ausprobieren und „Rückwärtsdenken“ gelöst. Aber nicht bei allen Gleichungen ist das so einfach.
Hier wird eine Methode beschrieben, mit der man auch kompliziertere Gleichungen lösen kann. Dabei muss man die Gleichung nach bestimmten Regeln umformen, bis man die Lösung direkt ablesen kann.

Die Waage in Fig. 1 ist auf beiden Seiten mit Steinen und 1-kg-Gewichten belegt. Da sich die Waage im Gleichgewicht befindet, gilt: $5z + 2 = 2z + 8$; z steht für das Gewicht (in kg) eines Ziegelsteins.
Wenn man nun wissen möchte, wie schwer ein Stein ist, muss man die Gleichung lösen. Dazu kann man sie so umformen, dass die Variable z alleine auf einer Seite steht. Dann kann man die Lösung direkt ablesen.

Bei der Waage darf man auf beiden Seiten Steine und Gewichte so wegnehmen, dass das Gleichgewicht erhalten bleibt:

Bei der Gleichung darf man auf beiden Seiten solche Umformungen durchführen, bei denen alle Lösungen erhalten bleiben bzw. keine Lösungen hinzukommen:

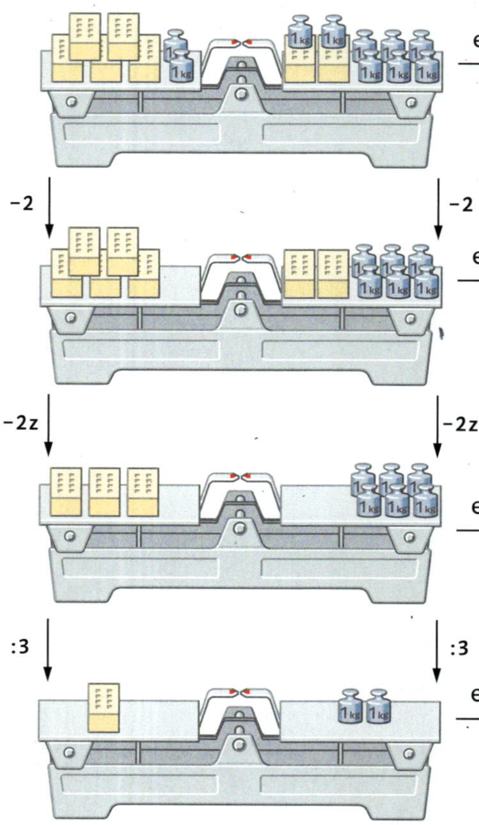

entspricht →

$$5z + 2 = 2z + 8$$

Zuerst wird auf beiden Seiten des Gleichheitszeichens die gleiche Anzahl von Gewichten subtrahiert – hier 2 mal 1kg:

entspricht →

$$5z + 2 = 2z + 8$$
$$5z = 2z + 6$$

Anschließend kann man auf beiden Seiten die gleiche Anzahl Ziegelsteine subtrahieren – hier jeweils 2 Steine:

entspricht →

$$5z = 2z + 6$$
$$3z = 6$$

Abschließend kann man auf beiden Seiten alles durch 3 dividieren:

entspricht →

$$3z : 3 = 6 : 3$$
$$z = 2$$

Lösung:
Ein Ziegelstein wiegt demnach 2kg.

Fig. 1

Eine Umformung einer Gleichung, bei der alle Lösungen erhalten bleiben und keine neuen hinzukommen, heißt **Äquivalenzumformung**. Die umgeformte Gleichung ist dann äquivalent zur Ausgangsgleichung.
Wichtige Äquivalenzumformungen von Gleichungen sind:
- beidseitige Addition oder Subtraktion einer Zahl oder eines Terms,
- beidseitige Multiplikation oder Division mit einer Zahl ungleich Null.

Nachgedacht:
Zur Multiplikation mit Null siehe auch Aufgabe 8, S. 109.

Beispiel
Löse die Gleichung $5b + 1 = 2(b + 2)$ mithilfe von Äquivalenzumformungen.
Lösung:

$5b + 1 = 2(b + 2)$	| vereinfachen	*vereinfachen des rechten Terms*
$5b + 1 = 2b + 4$	| − 1	*beidseitiges Subtrahieren von 1*
$5b = 2b + 3$	| − 2b	*beidseitiges Subtrahieren von 2b*
$3b = 3$	| : 3	*beidseitiges Dividieren durch 3*
$b = 1$		*direktes Ablesen der Lösungszahl 1*

Die Lösung ist die Zahl 1.

Vereinbarung:
Die Äquivalenzumformungen sind bei den Waagen mit

↓ − 6   ↓ − 6

dargestellt worden.

*Folgende **Kurzschreibweise** wird vereinbart:*

$4x + 5 = 2x + 9 \quad | -2x$
$2x + 5 = 9 \quad | -5$
$2x = 4 \quad | :2$
$x = 2$

„| − 2x" heißt: subtrahiere auf beiden Seiten 2x.

Aufgaben

1 Zeige, dass die Gleichungen äquivalent sind.
a) $8b = 3b + 5$ und $5b = 5$
b) $6n - 6 = 3 - 3n$ und $6n = 6$
c) $15 - 3x = 0$ und $2x = 5 + x$
d) $2d + 3 - (+d) = -5d$ und $d + 4 = -2 - 11d$

2 Löse die Gleichung mithilfe von Äquivalenzumformungen.
a) $5x - 10 = 25$
b) $4k + 12 = 62$
c) $3{,}4t + 83 = 100$
d) $8b + 12 = 12$
e) $5{,}5p + 10 = 26{,}5$
f) $5 - 2{,}5y = 7{,}5$
g) $0{,}1g + 8 = 18$
h) $d \cdot (-3) = 15$
i) $\frac{1}{2}a + 6 = 13$
j) $\frac{1}{4} - x = \frac{3}{4}$
k) $\frac{3}{4} = \frac{1}{4}b + 3$
l) $7 - \frac{1}{2}x = 1$

3 Löse die Gleichung mithilfe von Äquivalenzumformungen.
a) $9b + 3 = 7b + 11$
b) $5 + 7x = 45 + 3x$
c) $5d + 4 = 4 + d$
d) $16v + 7 = 15v + 1$
e) $8n - 15 = 3n$
f) $12k = 15k - 60$
g) $5{,}5 + 3t = t - 2{,}5$
h) $5{,}5z = -9 + 4{,}5z$
i) $\frac{1}{2}a + 6 = 13 - a$
j) $6 - \frac{1}{2}x = 1 + 2x$
k) $\frac{3}{4}b = \frac{1}{4}b + 3$
l) $(-\frac{1}{4}) \cdot x = \frac{3}{4}x - 1$

Lernkontrolle:
Eine Probe gibt Sicherheit!

4 Finde zu jeder Gleichung die richtige Lösung.

$2b - 3 = 3b + 1$
$5 \cdot (b + 3) = 25$
$\frac{4}{7}b = -8$
$2 \cdot (x + 1) = 10$
$10 - n = 23$
$8 + 0{,}5x = 2{,}5x$
$x : 8 = 5$
$3{,}5 \cdot (x + 1) = 10{,}5$
$6d + 2 \cdot (d - 13) = d \cdot 5 - 5$
$(v - 5) \cdot 3 + 5v + 3 = 4v$
$(-\frac{3}{4} + k) \cdot 2 + \frac{5}{4} = \frac{1}{4}$

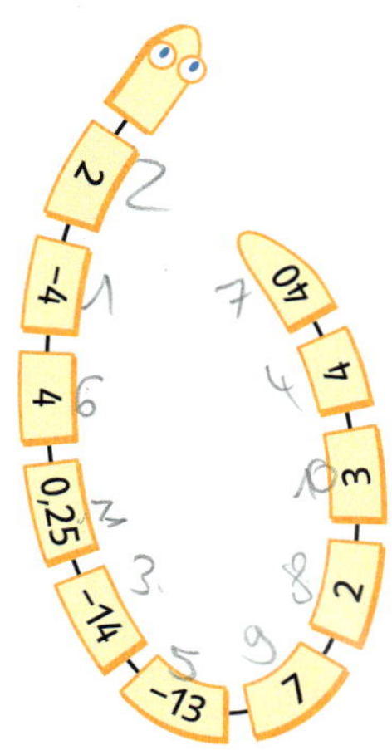

Fig. 1

5 Vereinfache zunächst beide Seiten der Gleichung und löse dann mithilfe von Äquivalenzumformungen. Mache abschließend die Probe.

Allgemeine Strategie:
1. beide Seiten vereinfachen
2. alle Terme ohne Variable auf eine Seite bringen
3. alle Terme mit Variable auf die andere Seite bringen
4. die Variable muss „alleine" stehen (1 · x)
5. evtl. Probe durchführen

a) $32x + 43 - 20x = -25 - 45x + 30$
b) $12 - 9b + 15 - 5b = 14 - 8b + 6$
c) $-41 + 26t = 2t + 20t - 53 + 72$
d) $4f + 49 - 13f - 78 + 23f = 0$
e) $3 \cdot (a - 4) + 3 \cdot (4 - a) + 2a - 1 = 3$
f) $13 \cdot (s - 5) - 4 \cdot (s - 1) + s = 5$
g) $3 \cdot (2x - 5) + 6 = 5 \cdot (3 - 5x) + 6x$
h) $4 \cdot (v + 3) - 5 \cdot (3v - 8) = 12 - 2 \cdot (3v + 1)$

6 Der Umfang der skizzierten Figuren ist gleich. Wie groß ist die Seitenlänge s?

a)

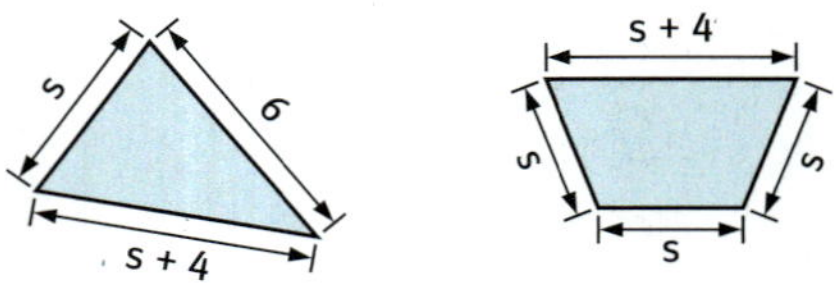

Fig. 1

b)

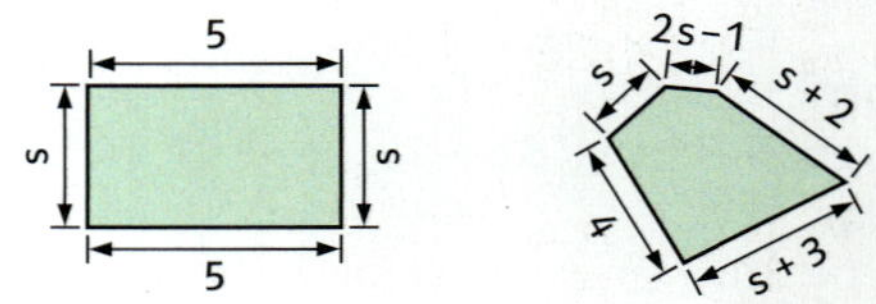

Fig. 2

Bist du sicher?

1 Löse die Gleichungen.
a) $9x + 3 = 7x - 2$
b) $5 \cdot (2v - 7) = 4v - 17$
c) $(4z + 6) \cdot 3 + 14 = 4 \cdot (5 - 2z) - 4z$

2 Begründe, ob die gegebenen Gleichungen äquivalent sind.
a) $3b + 5 = 1$ und $9b = -12$
b) $4z + 5 = 6z - 7$ und $2z = -2$
c) $(2x + 1) \cdot 3 = 5 \cdot (1 - x)$ und $6x = 5 \cdot (1 - x) - 3$

7 Kilians große Schwester Shanon hat 400 € auf ihrem Konto. Für ihre Reitstunden muss sie jeden Monat 35 € zahlen. Kilian hat 150 € auf seinem Konto. Er gibt Nachhilfe in Englisch und bringt von seinem verdienten Geld jeden Monat 15 € zur Bank. Nach m Monaten ist der Kontostand gleich. Die Gleichung für diese Situation ist $400 - 35m = 150 + 15m$.
a) Wessen Kontostand wird mit der linken Seite der Gleichung beschrieben? Begründe.
b) Nach wie vielen Monaten haben Shanon und Kilian gleich viel Geld auf der Bank? Wie viel Euro sind es dann?

Beachte:
Die Seiten einer Gleichung kann man vertauschen, also z. B.
$2d + 10 = 10d - 5$
oder
$10d - 5 = 2d + 10$

8 a) Welche Zahl hat Guido sich gedacht?
b) Kannst du ein anderes Zahlenrätsel formulieren? Probiere es mit deinem Nachbarn.

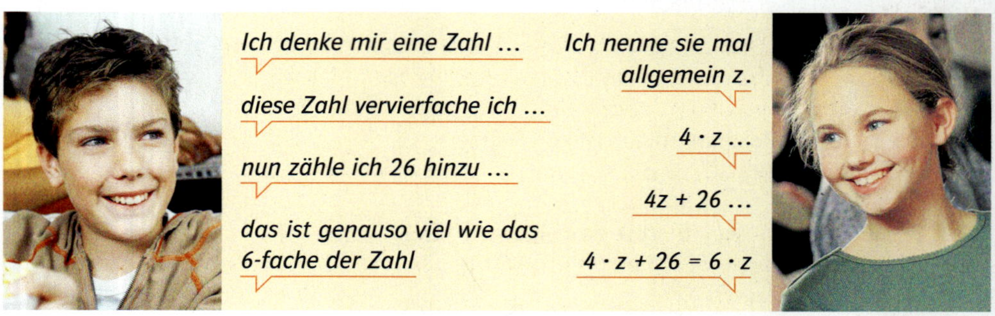

Fig. 3

9 Gleichung gesucht
Gib eine Gleichung mit der gegebenen Lösung an. Kann dein Nachbar sie lösen?
a) 4 b) 7 c) −5 d) −2 e) 3,5 f) −1,7 g) $\frac{1}{2}$ h) $-\frac{3}{4}$

10 Herr Heinl hat typische Fehler der Klassenarbeit aufgeschrieben. Finde und korrigiere sie.

a)
$$\begin{aligned} 12 + 2b &= 22 &&\mid +12 \\ 2b &= 34 &&\mid :2 \\ b &= 17 \end{aligned}$$

b)
$$\begin{aligned} 2d + 3 &= d + 3 &&\mid -3 \\ 2d &= d &&\mid :d \\ d &= 1 \end{aligned}$$

c)
$$\begin{aligned} -2(x + 3) &= x &&\mid \text{vereinfachen} \\ -2x + 6 &= x &&\mid -6 \\ -2x &= x - 6 &&\mid -x \\ -x &= -6 \end{aligned}$$

d)
$$\begin{aligned} 3 \cdot (2 - s) &= 2s - (s + 6) &&\mid \text{vereinfachen} \\ 6 - 3s &= s + 6 &&\mid -6 + 3s \\ 6 &= 2s &&\mid :2 \\ s &= 3 \end{aligned}$$

11 a) Andrea möchte in einem Fotogeschäft einen Film entwickeln lassen, der 36 Bilder hat.
Wie viel muss sie bezahlen, wenn sie die Bildgröße 9 x 13 wählt?
Für die Kosten der Filmentwicklung und Bildabzüge (9 x 13) hat man die Formel $K = 0{,}95 + 0{,}10 \cdot a$, wobei a die Anzahl der Bilder beschreibt.
b) Melanie hat vier 36er-Filme entwickeln lassen (10 x 15). Sie hat 23,30 € bezahlt. Wie viele schlecht entwickelte Bilder hat sie zurückgegeben?
c) Klaus zahlt für zwei Filme (36er-Filme) 11,65 €. Welche Bildgröße hat Klaus gewählt?

Fig. 1

12 In Wanne A steht das Wasser 20 cm hoch. Jede Minute steigt der Wasserstand durch den Wasserzulauf um 0,6 cm.
In Wanne B ist das Wasser 10 cm hoch und jede Minute steigt es um 1,6 cm.
a) Beschreibe den Wasserstand der Wannen A und B jeweils mit einem Term.
b) Nach wie viel Minuten sind beide Wannen gleich hoch gefüllt?
c) Wie hoch steht das Wasser dann?

Kannst du das noch?

13 a) Paula bekommt von ihrem Opa 180 € geschenkt.
Wie viel Zinsen erhält sie, wenn sie diesen Betrag bei einem Zinssatz von 1,8 % fünf Jahre auf ihrem Sparbuch lässt?
b) Wäre es für Paula besser, wenn der Betrag im ersten Jahr mit 1,0 %, im zweiten mit 1,4 %, im dritten mit 1,8 %, im vierten mit 2,2 % und im fünften Jahr mit 2,6 % verzinst wird?

6 Lösen von Ungleichungen

Die Zahlenfee, die mit „–1“ multipliziert

Auch Ungleichungen kann man wie Gleichungen durch Äquivalenzumformungen lösen – es gibt hierbei nur eine wichtige Ausnahme.

Bei der Multiplikation oder Division mit einer **Zahl > 0** bleibt das Ungleichheitszeichen erhalten.

$-3 < -1 \quad | \cdot 2$
$-6 < -2$

$-6 < -2 \quad | :2$
$-3 < -1$

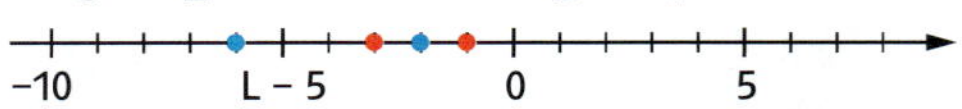

Bei der Multiplikation oder Division mit einer **Zahl < 0** kehrt sich das Ungleichheitszeichen um.

$-3 < -1 \quad | \cdot (-2)$
$6 > 2$

$-6 < -2 \quad | :(-2)$
$3 > 1$

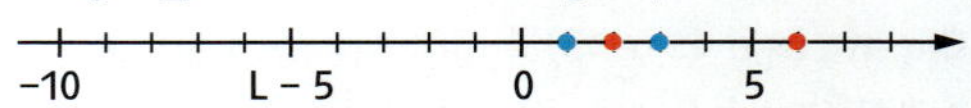

Vereinbarung:

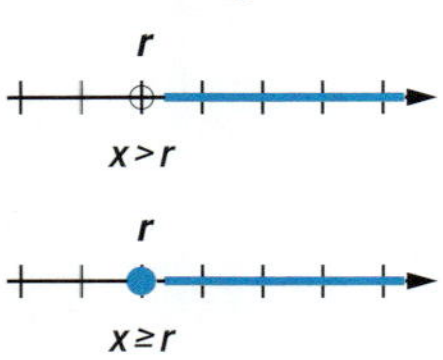

Genauso ist es bei Ungleichungen mit einer Variablen.

$0{,}5\,x < 1 \quad | \cdot 2$
$x < 2$

$2\,x < 4 \quad | :2$
$x < 2$

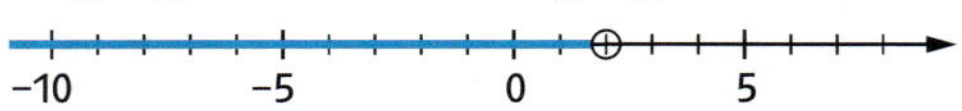

Genauso ist es bei Ungleichungen mit einer Variablen.

$-0{,}5\,x < 1 \quad | \cdot (-2)$
$x > -2$

$-2\,x < 4 \quad | :(-2)$
$x > -2$

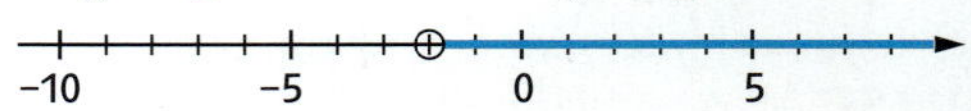

Ungleichungen können mit denselben Äquivalenzumformungen gelöst werden wie Gleichungen – hierbei gibt es aber eine Ausnahme:
Bei der Multiplikation oder Division auf beiden Seiten der Ungleichung mit einer negativen Zahl muss man das Ungleichheitszeichen umkehren.

*Alle Lösungen werden auch **Lösungsmenge** genannt.*

Bei einer Ungleichung können mehrere Lösungen auftreten. Die Lösungen können an einer Zahlengeraden veranschaulicht werden.

Beispiel
Löse die Ungleichung und veranschauliche die Lösungen an einer Zahlengeraden.
$-2\,x + 4 < 5(x + 4) - 2$
Lösung:

$-2\,x + 4 < 5(x + 4) - 2 \quad |$ vereinfachen
$-2\,x + 4 < 5\,x + 18 \quad | -5\,x$
$-7\,x + 4 < 18 \quad | -4$
$-7\,x < 14 \quad | :(-7)$
$x > -2$

Lösungen sind alle rationalen Zahlen größer −2.

Zahlengerade: 

Aufgaben

1 Bestimme alle Lösungen und veranschauliche sie an einer Zahlengeraden.

a) $b + 15 < 20$ b) $56 > c - 13$ c) $3{,}5t + 16 < 86$ d) $-2{,}6x + 7{,}2 > x$

e) $8d + 3 < 6d + 7$ f) $12f > 15f - 12$ g) $5{,}5 - 4k > k + 2{,}5$ h) $-1{,}5 - 4{,}5x > 1{,}5$

Tipp:
Wähle zur Veranschaulichung der Lösungen einen geeigneten Ausschnitt der Zahlengeraden.

2 **Löse.**

a) $22v + 21 - 20v < -15 + 20 - 5v$ b) $-3 - 6x \leqq 12x - 24x - 23 - 32$

c) $5 \cdot (2d + 3) \geqq 27 - 3d - 2 \cdot (1 + d)$ d) $16 \cdot (10 - 11x) < (-2 + 20x) \cdot 7$

e) $2 \cdot (x - 3) + 3 \cdot (3 - x) \geqq x - 10$ f) $-3 \cdot (2 + 9t) \geqq 8t + 3 \cdot (t + 27 - 2t)$

3 Wie lang muss l sein, damit der Umfang des Grundstücks größer als 50 m ist?

a) b) c) d)

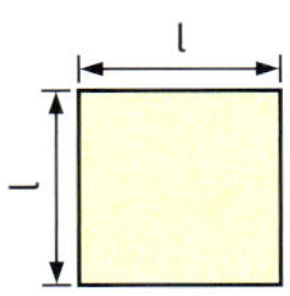

Fig. 1

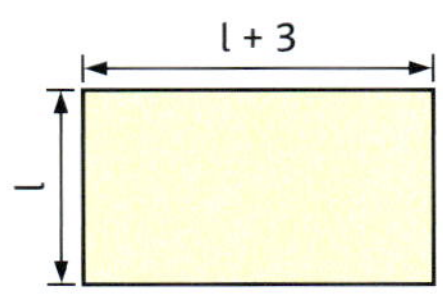

Fig. 2

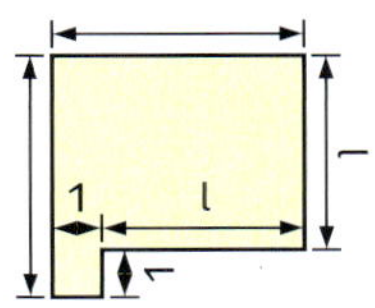

Fig. 3

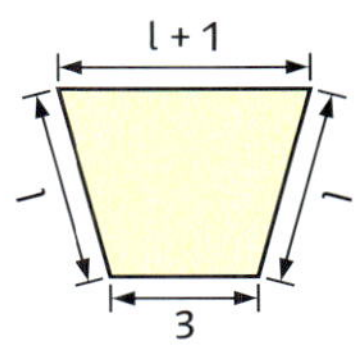

Fig. 4

4 Der Umfang eines Rechtecks soll höchstens 26 cm betragen. Die eine Seite des Rechtecks ist dabei viermal so lang wie die andere. Wie lang sind die Seiten höchstens?

5 Ein Fahrstuhl kann maximal 650 kg „tragen". Fritz wiegt 75 kg und möchte seine eingekauften Wasserkisten (14 kg pro Kiste) transportieren. Fritz denkt sich: „$75 + k \cdot 14 \leqq 650$."

a) Erkläre, wie Fritz zu dieser Ungleichung kommt. Warum hat er das Zeichen „$\leqq$" gewählt?

b) Wie viele Wasserkisten kann Fritz mit dem Fahrstuhl höchstens transportieren?

c) Welche Lösungen sind sinnvoll?

6 Die junge Musikerin Tara möchte selbst komponierte Lieder professionell aufnehmen und verkaufen. Für das Tonstudio zahlt sie 525 Euro und pro kopierte CD zusätzlich 1 Euro. Jede CD soll dann für 8 Euro verkauft werden.
Tara möchte nun wissen, wie viele CDs sie verkaufen muss, damit ihre Einnahmen größer sind als ihre Ausgaben. Sie stellt die Ungleichung $8 \cdot c > 525 + 1 \cdot c$ auf, wobei c die Anzahl der CDs beschreibt.

a) Welche Seite der Ungleichung beschreibt Taras Kosten?

b) Löse die Ungleichung.

c) Wie viele CDs muss Tara verkaufen, damit die Einnahmen größer sind als die Ausgaben?

d) Tara möchte mit ihrer CD mindestens 10 000 € verdienen. Wie viele CDs muss sie verkaufen, um dieses Ziel zu erreichen?

7 Janinas Eltern vergleichen zwei Stromtarife: Bei dem „Normaltarif" der Firma E-Light sind pro kWh 16,15 Cent und pro Monat ein Grundbetrag von 4,70 Euro zu zahlen. Bei dem „Umwelttarif" der Firma U-Energie sind pro kWh 20,01 Cent und pro Jahr ein Grundbetrag von 49,92 Euro zu zahlen.

a) Janina liest für Januar den Stromverbrauch ab: 206 kWh. Wie teuer sind die Tarife?

b) Bis zu wie viel kWh ist der „Umwelttarif" günstiger als der „Normaltarif"?

7 Lösen von Problemen mit System

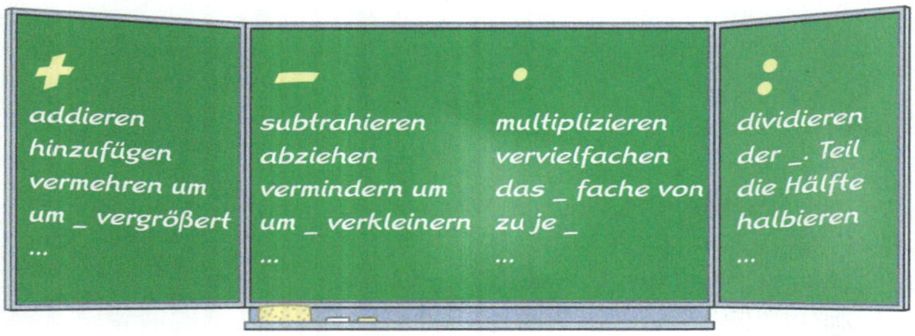

Um Probleme des Alltags oder der Technik zu lösen, werden häufig Gleichungen und Ungleichungen verwendet. Dazu muss man die Probleme zunächst in die „Sprache der Mathematik" – also in Terme, Gleichungen oder Ungleichungen übersetzen.

Wenn man Problemstellungen in die „Sprache der Mathematik" übersetzen will, kann das Schema des Vier-Stufen-Kreislaufes hilfreich sein.

Tobias geht um 7 Uhr zu seiner Schule, die 2 km entfernt ist. Neun Minuten später fährt sein Vater mit dem Fahrrad hinterher, um Tobias seinen Taschenrechner zu geben, den dieser vergessen hat und für die Mathearbeit benötigt. Tobias geht durchschnittlich 100 Meter pro Minute (entspricht ca. 6 km/h) und sein Vater fährt durchschnittlich 250 Meter pro Minute (ca. 15 km/h). Wie lange braucht sein Vater, um Tobias einzuholen?

1 Verstehen der Aufgabe

1. Was ist gegeben und wesentlich?
2. Was ist unbekannt?

1. – die Schule ist 2 km entfernt
   – Tobias geht 100 m pro min
   – Tobias geht schon seit 9 min, erst dann fährt sein Vater los
   – Tobias' Vater fährt 250 m pro min
2. die Zeit, die der Vater zum Einholen von Tobias benötigt

2 Ausdenken eines Plans

1. Führe für die gesuchten Größen Variablen ein.
2. Stelle aus den Textinformationen Terme und daraus eine Gleichung/Ungleichung auf.

1. Die Zeit, die der Vater zum Einholen von Tobias benötigt, wird mit *t* Minuten bezeichnet.
2. Beide haben bis zum Treffpunkt die gleiche Strecke zurückgelegt. Deshalb kann man Terme für diese Strecken aufstellen und gleichsetzen.

$$\underbrace{100 \cdot (9 + t)}_{\text{Weg, den Tobias nach 9 Minuten und } t \text{ Minuten zurückgelegt hat.}} = \underbrace{250 \cdot t}_{\text{Weg, den Tobias' Vater nach } t \text{ Minuten zurückgelegt hat.}}$$

3 Durchführen des Plans

Löse die Gleichung bzw. *Ungleichung.*

Lösen durch Äquivalenzumformungen

$$\begin{aligned} 100 \cdot (9 + t) &= 250 \cdot t \\ 100 \cdot 9 + 100 \cdot t &= 250 \cdot t \\ 900 + 100 \cdot t &= 250 \cdot t \quad &&| -100t \\ 900 &= 150 \cdot t \quad &&| :150 \\ 6 &= t \end{aligned}$$

4 Rückschau

1. Formuliere einen Antwortsatz.
2. Zurück zur Aufgabe: Ist das Ergebnis sinnvoll?
3. Man kann eine Probe durchführen.

1. Nach 6 min hat der Vater Tobias eingeholt.
2. Das Ergebnis ist realistisch.
(Da 1,500 km < 2 km, weiß man nun auch, dass der Vater Tobias noch vor der Schule einholt.)
3. $t = 6$ in beide Seiten der Gleichung einsetzen:
$900 + 100 \cdot 6 = 1500$ und $250 \cdot 6 = 1500$ stimmt!

Beispiel
Uwe hat zum Verschnüren eines würfelförmigen Pakets genau 3,5 m grünes Band verwendet. Wie lang sind die Seiten des Würfels, wenn er zusätzlich für die Knoten und die Schlaufe 30 cm benötigt hat?

Lösung:
Verstehen der Aufgabe:
1. – würfelförmiges Paket (das heißt: alle Seiten sind gleich lang)
– Bandlänge: 3,5 m
– 30 cm Bandlänge für Knoten und Schlaufen
2. Seitenlänge des Paketes

Ausdenken eines Plans:
1. Die Seitenlänge des Würfels wird durch s beschrieben (in cm).
2. Die benötigte Länge des Bandes entlang der Seiten des Würfels $(8 \cdot s)$ und für die Knoten und Schlaufen (30 cm) ergeben insgesamt 3,5 m (= 350 cm).
Also: $8 \cdot s + 30 = 350$ (alle Größen in cm).

Durchführen des Plans:
$8 \cdot s + 30 = 350 \quad | -30$
$8 \cdot s = 320 \quad | :8$
$s = 40$

Rückschau:
1. Die Seitenlänge des würfelförmigen Paketes beträgt 40 cm
2. Das Ergebnis ist realistisch.
3. $8 \cdot 40 + 30 = 320 + 30 = 350$; stimmt!

1 Verstehen der Aufgabe
1. Was ist gegeben?
2. Was ist unbekannt?

2 Ausdenken eines Plans
1. Variablen festlegen.
2. aus Textinformationen Terme und Gleichungen/Ungleichungen aufstellen.

3 Durchführen des Plans
Lösen der Gleichung/Ungleichung.

4 Rückschau
Zurück zur Aufgabe:
Formuliere einen Antwortsatz.
2. Ist das Ergebnis sinnvoll?
3. Man kann eine Probe durchführen.

Aufgaben

1 Susanne ist 13 und ihre Mutter 45 Jahre alt. Eine Freundin stellt fest: „Mit jedem weiteren Jahr wird der Abstand zwischen deinem Alter und dem Alter deiner Mutter kleiner."
a) Was meint Susannes Freundin mit ihrer Feststellung? Hat sie Recht?
b) In wie vielen Jahren ist die Mutter doppelt so alt wie ihre Tochter?

2 Kira möchte auf einem Schulfest einen Würstchenstand betreuen. Dafür kauft sie Kohle, Servietten, etc. und 300 Würstchen. Nachdem sie 100 Würstchen zu je 0,40 Euro verkauft hat, merkt sie, dass sie falsch kalkuliert hat. Sie hätte alle Würstchen zu je 1 Euro verkaufen müssen, um alle Kosten zu begleichen.
a) Notiere die gegebenen Informationen.
b) Zu welchem Preis muss Kira nun die restlichen Würstchen verkaufen, um die Kosten doch noch abzudecken?

Bist du sicher?

1 Verdreifacht man eine Zahl und addiert 15, erhält man das gleiche Ergebnis, wie wenn man diese Zahl verachtfachen würde.
Bestimme die Zahl unter Verwendung des Schemas zum Lösen von Problemen.

2 a) Welche drei aufeinander folgenden natürlichen Zahlen haben die Summe 81?
b) Zwei Zahlen unterscheiden sich um 70. Das Dreifache der größeren Zahl ist genauso groß wie das Vierfache der kleineren Zahl. Wie heißen die beiden Zahlen?

*Beim **Ausdenken eines Plans** kann es hilfreich sein, die Unbekannte anfangs durch einfache Zahlen probeweise zu ersetzen (s. Seite 86).*

3 Das Schema zum Lösen von Problemen kann auch für Ungleichungen benutzt werden.
a) Bei welchen drei aufeinander folgenden natürlichen Zahlen ist die Summe kleiner als die Zahl 96?
b) Zwei Zahlen unterscheiden sich um 70. Das Dreifache der größeren Zahl soll kleiner sein als das Fünffache der kleineren Zahl. Wie kann die größere Zahl heißen? Wie heißt dann jeweils die kleinere Zahl?

4 Auf seinem Weg nach Hause hat Phillip eine Fahrradpanne und müsste sein Rad 12 km schieben. Also ruft er per Handy seinen Vater an und bittet um Hilfe. Sein Vater fährt ihm sofort mit dem Auto entgegen. Nun fährt der Vater 1300 m pro Minute und Phillip geht 85 m pro Minute.
a) Wie lange dauert es, bis sich beide treffen?
b) Welchen Anteil des Weges (in %) ist Phillip marschiert?
c) Bestätige, dass der Vater mit einer Geschwindigkeit von $78\,\frac{km}{h}$ gefahren ist.

5 In einem Mathematikbuch entdeckt Clara die Gleichung $[(4z + 14) \cdot 2 - z] : 7 = z + 4$. Sie überlegt, wozu sie diese verwenden kann. Sie bestimmt alle Lösungen der Gleichung und ist von ihrem Ergebnis so begeistert, dass sie sich einen Zahlenzaubertrick ausdenkt, den sie sofort bei ihren Freunden ausprobiert:
„Denke dir das Vierfache einer Zahl und addiere dann 14. Verdopple das Ergebnis und ziehe davon die gedachte Zahl wieder ab. Teile nun durch 7 und nenne mir dein Endergebnis. Dann kann ich dir deine gedachte Zahl ganz schnell nennen!"
a) Bestimme – wie Clara – zunächst alle Lösungen der Gleichung.
b) Bestätige, dass Claras Text den linken Term der Gleichung beschreibt.
c) Wie kommt man nun zu der Gleichung? Bestätige durch eine Rechnung.
d) Erläutere, wie Claras Zahlenzaubertrick funktioniert.
e) Erfinde selber einen Zahlenzaubertrick und probiere ihn mit deinen Freunden aus.

6 Bei einer Quizshow im Fernsehen wird folgende Frage gestellt: Eine Salatgurke von der Masse 0,5 kg enthält 98 % Wasser und 2 % Fruchtfleisch. Nach einer gewissen Lagerzeit hat sich der %-Anteil des Fruchtfleisches verdoppelt. Wie schwer ist die Gurke dann?
a) Löse mithilfe des Dreisatzes und mithilfe einer Formel.
b) Wie schwer ist die Gurke, wenn sich der %-Anteil des Fruchtfleisches verdreifacht hat?

7 Knobelei aus einem alten Buch
Bei einem Fisch nimmt der Kopf ein Drittel seines Gewichtes, der Schwanz ein Viertel in Anspruch, das Mittelstück wiegt 10 Pfund. Wie viel wiegt der ganze Fisch?

8 Klaus arbeitet in den Schulferien bei einem Schulbuchverlag, der in würfelförmigen Paketen Ordner mit Unterrichtsmaterialien an Lehrer versendet.
Sein Chef weist ihn ein: „Die Pakete sollen nach diesem Muster (s. Fig. 1) zugeklebt werden. Auf einer Kleberolle sind 160 m Klebeband. Das reicht für höchstens 70 Pakete."
Klaus überlegt sich, wie lang die Seitenlänge eines Paketes höchstens sein kann. Kannst du ihm helfen?

Fig. 1

9 Jan wohnt 30 km von der Stuttgarter Innenstadt entfernt. Sein älterer Bruder besitzt einen Roller. Beide fahren auf dem Roller mit einer mittleren Geschwindigkeit von 45 km pro Stunde.
a) Wie lange brauchen sie mindestens bis in die Stuttgarter Innenstadt, wenn sie zusätzlich zur Fahrt noch eine Pause von 20 Minuten machen?
b) Roller benötigen eine Mischung aus Öl und Benzin. Ein Liter Mischbenzin kostet an einer Tankstelle 1,10 Euro pro Liter. Der Roller verbraucht ca. 3 Liter auf 100 km Fahrstrecke. Wie viel muss Jan, der die Kosten für seinen Bruder übernehmen möchte, für die Hin- und Rückfahrt bezahlen?

10 Auf einem Flughafen entdeckt Florian an einer Rolltreppe ein Schild mit der Aufschrift: „von ganz unten bis ganz oben (115 Stufen) in nur 45 Sekunden".
Nun will Florian diese Rolltreppe in verkehrter Richtung von oben nach unten benutzen und schafft nach eigener Messung 4 Stufen pro Sekunde. Wie lange dauert es, bis Florian unten angekommen ist?

Kannst du das noch?

11 Bei der Achsen- und Punktspiegelung wird zu jedem Punkt P der Bildpunkt P' nach einer Vorschrift gezeichnet.
In Fig. 3 bzw. Fig. 4 ist die zugehörige Vorschrift mit einer Zeichnung dargestellt.
a) Beschreibe die Vorschriften in Worten.
b) Zeichne ein Viereck nach Fig. 2 in dein Heft. Erstelle das Bild der Figur bei einer Achsenspiegelung an der Geraden durch die Punkte A und B und einer Punktspiegelung an D.
Bezeichne jeweils die Eckpunkte des Bildvierecks und gib gleichlange Strecken und Winkel mit gleicher Größe an.

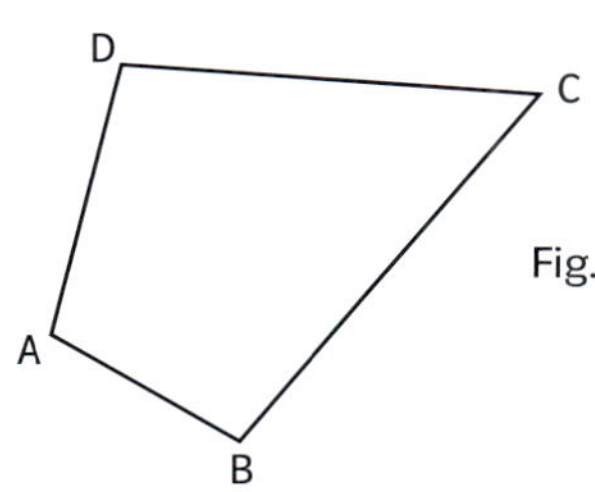

Fig. 2

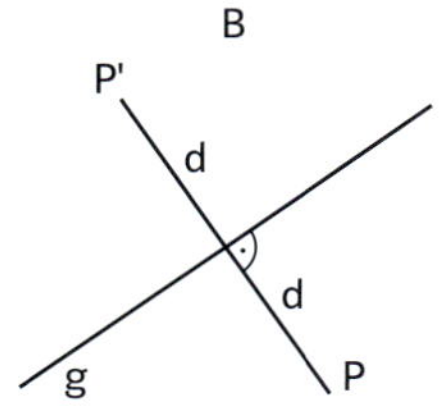

Fig. 3

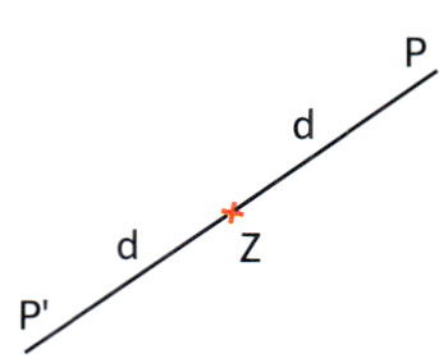

Fig. 4

Wiederholen – Vertiefen – Vernetzen

1 Welcher Term ergibt für jede Einsetzung von n eine Zahl, die halb so groß ist wie n?

a) $\frac{n}{2}$ b) $\frac{2}{n}$ c) $0{,}5 \cdot n$ d) $\frac{1}{2n}$ e) $\frac{1}{2} \cdot n$ f) $n - 2$ g) $2 \cdot n$ h) $\frac{2}{4} \cdot n$

2 Auf jedem Stein der „Termmauer“ steht die Summe der Terme, die auf den beiden darunter stehenden Steinen abgebildet sind.
Übertrage die Figur in dein Heft und beschrifte die leeren Steine mit den fehlenden Termen. Fasse die Terme dabei möglichst geschickt zusammen.

a)

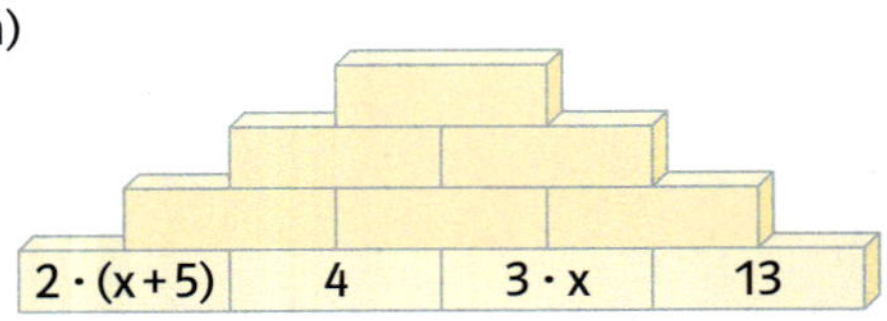

Fig. 1

b)

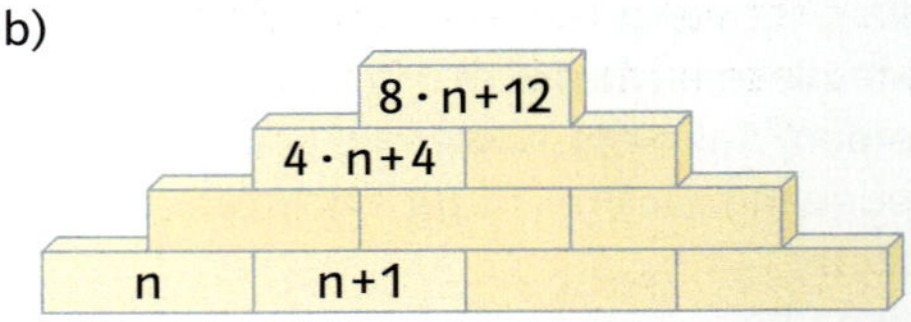

Fig. 2

3 An der Zahlengeraden sind alle Lösungen einer Ungleichung veranschaulicht. Gib mindestens drei mögliche Ungleichungen an.

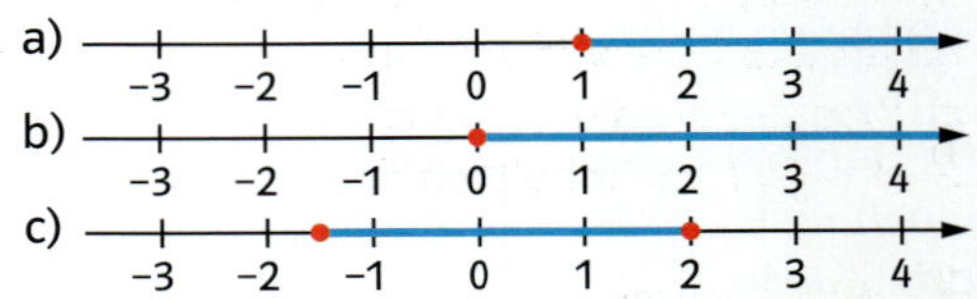

Fig. 3

4 Fibona möchte sich Kaninchen kaufen und für diese ein Gehege im Garten einzäunen. Dazu kauft sie sich Zaunelemente mit einer Länge von 50 cm und überlegt sich einen Aufbau (Fig. 4).

a) Übernimm die Tabelle ins Heft und führe sie fort. Was fällt auf? (Die Variable n gibt die Anzahl der Kaninchen pro Reihe an.)

n	Anzahl Kaninchen	Anzahl Zaunelemente	Fläche des Geheges
1	1	12	$2{,}25\,m^2$
2	4		
3			

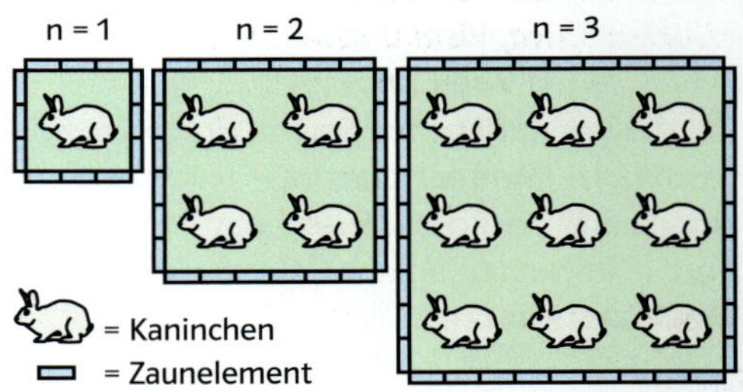

Fig. 4

b) Fibona sagt: „Mit diesem Aufbau haben alle Kaninchen gleich viel Platz!“ Stimmt das?

c) Die Formeln n^2; $2{,}25 \cdot n^2$ und $12 \cdot n$ kann man verwenden, um die Größen K *(Anzahl der Kaninchen)*, Z *(Anzahl der Zaunelemente)* und A *(Fläche des Geheges)* zu berechnen. Ordne zu und begründe, welche Formel welche Größe beschreibt. Zeichne die Graphen der entsprechenden Zuordnungen.

d) Angenommen, Fibona möchte eine viel größere Anzahl von Kaninchen kaufen. Was wird schneller zunehmen: Die Anzahl der Kaninchen oder die Anzahl der Zaunelemente?

5 Bei einem Schülerwettbewerb findet ein 3 000-m-Lauf statt (eine Laufbahnrunde ist 400 m lang). Rebecca gewinnt den Lauf in 12:32 Minuten. Linda belegte den vorletzten Platz in 14:55 Minuten. Dabei wurde sie sogar von Rebecca überrundet.

a) Wie viele Runden müssen die Teilnehmer insgesamt laufen?

b) Berechne, nach wie vielen Minuten Linda von Rebecca überrundet wird. Nehme dabei gleichmäßige Laufgeschwindigkeit der Läuferinnen an. Begründe, warum die Annahme notwendig ist.

c) In welcher Runde findet die Überrundung statt?

6 Experimentelles zum Knobeln

Mit Messbecher und Stoppuhr ausgerüstet führt Otto mit dem Waschbecken im Badezimmer seiner Eltern Experimente durch: Es fasst maximal 10 l Wasser. Mit dem Wasserhahn dauert es 1,5 Minuten bis das Becken ganz gefüllt ist. Umgekehrt sind die 10 l Wasser in 55 Sekunden bei offenem Abfluss abgelaufen. In einem weiteren Experiment bestimmt er die Zeitdauer, bis ein halb volles Becken bei geöffnetem Wasserhahn und geöffnetem Abfluss leer gelaufen ist. Ergebnis: Es hat 72 Sekunden gedauert.

Beachte:
Unterschiedliche Einheiten müssen angeglichen werden.

Ottos Freundin Lisa sagt: „Die Zeitdauer hätte man auch mit der Gleichung $\frac{10}{55} \cdot t - \frac{10}{90} \cdot t = 5$ berechnen können."

a) Entwickle mithilfe des Schemas zum Lösen von Problemen Lisas Gleichung und zeige so, dass sie Recht hat.

b) Bestätige mit Lisas Gleichung das experimentelle Ergebnis von Otto.

c) Was deutet die Ungleichung $\frac{10}{55} \cdot t - \frac{10}{90} \cdot t \geqq 5$ inhaltlich an?

Fig. 1

Übersetzungshilfe:
2 Kilometer in 2 Stunden heißt:
$\frac{2\,km}{2\,h} = 1\frac{km}{h}$

Zur Erinnerung:

7 Historisches

Im mathematischen Buch Lilavati, das der Inder Bhaskara II (1114 bis nach 1178) um 1150 geschrieben hat, steht folgende Aufgabe geschrieben:

„Aus einem Bündel reiner Lotusblüten sind ein Drittel, ein Fünftel bzw. ein Sechstel den Göttern Shiva, Vishnu bzw. Surya geweiht, während ein Virtel Bhavani dargeboten wird. Die verbliebenen Sechs erhält ein angesehener Würdenträger. Nenne mir rasch die Anzahl der Lotusblüten."

Weitergedacht

8 Betrachte die Gleichung $x \cdot (x - 2) = 0$ und lege für die Lösungen die natürlichen Zahlen zugrunde.

a) Bestimme alle Lösungen dieser Gleichung.

b) Rolf sagt: „Bei dieser Gleichung kann man doch wie bei den Äquivalenzumformungen beide Seiten durch x dividieren, dann erhält man $x - 2 = 0$ und kann die Lösung direkt ablesen." Nina meint: „Nein, ich würde beide Seiten mit 0 multiplizieren. Dann ergibt sich die Gleichung $0 = 0$. Also kann ich für x alle natürlichen Zahlen einsetzen."
Vergleiche die Lösungen mit deiner Antwort aus a) und begründe, warum die beiden Lösungsvorschläge von Rolf und Nina falsch sind.

Division durch x und Multiplikation mit 0 sind keine Äquivalenzumformungen.

9 Eine Gleichung ist **allgemein gültig**, wenn sie für alle Zahlen erfüllt ist. Beispielsweise sind die Gleichungen $x = x$ oder $2d = 4d - 2d$ allgemein gültig. Gib an, ob die Gleichung allgemein gültig ist, ob die Gleichung eine Lösung hat oder nicht lösbar ist.

a) $5(4x - 6) = -10(3 - 2x)$
b) $5(3x - 6) = -10(3 - 2x)$
c) $5(4x - 6) = -10(2 - 3x)$
d) $5(4x - 6) = -10(4 - 2x)$
e) $6x - 14 = 2(-7 + 2x) + 2x$
f) $6x - 14 = 2(-4 + 3x) + 2x$
g) $6x - 14 = 2(-7 + 3x) + 2x$
h) $6x - 14 = 2(-6 + 2x) + 2x$

Zahlenzauberei

Mit mathematischen Zaubertricks kann man verblüffende Effekte erzielen, ohne dass man umfangreiche Vorbereitungen treffen oder viel üben muss. Sie funktionieren aufgrund einfacher mathematischer Überlegungen.

Kartenzauber

Greta kennt einen Zaubertrick: „Nimm die Ziffernkarten eines Rommé-Spiels (also 2 bis 9) sowie das Ass, welches als 1 gilt und nimm drei Karten mit aufeinander folgenden Ziffern. Bilde aus den drei Ziffern die größtmögliche und die kleinstmögliche Zahl. Subtrahiere nun die kleinstmögliche Zahl von der größtmöglichen Zahl und merke dir das Ergebnis. … Simsalabim …: Es ist 198."

Fig. 1

Variation
Diesen Zaubertrick kann man auch ohne Karten durchführen.

Zur Erklärung dieses Tricks kann man die Zahlen jeweils mit einem Term darstellen. Die Variable z beschreibt dabei die mittlere der drei Ziffern (in dem Beispiel des Bildes wäre z = 3).

größtmögliche Zahl: $(z + 1) \cdot 100 + z \cdot 10 + (z - 1) \cdot 1$ wie $4 \cdot 100 + 3 \cdot 10 + 2 \cdot 1$

kleinstmögliche Zahl: $(z - 1) \cdot 100 + z \cdot 10 + (z + 1) \cdot 1$ wie $2 \cdot 100 + 3 \cdot 10 + 4 \cdot 1$

Dabei erzeugt der Faktor $\cdot 100$ die Hunderter-, $\cdot 10$ die Zehner- und $\cdot 1$ die Einerstelle der Zahl.

Wenn man die Terme subtrahiert und vereinfacht, erhält man das Ergebnis 198.

a) Bestätige das Ergebnis 198.

b) Formuliere und erkläre diesen Trick auch für zwei bzw. vier aufeinander folgende Ziffern.

Erbsenzauber

Wie in dem Comic dargestellt zaubert Magier Klaus mit Erbsen.

Variation
Anstelle der Erbsen kannst du beispielsweise auch Münzen und für die Becher die linke und die rechte Hand nehmen.

a) Versuche herauszufinden, wie der Zaubertrick funktioniert. Tipp: Stelle einen Term auf.

b) Erfinde selbst einen ähnlichen Zaubertrick und teste ihn mit deinem Nachbarn.

Zahlenzauberei

Zahlenzauber

Ein Zauberlehrling stellt seinem Meister eine Aufgabe: „Denken Sie sich eine Zahl, addieren Sie diese mit 5, vervierfachen Sie das Ergebnis und vermindern Sie nun um 20. Sagen Sie mir ihr Ergebnis, verrate ich Ihnen ihre ursprünglich gedachte Zahl."
a) Probiere die Zaubervorschrift des Zauberlehrlings mit fünf Zahlen deiner Wahl aus und schreibe die Zahlen sowie das Endergebnis in einer Tabelle auf.
b) Stelle für die Zaubervorschrift einen Term auf und vereinfache ihn so weit wie möglich. Kannst du den Zaubertrick nun erklären?
c) Erfinde selbst einen Zaubertrick dieser Art und probiere ihn mit deinem Nachbarn aus.

In einem Zauberbuch wird ein Zaubertrick beschrieben, bei dem der Zauberer Anderen seinen Willen aufzwingen kann. Leider ist auf die Erklärung des Tricks Wasserfarbe getropft, so dass man sie nicht mehr vollständig lesen kann.
a) Erkläre den Trick und verfasse so einen möglichen Text für das Zauberbuch.
b) Finde eigene ähnliche Zaubervorschriften und teste sie aus.
c) Bei diesem Trick ist es besonders wichtig, dass man die Zaubervorschriften jeweils nur einmal verwendet. Warum?

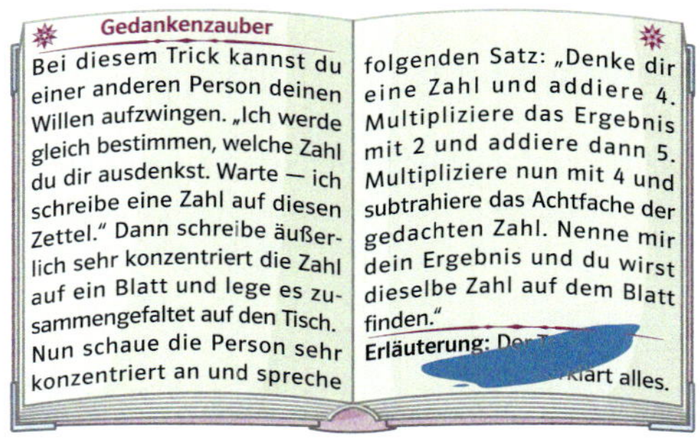

Gedankenzauber

Bei diesem Trick kannst du einer anderen Person deinen Willen aufzwingen. „Ich werde gleich bestimmen, welche Zahl du dir ausdenkst. Warte – ich schreibe eine Zahl auf diesen Zettel." Dann schreibe äußerlich sehr konzentriert die Zahl auf ein Blatt und lege es zusammengefaltet auf den Tisch. Nun schaue die Person sehr konzentriert an und spreche folgenden Satz: „Denke dir eine Zahl und addiere 4. Multipliziere das Ergebnis mit 2 und addiere dann 5. Multipliziere nun mit 4 und subtrahiere das Achtfache der gedachten Zahl. Nenne mir dein Ergebnis und du wirst dieselbe Zahl auf dem Blatt finden."
Erläuterung: D[illegible] klärt alles.

Streichholzzauberei

Die Zauberin Kristine verbindet sich die Augen und bittet einen Mitschüler, aus dem großen Streichholzstapel drei gleich große Stapel mit je mindestens 4 Streichhölzern nebeneinander auf den Tisch zu legen, wobei nicht alle Hölzer verwendet werden müssen. Dann bittet sie ihn, eine natürliche Zahl zwischen 1 und 12 zu nennen.
„Jetzt werde ich dir einige Anweisungen geben, nach denen du die Hölzer der Stapel umschichten sollst. Am Ende wird die Anzahl der Hölzer im mittleren Stapel deiner genannten Zahl entsprechen, obwohl ich die ganze Zeit verbundene Augen habe:
1. Lege von dem rechten und linken Stapel jeweils drei Hölzer auf den mittleren Stapel.
2. Lege dann so viele Hölzer vom mittleren auf den rechten Stapel wie sich noch im linken Stapel befinden.
3. „Und jetzt …", sagt Kristine weiter und führt den Trick durch. … Alle sind verblüfft.
a) Wie muss Kristines dritte Anweisung lauten, wenn anfangs auf jedem Stapel 5 Hölzer liegen und der Mitschüler die Zahl 6 genannt hat? Spiele weitere Fälle durch. Was fällt auf?
b) Lege folgende Tabelle an und fülle sie aus. Was beschreibt die Variable z?

	linker Stapel	mittlerer Stapel	rechter Stapel
Anfangssituation	z	z	z
nach der 1. Anweisung	z − 3		
nach der 2. Anweisung			

c) Erkläre mithilfe der Tabelle aus b), wie Kristine die dritte Anweisung findet.

Variation 1
Anstelle der Streichhölzer kannst du beispielsweise auch Stifte, Münzen oder Mikadostäbe verwenden.

Variation 2
Bei häufigem Durchführen ist es sinnvoll, den Trick erst nach vier oder mehreren Anweisungen abzuschließen. Warum?

Rückblick

Aufstellen von Termen

Zum Aufstellen von Formeln kann folgendes Vorgehen hilfreich sein:

1. einfache Beispiele betrachten,
2. Variable einführen,
3. einen Term formulieren und
4. Formel aufschreiben.

Die Temperatur kann in °F oder °C angegeben werden.

Temp. in °F	32	34	36	38	40	50
Temp. in °C	0	1	2	3	4	9

1. $\frac{1}{2} \cdot 32 - 16 = 0$
   $\frac{1}{2} \cdot 34 - 16 = 1$
2. *Sei* T_f *die Temperaturangabe in °F.*
3. $\frac{1}{2} \cdot T_f - 16$
4. *Temperatur in °C:* $T_c = \frac{1}{2} \cdot T_f - 16$

Terme umformen

Durch Anwenden von Rechengesetzen kann man einen Term in einen äquivalenten Term umformen. Dabei werden vor allem folgende Rechengesetze angewendet.

Assoziativgesetz:	$a + (b + c) = (a + b) + c$	und
	$a \cdot (b \cdot c) = (a \cdot b) \cdot c$	
Kommutativgesetz:	$a + b = b + a$	
	$a \cdot b = b \cdot a$	
Distributivgesetz:	$a \cdot (b + c) = a \cdot b + a \cdot c$	und
	$a \cdot (b - c) = a \cdot b - a \cdot c$	

$2 + (4 + x) = (2 + 4) + x$
$5 \cdot (3 \cdot x) = (5 \cdot 3) \cdot x$
$7 + x = x + 7$
$6 \cdot x = x \cdot 6$
$3 \cdot (2 + x) = 3 \cdot 2 + 3 \cdot x$
$5 \cdot (x - 4) = 5 \cdot x - 5 \cdot 4$

Beim Vereinfachen sucht man einen äquivalenten Term, der z. B. eine einfachere Form hat und so einfacher zu berechnen ist. Dabei geht man, wenn notwendig, in folgenden Schritten vor:

1. Erstes Vereinfachen
2. Klammern auflösen
3. Ordnen
4. Zusammenfassen

$$\begin{aligned} 2 \cdot (7 - 3x) - x \cdot 7 + 3 &= 2(7 - 3x) - 7x + 3 \\ &= 2 \cdot 7 - 2 \cdot 3x - 7x + 3 \\ &= -6x - 7x + 14 + 3 \\ &= -13x + 17 \end{aligned}$$

Gleichungen und Ungleichungen

In einer Gleichung können die Variablen mit Zahlen belegt werden. Erfüllt eine Zahl die Gleichung, so heißt sie Lösung dieser Gleichung.

Bei einer Ungleichung können mehrere Lösungen auftreten. Diese Lösungen können an einer Zahlengeraden veranschaulicht werden.

Die Gleichung $5x + 6 = 16$ *hat die Lösung 2. Bei der Ungleichung* $5x + 6 < 16$ *sind alle Zahlen kleiner als 2 Lösungen.*

Fig. 1

Äquivalenzumformungen von Gleichungen

Eine Umformung einer Gleichung, bei der alle Lösungen erhalten bleiben und keine neuen Lösungen hinzukommen, heißt Äquivalenzumformung.

Wichtige Äquivalenzumformungen von Gleichungen sind:

- beidseitige Addition oder Subtraktion einer Zahl oder eines Terms,
- beidseitige Multiplikation oder Division mit einer Zahl ungleich Null.

$$\begin{aligned} 3 \cdot (4x - 5) &= 8x - 27 && \mid \text{Vereinfachen} \\ 12x - 15 &= 8x - 27 && \mid -8x \\ 4x - 15 &= -27 && \mid +15 \\ 4x &= -12 && \mid :4 \\ \mathbf{x} &= \mathbf{-3} \end{aligned}$$

Äquivalenzumformungen von Ungleichungen

Ungleichungen können mithilfe derselben Äquivalenzumformungen gelöst werden wie Gleichungen – mit einer Ausnahme:
Bei der Multiplikation oder Division auf beiden Seiten der Ungleichung mit einer negativen Zahl muss man das Ungleichheitszeichen umkehren.

$$\begin{aligned} (2 - x) \cdot 7 &< -21 && \mid \text{Vereinfachen} \\ 14 - 7x &< -21 && \mid -14 \\ -7x &< -35 && \mid :(-7) \\ \mathbf{x} &> \mathbf{5} \end{aligned}$$

Training

Runde 1

1 a) Stelle für die Oberfläche des Körpers eine Formel auf.
b) Vereinfache die Formel und berechne den Wert für $x = 5$; 8 bzw. 9,1.
c) Kann man für x auch negative Zahlen einsetzen? Begründe deine Antwort.

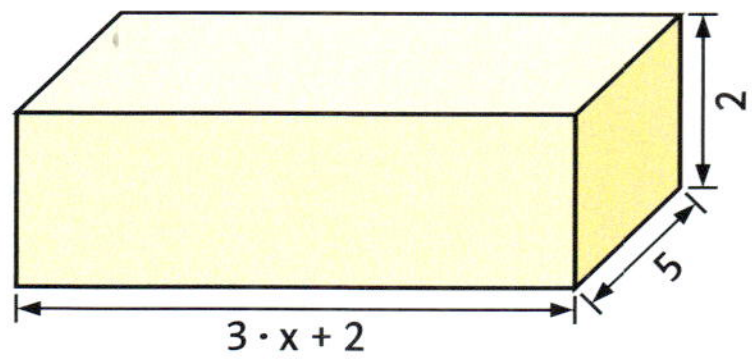

Fig. 1

2 Zeige rechnerisch, ob die Terme äquivalent sind. Gib bei den Rechnungen jeweils die verwendeten Rechengesetze an.

a) $5 \cdot (x + 6) - 3$ und $2x + 3 \cdot (9 + x)$
b) $7z + (z - 4) \cdot 6$ und $8 \cdot (3 + 2z) - 3z$
c) $13 - 2 \cdot (5k + 3) - 7k$ und $-(+11k) + (4 - 3k) \cdot 2$

3 Löse die Gleichung.

a) $7d - 11 = 10$
b) $5c + 7 \cdot (3 + 6c) = 68c$
c) $4z - 15 = 45 - 2z$
d) $36 = 12 - \frac{3}{2}x$
e) $-3{,}5v + 2 \cdot (v - 2{,}5) = -0{,}5v$
f) $\frac{4}{5} \cdot (\frac{3}{4}x + 3) = 4 - \frac{2}{5}x$

4 Dosen zu je 300 g sollen verpackt werden. Für die Verpackung muss man 500 g rechnen. Insgesamt soll das Paket höchstens 12 kg wiegen.
Wie viele Dosen darf man höchstens einpacken?

Runde 2

1 Hubert möchte aus Streichhölzern zwei Reihen gleich langer zusammenhängender Quadrate legen. Nun überlegt er, wie viele Streichhölzer er für 100 Quadrate je Reihe benötigt. Er notiert zur Berechnung der Streichhölzeranzahl die Terme $2 \cdot 4q - 2(q - 1)$ und $2 \cdot (3q + 1)$, wobei q für die Anzahl der Quadrate pro Reihe steht.

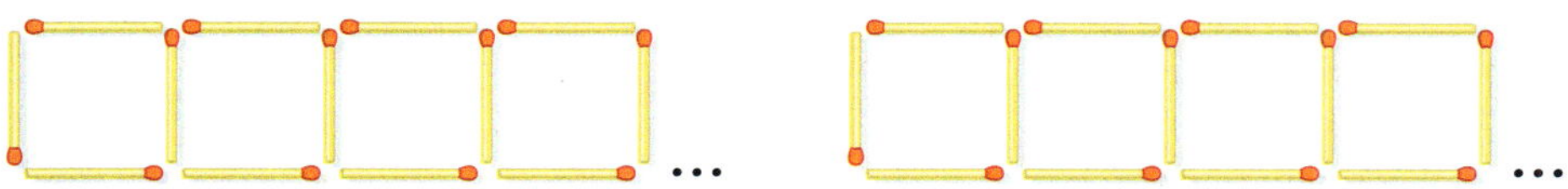
Fig. 2

a) Beschreibe, welche Überlegungen Hubert beim Aufstellen der Terme gemacht hat.
b) Zeige die Äquivalenz beider Terme rechnerisch und gib jeweils die verwendeten Rechengesetze an.

2 Übernimm die Tabelle in dein Heft und fülle sie aus. Welche Terme sind äquivalent?

x	$12 \cdot x - 5$	$2 \cdot (6x - 3) + 1$	$-(x - 11 \cdot x) - 3$	$7 - (2 - 5x) \cdot 2 - 6$	$-(5 - 12 \cdot x)$
−2					
7,5					
12					

3 Löse die Ungleichungen und veranschauliche die Lösungen an einer Zahlengeraden.

a) $3z - 5 < -20$
b) $4 \cdot (x + 3) > -9{,}6 + x$
c) $3x - 6 < 4x + 13$
d) $2z + 7 \geqq -3 - (z + 2)$
e) $(v + 3) \cdot 6 + 2 < 10v$
f) $70c - 15 \leqq 25 - 30c$

4 Der Suezkanal ist ein großes Bauwerk der Menschheit. Im Jahre 2019 wird er dreimal so alt sein, wie er im Jahre 1919 war. Wann wurde der Suezkanal eröffnet?

Das kannst du schon

- Das Geo-Dreieck zum Zeichnen und Messen von Strecken und Winkeln nutzen
- Figuren zeichnen und an Achsen und Punkten spiegeln
- Symmetrische Figuren erkennen

Zahl und Maß | Daten und Zufall | Beziehung und Änderung | Modell und Simulation | Muster und Struktur | Form und Raum

Dreiecke suchen Winkel, Kreise brauchen Abstand ...

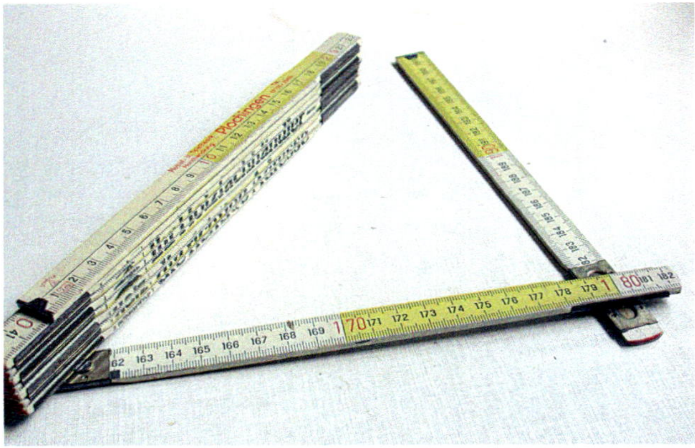

Wenn man einen aufgeklappten Meterstab zufällig an zwei Stellen knickt, kann man ihn manchmal zu einem Dreieck legen. Dabei gibt es aber immer nur besondere Dreiecke.

Die zwei Parallelen

Es gingen zwei Parallelen
ins Endlose hinaus,
zwei kerzengerade Seelen
und aus solidem Haus.

Sie wollten sich nicht schneiden
bis in ihr seliges Grab:
das war nun einmal der beiden
geheimer Stolz und Stab.

Doch als sie zehn Lichtjahre
gewandert neben sich hin,
da ward's dem einsamen Paare
nicht irdisch mehr zu Sinn.

War'n sie noch Parallelen?
Sie wußten's selber nicht,
sie flossen nur wie zwei Seelen
zusammen durch ewiges Licht.

Das ewige Licht durchdrang sie,
da wurden sie eins in ihm;
die Ewigkeit verschlang sie,
als wie zwei Seraphim.

Christian Morgenstern

Das kannst du bald

- Abstände mit Loten bestimmen
- Eigenschaften von Dreiecken erkennen und nutzen
- Konstruktionen ausführen und beschreiben
- Eigenschaften von Figuren begründen
- Probleme des Alltags mit geometrischen Konstruktionen lösen

1 Abstände

Beim Boule-Spiel und beim „Schnippen an die Wand“ müssen Abstände bestimmt werden, um den Sieger zu ermitteln.

In den folgenden Abbildungen werden Abstände verwendet.

Abstand Punkt–Punkt (Fig. 1):
Die Strecke $\overline{AB}$ ist 3 cm lang. Man sagt, die Punkte A und B haben den Abstand 3 cm.

Abstand Punkt–Gerade (Fig. 2):
Die Strecke $\overline{PQ}$ ist senkrecht zur Geraden g. Von allen Punkten auf g hat der Punkt Q zum Punkt P den kleinsten Abstand. Man nennt ihn **Abstand von P zu g**. Die zugehörige Strecke $\overline{PQ}$ heißt **Lot von P auf g**.

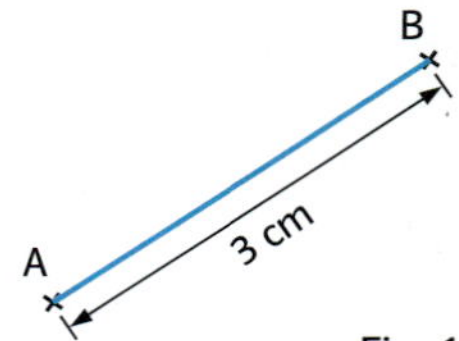

Fig. 1

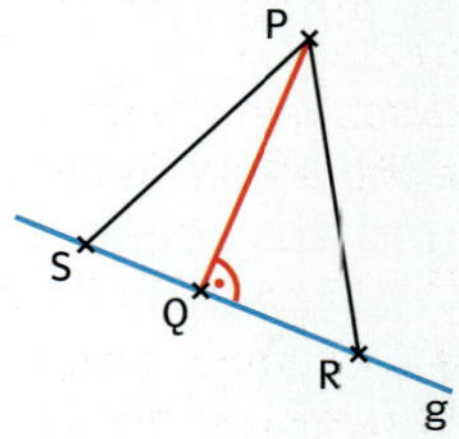

Fig. 2

Abstand paralleler Geraden (Fig. 3):
Die Geraden g und h sind parallel. Deshalb haben alle Punkte auf g den gleichen Abstand zu h und alle Punkte auf h den gleichen Abstand zu g. Diesen Abstand nennt man den Abstand von g zu h.

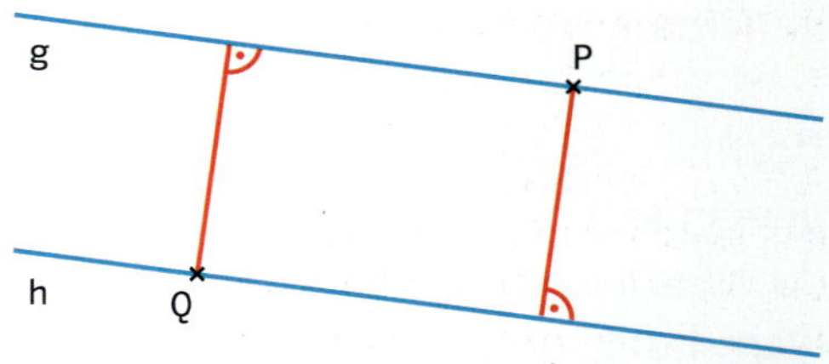

Fig. 3

Der **Abstand eines Punktes zu einer Geraden** ist die Länge seines Lotes.
Der **Abstand paralleler Geraden** ist der Abstand eines Punktes auf einer Geraden zur anderen Geraden.

Den Flächeninhalt eines Dreiecks (Fig. 4) oder eines Parallelogramms (Fig. 5) kann man jeweils mithilfe der Grundseite und der zugehörigen Höhe berechnen. Jedes Dreieck hat drei Höhen. Das Lot vom Eckpunkt eines Dreiecks zur Geraden durch die beiden anderen Punkte ist eine Höhe im Dreieck. Jedes Parallelogramm hat zwei Höhen. Der Abstand der beiden parallelen Geraden durch zwei gegenüberliegende Seiten ist eine Höhe im Parallelogramm.

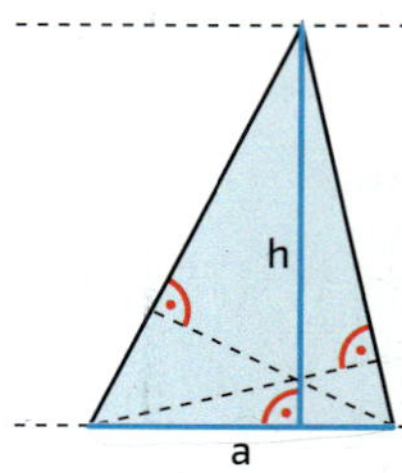

$A = \frac{a \cdot h}{2}$

Fig. 4

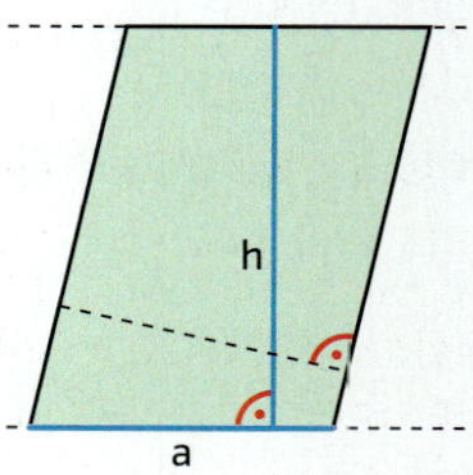

$A = a \cdot h$

Fig. 5

Beispiel

a) Zeichne ein Rechteck ABCD mit $\overline{AB}$ = 2,5 cm und $\overline{BC}$ = 3 cm. Miss die Länge einer Diagonalen und den Abstand des Punktes B zur Geraden g durch die Punkte A und C.
b) Bestimme den Flächeninhalt des Dreiecks ABC auf zwei Arten. Warum kann es dabei unterschiedliche Ergebnisse geben?

Lösung:
a) Eine Diagonale ist 3,9 cm lang. B hat zu g den Abstand $\overline{BE}$ = 1,9 cm.
b) Mit der Höhe $\overline{BC}$ von C zu $\overline{AB}$ gilt $A = (2{,}5 \cdot 3):2 = 3{,}75\ (\text{cm}^2)$.
Mit der Höhe $\overline{BE}$ von B zu $\overline{AC}$ gilt $A = (3{,}9 \cdot 1{,}9):2 = 3{,}7\ (\text{cm}^2)$.
Die Messung der Strecken $\overline{AC}$ und $\overline{BE}$ ist ungenau. Das erste Ergebnis ist genau.

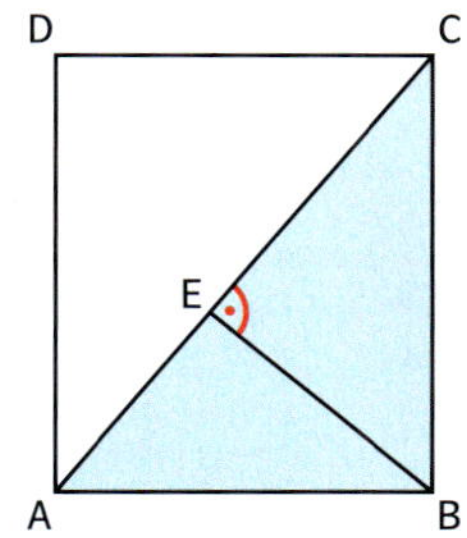

Fig. 1

Aufgaben

1 a) Miss die Abstände der Punkte A(1|1); B(4|5); C(−1|8) im Koordinatensystem.
b) Zeichne eine Gerade durch die Punkte A und B und dazu eine parallele Gerade, die durch den Punkt C geht. Bestimme den Abstand der beiden Geraden mit einem Lot.
c) Berechne den Flächeninhalt des Dreiecks ABC.

In Aufgabe 1c) kannst du den Flächeninhalt auf mehrere Arten berechnen. Warum müssen dabei die Ergebnisse nicht genau übereinstimmen?

2 Zeichne ein Rechteck ABCD mit den Seitenlängen $\overline{AB}$ = 9,6 cm und $\overline{BC}$ = 5,7 cm.
a) Bestimme den Abstand des Punktes B zur Geraden AC.
b) Berechne den Flächeninhalt des Dreiecks ABC auf zwei Arten.

3 Zeichne das Dreieck in einem Koordinatensystem. Ergänze das Dreieck zu einem Parallelogramm ABCD. Bestimme den Flächeninhalt des Parallelogramms.
a) A(−3|−2); B(4|−2); D(0|4)
b) A(4|−3); B(4|2); C(−2|4)

Tipp zu Aufgabe 3: Nutze das Koordinatensystem. Man kann einige Abstände angeben ohne zu messen.

4 a) Übertrage die Figuren in Fig. 2 mit den gegebenen Maßen unter Verwendung der Gitterlinien in dein Heft. Bestimme den Flächeninhalt der Figuren mit möglichst wenig Rechnungen.
b) Eine Strecke $\overline{AB}$ ist 6 cm lang. Zeichnet drei verschiedene Dreiecke mit der Seite $\overline{AB}$ und dem Flächeninhalt 18 cm².

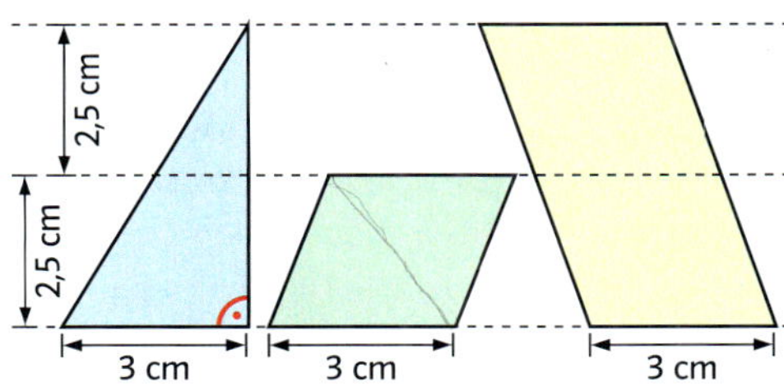

Fig. 2

5 a) Begründe: Zu einem Parallelogramm kann man ohne zu messen ein Rechteck mit einer gemeinsamen Seite und dem gleichen Flächeninhalt zeichnen.
b) Zeichne einen 43° großen Winkel α mit dem Scheitel A. Bestimme auf den Schenkeln von α die Punkte B und C so, dass der Flächeninhalt des Dreiecks ABC 12 cm² groß ist.

Die Aufgabe 5 a) hat genau eine Lösung. Die Aufgabe 5 b) hat viele Lösungen.

Kannst du das noch?

6 Ein Fußballplatz hat bisher eine 45 m breite und 86 m lange Rasenfläche. Das Spielfeld wird an allen Seiten um 5 m verbreitert. Für die Zuschauer soll rundum ein 10 m breiter Streifen angelegt werden. Zeichne in einem geeigneten Maßstab.
a) Wie lang sind die Diagonalen des bisherigen Spielfeldes und des neuen Spielfeldes?
b) Um wie viel Prozent ist das neue Spielfeld größer als das alte Spielfeld?
c) Wie groß ist der Flächenanteil des Zuschauerbereichs an der Gesamtfläche?

2 Abstände von Punkten und Geraden – Ortslinien

Wo liegen alle Punkte, die von einem gegebenen Punkt den gleichen Abstand haben? Wo liegen alle Punkte, die von einer gegebenen Geraden den gleichen Abstand haben?
Solche und ähnliche Fragen werden in dieser Lerneinheit behandelt.

Gleicher Abstand von einem Punkt
Alle Punkte mit dem gleichen Abstand von einem gegebenen Punkt bilden einen Kreis.

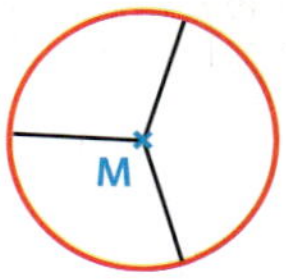

Fig. 1

Gleiche Abstände von zwei Punkten
Alle Punkte mit gleichem Abstand von zwei gegebenen Punkten A und B liegen auf einer Gerade m. Die Gerade m ist senkrecht zur Strecke $\overline{AB}$ und geht durch die Mitte von $\overline{AB}$. Deshalb heißt m **Mittelsenkrechte der Strecke $\overline{AB}$** (Fig. 2).

Die Mittelsenkrechte einer Strecke $\overline{AB}$ ist Symmetrieachse dieser Strecke.

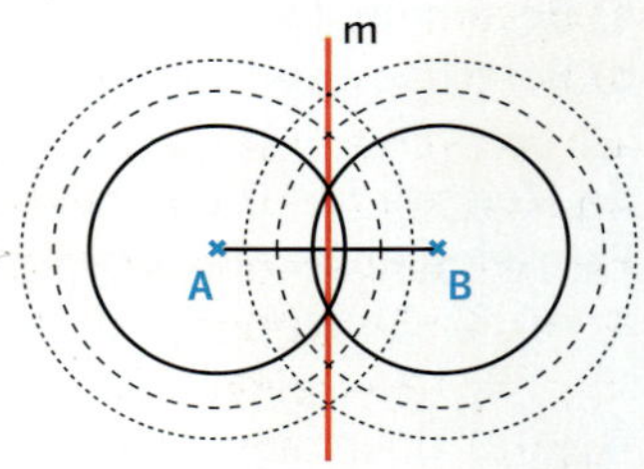

Fig. 2

Gleicher Abstand von einer Geraden
Alle Punkte mit dem gleichen Abstand von einer gegebenen Geraden bilden zwei Parallelen zu dieser Geraden (Fig. 3).

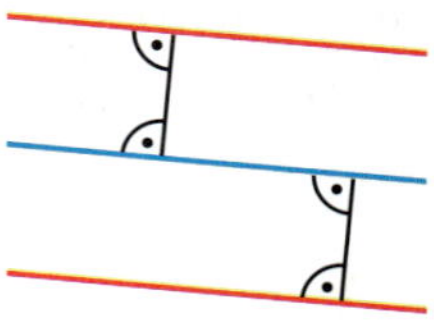
Fig. 3

Gleicher Abstand von zwei Parallelen
Alle Punkte mit dem gleichen Abstand von zwei gegebenen Parallelen g und h bilden eine dritte Parallele m. Diese liegt in der Mitte der beiden gegebenen Parallelen. Deshalb heißt sie **Mittelparallele** (Fig. 4).

Die Mittelparallele zweier paralleler Geraden ist eine Symmetrieachse der beiden Parallelen.

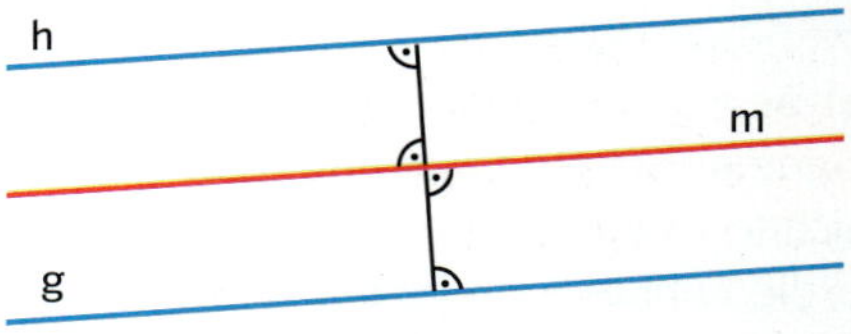

Fig. 4

Gleiche Abstände von zwei sich schneidenden Geraden
Alle Punkte mit gleichem Abstand von zwei sich schneidenden Geraden g und h bilden zwei Geraden w_1 und w_2. Die Geraden w_1 und w_2 halbieren die Winkel α und β zwischen den Geraden g und h. Deshalb heißen w_1 und w_2 **Winkelhalbierende von α bzw. von β** (Fig. 5).

Die Winkelhalbierende eines Winkels ist eine Symmetrieachse dieses Winkels.

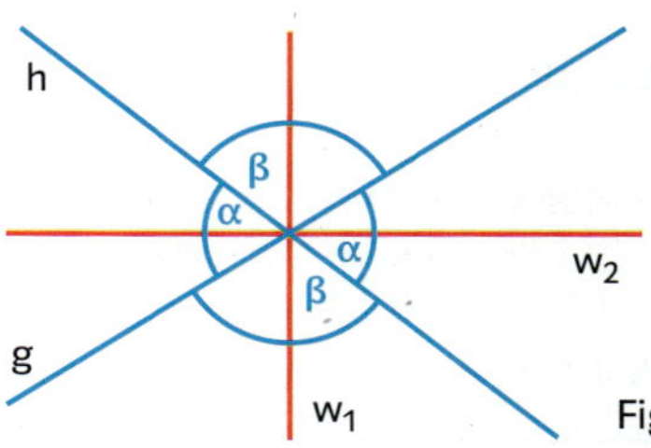

Fig. 5

Die Mittelsenkrechte einer Strecke ist die Ortslinie der Punkte, die von den Endpunkten der Strecke gleichen Abstand haben.
Die Winkelhalbierende eines Winkels ist die Ortslinie der Punkte, die von den Schenkeln des Winkels gleichen Abstand haben.

Wenn man die Punkte einer Figur – wie z. B. bei einer Mittelsenkrechten oder Winkelhalbierenden – durch eine Eigenschaft bestimmen kann, nennt man die Figur auch zugehörige ***Ortslinie****.*

Beispiel 1
Zeichne in einem Koordinatensystem die Punkte A(4 | 0), B(3,5 | 2) und C(1,5 | 1). Bestimme alle Punkte, die gleich weit von A und B entfernt sind und von C den Abstand 1,5 cm besitzen.
Lösung:
Zeichnung s. Fig. 1. Punkte, die von A und B gleich weit entfernt sind, liegen auf der Mittelsenkrechten der Strecke $\overline{AB}$. Punkte, die 1,5 cm vom Punkt C entfernt sind, liegen auf dem Kreis um C mit dem Radius 1,5 cm. Die Schnittpunkte S_1 und S_2 der Mittelsenkrechten mit dem Kreis lösen die Aufgabe. Abgelesene Koordinaten sind $S_1(0,3 | 0,1)$ und $S_2(3 | 0,8)$.

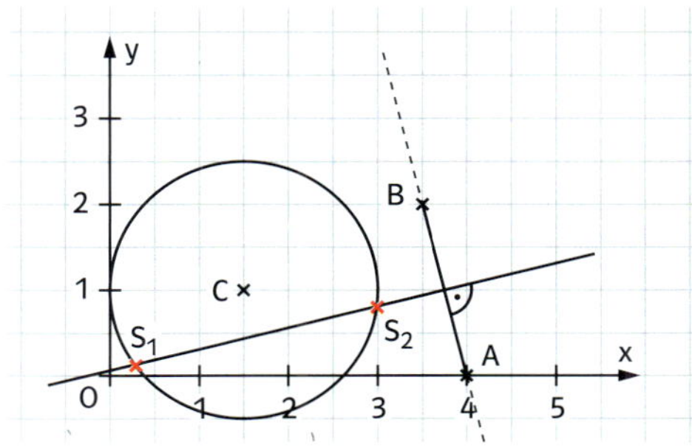

Fig. 1

Beispiel 2
In Fig. 2 sind zwei Geraden g und h gezeichnet, die sich unter einem Winkel von 40° schneiden. Dann sind zu g zwei Parallelen im Abstand 1 cm gezeichnet. Zuletzt sind noch die Winkelhalbierenden der Geraden g und h gezeichnet.
Formuliere eine Aufgabe, deren Lösung die Schnittpunkte der Winkelhalbierenden mit den Parallelen sind.
Lösung:
Gegeben sind zwei Geraden g und h mit einem Schnittwinkel von 40°. Gesucht sind alle Punkte, die 1 cm von g und gleich weit von h entfernt sind.

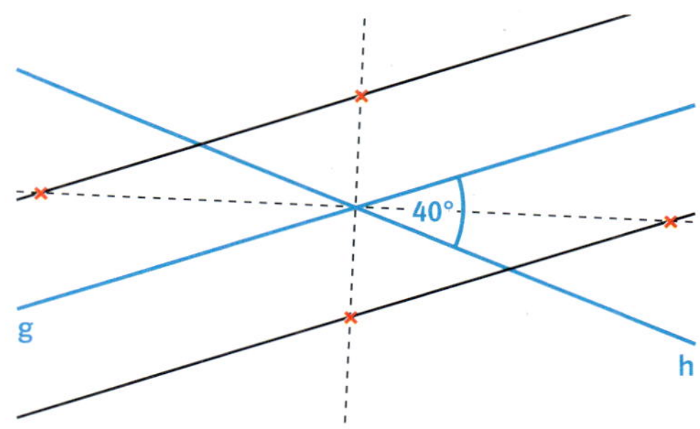

Fig. 2

Aufgaben

1 Zeichne eine Strecke $\overline{AB}$ = 6 cm, einen Kreis um A mit dem Radius 4 cm und einen Kreis um B mit dem Radius 3 cm.
a) Wie groß ist der Abstand der beiden Schnittpunkte der Kreise zu den Punkten A und B?
b) Welchen Abstand haben die beiden Schnittpunkte zueinander?
c) Beschrifte alle Kreispunkte, die auf der Geraden durch die beiden Mittelpunkte der Kreise liegen und schreibe ihre gegenseitigen Abstände auf.
d) Gibt es auf den beiden Kreisen zwei Punkte mit einem größtmöglichen Abstand?

2 Zeichne die Punkte A(0 | −6), B(6 | −3), C(5 | −1) und D(−1 | 0) in einem Koordinatensystem.
a) Bestimme alle Punkte, die gleichweit von A und B entfernt sind und von der Geraden durch C und D den Abstand 3 cm haben. Beschrifte die Punkte und schreibe ihre Koordinaten auf.
b) Welche Punkte haben jeweils den gleichen Abstand zu den beiden Geraden AB und CD und sind vom Schnittpunkt der Geraden 3 cm entfernt? Gib die Koordinaten der Punkte an.

3 Hier ist mehr als ein Punkt möglich

Gegeben sind die Punkte A(1|2); B(8|1) und C(6|5). Zeichne für jede Teilaufgabe ein neues Koordinatensystem.

a) Welche Abstände haben die Punkte von A, welche 4 cm von B und 3 cm von C entfernt sind?

b) Gib die Koordinaten derjenigen Punkte an, die von A und C gleich weit entfernt sind und von B den Abstand 4 cm haben.

Hinweis: In Teil c) gibt es insgesamt vier Punkte.

c) Bestimme die Koordinaten aller Punkte, welche von der Geraden durch A und B den Abstand 2 cm haben und von der Geraden durch B und C den Abstand 1 cm.

d) Wo liegen alle Punkte, welche von den beiden Geraden durch die Punkte A und B sowie durch B und C jeweils den gleichen Abstand haben?

Wenn man kein durchscheinendes Papier hat, kann man auch die Zirkelspitze oder eine Stecknadel dazu benutzen, einzelne Punkte duchzustechen. Überlege, wie man dabei vorgeht.

4 a) Die nachfolgend gezeigte Bildserie beschreibt, wie man mit einem durchscheinenden Papierbogen zu einer gezeichneten Strecke eine Mittelsenkrechte falten kann. Falte nach der Anleitung. Begründe, warum dabei die gewünschte Mittelsenkrechte entsteht.

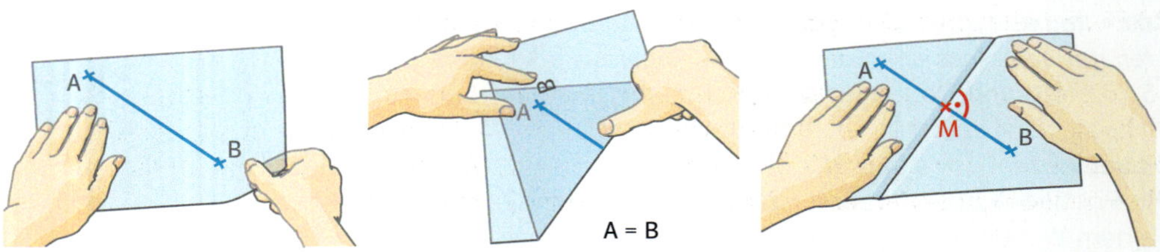

b) Zeige, dass man mit durchscheinenden Papierbögen auch Parallelen zu Geraden, eine Mittelparallele und eine Winkelhalbierende falten kann. Gib jeweils eine Begründung.

Bist du sicher?

1 Die Abbildung zeigt eine Figur, bei der die Punkte der gestrichelten Linie(n) eine Ortslinie sind. Schreibe die zugehörige Eigenschaft auf und begründe deine Antwort.

a) b) c) d)

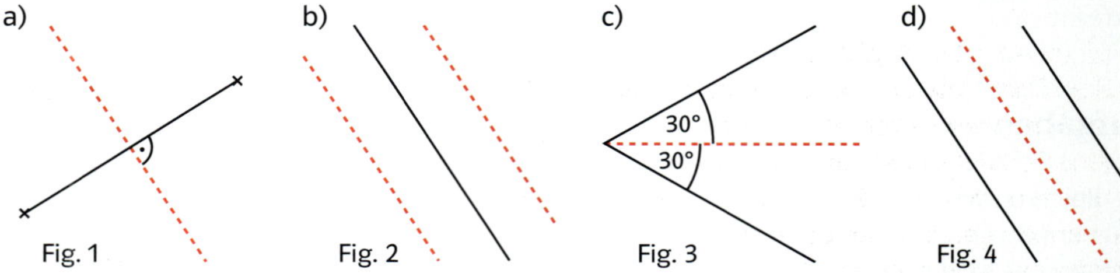

Fig. 1 Fig. 2 Fig. 3 Fig. 4

2 Die folgenden Abbildungen zeigen Situationen, die zu einer Aufgabe über Abstände gehören. Formuliere eine passende Aufgabe.

a)

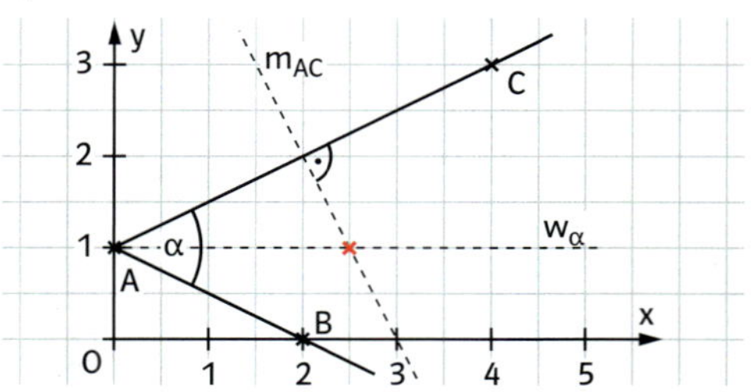

b)

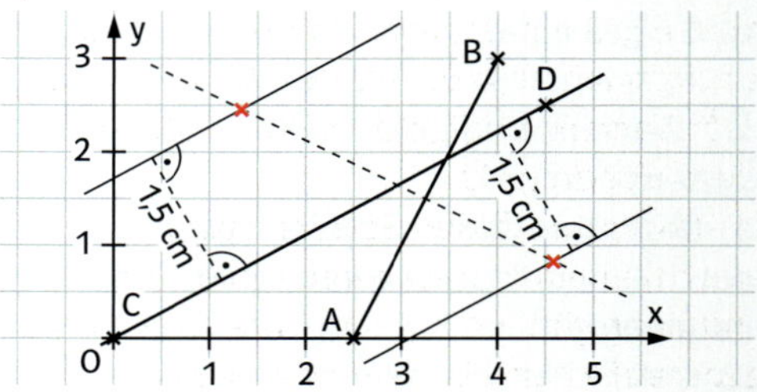

5 Begründe den Lösungsweg
a) Zeichne eine 5 cm lange Strecke $\overline{AB}$. Zeichne einen Kreis mit dem Mittelpunkt M und dem Radius 4 cm, der durch die Punkte A und B geht. Wie kann man diejenigen Punkte des Kreises zeichnen, die von M und A gleich weit entfernt sind?
b) Zeichne eine Gerade g und zwei Punkte P und Q auf verschiedenen Seiten von g. Zeichne einen Kreis, dessen Mittelpunkt auf g liegt, der durch P und Q geht. Prüfe, ob deine Lösung auch dann richtig ist, wenn P und Q auf einer Seite der Geraden g liegen.
c) Zeichne zwei Geraden g und h so, dass bei ihrem Schnittpunkt S ein Winkel von 40° entsteht. Bestimme einen Punkt P auf g, der 5 cm von S entfernt ist. Konstruiere alle Punkte, die gleich weit von S und P entfernt sind und zu den Geraden g und h jeweils den gleichen Abstand haben.

6 Wer hat Recht?
a) Irma behauptet: „Wenn jemand an der Tafel einen Kreis zeichnet, vier Punkte auf dem Kreis beschriftet und danach bis auf die vier Punkte alles wegwischt, dann kann ich den Mittelpunkt wieder finden und den Kreis mit dem Zirkel neu zeichnen."
b) Peter behauptet: „Mir genügen schon drei Punkte auf dem Kreis."

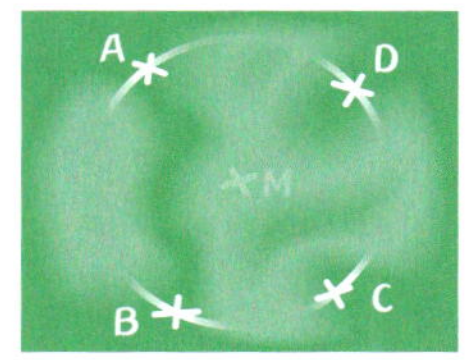

7 Fabian und Florian wollen beschreiben, wie das übrig gebliebene Pizzastück möglichst gerecht zu teilen ist. Florian schlägt vor, eine Winkelhalbierende zu verwenden. Fabian glaubt, dass eine Mittelsenkrechte besser ist. Welcher Idee schließt du dich an? Beschreibe dein Verfahren und wende es an einer Zeichnung an.

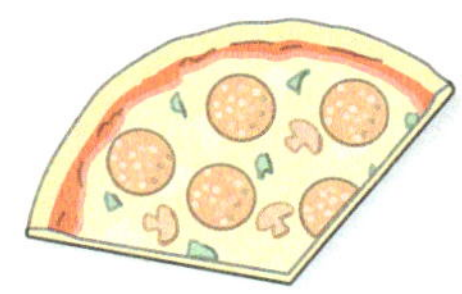

Probleme lösen mit Zeichnungen

8 Peter, Paul und Petra wohnen im gleichen Dorf. Die Wohnungen von Peter und Paul liegen in 500 Meter Entfernung voneinander an der gerade verlaufenden Hauptstraße. Petra sieht von ihrem Zimmer aus die Wohnung von Paul in 300 Meter Entfernung und die Wohnung von Peter in 400 Meter Entfernung. Wie weit ist Petras Zimmer von der Hauptstraße entfernt? Zeichne im geeigneten Maßstab.

9 In einer Stadt gibt es mehrere Schulen. Damit die Schüler einen möglichst kurzen Schulweg haben, ist die Stadt in einzelne Schuleinzugsgebiete eingeteilt. Die Grenzen zwischen den Schuleinzugsgebieten können in einem Stadtplan eingezeichnet werden.
a) Begründe in dem Plan in Fig. 1, warum die rote Grenze das Schuleinzugsgebiet von Schule 1 festlegt.
b) In Fig. 2 ist ein unvollständiger Schuleinzugsplan abgebildet. Übertrage in dein Heft. Vervollständige den Plan mithilfe eines Geodreiecks.
c) Besorgt euch den Schuleinzugsplan einer Gemeinde mit mehreren Schulen und überprüft, ob bei der Einteilung solche geometrischen Überlegungen gemacht wurden.

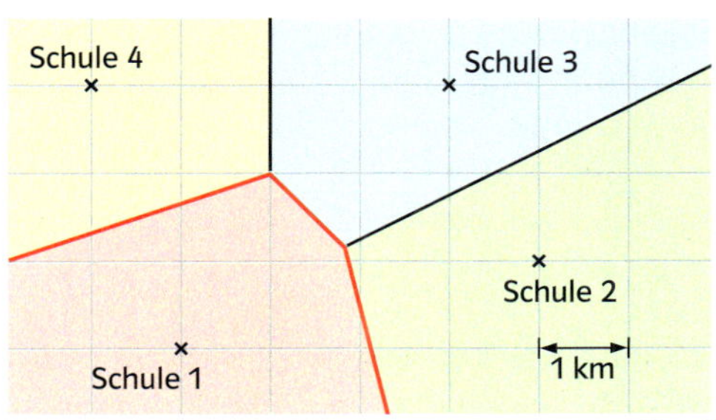

Fig. 1

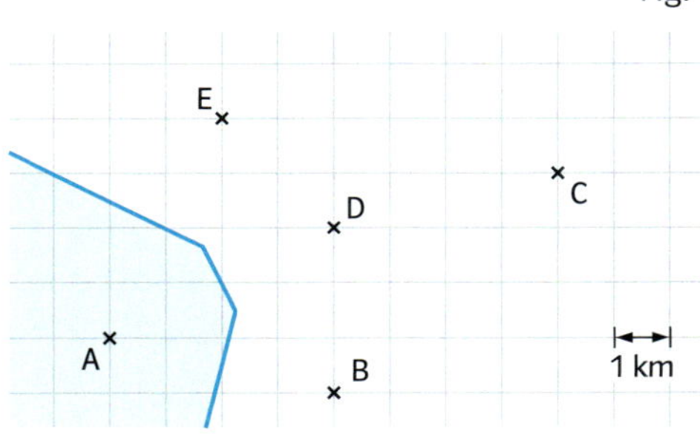

Fig. 2

Muster erzeugen und erklären

10 Erkläre, wie die beiden Muster entstanden sind. Zeichne je ein entsprechendes Muster in dein Heft.

a)

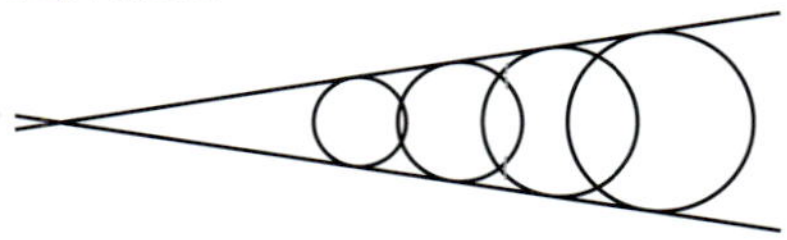

Fig. 1

b)

Fig. 2

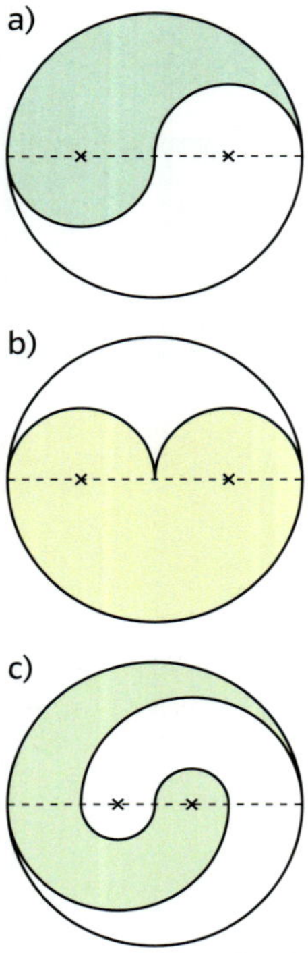

Fig. 3

11 Die verkleinerten „Kreisfiguren" am Rand haben im Original einen äußeren Kreis mit dem Radius 8 cm. Zeichne die Figuren möglichst genau in dein Heft. Schreibe in kurzen Sätzen auf, wie du dabei vorgehst.

12 Welche geometrischen Figuren und Linien kannst du bei der abgebildeten Lampe erkennen? Beschreibe ihre Funktion für die Lampe. Welche Figuren verändern sich, wenn man die Lampe „auszieht" bzw. „einfährt"?

Fig. 4

Parallelen mit gleichen Abständen

13 Fertige eine Zeichnung an und begründe die Antwort auf die Frage.

a) Miriam behauptet: „Eine Mittelparallele zu zwei parallelen Geraden g und h halbiert jede Verbindungsstrecke zwischen den Geraden g und h." Denkt sie richtig?

b) Jörg sagt: „Wenn drei Geraden so liegen, dass nebeneinander liegende Geraden jeweils parallel sind und den selben Abstand haben, dann schneiden die drei Geraden aus jeder quer dazu verlaufenden Geraden gleich lange Strecken aus." Hat er Recht?

14 In Fig. 5 sind die gezeichneten Geraden zueinander parallel. Zeichne die abgebildeten Figuren in dein Heft und beschrifte sie.

a) Bestimme die Flächeninhalte der Dreiecke ABC, ABE und BCE.

b) Begründe, dass die Strecke $\overline{ED}$ halb so lang ist wie die Strecke $\overline{AB}$.

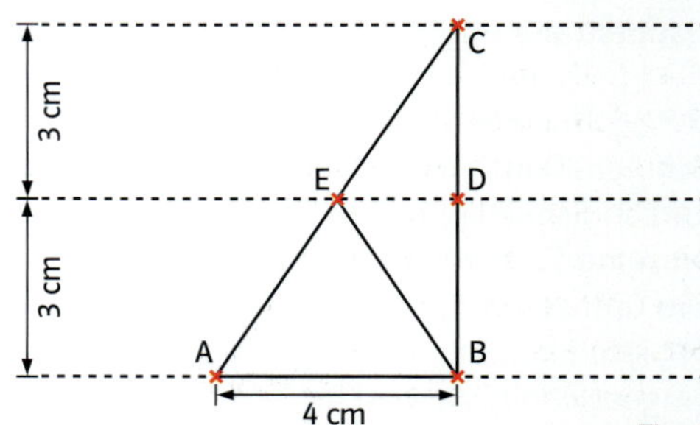

Fig. 5

15 In Fig. 6 sind nebeneinander liegende Geraden parallel mit gleichem Abstand.

a) Zeichne die Figur mit selbstgewählten Größen in dein Heft. Gib die Anteile der Flächeninhalte der Dreiecke ABE, BDE und EDC im Vergleich zum Dreieck ABC an.

b) Begründe, warum man zur Bestimmung der Anteile in der Teilaufgabe a) die tatsächlichen Größen der Figur nicht benötigt.

c) Ändern sich die Flächeninhalte der Dreiecke, wenn man den Punkt C auf der Geraden g nach links oder rechts „schiebt"?

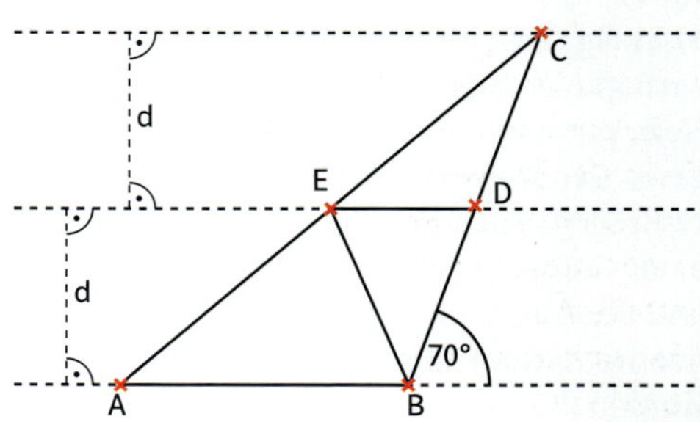

Fig. 6

3 Konstruktionen mit Zirkel und Lineal

Theo ist Hobbygärtner. Er hat eine Skizze für die Gestaltung des rechteckigen Beetes in seinem Vorgarten gezeichnet. Bei der Arbeit im Freien will er den Entwurf möglichst genau umsetzen. Dabei verwendet er als einzige Werkzeuge Schnur und Pflöcke.

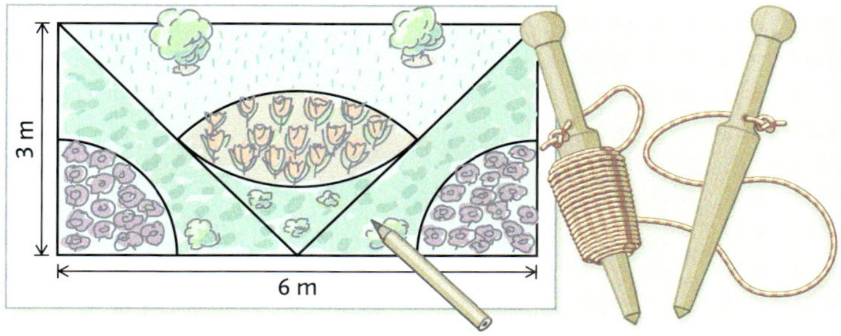

Viele geometrische Figuren kann man nur mit Zirkel und Lineal zeichnen. Man spricht hierbei von **Konstruktionen mit Zirkel und Lineal**. Aus einer Zeichnung kann man die Reihenfolge der Zeichenschritte einer Konstruktion nicht erkennen. Deshalb schreibt man die Zeichenschritte in einer **Konstruktionsbeschreibung** auf.

Konstruktion der Mittelsenkrechten einer Strecke $\overline{AB}$

Konstruktionsbeschreibung:

1) Zeichne um die Punkte A und B zwei sich schneidende Kreise mit gleichem Radius.

2) Zeichne die Gerade m durch die beiden Schnittpunkte der Kreise.

Die Mittelsenkrechte zu $\overline{AB}$ ist die Gerade m.

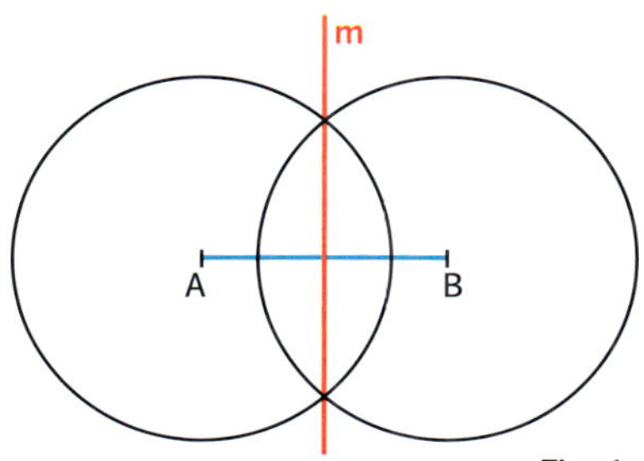

Fig. 1

Da die beiden Kreise den gleichen Radius haben, sind ihre Schnittpunkte gleich weit von A und B entfernt.

Konstruktion der Senkrechten zu einer Geraden g durch einen Punkt P

Konstruktionsbeschreibung:

1) Zeichne um P einen Kreis, der die Gerade g in den Punkten A und B schneidet.

2) Konstruiere die Mittelsenkrechte h der Strecke $\overline{AB}$.

Die Gerade h ist senkrecht zu g und geht durch P. Sie heißt auch **Lotgerade**.

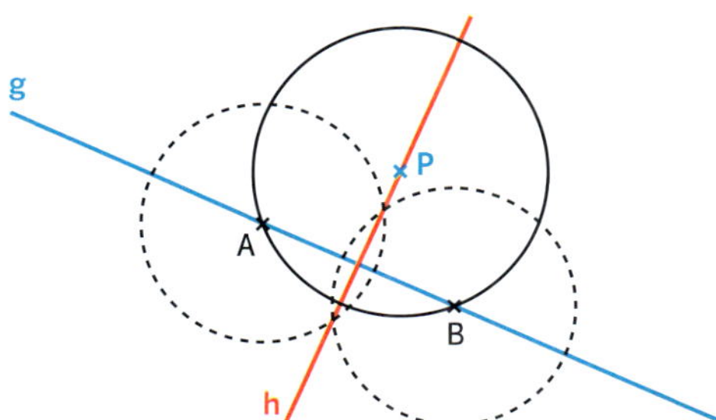

Fig. 2

Der Schritt 2) dieser Konstruktionsbeschreibung kürzt die ausführliche Angabe der Konstruktionsschritte mit Zirkel und Lineal ab.

Konstruktion der Winkelhalbierenden eines Winkels α

Konstruktionsbeschreibung:

1) Zeichne um den Scheitel von α einen Kreis, der die beiden Schenkel in den Punkten A und B schneidet.

2) Konstruiere die Mittelsenkrechte w der Strecke $\overline{AB}$.

Die Winkelhalbierende von α ist die Gerade w.

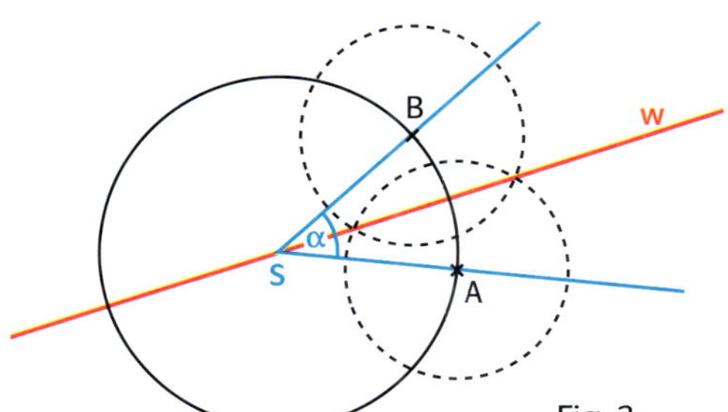

Fig. 3

Mit Zirkel und Lineal können Mittelsenkrechte, Winkelhalbierende und Lotgerade konstruiert werden.
Eine Konstruktionsbeschreibung gibt die Reihenfolge der Zeichenschritte an.

Beispiel 1 Verdoppeln eines Winkels
Zeichne einen Winkel α der Größe 70°.
Konstruiere einen Winkel der Größe 140°.
Beschreibe die Konstruktion.
Lösung:
Konstruktionsbeschreibung:
1. Zeichne einen Winkel α der Größe 70° mit dem Scheitel S.
2. Zeichne um S einen Kreis k, der die Schenkel von α in A und B schneidet.
3. Der Kreis um B mit Radius $\overline{BA}$ schneidet den Kreis k in A und D. Der Winkel β = ∢ ASD ist doppelt so groß wie α.

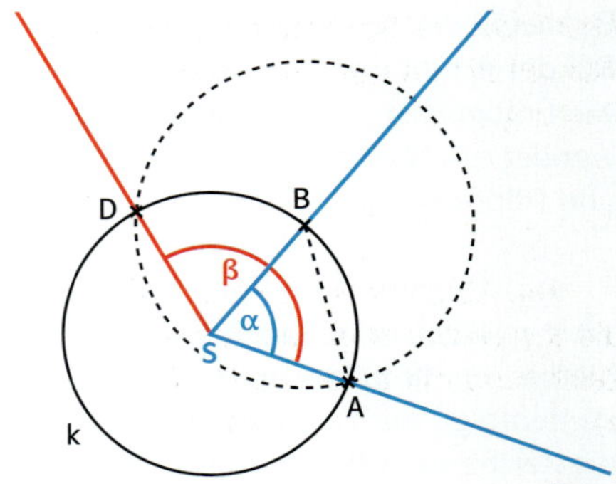

Fig. 1

Beispiel 2 Konstruktion eines Dreiecks
Konstruiere ein Dreieck ABC mit
$\overline{AB}$ = 5 cm; α = 30° und $\overline{BC}$ = 3 cm.
Lösung:
1. Zeichne die Strecke $\overline{AB}$.
2. Zeichne den Winkel α in A an $\overline{AB}$.
3. Der Kreis um B mit Radius 3 cm schneidet α in den Punkten C und D.
Als Lösung kann das Dreieck ABC oder das Dreieck ABD genommen werden.

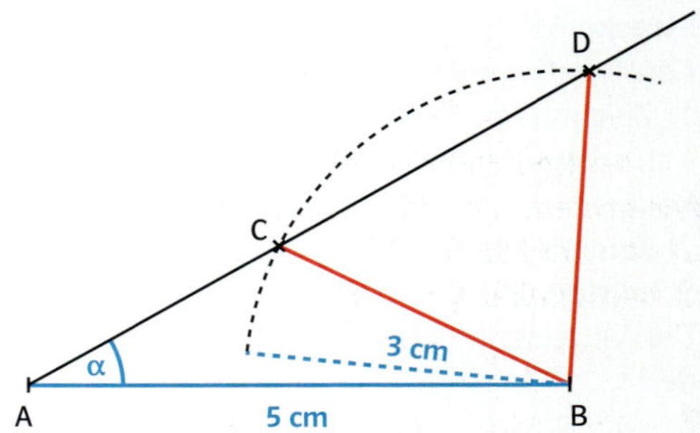

Fig. 2

Aufgaben

Verwende nur Zirkel und Lineal – Begründe deine Lösung

1 a) Halbiere eine Strecke der Länge 11,7 cm.
b) Teile eine Strecke der Länge 17 cm in vier gleichlange Teilstrecken.

2 a) Zeichne eine Gerade g. Konstruiere die beiden Parallelen zu g im Abstand 2 cm.
b) Zeichne eine Strecke $\overline{AB}$ der Länge 6 cm. Konstruiere die Mittelpunkte zweier Kreise mit dem gleichen Radius 4 cm, die durch die Punkte A und B gehen.

3 a) Zeichne einen Winkel α der Größe 57°. Konstruiere einen Winkel β der Größe 114°.
b) Zeichne einen Winkel der Größe 110°. Konstruiere einen Winkel γ der Größe 27,5°.
c) Wie kann man ohne Winkelmesser einen Winkel von 45° konstruieren?

4 Zeichne das Dreieck ABC mit A(−2|−2); B(4|0) und C(4|4). Konstruiere die Mittelpunkte der drei Seiten. Prüfe, ob die jeweiligen Verbindungsstrecken der Eckpunkte zu den Mittelpunkten der gegenüberliegenden Seite auch Winkelhalbierende sind.

5 Zeichne eine Gerade g und einen Punkt P der auf g liegt. Wie geht man vor, um mit Zirkel und Lineal die Lotgerade von P auf g zu zeichnen?

6 Übertrage die Zeichnungen gemäß der Skizze in Fig. 1 ins Heft. Bestimme die Abstände des Schnittpunkts der beiden Winkelhalbierenden der Winkel α und β zu P und g.

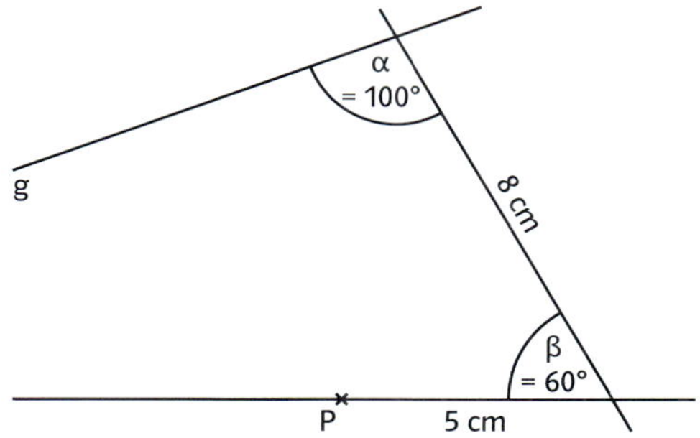

Fig. 1

Bist du sicher?

1 Die Abbildungen zeigen unvollständige Konstruktionen von Grundaufgaben, bei denen die Kreise nur angedeutet sind. Welche Aufgabe ist dargestellt? Erstelle eine ausführliche Zeichnung mit einer Konstruktionsbeschreibung.

a)
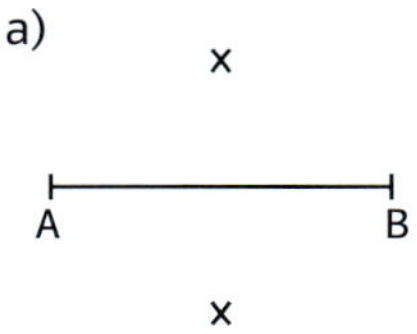

Fig. 2

b)
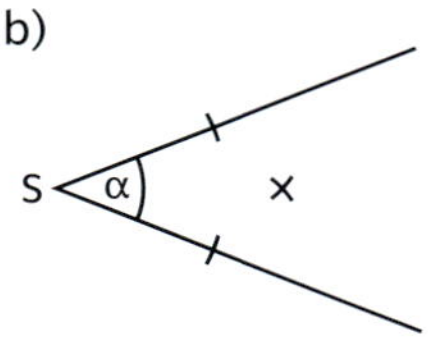

Fig. 3

c)
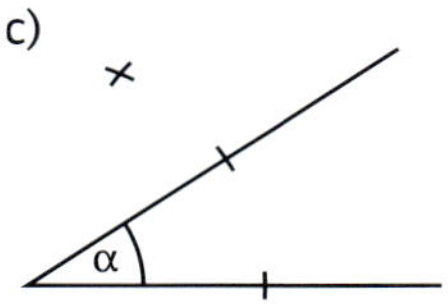

Fig. 4

d)
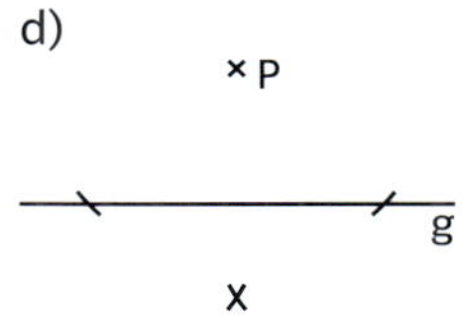

Fig. 5

2 Zeichne den Winkel $\alpha = 70°$ und die Strecke $\overline{AB} = 10\,cm$.
Konstruiere mit Zirkel und Lineal (und gib eine ausführliche Konstruktionsbeschreibung)

a) den Winkel $\beta = 35°$
b) die Strecke $\overline{AM} = 5\,cm$
c) den Winkel $\gamma = 280°$
d) die Strecke $\overline{BE} = 7{,}5\,cm$

7 Die Punkte $A(-2|-1)$; $B(5|1)$ und $C(8|6)$ bilden ein Dreieck.
Konstruiere die Höhen im Dreieck. Bestimme durch Messen die Längen der Seiten und der zugehörigen Höhen. Berechne damit den Flächeninhalt des Dreiecks auf drei Arten.

8 Die siebten Klassen haben für ihren Stand zum Schulfest einen Eckplatz im Schulhof erhalten. Nach dem nebenstehenden Entwurf soll die Bodenfläche farbig gestaltet werden. Der Entwurf soll direkt auf dem Schulhof gezeichnet werden.
a) Schreibt auf, wie man dabei vorgeht.
b) Erstellt zusammen ein eigenes großes Muster und übertragt es im Freien.

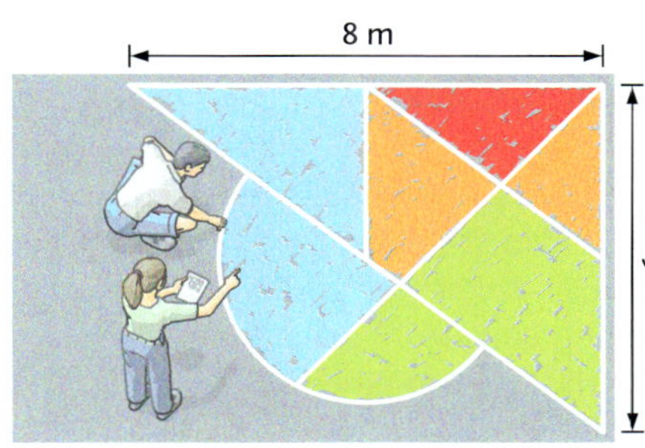

Fig. 6

9 Zeichne ein Rechteck mit den Seitenlängen $a = 10\,cm$ und $b = 6\,cm$. Prüfe die Aussage mithilfe von Grundkonstruktionen.
a) Die Winkelhalbierenden im Rechteck stimmen mit den Diagonalen überein.
b) Der Lotfußpunkt eines Eckpunkts auf eine Diagonale trifft den Schnittpunkt der beiden Diagonalen.
c) Der Abstand eines Eckpunkts zu einer Diagonalen ist etwa halb so groß wie eine Rechteckseite.

Welche der Aussagen von Aufgabe 9 sind richtig, wenn die Figur ein Quadrat ist?

*Eine **Planfigur** ist eine Skizze, in der man die gegebenen Größen färbt.*
An einer Planfigur kann man die Schritte einer Konstruktion gut planen.

10 Zeichne ein Quadrat mit 10 cm Seitenlänge. Bearbeite jede Teilaufgabe mit einer eigenen Zeichnung.
a) Bestimme alle Punkte des Quadrates, die zum Diagonalenschnittpunkt den Abstand 6 cm haben. Miss die Abstände dieser Punkte zu den Diagonalen mithilfe von Loten.
b) Konstruiere alle Punkte im Inneren des Quadrates, die vom Diagonalenschnittpunkt und von mindestens einer Quadratseite den gleichen Abstand 4 cm haben.
c) Auf einem Kreis um den Diagonalenschnittpunkt sollen genau vier Punkte so liegen, dass ihr Abstand zu einer Quadratseite genau das Doppelte der Radienlänge beträgt.

11 Erstelle eine Planfigur. Gibt es ein Dreieck mit den gegebenen Größen? Wenn ja, gib eine Konstruktion mit einer Konstruktionsbeschreibung an. Falls nein, begründe.
a) $a = 4{,}5\,cm$; $b = 5\,cm$; $c = 3\,cm$
b) $\overline{AB} = 7\,cm$; $\overline{BC} = 4\,cm$; $\overline{AC} = 2{,}5\,cm$
c) $\alpha = 27°$; $a = 5\,cm$; $b = 3\,cm$
d) $\alpha = 54°$; $b = 5\,cm$; $a = 2\,cm$
e) $\alpha = 37°$; $\beta = 45°$; $c = 6\,cm$
f) $\overline{AB} = 8\,cm$; $\overline{BC} = 3\,cm$; $\alpha = 30°$

In einem Dreieck ABC kann man die Seiten wie abgebildet auch mit kleinen Buchstaben bezeichnen.

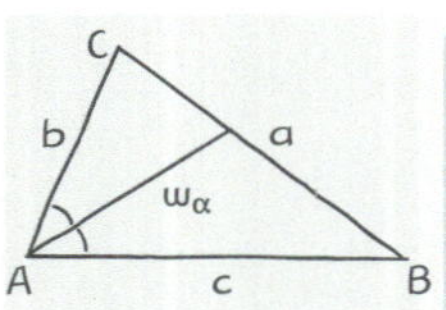

12 Konstruiere das Dreieck ABC aus einer Seite, einem Winkel und der Länge einer Winkelhalbierenden. Erstelle zuerst eine Planfigur wie nebenstehend beschrieben.
a) $c = 6\,cm$; $\alpha = 70°$; $w_\alpha = 5\,cm$
b) $a = 7\,cm$; $\beta = 50°$; $w_\beta = 4{,}5\,cm$
c) $c = 4\,cm$, $\alpha = 110°$; $w_\beta = 5\,cm$
d) $a = 6\,cm$; $\gamma = 82°$; $w_\gamma = 7\,cm$

13 **Gut gedacht?**
a) Alex vermutet: „Wenn ich im Dreieck an einer Ecke den Winkel halbiere, teilt die Winkelhalbierende auch die gegenüberliegende Seite zu gleichen Teilen. Was meinst du dazu?
b) Schreibe eine entsprechende Aussage für ein Quadrat. Ist sie richtig? Begründe.

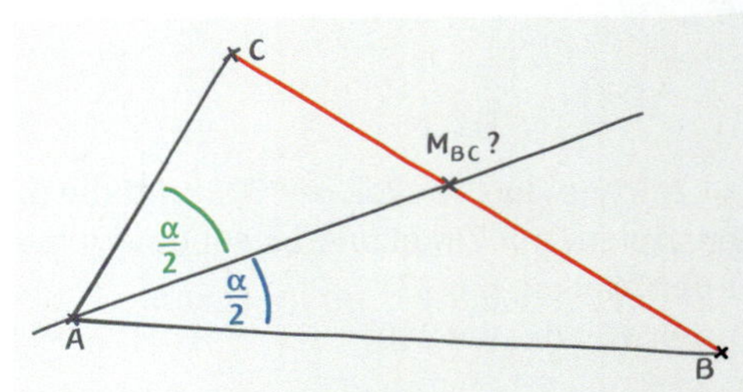

Fig. 1

14 **Besondere Kreise**
Zeichne eine Gerade g und zwei Punkte P und Q, die nicht auf g liegen.
a) Gibt es einen Kreis mit dem Mittelpunkt auf g, der durch die Punkte P und Q geht?
b) Ist deine Konstruktion falsch, wenn P auf g liegt oder P und Q auf g liegen?

Punkte in Gebieten

15 a) Welche Punkte sind von A(1|2) weiter entfernt als von B(3|8)? Zeichne und färbe.
b) Gibt es Punkte, die näher bei P(4|1) liegen als bei Q(6|2) und mindestens 2 cm von Q entfernt sind? Zeichne und färbe.
c) Zeichne nach a) und b) das Viereck ABPQ. Welche Punkte der Vierecksfläche sind höchstens 2 cm von einem Eckpunkt entfernt? Zeichne und färbe.

16 Die nebenstehende „Zweikreisfigur" teilt die Ebene in vier Gebiete ein, deren Punkte man durch die Abstände zu den Mittelpunkten beschreiben kann. Die Punkte im dunkelblauen Gebiet sind z. B. mehr als 2 cm von A und höchstens 1,5 cm von B entfernt. Beschreibe ebenso die Lage der Punkte in den anderen Gebieten.

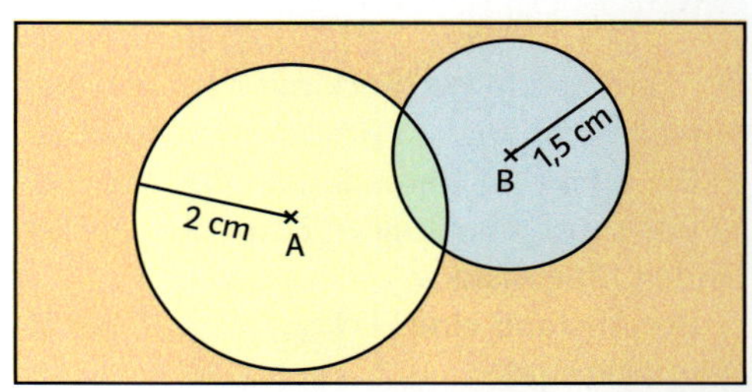

Fig. 2

Info

Verwendung eines Geometrieprogramms

Als Beispiel für ein Geometrieprogrammm ist hier ein Ausschnitt von DynaGeo angezeigt.

Mit einem Geometrieprogramm können Konstruktionen am Computer durchgeführt und Strecken und Winkel gemessen werden. Gegenüber einer Handzeichnung hat man dabei den Vorteil, dass man die Anordnung der Punkte nachträglich verändern kann. Dazu muss man die Planung der Zeichnung gewissenhaft vornehmen.

Wie bei einem Textprogramm gibt es eine Menüleiste, mit der häufig vorkommende Anweisungen mit der Maus ausgeführt werden können.

Werden zum Beispiel die folgenden Aufträge mit einem Geometrieprogramm ausgeführt, entsteht eine Zeichnung wie in Fig. 1.

1. Zeichne ein Dreieck aus drei Punkten.
2. Beschrifte die Ecken mit A, B und C.
3. Zeichne die Kreise um A und B durch C.
4. Zeichne die Gerade durch A und B.
5. Beschrifte sie mit g.
6. Zeichne die Lotgerade von C zu g.

Punkte und Linien können beschriftet werden.

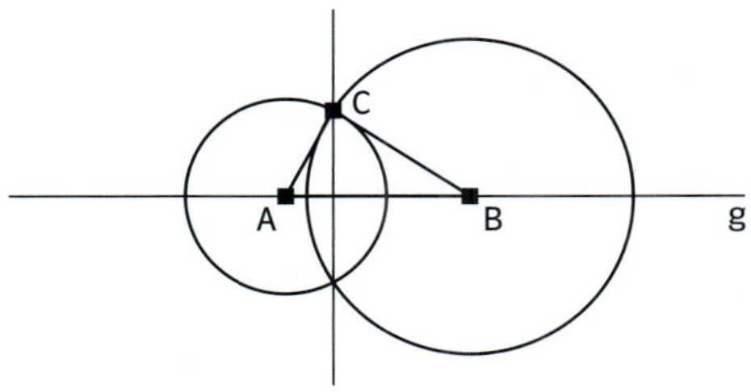

Fig. 1

Nun kann z.B. die Lage des Punktes C verändert werden. Die beiden nachfolgenden Zeichnungen sind so aus Fig. 1 entstanden. Sie zeigen spezielle Lagen des Punktes C.

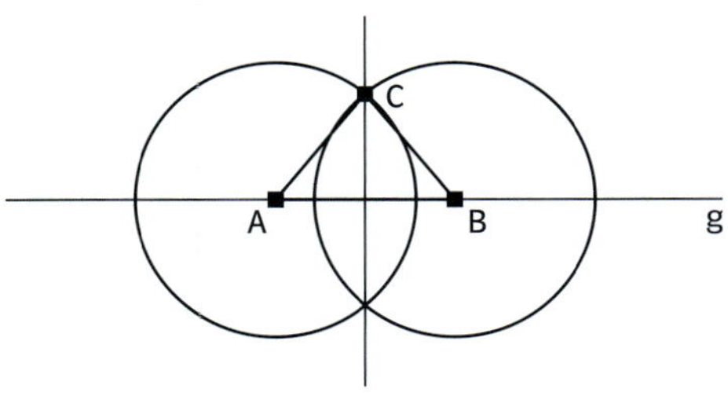

Fig. 2

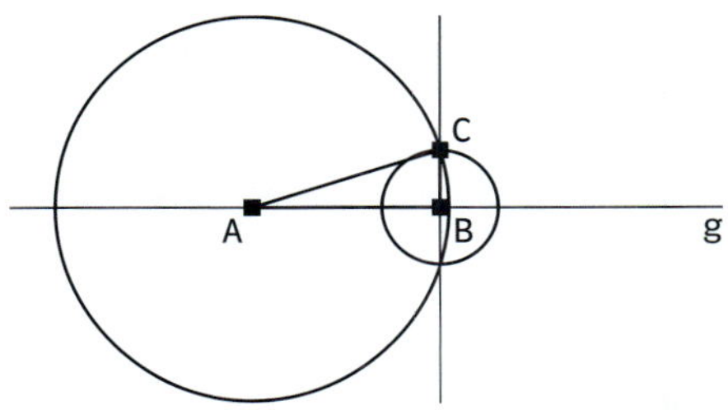

Fig. 3

Zur Übersichtlichkeit kann man einzelne Punkte und Linien auch verbergen.

17 Geo Zeichne das Dreieck ABC mit den gegebenen Größen. Beschrifte die Figur.
a) $c = 6\,\text{cm}$; $a = 4\,\text{cm}$; $\alpha = 37°$ b) $\overline{AB} = 6\,\text{cm}$; $w_\alpha = 4\,\text{cm}$; $\alpha = 50°$

Die Aufgaben 17 bis 19 sind Übungen zum Kennenlernen eines Geometrieprogramms.

18 Geo a) Konstruiere ein Rechteck mit den Seitenlängen $a = 5\,\text{cm}$ und $b = 8\,\text{cm}$. Konstruiere die Winkelhalbierenden.
b) Konstruiere ein Quadrat, dessen Seitenlänge verändert werden kann.

19 Geo Zeichne eine Strecke $\overline{AB}$ der Länge 8 cm. Zeichne zwei Punkte P und Q mit den Kreisen um A mit Radius $\overline{AP}$ und um B mit Radius $\overline{BQ}$. Bestimme die Streckenlängen $\overline{AP}$ und $\overline{BQ}$. Verändere die Lage der Punkte P und Q so, dass die beiden Kreise keinen, einen oder zwei Schnittpunkte haben. Schreibe die zugehörigen Streckenlängen $\overline{AB}$, $\overline{AP}$ und $\overline{BQ}$ in einer Tabelle auf. Versuche, möglichst viele Fälle zu beschreiben. Gibt es einen Zusammenhang zwischen der Anzahl der Schnittpunkte und den drei genannten Streckenlängen?

Das Symbol Geo nach der Aufgabennummer kennzeichnet zukünftig Aufgaben, für deren Bearbeitung ein Geometrieprogramm vorteilhaft ist.

4 Zusammenhänge bei symmetrischen Figuren

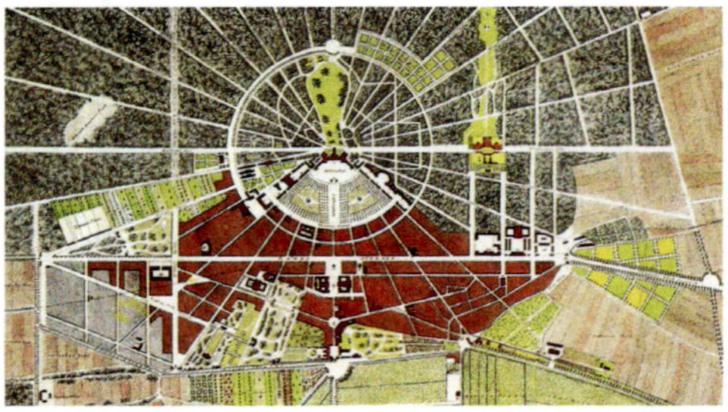

Für das Schönheitsempfinden bei Bau- und Kunstwerken spielt die Symmetrie oft eine wesentliche Rolle. Der Ausschnitt eines Plans der Stadt Karlsruhe, der von dem Architekten Friedrich Weinbrenner 1822 erstellt worden ist, zeigt solche Besonderheiten.

Achsensymmetrische Figuren
Sind bei einem Dreieck zwei Seiten gleich lang, dann nennt man diese Seiten **Schenkel** des Dreiecks und das Dreieck **gleichschenkliges Dreieck**. Die Seite $\overline{AB}$ heißt Basis des Dreiecks und die Winkel α und β nennt man Basiswinkel.
Bei einem gleichschenkligen Dreieck ist die Mittelsenkrechte der Basis Symmetrieachse des Dreiecks. Daher gilt:

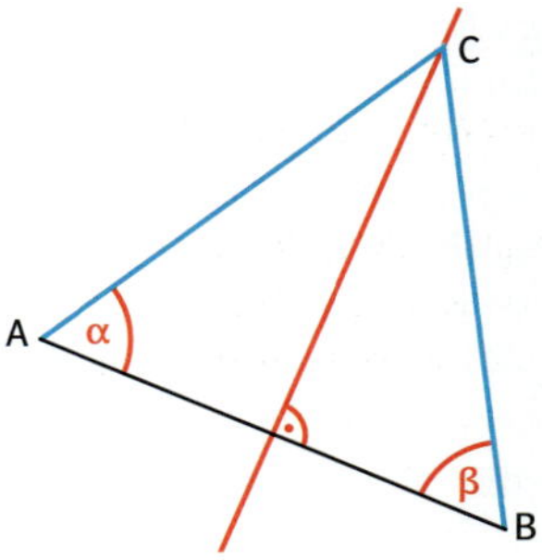

Fig. 1

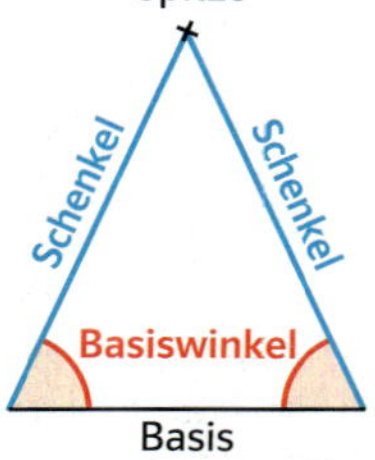

Fig. 2

Basiswinkelsatz
Wenn ein Dreieck gleichschenklig ist, dann sind die Basiswinkel gleich groß.

Umgekehrt gilt auch: Wenn in einem Dreieck zwei Winkel gleich groß sind, dann ist das Dreieck gleichschenklig.

Sind bei einem Dreieck alle drei Seiten gleich lang, dann nennt man das Dreieck **gleichseitiges** Dreieck. Ein gleichseitiges Dreieck hat drei Symmetrieachsen.
In einem gleichseitigen Dreieck sind daher alle drei Winkel gleich groß. Umgekehrt gilt: Wenn in einem Dreieck alle drei Winkel gleich groß sind, dann ist das Dreieck gleichseitig.

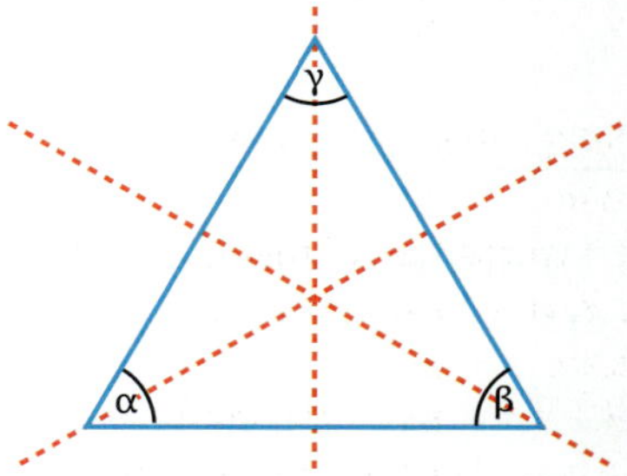

Fig. 3

Punktsymmetrische Figuren
Bei sich schneidenden Geraden nennt man sich gegenüber liegende Winkel **Scheitelwinkel** und nebeneinander liegende Winkel **Nebenwinkel**.
Zwei sich schneidende Geraden bilden eine punktsymmetrische Figur (Fig. 4). Deshalb sind Scheitelwinkel gleich groß. Außerdem beträgt die Summe zweier Nebenwinkel 180°.

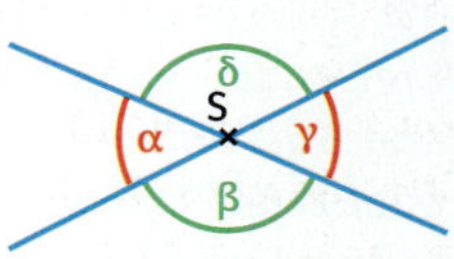

Fig. 4

Werden zwei Parallelen g und h wie in Fig. 1 von einer dritten Geraden k geschnitten, so heißen Winkel, die zueinander liegen wie α und β, **Stufenwinkel**.
Winkel, die zueinander liegen wie α und γ, heißen **Wechselwinkel**.

Die drei Geraden g, h und k in Fig. 1 bilden eine punktsymmetrische Figur mit dem Zentrum M. Deshalb gilt:
Wechselwinkel sind gleich groß. Außerdem sind auch Stufenwinkel gleich groß.

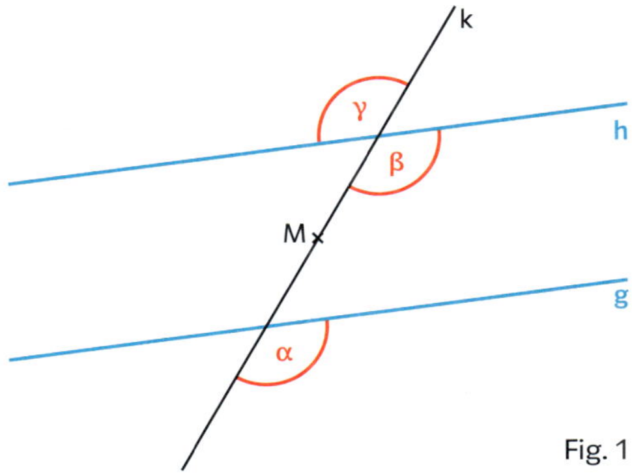

Fig. 1

An parallelen Geraden sind Wechselwinkel und Stufenwinkel jeweils gleich groß.

Umgekehrt gilt auch: Wenn bei den Schnittpunkten der Geraden g und h mit der Geraden k zwei sich entsprechende Stufen- oder Wechselwinkel gleich groß sind, dann sind die Geraden g und h parallel.

Beispiel 1 Konstruktion eines gleichschenkligen Dreiecks
Zeichne ein gleichschenkliges Dreieck mit der Basis 4 cm und dem Basiswinkel 35°.
Lösung:
Konstruktionsbeschreibung:
1. Zeichne die Basis $\overline{AB} = 4\,\text{cm}$.
2. Zeichne den Winkel $\alpha = 35°$.
3. Zeichne den Winkel $\beta = 35°$.
4. Bezeichne den Schnittpunkt von α und β mit C.

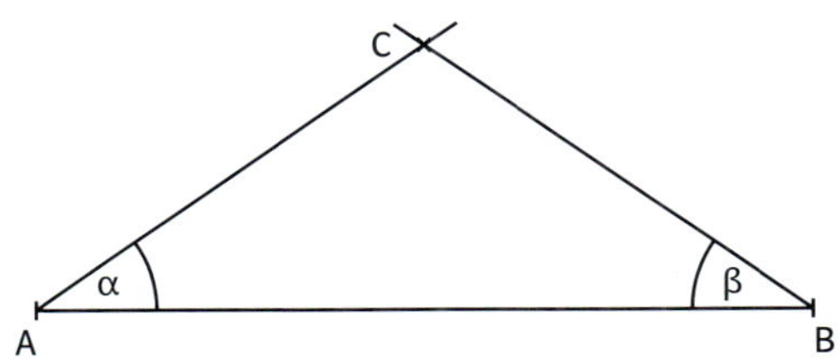

Fig. 3

Planfigur:

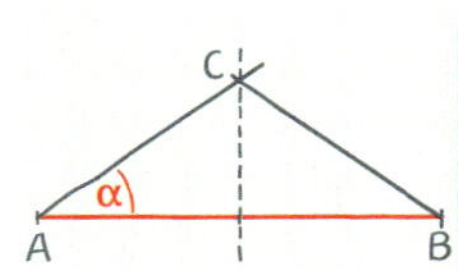

Fig. 2

Wenn man die Symmetrieachse des Dreiecks benutzt, erhält man einen anderen Lösungsweg.

Beispiel 2 Scheitel- und Wechselwinkel erkennen
In Fig. 4 werden zwei zueinander parallele Geraden von einer dritten Geraden geschnitten.
Schreibe alle vorkommenden Paare von Stufen- und Wechselwinkeln mit ihrer Größe auf.
Lösung:
Stufenwinkel: $\alpha_1 = \beta_2 = 70°$; $\alpha_2 = \beta_3 = 110°$; $\alpha_3 = \beta_4 = 70°$ und $\alpha_4 = \beta_1 = 110°$.
Wechselwinkel: $\alpha_1 = \beta_4 = 70°$; $\alpha_2 = \beta_1 = 110°$; $\alpha_3 = \beta_2 = 70°$ und $\alpha_4 = \beta_3 = 110°$.

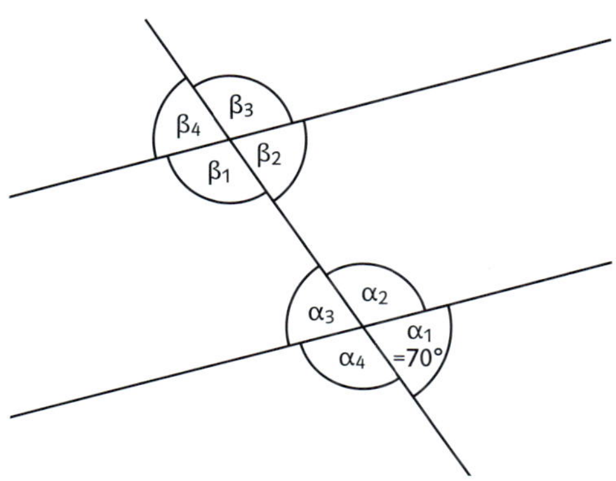

Fig. 4

Aufgaben

1 Zeichne das gleichschenklige Dreieck ABC. Gib die übrigen Größen an.
a) Die Grundseite $\overline{AC}$ ist 6,5 cm lang, ein Schenkel misst 5,2 cm.
b) Der Basiswinkel α misst 35°, die Basis ist 10 cm lang.
c) Ein Schenkel ist 12 cm groß, der Winkel an der Spitze misst 51°.

2 Zeichne zwei verschiedene gleichschenklige Dreiecke mit der gegebenen Eigenschaft.
a) Die Basis ist 7 cm lang.
b) Ein Basiswinkel misst 55°.
c) Ein Winkel ist 30° groß
d) Zwei Winkel sind gleich groß.

3 Zeichne ein gleichschenkliges Dreieck ABC nach den Angaben. Bestimme die übrigen Größen durch Messen oder Überlegen. Gibt es verschiedene Lösungen?
a) $\overline{AB} = 5\,cm$; $\alpha = 65°$
b) $\overline{AC} = 4\,cm$; $\gamma = 100°$
c) $\overline{AB} = 6\,cm$; $\overline{BC} = 5\,cm$
d) $\overline{AB} = 7\,cm$; es gilt $\alpha = \beta = \gamma$.

4 Übertrage die Abbildung ins Heft. Gib die Winkelgrößen aller Winkel an.

a)
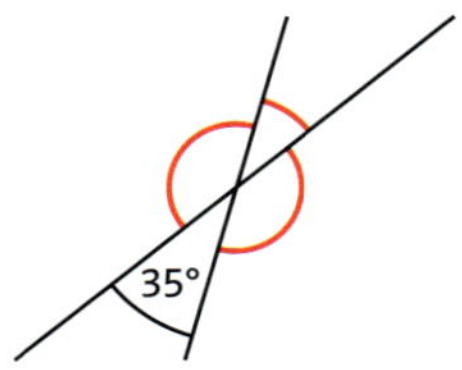

Fig. 1

b)
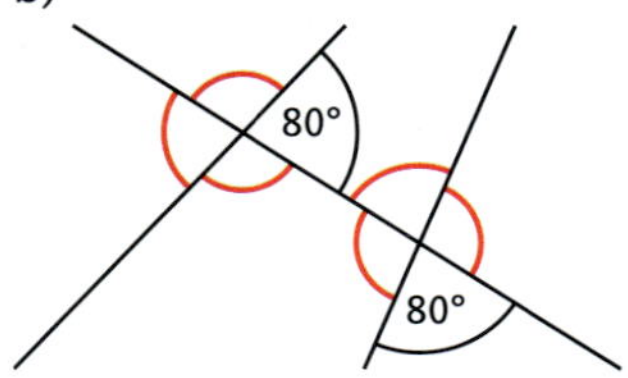

Fig. 2

c)
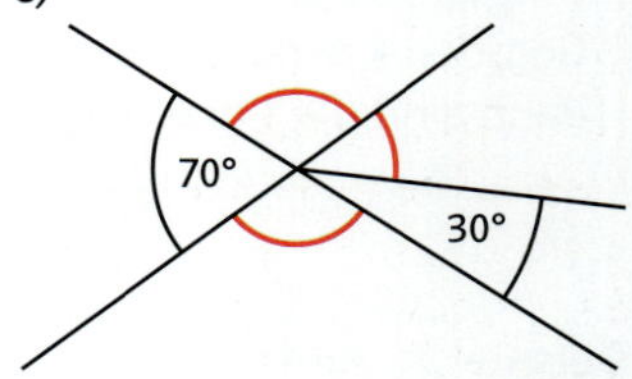

Fig. 3

5 In der Figur ist $g \parallel h$. Bestimme alle fehlenden Winkelgrößen.

a)
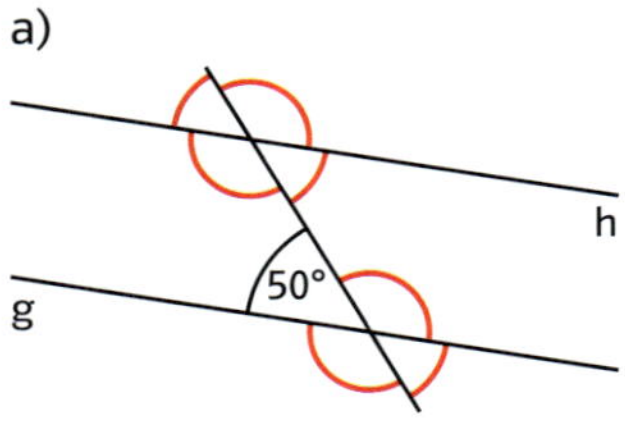

Fig. 4

b)
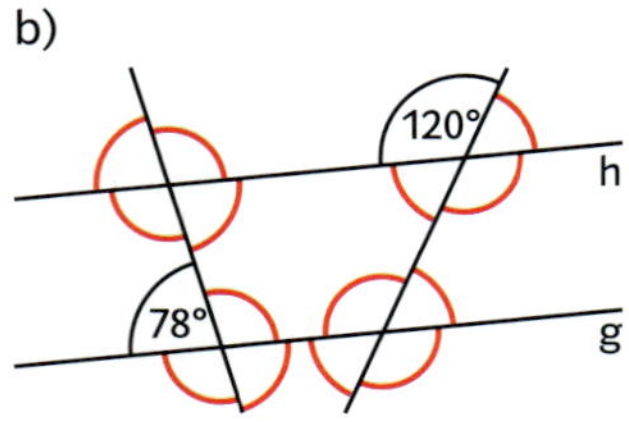

Fig. 5

c)
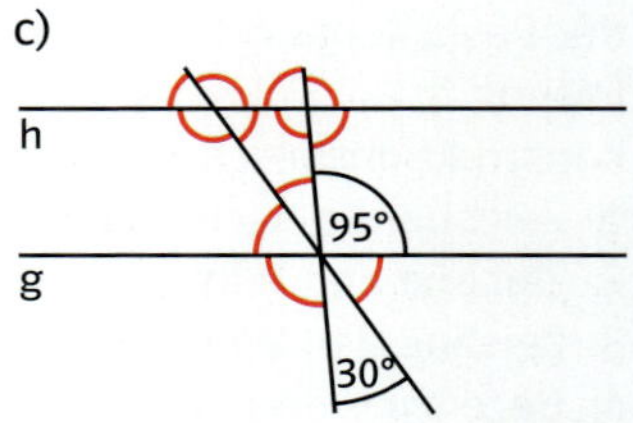

Fig. 6

6 Zeichne, wenn möglich, ein Dreieck mit der geforderten Eigenschaft.
a) Das Dreieck hat zwei gleich lange Seiten mit 3 cm und eine Seite der Länge 8 cm.
b) Das Dreieck hat zwei Winkel der Größe 40° und zwei gleich lange Seiten.
c) Das Dreieck hat zwei gleich lange Seiten und einen rechten Winkel.

7 Die vordere Seite eines Steildachzeltes hat eine Breite von 2 m und eine Höhe von 1,5 m.
a) Zeichne in einem geeigneten Maßstab die Vorderfront. Bestimme alle Winkel und die Längen der Seiten.
b) Gib den Materialbedarf in m^2 für den zugehörigen Zeltstoff an, wenn man 15 % Überschuss zur Fläche hinzurechnet.

8 **Wer hat Recht?**
Marion sagt: „Ich habe ein achsensymmetrisches Dreieck mit drei verschieden großen Winkeln gezeichnet."
Jörg sagt: „Jedes Dreieck mit zwei Symmetrieachsen ist ein gleichseitiges Dreieck."

9 Löse das Problem mit einer Überlegung. Zeichne zur Kontrolle.
a) Zwei sich schneidende Geraden haben gleich große Scheitel- und Nebenwinkel.
b) Ein Winkel ist um 15° größer als sein Nebenwinkel.
c) Der Nebenwinkel eines Winkels α misst den vierten Teil von α.
d) Der Scheitelwinkel eines Winkels misst ein Drittel eines zugehörigen Nebenwinkels.

Bist du sicher?

1 Zeichne ein gleichschenkliges Dreieck mit der Basis 3 cm und dem Basiswinkel 70°. Beschreibe die Konstruktion. Bestimme diejenigen Punkte auf den Dreieckseiten, die von der Spitze den Abstand 5 cm haben, und diejenigen Punkte, die 2 cm von der Basis entfernt sind.

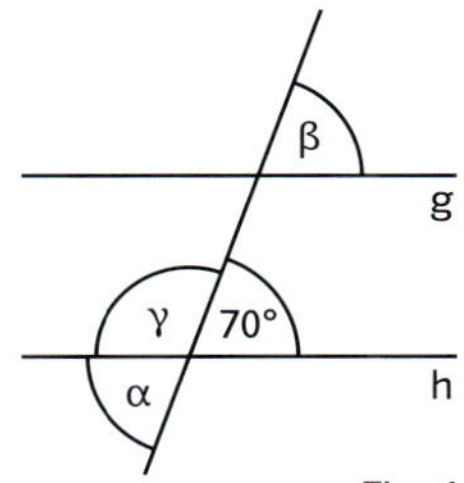

Fig. 1

2 In Fig. 1 ist g parallel zu h. Übertrage die Figur in dein Heft. Die vorkommenden Beziehungen zwischen den Winkeln können mit Gleichungen beschrieben werden.
a) Begründe z. B. die Gleichungen $\alpha = \beta$ und $\alpha = 180° - \gamma$.
b) Beschrifte die übrigen Winkel, stelle weitere Gleichungen auf und begründe diese.
c) Kann man die Größen aller Winkel bestimmen?

3 Übertrage die Abbildung in Fig. 2 ins Heft. Fritz behauptet, dass er zu jedem vorkommenden Winkel die Größe eintragen kann und die Begründung allein mit den Sätzen über Scheitel-, Neben-, Stufen- und Wechselwinkel geben kann. Hat Fritz Recht?

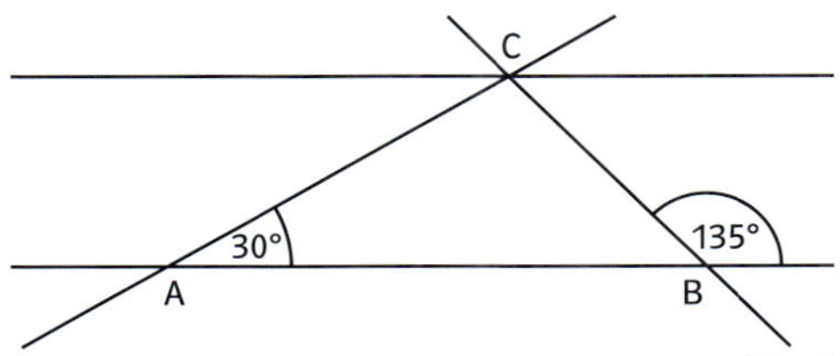

Fig. 2

10 Zeichne die Figur.
a) Entscheide, ob die Geraden g und h in Fig. 3 parallel sind.
Was lässt sich über die Lage der beiden anderen Geraden sagen?
b) Entscheide, ob die Geraden g und h in Fig. 4 parallel sind.

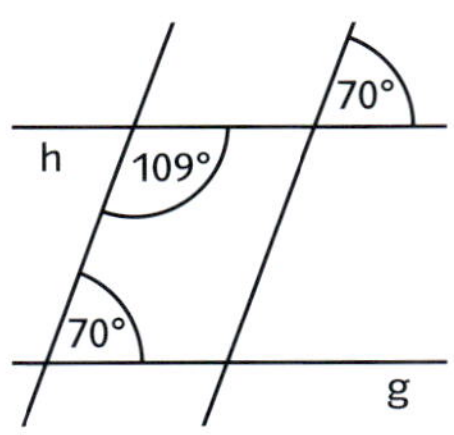

Fig. 3

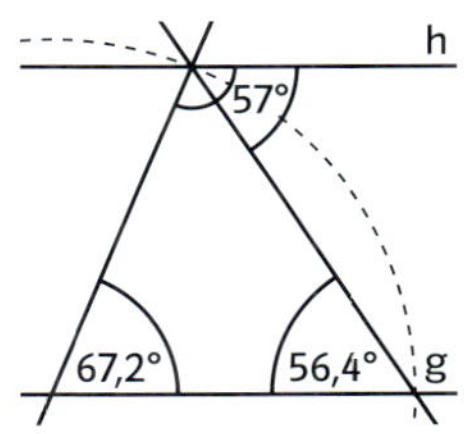

Fig. 4

11 Zeichne und beschrifte Figuren wie in Aufgabe 10 a) und b) und stelle dazu Fragen. Du kannst auch Fig. 3 und Fig. 4 kombinieren.

12 Ein Angler fischt an einer Kaimauer. Er hält seine Angel im Winkel von 30° zum Weg. Als er einen Biss vermutet, zieht er die Angel um weitere 20° an. Bestimme die Größe des Winkels β vor und nach der Angelbewegung
a) mithilfe einer geeigneten Konstruktion und einer Winkelmessung
b) mithilfe von Gleichungen für die beiden Winkel α und β und zugehörigen Überlegungen.
Tipp: Verwende die Gerade h parallel zur Wasserlinie durch A (bzw. h' durch A').

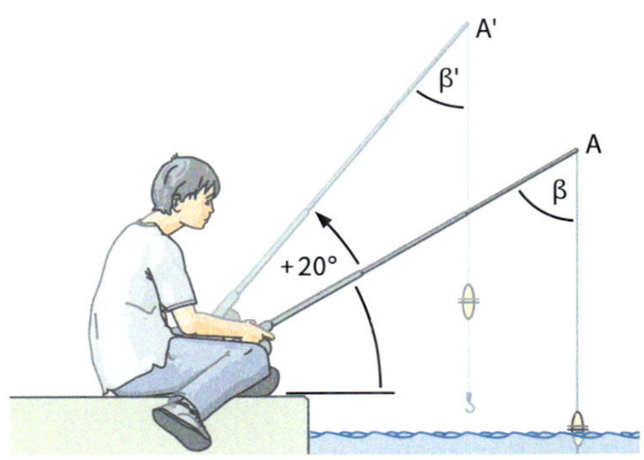

Fig. 5

13 Hier muss man genau lesen

Zeichne zwei sich schneidende Geraden und bezeichne einen Winkel mit α. Welche der folgenden Aussagen ist richtig, welche falsch? Begründe deine Antwort.

a) Die Winkelhalbierende von α halbiert den Scheitelwinkel von α.

b) Die Winkelhalbierenden der beiden Nebenwinkel von α bilden einen Winkel von 90°.

c) Die Winkelhalbierende eines Nebenwinkels zu α bildet mit der Winkelhalbierenden von α einen rechten Winkel.

14 Die Abbildungen stellen Muster dar. Gib eine Konstruktion an und führe sie aus.

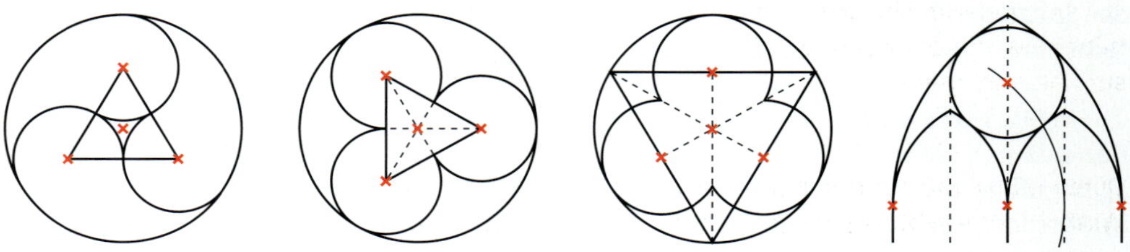

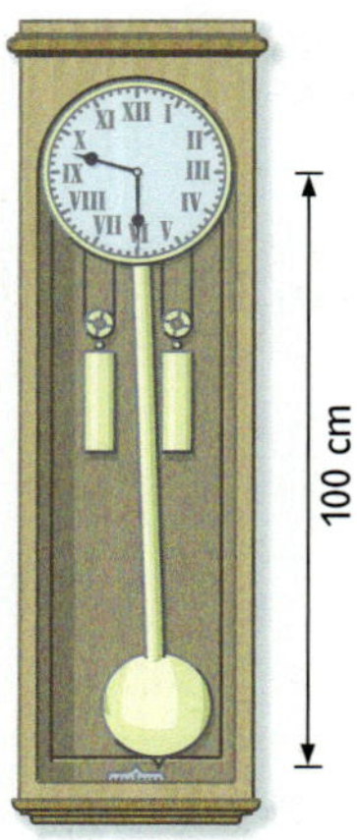

15 Geo Das Pendel einer Standuhr ist bis zum Mittelpunkt der Gewichtsscheibe 100 cm lang. Die Gewichtsscheibe hat einen Radius von 5 cm.

a) Wie breit muss der Pendelkasten mindestens sein, damit das Pendel am Aufhängepunkt bis zu 5° ausschlagen kann?

b) Der Pendelkasten ist 30 cm breit. Wie groß kann der Ausschlagwinkel am Aufhängepunkt maximal sein?

16 Geo Ein Gartenbauingenieur soll eine gerade verlaufende Straße zu einer Allee umgestalten. Er muss dabei Folgendes berücksichtigen: Die Straße ist 8 m breit und 150 m lang. Die Bäume sollen 50 cm vom Straßenrand entfernt gepflanzt werden. Jeder Baum beansprucht eine kreisförmige Ausbreitungsfläche mit 5 m Radius. Der Abstand zweier Ausbreitungsflächen soll 1 m betragen. Ein Baum wird 80 € kosten. Die Bäume sollen dicht stehen.

a) Erstelle zu den Bedingungen eine maßstabsgetreue Zeichnung für einen Abschnitt der Straße. Konstruiere die Pflanzpunkte für einige Bäume mit den Ausbreitungsflächen.

b) Wie viele Bäume werden für die Allee etwa benötigt? Wie hoch sind die voraussichtlichen Kosten, wenn die Arbeitszeit für das Pflanzen eines Baumes mit 60 € veranschlagt wird?

Kannst du das noch?

17 Geo Zeichne einen Kreis k mit Mittelpunkt M. Wähle zwei Punkte P und Q auf k.

a) Erstelle einen Graphen der Zuordnung $\alpha = \sphericalangle PMQ \rightarrow$ *Länge der Strecke* $\overline{PQ}$.

b) Beschreibe Besonderheiten, die auftreten, wenn der Punkt Q fortlaufend gegen den Uhrzeigersinn auf dem Kreis bewegt wird.

18 Vereinfache. Gib für jede Umformung das verwendete Rechengesetz an.

a) $x \cdot 2 + 5 + 3x$	b) $n - 5 + n \cdot (-2) + 3$	c) $13v - (5 + 3v)$	d) $5 - (5d - 7) - d \cdot 2$
e) $(5 + 3c) - (c - 8)$	f) $0{,}3a + 0{,}8 - a \cdot 0{,}2$	g) $y \cdot 4 - (y - 3) + 2y$	h) $3 - (4x + 3) - x \cdot 3$

19 Peter zieht nur Socken in roter oder grüner Farbe an. Sie liegen immer einzeln in einer Schachtel im Kleiderschrank. An einem Morgen zieht er zwei Socken im Dunkeln an. Wie groß ist die Wahrscheinlichkeit, dass er an beiden Füßen die gleiche Farbe trägt, wenn fünf Paar rote und drei Paar grüne Socken einzeln in der Kiste lagen?

5 Winkelsummen

In einem Park gibt es einen Weg in Form eines Dreiecks. Beim Rundgang von A aus in Richtung von B, drehst du dich an jeder Ecke, um in die neue Richtung zu kommen. Wenn du wieder bei A bist und in Richtung von B schaust, hast du dich genau um 360° gedreht. Wenn du die Winkel des Dreiecks hinzunimmst, kannst du mit einfachen Überlegungen ihre Winkelsumme bestimmen.

Durch Winkelmessungen bei Dreiecken kann man vermuten, dass die Summe der drei Winkel 180° ergibt. Diese Eigenschaft soll nun für alle Dreiecke begründet werden.

In Fig. 1 ist ein Dreieck ABC durch eine zur Strecke $\overline{AB}$ parallele Gerade ergänzt.
Die Winkel α und ε sind Wechselwinkel an parallelen Geraden, also gilt $\alpha = \varepsilon$.
Die Winkel β und δ sind ebenfalls Wechselwinkel, also gilt $\beta = \delta$.
Da δ, γ und ε zusammen einen gestreckten Winkel bilden, gilt $\varepsilon + \gamma + \delta = 180°$.
Somit gilt auch $\alpha + \beta + \gamma = 180°$.

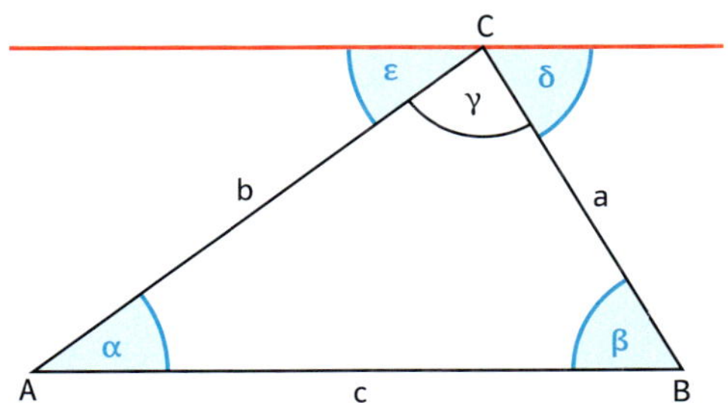

Fig. 1

In Fig. 1 ist die parallele Gerade zur Strecke c durch den Punkt C wichtig für die Begründung der Winkelsummeneigenschaft im Dreieck.

Winkelsumme im Dreieck
In jedem Dreieck beträgt die Summe der Winkelweiten 180°.
Speziell gilt: Im gleichseitigen Dreieck misst jeder Winkel 60°.

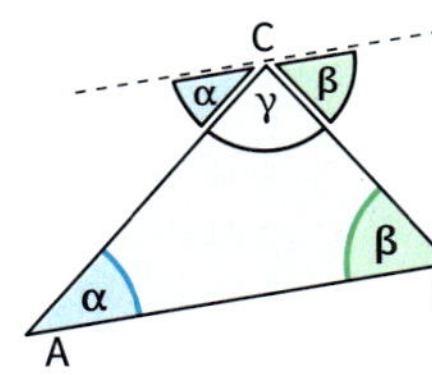

Vgl. dazu Aufgabe 4, S. 134

Beispiel 1
Bestimme die fehlenden Winkelgrößen zu den in Fig. 2 und Fig. 3 abgebildeten Dreiecken.
Lösung:
Fig. 2: Mit $\alpha = 87°$ und $\beta = 28°$ gilt nach dem Winkelsummensatz
$87° + 28° + \gamma = 180°$.
Also gilt $\gamma = 180° - 115° = 65°$.
Fig. 3: Das Dreieck ist gleichschenklig mit den Basiswinkeln $\alpha = \beta = 52°$.
Deshalb gilt $52° + 52° + \gamma = 180°$.
Somit ist $\gamma = 76°$.

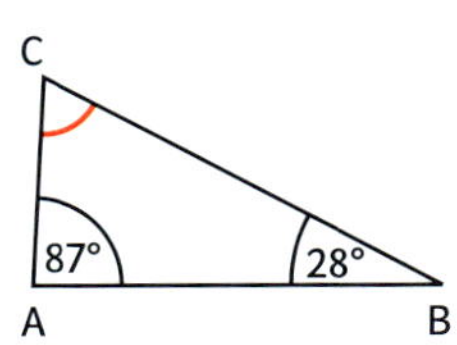

Fig. 2

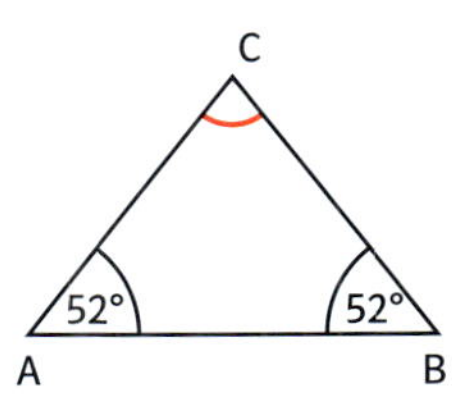

Fig. 3

Beispiel 2
Warum kann in einem Dreieck höchstens ein Winkel größer als 90° sein?
Lösung:
Wenn in einem Dreieck zwei Winkel größer als 90° wären, dann wäre die Summe dieser beiden Winkel größer als 180°. Dies kann nach dem Winkelsummensatz nicht sein.

Aufgaben

1 Geo **Experimente zur Winkelsumme im Dreieck**
Zeichne einen Kreis mit dem Radius 5 cm und ein Dreieck ABC, dessen Eckpunkte auf dem Kreis liegen. Führe die folgenden Aufträge aus.
a) Bestimme für verschiedene Dreiecke die Längen der Seiten und die Größe der Winkel und bilde ihre jeweilige Summe. Erfasse die Beispiele und Ergebnisse in einer Tabelle.
b) Gehe vor wie in a). Verändere die Lage des Dreiecks auf dem Kreis so, dass spezielle Dreiecke entstehen, z. B. ein gleichschenkliges, gleichseitiges oder rechtwinkliges Dreieck.

2 Berechne den fehlenden Winkel. Zeichne ein zugehöriges Dreieck ABC.
a) $\alpha = 54°$; $\beta = 37°$ b) $\beta = 76°$; $\gamma = 24°$ c) $\alpha = 11°$; $\gamma = 22°$ d) $\alpha = 55°$; $\beta = 35°$

3 Ein Dreieck mit den gegebenen Größen soll gleichschenklig sein. Berechne aus den Angaben die fehlenden Winkel und zeichne ein passendes Dreieck.
a) $\alpha = 46°$; $\beta = \gamma$ b) $\alpha = 90°$ c) $\alpha = 35°$; $\beta = 35°$ d) $\alpha = 70°$; $\gamma = 40°$

4 Begründe, dass in jedem gleichseitigen Dreieck ABC die Winkel α, β und γ gleich groß sind. Wie groß ist dann ein Winkel.

5 Durch die Angaben ist ein spezielles Dreieck festgelegt. Gib eine Konstruktionsbeschreibung an, zeichne das Dreieck und berechne die fehlenden Winkel.
a) $\alpha = 90°$; $\beta = 45°$; $c = 6\,\text{cm}$ b) $a = 5\,\text{cm}$; $b = 5\,\text{cm}$; $\gamma = 50°$
c) $\alpha = \beta = \gamma$; $a = 5\,\text{cm}$ d) $\beta = 50°$; $c = 6\,\text{cm}$; $b = 6\,\text{cm}$

6 Gibt es ein Dreieck ABC mit den verlangten Eigenschaften? Wenn ja, bestimme die Größe der fehlenden Winkel. Nenne gegebenenfalls Besonderheiten des Dreiecks.
a) $\alpha = 38°$; $\beta = 71°$ b) $\beta = 57°$; $\gamma = 33°$ c) $\alpha = 112°$; $\gamma = 58°$ d) $\beta = 125°$; $\gamma = 80°$
e) $\alpha = 30°$; $\beta = 30°$ f) $\gamma = 90°$; $\alpha = \beta$ g) $\alpha = 56°$; $\alpha = \beta = \gamma$ h) $\gamma = 89°$; $\alpha = 91°$

7 Bestimme die Größe der Winkel α, β und γ.

a)
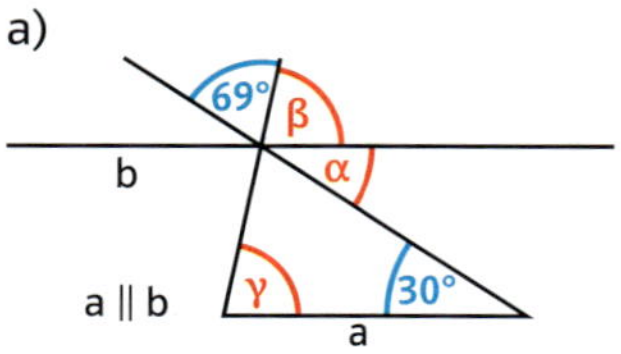

Fig. 1

b)
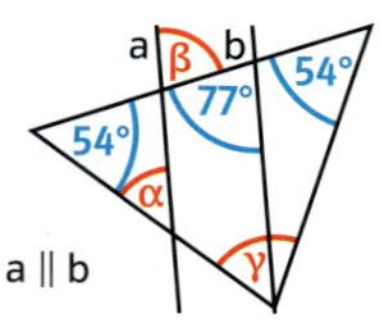

Fig. 2

c)
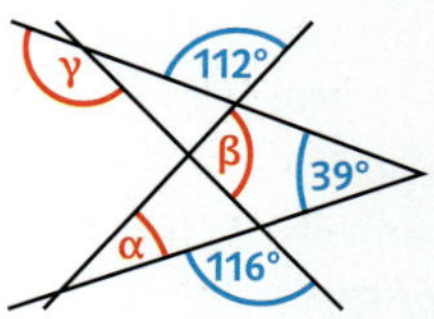

Fig. 3

Bist du sicher?

1 a) Berechne den fehlenden Winkel eines Dreiecks mit $\alpha = 54°$ und $\beta = 32°$.
b) Ein gleichschenkliges Dreieck ABC hat die Basiswinkel α und β. Konstruiere das Dreieck mit $c = 4\,\text{cm}$ und $\gamma = 76°$.

2 Wahr oder falsch? Begründe.
a) Es gibt ein Dreieck mit einem rechten und zwei gleichen Winkeln.
b) Es gibt ein Dreieck mit zwei stumpfen Winkeln.
c) Es gibt ein gleichschenkliges Dreieck mit einem Winkel über 70° und einem Winkel über 60°.

8 Erstelle eine Skizze für das gesuchte Dreieck ABC. Bestimme ohne Konstruktion die Größe aller Winkel. Gibt es weitere Seitenlängen, die man durch Überlegen bestimmen kann?

a) $c = 8\,\text{cm}$; $\alpha = 60°$; $\beta = 30°$
b) $c = 5\,\text{cm}$; $b = 5\,\text{cm}$; $\alpha = 40°$
c) $a = 6\,\text{cm}$; $c = 6\,\text{cm}$; $\beta = 50°$
d) $\alpha = \beta$ und $c = b = 5\,\text{cm}$

9 Was muss man beachten, wenn man ein Dreieck durch die Angabe von drei Winkeln bestimmt? Warum reicht diese Angabe noch nicht aus, um genau ein Dreieck festzulegen?

10 Berechne den Winkel ε. Schreibe die zugehörigen Überlegungen auf.

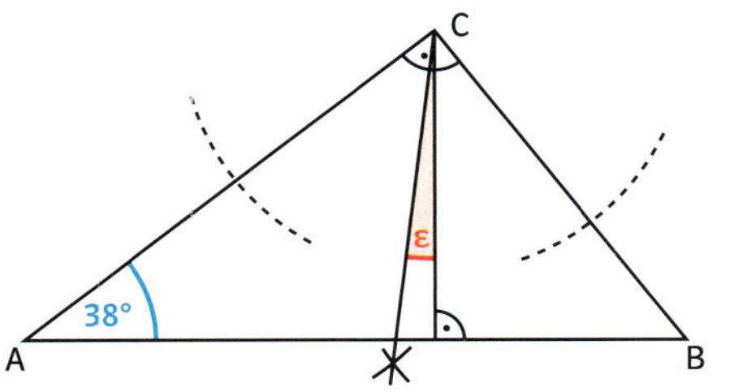

Fig. 1

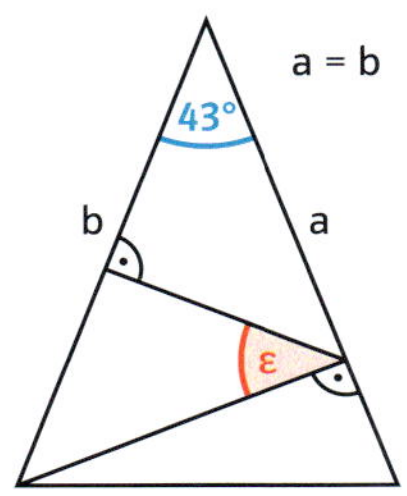

Fig. 2

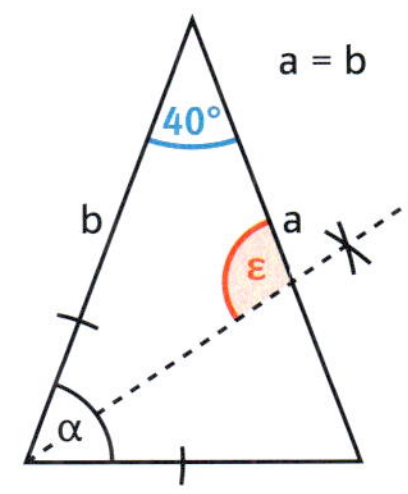

Fig. 3

11 In Fig. 4 ist der Punkt M die Mitte der Strecke $\overline{AB}$. Die Strecke $\overline{MC}$ ist genau halb so lang wie die Strecke $\overline{AB}$. Bestimme die fehlenden Winkel des Dreiecks ABC. Zeichne eine Figur mit den gegebenen Größen im Heft.

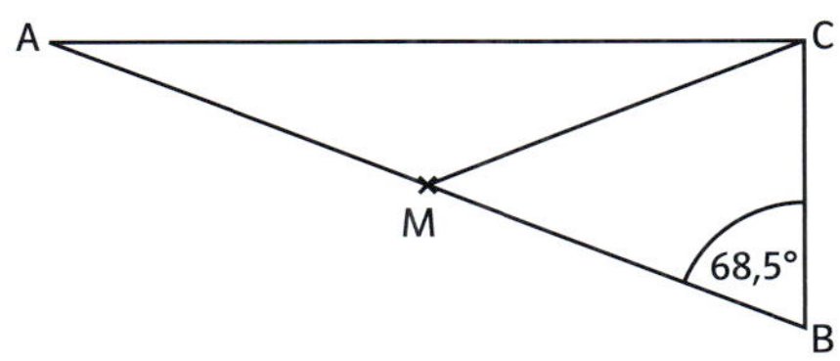

Fig. 4

Winkel in Vielecken

12 Regelmäßige Vielecke
Das Fünfeck in Fig. 5 ist regelmäßig, weil es gleich lange Seiten besitzt. Es ist aus fünf gleichen Dreiecken zusammengesetzt.
a) Wie groß ist der Mittelpunktswinkel α?
b) Wie groß ist der Innenwinkel β?
c) Zeichne nach den Ergebnissen der Teilaufgaben a) und b) ein regelmäßiges Fünfeck mit der Seitenlänge $s = 5\,\text{cm}$.
d) In Fig. 6 wird ein Kreis zum Zeichnen eines regelmäßigen Fünfecks verwendet. Zeichne mithilfe eines Kreises mit Radius 6 cm ein regelmäßiges Fünfeck.

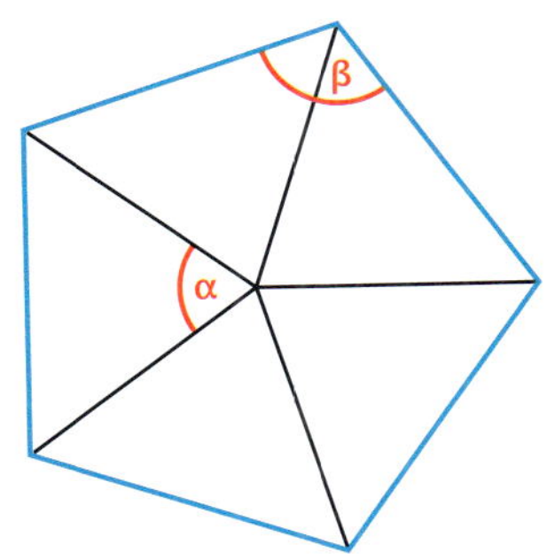

Fig. 5

13 a) Gehe wie in Aufgabe 12 vor, um mit je einem Kreis mit Radius 8 cm ein regelmäßiges Sechseck, Achteck und 12-Eck zu zeichnen.
b) Stelle je eine Formel auf für den Mittelpunktswinkel und den Innenwinkel in einem regelmäßigen Vieleck mit n Ecken.

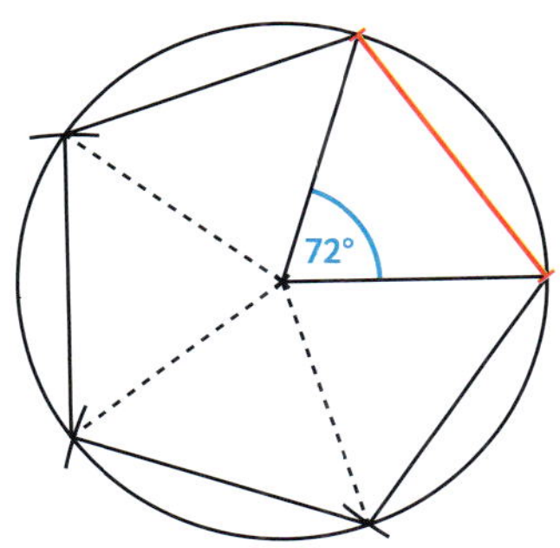

Der Kreis in Fig. 6 heißt auch Umkreis des Vielecks

Fig. 6

14 Frank behauptet: „Wenn man ein gleichseitiges Sechseck zeichnen will, braucht man keinen Winkelmesser. Ein Zirkel und ein Lineal genügen." Hat er Recht?

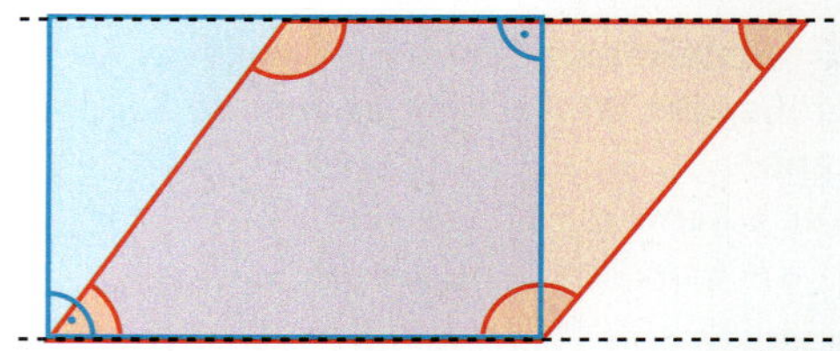

Fig. 1

15 Winkelsumme im Viereck

a) In Fig. 1 ist mithilfe von zwei parallelen Geraden ein Rechteck und ein Parallelogramm gezeichnet. Begründe, dass in beiden Vierecken die Summe der Innenwinkel 360° beträgt.

b) Begründe mithilfe der Abbildungen in Fig. 2 und Fig. 3, dass jedes Viereck die gleiche Winkelsumme hat. Denke daran, dass die gestrichelte Gerade das Viereck in zwei Dreiecke zerlegt.

c) Formuliere einen Satz über die Winkelsumme in einem beliebigen Viereck.

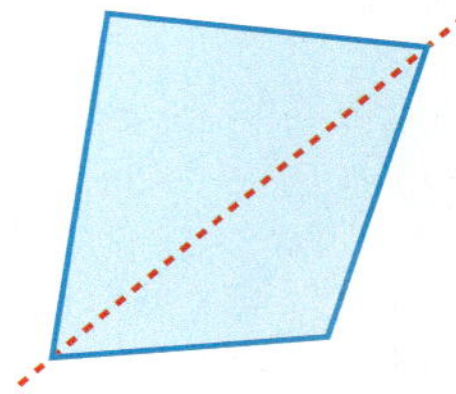

Fig. 2

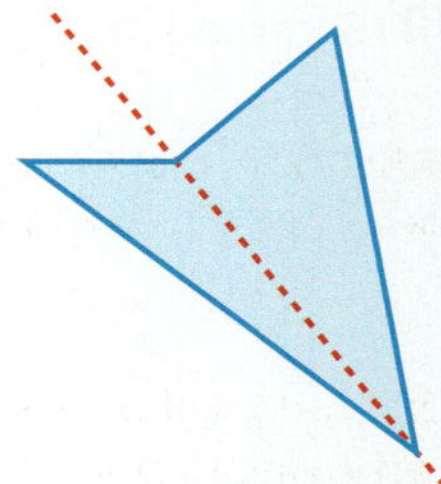

Fig. 3

16 Winkelsumme im Vieleck

a) Bestimme die Winkelsumme der inneren Winkel im Fünfeck und im Sechseck unter Verwendung der nebenstehenden Abbildungen.

b) Überprüfe, dass man die Winkelsumme im Fünfeck und im Sechseck mit dem Term $180° \cdot (n - 2)$ berechnen kann. Welche Bedeutung hat dabei die Variable n?

c) Begründe, dass man mit dem Term $180° \cdot (n - 2)$ die Winkelsumme in jedem Vieleck mit n Ecken berechnen kann.

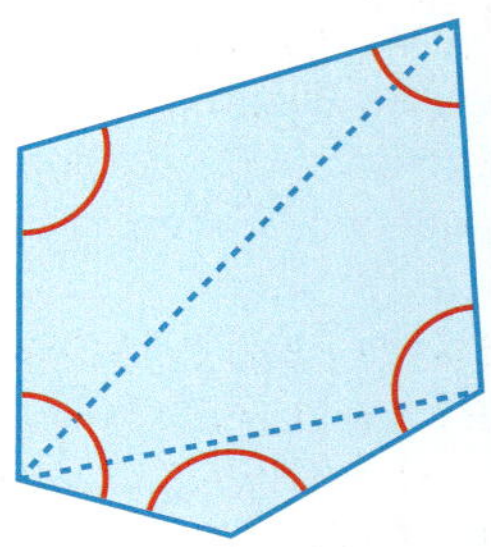

Fig. 4

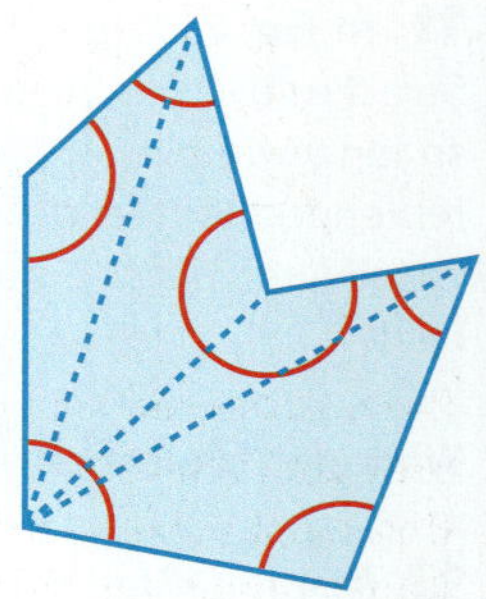

Fig. 5

Parkette aus Vielecken

17 Wenn man eine Fläche nach allen Richtungen mit Kopien einer einzigen Figur lückenlos auslegen kann, spricht man von einem **regelmäßigen Parkett**. Erkläre die Parkette in Fig. 6 und Fig. 7. Erfinde zusammen mit deinem Nachbarn Parkette.

Fig. 6

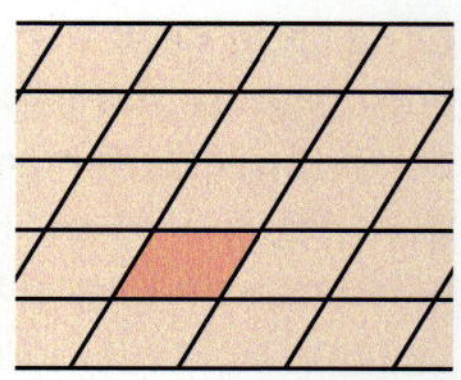

Fig. 7

18 a) Begründe, dass man mit jedem Dreieck ein Parkett legen kann.

b) Untersuche in Fig. 8 für die abgebildeten Vielecke, ob sich damit ein Parkett legen lässt. Fertige eine Zeichnung an oder begründe, dass kein Parkett möglich ist.

c) Gibt es zu jedem Viereck regelmäßige Parkette?

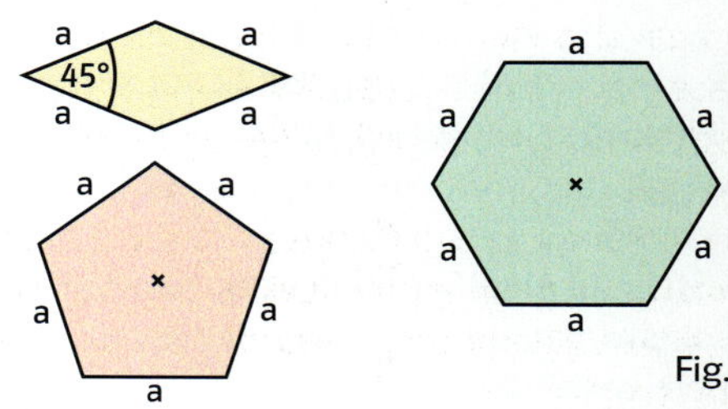

Fig. 8

6 Der Satz des Thales

Zwei Stecknadeln und eine Postkarte „sind" ein Zirkel!

Durch Winkelmessungen Fig. 1 kann man vermuten, dass die gezeichneten Dreiecke rechtwinklig sind. Um diese Vermutung allgemein zu begründen, betrachtet man Fig. 2.

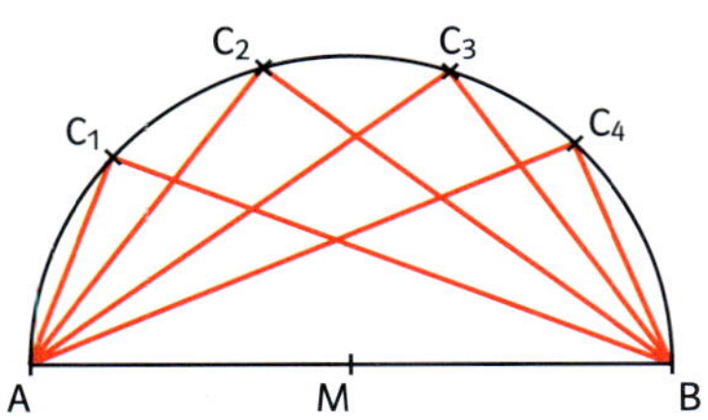

Fig. 1

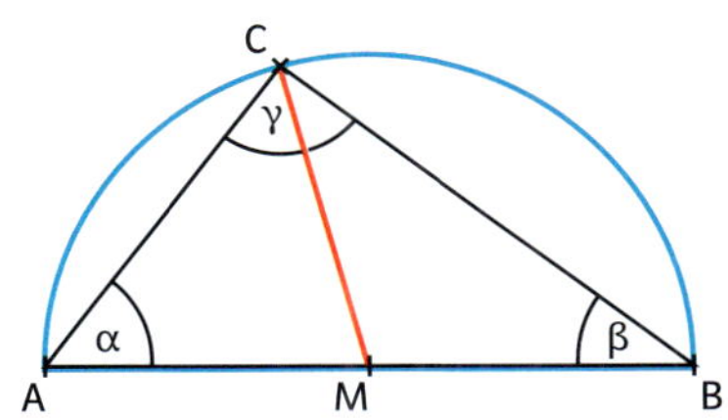

Fig. 2

Die Strecke $\overline{MC}$ teilt das Dreieck ABC in zwei gleichschenklige Dreiecke AMC und CMB, weil die Punkte A, B und C auf dem gleichen Kreis liegen. Die Winkel α und β treten als Basiswinkel bei C auf und ergeben zusammen γ. Es gilt deshalb $\alpha + \beta = \gamma$.
Addiert man auf beiden Seiten der Gleichung γ, erhält man $\alpha + \beta + \gamma = \gamma + \gamma$. Mit dem Satz über die Winkelsumme im Dreieck ABC gilt $\gamma + \gamma = 180°$. Also ist $\gamma = 90°$.

Satz des Thales
Wenn ein Punkt C auf dem Thaleskreis über einer Strecke $\overline{AB}$ liegt, dann hat das Dreieck ABC bei C einen rechten Winkel.

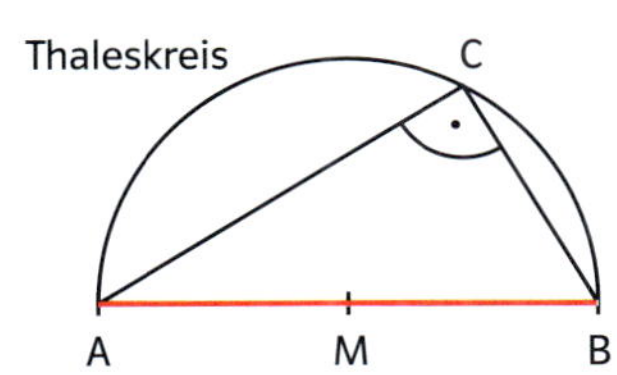

Der griechische Philosoph und Mathematiker Thales hat schon etwa 600 v. Chr. eine Begründung dieses Sachverhalts erbracht. Deshalb ist der Satz nach ihm benannt. Der Kreis über dem Mittelpunkt einer Strecke wird auch ***Thaleskreis*** *genannt. Siehe dazu die Infobox auf S. 140.*

Umgekehrt kann man mit Fig. 3 begründen, dass jeder Punkt C, der mit A und B ein rechtwinkliges Dreieck bildet, auf dem Thaleskreis liegt.
Die Bewegung des Punktes C auf der Halbgeraden g kann man mit dem Zugmodus in einem Geometrieprogramm gut darstellen.

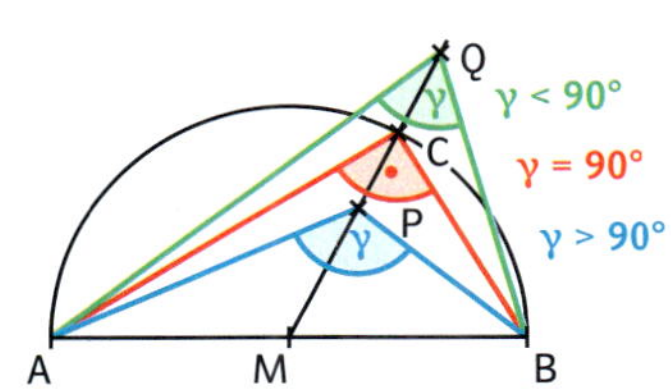

Fig. 3

Umkehrung zum Satz des Thales
Wenn von einem Punkt C aus die Strecken zu den Endpunkten einer Strecke $\overline{AB}$ einen rechten Winkel bilden, dann liegt der Punkt C auf dem Thaleskreis der Strecke.

Mit einem Thaleskreis kann man von einem Punkt P außerhalb des Kreises k die beiden Tangenten an einen Kreis konstruieren.
In Fig. 1 schneidet der Thaleskreis über der Strecke $\overline{PM}$ den Kreis k in den Berührpunkten Q und R dieser Tangenten.

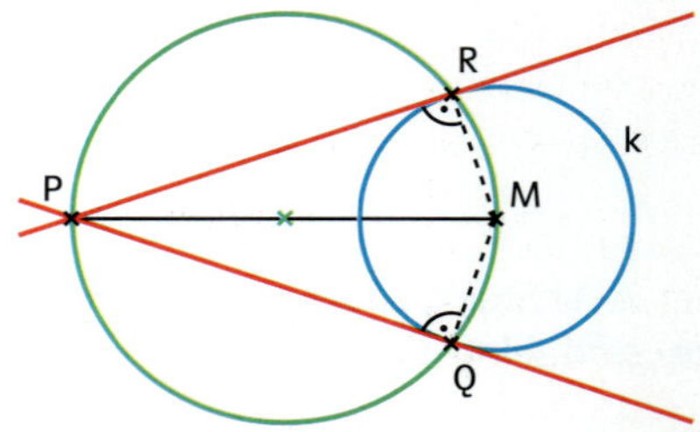

Fig. 1

Beispiel Konstruktion eines rechten Winkels
Zeichne drei Dreiecke mit $c = 6\,\text{cm}$ und $\gamma = 90°$.
Lösung:
Siehe Fig. 2.
Man zeichnet den Thaleskreis k über der Strecke AB und wählt drei Punkte C_1, C_2 und C_3 auf k. Die Dreiecke ABC_1, ABC_2 und ABC_3 sind rechtwinklig.

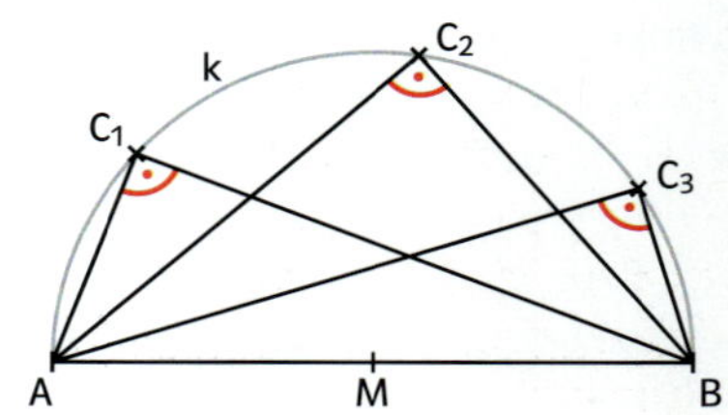

Fig. 2

Aufgaben

1 a) Zeichne mehrere Dreiecke mit $\overline{AB} = 5\,\text{cm}$ und $\gamma = 90°$.
b) Zeichne einen Kreis k mit Radius 4 cm. Bestimme die Punkte A, B und C auf k so, dass das Dreieck ABC rechtwinklig ist. Begründe deine Lösung.

2 Zeichne in einem Koordinatensystem die Punkte $A(-2|1)$ und $B(4|1)$.
Wo liegen alle Punkte P, deren Verbindungsstrecken $\overline{PA}$ und $\overline{PB}$ einen rechten Winkel bilden? Gib nach deiner Zeichnung diejenigen Punkte durch Koordinaten an, die nahe bei Gitterpunkten liegen.

3 Geo **Experimente zur Umkehrung des Satzes von Thales**
a) Zeichne ein beliebiges Dreieck ABC und einen Thaleskreis über der Strecke $\overline{AB}$. Miss den Winkel γ bei C. Bewege den Punkt C und achte darauf, wie sich die Weite des Winkels γ verändert, je nachdem, ob du dich mit C innerhalb, außerhalb oder auf dem Thaleskreis befindest. Schreibe deine Beobachtungen auf.
b) Zeichne eine Strecke $\overline{AB}$ und eine Halbgerade von A aus. Fälle das Lot von B auf diese Halbgerade und bezeichne den Lotfußpunkt mit C.
Um welches besondere Dreieck handelt es sich beim Dreieck ABC?
Variiere die Lage der Halbgeraden. Auf welcher Linie bewegt sich der Punkt C?

Für welche Teilaufgaben von Aufgabe 4 kannst du den Satz des Thales nicht verwenden?

4 Verwende wenn möglich den Satz des Thales zum Zeichnen eines rechtwinkligen Dreiecks ABC.
a) $c = 6\,\text{cm}$; $\alpha = 50°$; $\gamma = 90°$
b) $b = 7\,\text{cm}$; $\alpha = 50°$; $\beta = 90°$
c) $\alpha = 40°$; $\gamma = 50°$; $b = 5\,\text{cm}$
d) $\alpha = \beta$; $c = 8\,\text{cm}$

5 Zeichne zuerst eine Planfigur und schreibe eine Konstruktionsbeschreibung auf.
Konstruiere ein Dreieck ABC aus

a) $c = 6\,cm$; $\gamma = 90°$; $h_c = 2\,cm$

b) $a = 5\,cm$; $\alpha = 90°$; $h_c = 1{,}5\,cm$

c) $b = 7{,}8\,cm$; $\beta = 90°$; $h_b = 3{,}2\,cm$

d) $c = 5{,}4\,cm$; $\beta = 35°$; $\alpha = 55°$

6 a) Konstruiere ein Dreieck ABC mit einem rechten Winkel bei C und der Seite $\overline{AB} = 6\,cm$, das einen Flächeninhalt von $6\,cm^2$ hat.
b) Welches Dreieck mit der Grundseite $\overline{AB} = 6\,cm$ und einem rechten Winkel bei C hat einen möglichst großen Flächeninhalt? Begründe.

7 Konstruiere nur mit Zirkel und Lineal ohne Winkel zu messen. Begründe.

a) Ein rechtwinkliges Dreieck, bei dem ein weiterer Winkel 45° misst.

b) Ein rechtwinkliges Dreieck, bei dem ein weiterer Winkel 30° misst.

8 Konstruiert ein Rechteck, das eine 5 cm lange Seite und eine 6 cm lange Diagonale hat. Versucht verschiedene Lösungswege zu finden.

9 Geo In Fig. 1 sind vier gleichlange Stäbe im Punkt D drehbar angebracht. Ihre Enden sind durch Gummischnüre verbunden. Sie bilden ein Viereck. Kann man die Stäbe so anordnen, dass das Viereck genau einen, genau zwei, genau drei oder genau vier gleiche Winkel hat? Beantworte die Fragen mit einer Zeichnung und einer schriftlichen Begründung.

Zu Aufgabe 9 kannst du dir die Anordnung in Fig. 1 nachbauen oder mit einem Geometrieprogramm experimentieren.

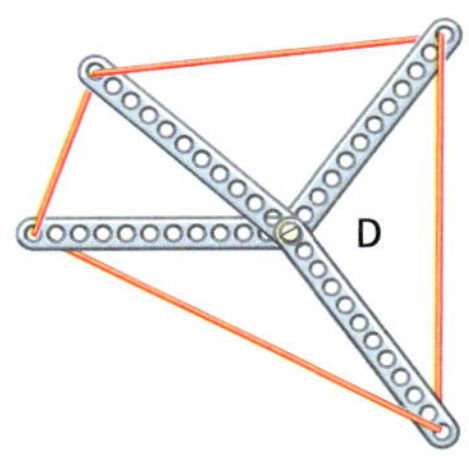

Fig. 1

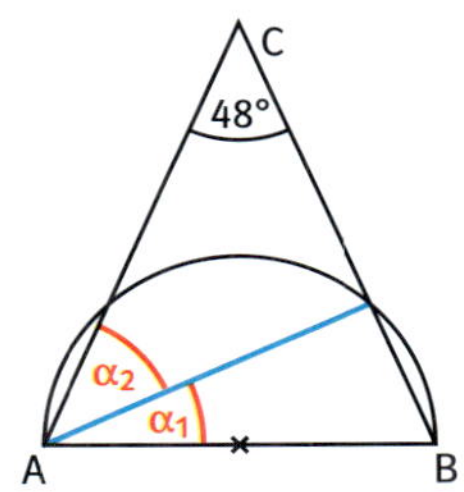

Fig. 2

10 Berechne die Winkel in Fig. 2.

11 Vom Sitzplatz eines Theaters ist der Blickwinkel von Bedeutung, unter dem man die Bühne sieht. Das nebenstehende Foto eines antiken Theaters zeigt diesbezüglich eine Besonderheit für alle Besucher in der ersten Reihe. Welche?

12 Uta wollte eigentlich drei rechtwinklige Dreiecke mithilfe des Satzes von Thales konstruieren.
Kannst du sagen, welcher Fehler ihr unterlaufen ist?

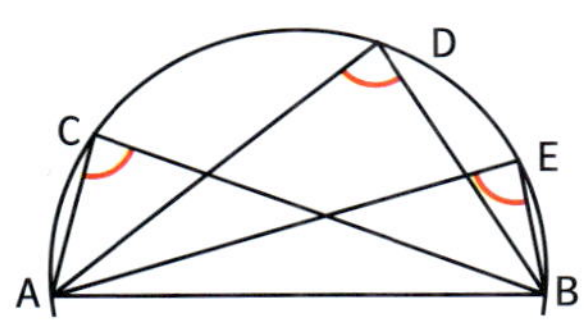

Fig. 3

13 Von der Abfahrt A der neuen Umgehungsstraße sind es noch 3 km bis zum Krankenhaus. Die geradlinige Umgehungsstraße u wurde so geplant, dass sie dem Krankenhaus K an keinem Punkt näher als 1 km kommt. Konstruiere in einem geeigneten Maßstab. In welchem Winkel zweigt die Straße von der Umgehungsstraße ab?

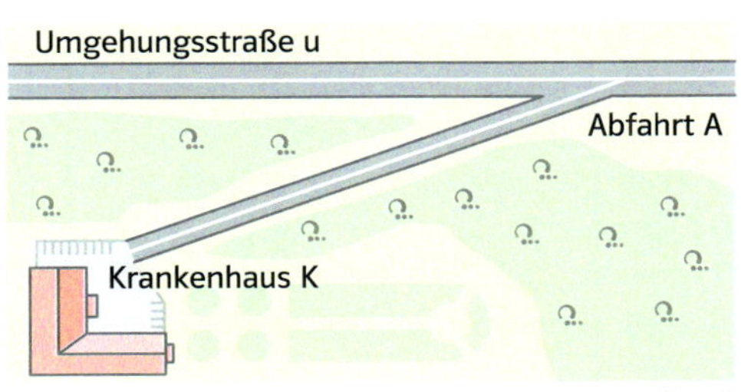

Fig. 4

14 Tangenten konstruieren
Zeichne den Kreis um $M(3|4)$ mit Radius 2,5 cm und den Punkt $P(-1|-2)$. Bestimme die beiden Tangenten durch P. Gib die Koordinaten ihrer Berührungspunkte an.

15 Eine neu zu bauende Stichstraße, deren äußere Seite durch den Punkt P geht, soll an der Außenseite ohne „Knick" in den vorhandenen Kreisverkehr einmünden. Konstruiere nach dem Plan in einem geeigneten Maßstab.

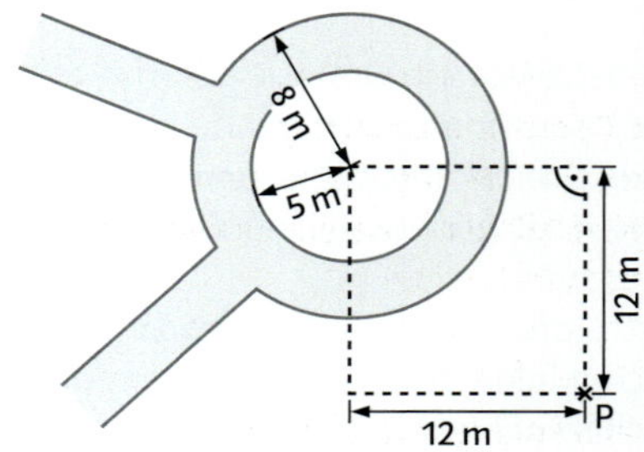

Fig. 1

16 Zeichne die zugehörigen Geraden in einem Koordinatensystem.
$y = 1{,}5x$; $y = -\frac{2}{3}x + 4$; $y = -\frac{5}{6}x + 5$;
$y = 0{,}5x - 3$; $y = -2x$
Untersuche mithilfe eines geeigneten Thaleskreises, welche der Geraden sich im rechten Winkel schneiden.

17 Die Geraden g und h in Fig. 2 sind parallel. Wie groß ist δ, wenn α 30° misst?

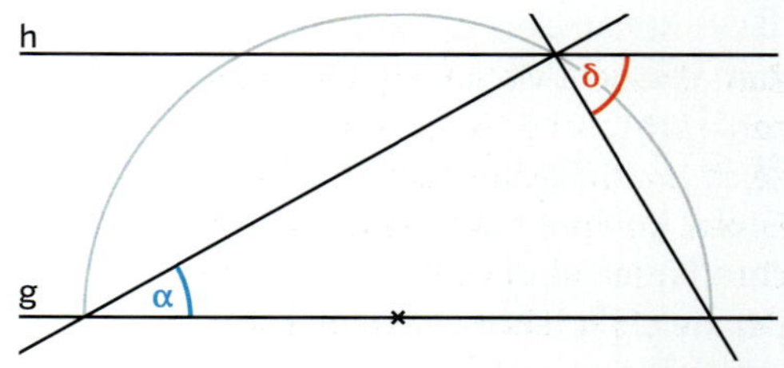

Fig. 2

Info

Thales von Milet (um 600 v. Chr.) – Wegbereiter der wissenschaftlichen Mathematik

Infolge der dorischen Wanderung mussten in der Antike viele Griechen auswandern. Über die Inseln der Ägäis bevölkerten sie auch die kleinasiatische Küste. Im 7. Jahrhundert v. Chr. entwickelte sich dort die griechische Siedlung Milet zu einem bedeutenden Handelsplatz. Hier war Thales als Kaufmann, Philosoph und Mathematiker tätig.

Zu den großen Verdiensten von Thales gehört, dass er die Vorgänge in der Natur nicht mehr dem Wirken der Götter zuschrieb, sondern die Ursachen in den Dingen selbst und ihren Zusammenhängen suchte. Er erklärte z. B. die jährlichen Überschwemmungen in Ägypten mit der Schneeschmelze in den Bergen und erkannte als Erster, dass die Sonne durch den Mond verfinstert wird. Für den 28. Mai 585 v. Chr. sagte er eine Sonnenfinsternis voraus, deren wirkliches Eintreten ihn selbst sehr erstaunt haben soll. Danach galt er als der größte der sieben Weltweisen.
Der nebenstehende Satz ist nach ihm benannt. Er war schon den Babyloniern bekannt. Thales hat den Sachverhalt jedoch als Erster mit den symmetrischen Eigenschaften von Figuren begründet.

Satz des Thales
Jeder Winkel von einem Punkt auf dem Halbkreis einer Strecke zu ihren Endpunkten ist ein Rechter.

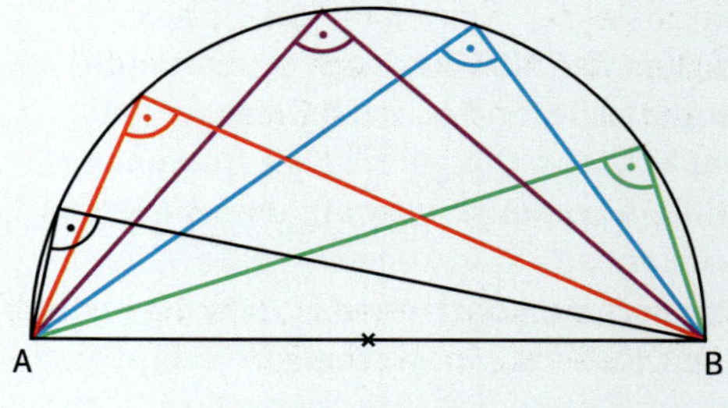

7 Umkreise und Inkreise

Ein Forschungsauftrag
Beim Zeichnen der abgebildeten Figuren waren Kreise hilfreich. Versuche die Figuren zu zeichnen.

Es gibt Vielecke deren Ecken auf einem Kreis liegen. Solche Kreise heißen **Umkreise** der Vielecke. Es wird nun begründet, dass jedes Dreieck einen Umkreis besitzt.

Zum Dreieck ABC in Fig. 1 sind die Mittelsenkrechten der Strecken $\overline{AB}$ und $\overline{BC}$ gezeichnet. Ihr Schnittpunkt U hat von den Ecken A und B sowie von B und C den gleichen Abstand. Also liegen A, B und C auf dem Kreis um U mit Radius $\overline{UA}$.

Da der Punkt U von A und C den gleichen Abstand hat, liegt er auch auf der Mittelsenkrechten der Strecke $\overline{AC}$.

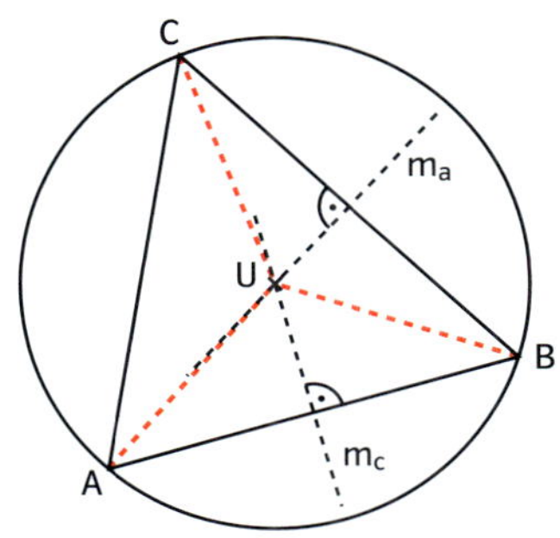

Fig. 1

Jedes Dreieck hat einen Umkreis. Der Mittelpunkt dieses Umkreises ist der Schnittpunkt der drei Mittelsenkrechten.

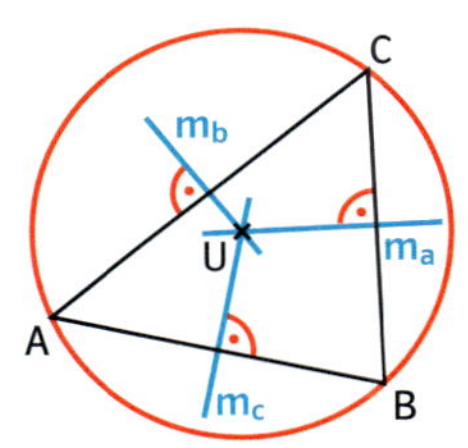

Fig. 2

Es gibt Vielecke deren Seiten einen einzigen Kreis berühren. Solche Kreise heißen **Inkreise**. Es wird nun begründet, dass jedes Dreieck einen Inkreis besitzt.

Zum Dreieck ABC in Fig. 3 sind die Winkelhalbierenden der Winkel α und β gezeichnet. Ihr Schnittpunkt I hat von den Seiten b und c sowie von a und c den gleichen Abstand. Deshalb berührt der Kreis um I mit diesem Abstand als Radius alle drei Seiten. Da der Punkt I von a und b den gleichen Abstand hat, liegt er auch auf der Winkelhalbierenden des Winkels γ.

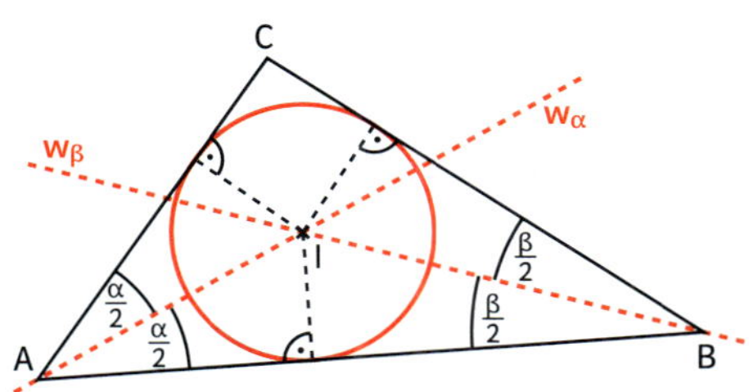

Fig. 3

Jedes Dreieck hat einen Inkreis. Der Mittelpunkt dieses Inkreises ist der Schnittpunkt der drei Winkelhalbierenden.

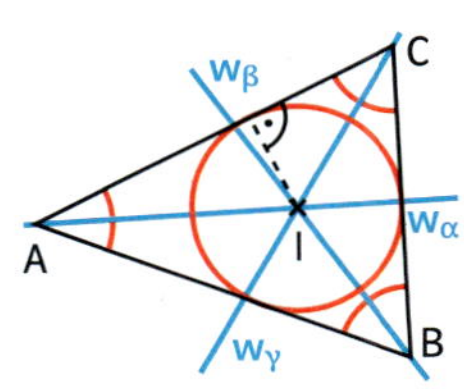

Fig. 4

Beispiel 1 Eine Aufgabe mit mehr als einer Lösung
Zeichne einen Kreis k um M mit Radius $r = 3\,cm$. Gibt es Dreiecke mit den Seitenlängen 3,3 cm und 4,8 cm, die k als Umkreis haben und die nicht deckungsgleich sind?
Lösung:
Es wird ein Kreis k um M mit $r = 3\,cm$ mit einem Kreispunkt A gezeichnet. Der Kreis um A mit Radius 4,8 cm schneidet k in zwei Punkten B_1 und B_2. Ein dritter Kreis um B_1 mit Radius 3,3 cm schneidet k in C_1 und C_2.
Die Dreiecke AB_1C_1 und AC_2B_1 haben die geforderten Eigenschaften. Sie sind nicht deckungsgleich.

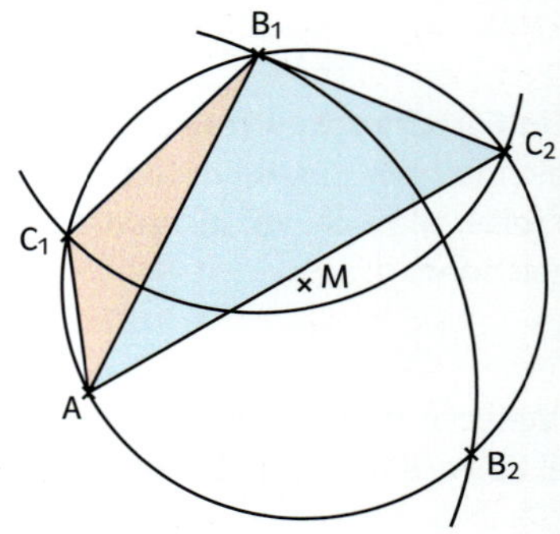

Fig. 1

Beispiel 2 Dreieck mit Inkreis
Konstruiere ein Dreieck mit $c = 5\,cm$; $\alpha = 60°$ und Inkreisradius 1,5 cm.
Lösung:
1. Zeichne die Strecke $\overline{AB} = 5\,cm$.
2. Trage in A den Winkel $\alpha = 60°$ ab.
3. Zeichne die beiden Parallelen g und h zu den Schenkeln von α im Abstand 1,5 cm.
4. Zeichne im Schnittpunkt I von g und h einen Kreis k mit Radius 1,5 cm.
5. Bestimme von B aus die Tangente an k mit dem Berührungspunkt D auf a.
6. Die Gerade BD schneidet den Schenkel von α in C.

Der Kreis k ist der Inkreis im Dreieck ABC.

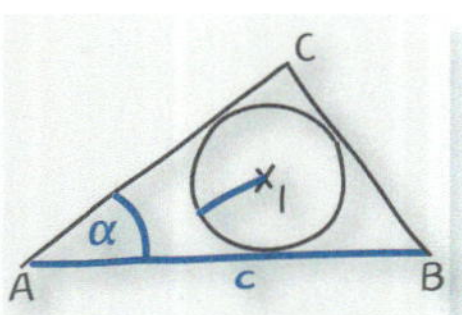

Fig. 2

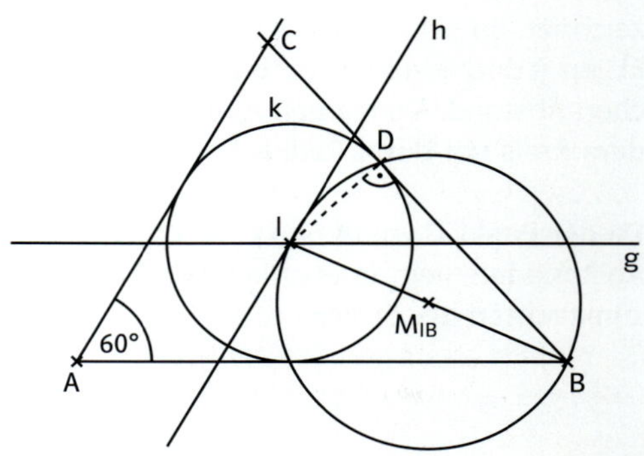

Fig. 3

Aufgaben

1 Geo **Experimentieren mit den Mittelsenkrechten im Dreieck**
Zeichne ein Dreieck ABC.
a) Zeichne die Mittelsenkrechten zu $\overline{AB}$ und $\overline{BC}$ mit ihrem Schnittpunkt U. Miss die Abstände von U zu den drei Eckpunkten. Welche Vermutung liegt nahe?
b) Begründe die Vermutung aus a) mit einer Eigenschaft der Mittelsenkrechten.
c) Was ergibt sich nach b) daraus für die fehlende Mittelsenkrechte zur Strecke $\overline{AC}$?
d) Welche Eigenschaft hat der Kreis um U mit dem Radius $\overline{UA}$?
e) Formuliere einen Satz, der die Ergebnisse aus a) bis d) zusammenfasst.

Tipp zu Aufgabe 2 b): Speziell oder besonders ist z. B.: Das Dreieck ist gleichschenklig oder gleichseitig; der Umkreismittelpunkt liegt auf einer Seite; das Dreieck ist spitzwinklig oder stumpfwinklig; eine Mittelsenkrechte geht durch einen Eckpunkt.

2 Geo **Dreiecke mit einem gemeinsamen Umkreis**
Untersuche die Lage des Schnittpunktes der Mittelsenkrechten für Dreiecke mit einem gemeinsamen Umkreis. Zeichne dazu einen Kreis k mit Mittelpunkt M und $r = 5\,cm$ und ein Dreieck mit den Eckpunkten auf k zusammen mit den drei Mittelsenkrechten.
a) Welcher Zusammenhang besteht zwischen dem Punkt M und den Mittelsenkrechten der Dreiecksseiten?
b) Verändere einen Eckpunkt des Dreiecks so, dass spezielle Dreiecke entstehen oder besondere Eigenschaften zu sehen sind. Schreibe deine Beobachtungen auf und begründe sie.

3 Zeichne ein Dreieck mit seinem Umkreis.

a) $\overline{AB} = 6\,cm$; $\alpha = 40°$; $\beta = 90°$
b) $\overline{AB} = 6\,cm$; $\alpha = 30°$; $\beta = 30°$
c) $\overline{AB} = \overline{BC} = 6\,cm$; $\beta = 90°$
d) $\overline{AB} = \overline{AC} = \overline{BC} = 6\,cm$

4 Zeichne ein Dreieck. Beschreibe die Konstruktion.

a) $r_u = 4\,cm$; $a = 5\,cm$; $b = 3\,cm$
b) $\alpha = 50°$; $c = 8\,cm$; $r_u = 6\,cm$
c) $r_u = 5\,cm$; $\overline{AC} = \overline{BC}$; $\overline{AB} = 5\,cm$
d) $r_u = 4{,}5\,cm$; $\overline{AC} = \overline{AB}$; $\alpha = 50°$

In Aufgabe 4 steht r_u für den Umkreisradius des Dreiecks.

5 Geo **Experimentieren mit den Winkelhalbierenden im Dreieck**

Zeichne ein Dreieck ABC. Bearbeite die folgenden Aufträge.

a) Zeichne die Winkelhalbierenden zu α und β mit dem Schnittpunkt I. Miss die Abstände von I zu den drei Seiten des Dreiecks. Welche Vermutung liegt nahe?
b) Begründe die Vermutung aus a) mit einer Eigenschaft der Winkelhalbierenden.
c) Was ergibt sich daraus für die Winkelhalbierende von γ?
d) Welche Eigenschaft hat der Kreis um I, dessen Radius der Abstand zu $\overline{AB}$ ist?
e) Ist es für die Eigenschaft aus d) wesentlich, dass das Dreieck nur spitze Winkel hat?
f) Formuliere einen Satz, der die Ergebnisse aus a) bis e) zusammenfasst.

6 Geo **Umkreis und Inkreis im Dreieck**

Zeichne einen Kreis k und ein Dreieck ABC auf der Kreislinie. Zeichne die Winkelhalbierenden der drei Winkel. Führe die folgenden Aufträge aus.

a) Zeichne die Lote vom Schnittpunkt I der Winkelhalbierenden zu den Geraden durch die drei Seiten.
b) Zeichne einen Kreis um I dessen Radius einer dieser Abstände ist. Was kannst du beobachten? Gib eine Begründung.
c) Variiere die Lage des Dreiecks auf dem Kreis. Untersuche auch spezielle Dreiecke. Welche Lagen des Inkreis-Mittelpunktes kommen vor? Gibt es für spezielle Dreiecke einen Zusammenhang mit dem Umkreis-Mittelpunkt? Beschreibe typische Fälle und versuche eine Begründung zu geben.

7 Zeichne ein Dreieck mit Inkreis. Begründe besondere Lagen des Inkreismittelpunktes.

a) $\overline{AB} = 12\,cm$; $\alpha = 10°$; $\beta = 90°$
b) $\overline{AB} = 6\,cm$; $\alpha = 30°$; $\beta = 30°$
c) $\overline{AB} = \overline{BC} = 6\,cm$; $\beta = 90°$
d) $\overline{AB} = \overline{AC} = \overline{BC} = 6\,cm$

Bist du sicher?

1 Ist der Satz richtig?

a) Die Geraden durch je zwei Eckpunkte eines Dreiecks sind Tangenten an seinen Inkreis.
b) Es gibt ein Dreieck, dessen Umkreis und Inkreis einen gemeinsamen Mittelpunkt haben.

2 Zeichne in einem Koordinatensystem. Begründe die Behauptung.

a) Das Dreieck mit den Eckpunkten $A(-4|-4)$, $B(6|-4)$ und $C(6|2)$ hat einen Umkreismittelpunkt, dessen Koordinaten ganze Zahlen sind.
b) Der Umkreismittelpunkt des Dreiecks ABC mit $A(-4|-4)$, $B(4|-4)$ und $C(4|4)$ ist der Ursprung des Koordinatensystems.

3 Konstruiere das Dreieck.

a) Die Eckpunkte $A(2|1)$, $B(9|3)$ und der Mittelpunkt des Inkreises $I(6|4)$ sind bekannt.
b) Der Inkreis des Dreiecks berührt die Seiten des Dreiecks in $D(4|0)$, $E(5|6)$ und $F(0|4)$.

8 **Ist es hin und her gleich einfach?**
Peter behauptet: „Zu jedem Dreieck ABC kann man leicht ein Dreieck DEF konstruieren, das den Umkreis des Dreiecks ABC als Inkreis hat."
Denis behauptet: „Dann müsste man auch leicht ein Dreieck konstruieren können, das den Inkreis eines gezeichneten Dreiecks als Umkreis hat."

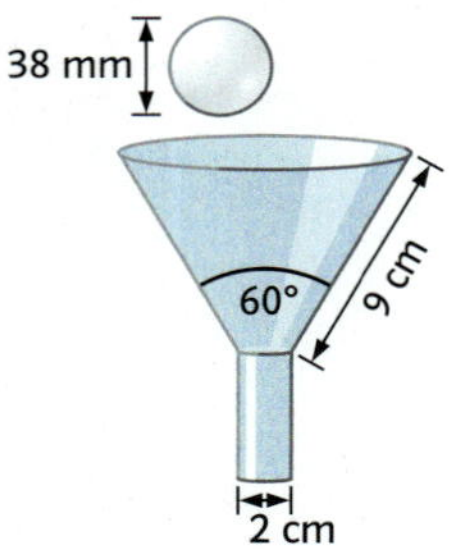

Fig. 1

9 Wie weit vom oberen Rand ist der Tischtennisball entfernt wenn er im Trichter liegt?

10 Geo In einer bestimmten Entfernung sieht man einen Baum unter einem so genannten Sehwinkel ε. Bestimme ε, die Höhe des Baumes und seine Entfernung.

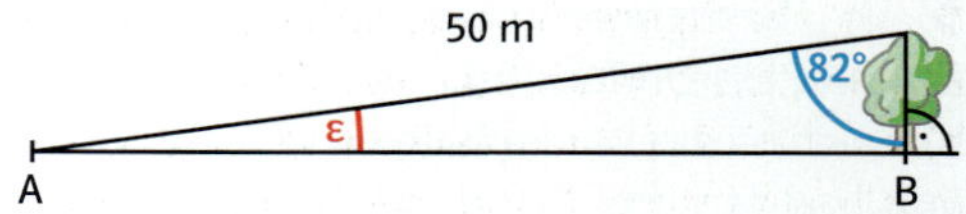

Fig. 2

11 Am 15 Meter breiten und 5 Meter hohen Giebel soll die Uhr des Rathauses ein neues Ziffernblatt erhalten. Es soll möglichst groß werden, jedoch von allen Seiten des Giebels mindestens 50 cm Abstand haben. Kann die Größe des Ziffernblattes aus den Angaben mit einer geeigneten Konstruktion bestimmt werden?

12 Konstruiere die Figuren nach der Skizze.

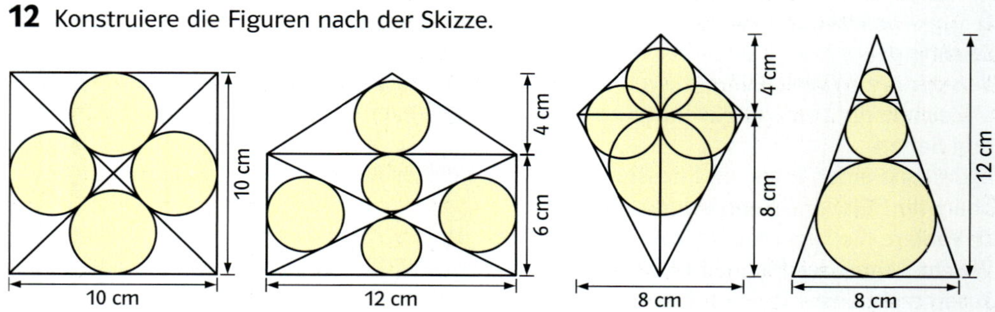

Fig. 3

13 Indiana Jones hat einem Krokodil einen dicken Ast ins Maul gestoßen, damit es nicht mehr zubeißen kann. Welche Größe hat der Winkel α?

Kannst du das noch?

14 Gib an, welche Terme äquivalent sind. Begründe deine Entscheidung.

a)	$5 \cdot x - 3 - 12x$	$3 \cdot (x - 1) - x \cdot 10$	$6x - 3 - x$	$(-5x - 1) \cdot 3 + 8x$
b)	$8 \cdot (1 + c) + 6$	$(c \cdot 8 + 8) + 6$	$14c + (3 - c \cdot 3) \cdot 2$	$(c - 8) \cdot 8 + 60$

15 Im rechtwinkligen Dreieck ABC mit $\gamma = 90°$ ist jedem Winkel α ein Winkel β zugeordnet. Gib die Zuordnung $\alpha \to \beta$ mithilfe einer Gleichung an.
Zeichne den Graphen der Zuordnung in einem Koordinatensystem. Liegt eine besondere Zuordnung vor?

1 Die vier Dreiecke in Fig. 1 bis Fig. 4 sind besondere Dreiecke mit zugehörigen Eigenschaften. Schreibe die Besonderheiten auf.

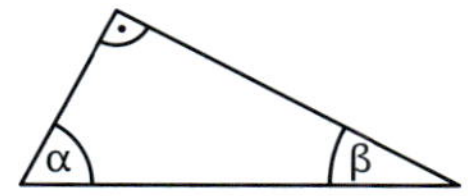

Fig. 1

2 Zeichne drei Kreise mit gleichem Radius so, dass jeder durch die Mittelpunkte der beiden anderen geht. Welche Eigenschaft hat das Dreieck mit den Mittelpunkten als Ecken?

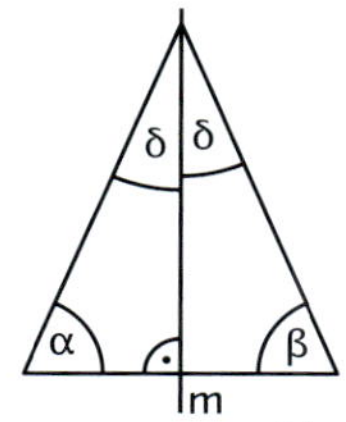

Fig. 2

3 Ist die Eigenschaft für jedes Dreieck erfüllt, liegt ein spezielles vor oder gibt es keines?
a) Die Mittelsenkrechten der drei Seiten schneiden sich in einem Punkt.
b) Zwei Winkel sind gleich, aber zwei Strecken sind verschieden.
c) Alle drei Winkel sind gleich groß und zwei Seiten sind verschieden.
d) Das Dreieck hat genau zwei Symmetrieachsen.
e) Der Schnittpunkt zweier Mittelsenkrechten liegt auf einer Winkelhalbierenden.

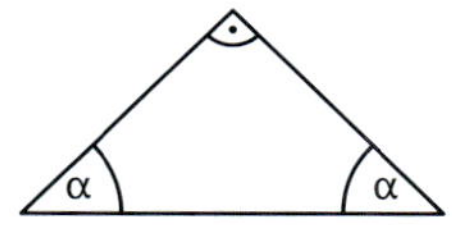

Fig. 3

4 Führe die Konstruktion nach der Beschreibung aus. Schreibe eine Aufgabe, zu der die Konstruktion eine Lösung darstellt. Schreibe einen Antwortsatz.

a) 1. Zeichne die Strecke $\overline{AB} = 6\,\text{cm}$.
2. Trage den Winkel $\alpha = 40°$ an $\overline{AB}$ in A an.
3. Zeichne den Kreis k um B mit $r = 5\,\text{cm}$.
4. k schneidet α in C und D.
...

b) 1. Zeichne den Winkel $\gamma = 65°$ mit dem Scheitel S.
2. Zeichne den Kreis k um S mit $r = 4\,\text{cm}$.
3. k schneidet γ in den Punkten A und B.
4. Zeichne die Mittelsenkrechte zu $\overline{AB}$.
...

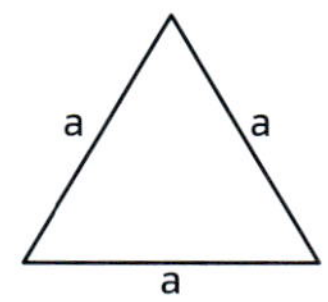

Fig. 4

5 In Fig. 5 ist $g \parallel h$. Übertrage die Figur ins Heft.
a) Bestimme die fehlenden Winkelgrößen.
b) Gib drei Gleichungen für die Winkelbeziehungen an.

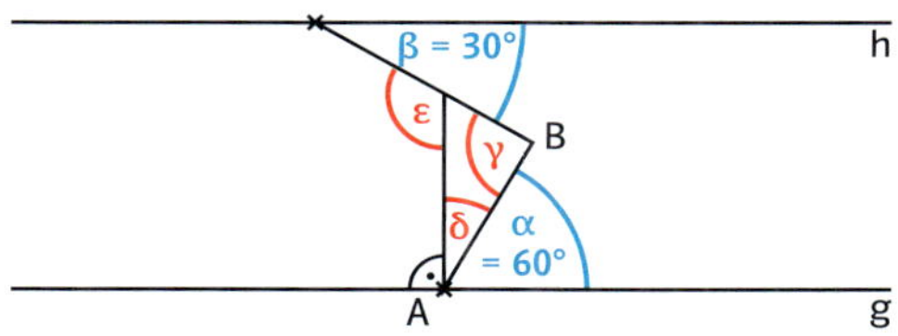

Fig. 5

Tipp zu Aufgabe 5: Verlängere die Strecke $\overline{AB}$ bis zur Geraden h.

6 Übertrage die Abbildung in Fig. 6 ins Heft. Bestimme die Größe der bezeichneten Winkel. Begründe deine Ergebnisse.

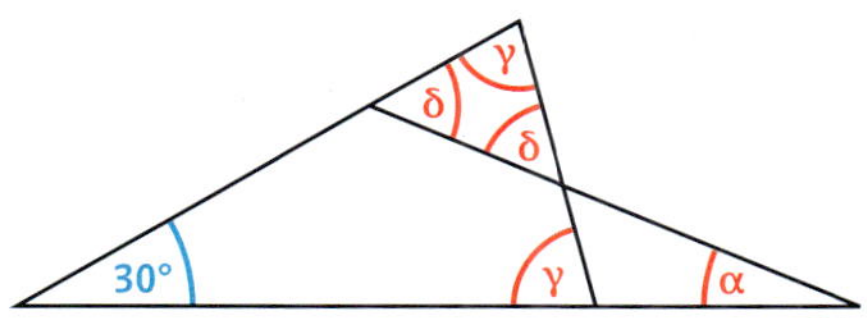

Fig. 6

7 Die Zeichnung in Fig. 7 zeigt eine Konstruktion. Beschreibe sie und bestimme die Größe der bezeichneten Winkel.

8 Warum erhält man den Mittelpunkt eines Kreises als Schnittpunkt der Mittelsenkrechten zweier Sehnen? Wie viele Punkte des Kreises benötigt man hierbei mindestens?

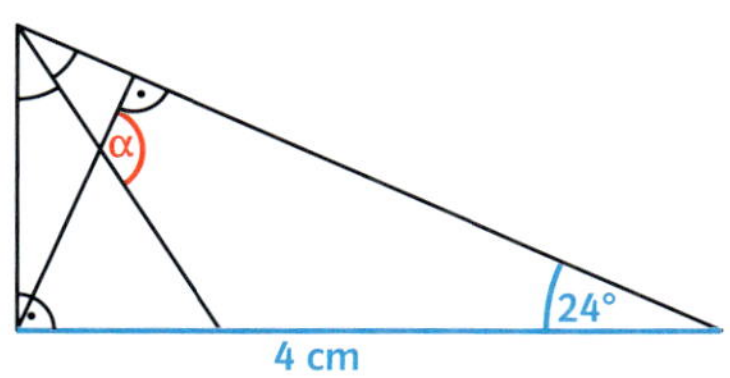

Fig. 7

9 Geo Zeichne einen Kreis k mit dem Mittelpunkt M und dem Radius 5 cm und einen Punkt P, der 12 cm von M entfernt ist.
a) Konstruiere die Berührpunkte derjenigen Geraden, die durch P gehen und mit dem Kreis genau einen Schnittpunkt haben.
b) Miss den Winkel α, den die beiden Tangenten miteinander bilden. Wie ändert sich die Lage der beiden Berührungspunkte und der Winkel α, wenn P näher bei M liegt?

10 a) Wenn man vom Turm des Ulmer Münsters 85 m entfernt ist, bildet die Spitze des Turmes mit der Straße einen Winkel von 62°.
Welche Höhe hat der Turm?
b) Wird eine Leiter an einer Wand angelehnt, soll der Winkel zum Boden aus Sicherheitsgründen mindestens 55° und höchstens 75° betragen.
Welche Höhen kann demnach eine 5 m lange Leiter erreichen?

11 Ein Schiff fährt auf einem geradlinigen Kurs im Abstand von 12 km zu einem Leuchtturm.
Bei zwei Peilungen im Abstand von einer halben Stunde erscheint der Leuchtturm zuerst unter einem Winkel von 37° und dann unter einem Winkel von 101°.
Welche Strecke hat das Schiff zurückgelegt? Wie schnell ist es gefahren?

12 Kinderfragen müssen ernst genommen werden
Paul ist öfters mit seiner Schwester Ina auf einem Spielplatz mit einer hohen Kettenschaukel. Gestern war Onkel Dagobert mit dabei und hat Ina heftig angeschubst.
„Ich bin mit dem Schaukelbrett genauso hoch wie dein Kopf ist", juchzt Ina.
Dann will sie es genau wissen:
„Paul, was meinst du denn, wie weit ich von der Mitte der Schaukel weg war?"
Paul nimmt zum nächsten Spielplatzbesuch ein Maßband und einen Winkelmesser mit.
Er stellt fest, dass die Rundbalken 5 m auseinander stehen und mit dem Boden einen Winkel von 70° bilden. Das Sitzbrett ist 80 cm über dem Boden. Mit einer maßstabsgetreuen Konstruktion kann er Inas Frage beantworten.

Fast hätte eine Angabe gefehlt: „Onkel Dagobert ist 1,90 m groß."

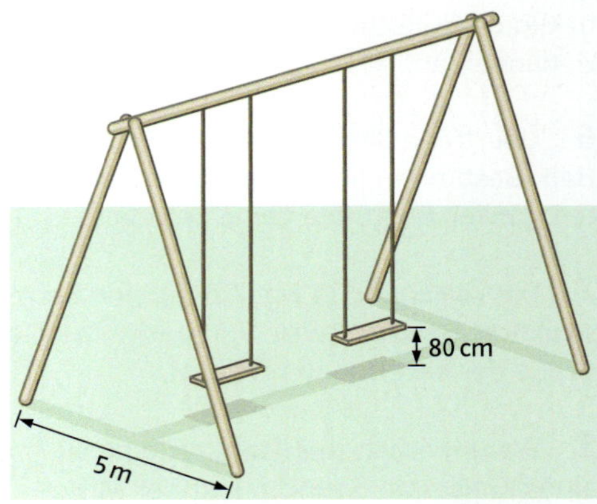

13 Sicherheit geht vor
Auf einem Rundgang hat Förster Heinrich eine Tanne auf einer Wiese entdeckt, die in 8 m Höhe eine Schwachstelle hat und knicken könnte. Er muss den Gefahrenbereich, in dem die Spitze des 36 m hohen Baumes aufschlagen könnte, mit zusätzlich 5 Meter Sicherheitsabstand mit einem Seil absperren.
a) In welcher Entfernung vom Stamm könnte die Spitze den Boden treffen?
Überlege dazu, wie sich die Spitze der Tanne beim Knicken verhält, und konstruiere maßstabsgetreu.
b) Welchen Bereich muss Förster Heinrich auf der Wiese sichern?

14 Die Gemeinden A und B sollen mithilfe einer Umspannstation an eine Hochspannungsleitung angeschlossen werden. Die nebenstehende Skizze zeigt vereinfacht die geografische Situation. Damit die Kosten für die Leitungen zu den Gemeinden möglichst niedrig sind, soll die Umspannstation an derjenigen Stelle gebaut werden, von der aus die Entfernungen zu den beiden Gemeinden zusammen möglichst klein sind.
Mit der in der Abbildung gezeigten Konstruktion behauptet ein Ingenieur, die beste Lösung für das Problem mit einer Umspannstation beim Punkt C gefunden zu haben. Begründe seine Aussage. Beschreibe die Lage der Stelle C.

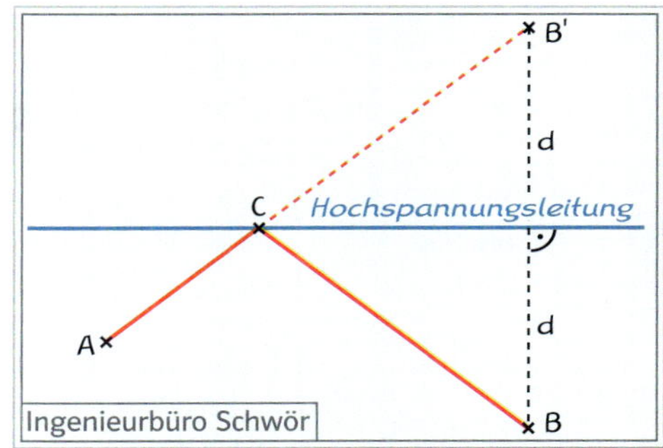

Fig. 1

15 Bei einem Laufspiel muss man von der Stelle A zuerst an der blauen Wand abklatschen und dann insgesamt möglichst schnell mit einem erneuten Abklatschen an der roten Wand zur Stelle B gelangen. Welchen Weg würdest du nehmen?

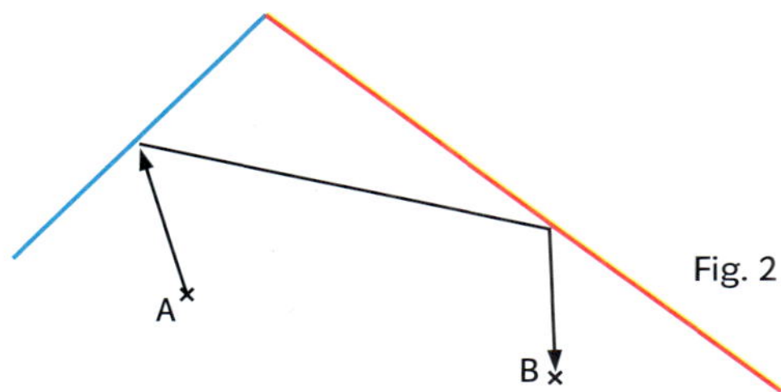

Fig. 2

16 **Kannst du helfen?**

Noch keinen Standort für den Sendemast
Die Vertreter der drei Gemeinden Rasthausen, Seedorf und Waldbronn sind sich noch immer nicht einig über den Standort eines Senders, der den Handy-Betrieb in der Region ermöglichen soll. Die drei Gemeinderäte fordern, dass jede Ortschaft die gleiche Qualität haben soll.

Badener Tagblatt, 25. Juli 2003

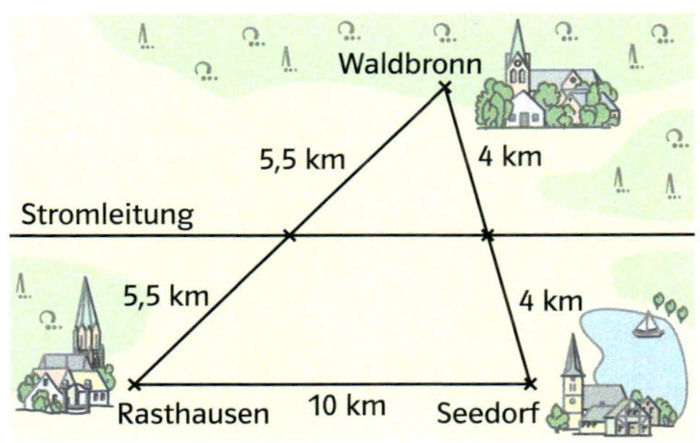

Fig. 3

Die Leistung einer Funkstation verringert sich mit zunehmendem Abstand von seinem Standort.

Wo würdest du den Platz für den Sender festlegen? Der Sender muss an die Stromleitung angeschlossen werden. Wie lang ist hierbei das Kabel?

17 Was muss man berücksichtigen, wenn man für ein ganzes Bundesland wie etwa Baden-Württemberg eine flächendeckende Versorgung, z. B. für die Rettung von Unfallopfern mit dem Hubschrauber, einrichten will? Besorge dir die zugehörigen Informationen und schreibe deine Überlegungen für eine baden-württembergische Lösung auf.

Auch der Aktionsradius eines Hubschraubers ist kreisförmig wie bei einer Funkstation.

18 Zeichne die Geraden g, h und k wie angegeben. Bestimme alle Punkte, die von g, h und k den gleichen Abstand haben.
a) Jeweils zwei Geraden schneiden sich. Die Schnittpunkte sind verschieden.
b) Die Geraden g und h sind parallel, die Gerade k schneidet g und h.
c) Die Geraden g, h, und k schneiden sich in einem Punkt.

19 Kann man drei Geraden so zeichnen, dass es keinen Punkt gibt, dessen Abstände zu den drei Geraden gleich groß sind?

20 In Fig. 1 ist das Dreieck ABC gleichschenklig.
a) Untersuche, ob g und h parallel sind.
b) Bestimme die Weite der Winkel α, γ und δ.
c) Welcher Zusammenhang besteht zwischen β_1 und γ? Begründe.

Tipp: In Fig. 1 ist ein Thaleskreis gezeichnet.

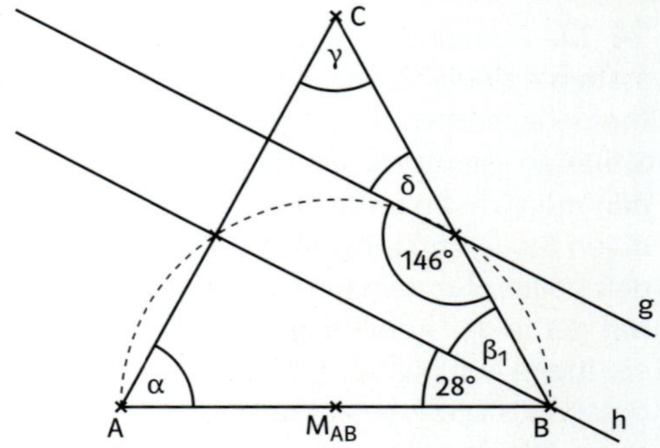

Fig. 1

21 Konstruiere ein rechtwinkliges Dreieck mit einer Seite der Länge 6 cm und einem Flächeninhalt von $24\,cm^2$.

22 In einem Koordinatensystem ist ein Dreieck ABC mit A(−3|−2); B(5|1) und C(−1|4) gegeben.
a) Zeichne ein Rechteck mit einem möglichst kleinen Flächeninhalt so, dass seine Seiten zu je einer Koordinatenachse parallel sind und die Eckpunkte des Dreiecks auf den Seiten des Rechtecks liegen.
b) Bestimme nach Teilaufgabe a) den Flächeninhalt des Rechtecks und des Dreiecks. Um wie viel Prozent ist der Flächeninhalt des Rechtecks größer als der des Dreiecks?
c) Ein Punkt P ist gleich weit von den Eckpunkten der Strecke $\overline{AB}$ entfernt. Ein Punkt Q hat den gleichen Abstand zu den Eckpunkten des Rechtecks. Bestimme die Länge der kürzesten Strecke $\overline{PQ}$.

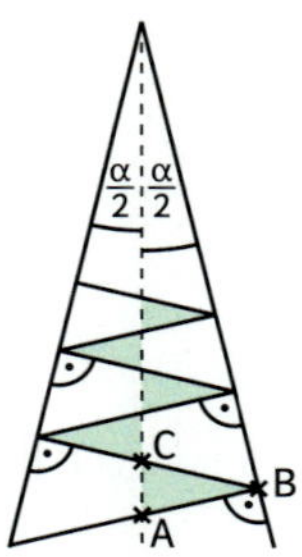

Fig. 2

23 Fig. 2 zeigt einen Leitungsmast im oberen Teil. Begründe, dass das Dreieck ABC und alle gefärbten Dreiecke gleichschenklig sind.

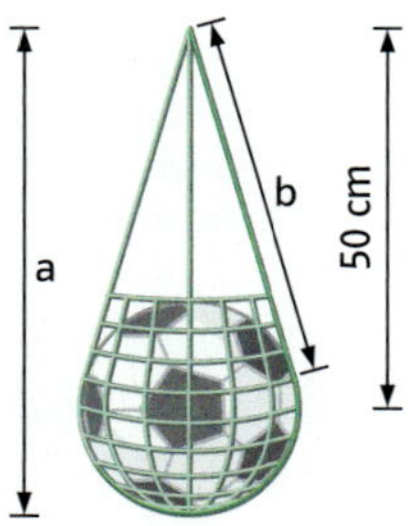

Fig. 3

24 Ein Dreieck ABC soll rechtwinklig sein. Begründe, ob dies unter der gegebenen Bedingung möglich ist. Wenn ja, gib die Winkel eines passenden Dreiecks an.

a) $\gamma = 12°$	b) $\alpha = 80°$	c) $\beta = 100°$	d) $\alpha = \gamma$
e) $\gamma = \frac{\beta}{2}$	f) $\alpha + \beta = 90°$	g) $\gamma + \alpha = 110°$	h) $\alpha + \beta = \frac{\gamma}{2}$

25 Ein Ball mit 28 cm Durchmesser ist in einem Netz aufgehängt. Die Abbildung am Rand zeigt die Situation. Bestimme die zu den Variablen a und b gehörenden Streckenlängen.

26 Hier gibt es viele Variationen
Einen Würfel kannst du mit einem geraden Schnitt teilen. An der Schnittfläche entsteht ein Vieleck. Wenn du z. B. einen Würfel aus Knetmasse herstellst, kannst du den Schnitt mit einem Messer herstellen. Beantworte die Fragen und skizziere die zugehörigen Schrägbilder.

Beachte: Wenn man drei Punkte auf drei Würfelseiten wählt, ist damit genau ein gerader Schnitt festgelegt.

a) Welche Arten von Vielecken kommen bei solchen Schnitten vor?
b) Welche Figuren können entstehen, wenn der Schnitt durch drei gewählte Eckpunkte des Würfels geht?
c) Welche Figuren kommen vor, wenn der Schnitt durch drei gewählte Mittelpunkte der Seiten geht?

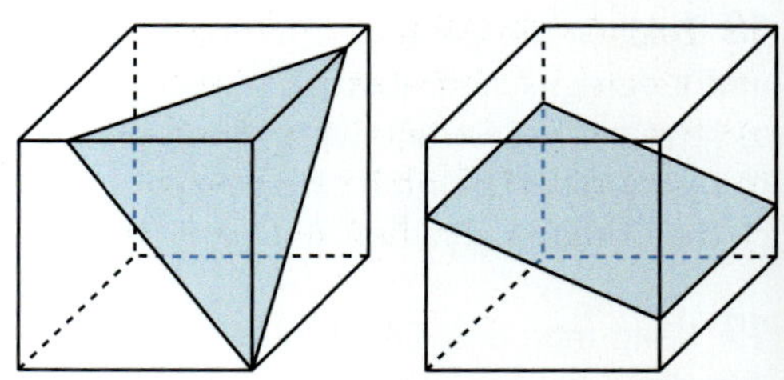
Fig. 4

Gute Gründe

Felicitas Hoppe

Ob es dafür eine Begründung gibt, dass ich nachts nicht mehr schlafen kann? Dass mir morgens plötzlich das Frühstück nicht schmeckt, dass ich im Unterricht aus dem Fenster starre, den Tisch mit seltsamen Zeichen beschmiere und nicht höre, was vorne geredet wird? Ich habe jedes Interesse verloren, ich sehe nicht, was auf der Tafel steht, ich merke nicht einmal, wenn mich mein Nachbar heftig von links in die Seite stößt. Alles ist mir egal geworden.

Nur meine Schwester weiß ganz genau, was seit zwei Wochen mit mir los ist. Für alles im Leben gibt es gute Gründe. Sie muss es wissen, sie ist älter als ich. Sie weiß auch, warum ich nachmittags stundenlang hinten im Garten stehe, selbst bei Regen und seit gestern im Schnee. Ich merke nicht einmal, wie kalt mir ist, wenn ich von dort auf das Nachbarhaus starre, wo ich oben am Fenster im zweiten Stock die Tochter unserer Nachbarn vermute.

Nicht, dass ich das wirklich begründen kann, ich habe das Mädchen nur einmal gesehen, geredet haben wir nicht sehr viel. Und wenn meine Schwester mich lachend fragt, was mir an ihr so gut gefällt, werde ich rot und beginne zu stottern. Ich weiß nur, dass ich nicht anders kann, nachts werde ich wieder von ihr träumen. Im Traum steht die Tochter der Nachbarn vor mir und fragt mich dasselbe wie meine Schwester. Warum ich immer im Garten stehe und dass ich das endlich begründen soll. Meine Mutter behauptet, es sind ihre Haare, mein Bruder behauptet, es sind die Augen, meine Schwester dagegen findet sie hässlich und meint, ich soll die Sache vergessen. Aber ich kann die Sache nicht einfach vergessen, denn diese Sache ist keine Sache, sondern die Tochter der Nachbarn, die mir einfach sehr gefällt.

Es ist wahr, ich bin schlecht in der Schule geworden, und mein Vater spricht laut von dem begründeten Verdacht, dass ich nur meine Zeit verschwende, weil das Mädchen im zweiten Stock der Nachbarn sich überhaupt nicht für mich interessiert. Dabei macht er ein finsteres Richtergesicht, und ich höre die Stimme der Tochter der Nachbarn, die fragt: Wie begründen Sie Ihr Verhalten? Aber ich will mein Verhalten gar nicht begründen, weil ich weiß, dass es nichts zu begründen gibt. Die Begründungen werde ich überspringen! Lieber gehe ich gleich zu Beweisen über, damit das Mädchen endlich versteht, warum ich im Schnee im Garten stehe und von dort aus eine Leiter anlege. Auf der Leiter steige ich bis ganz nach oben, bis unter das Fenster im zweiten Stock, damit das Mädchen mich sehen kann und versteht, dass man keine Begründungen braucht, um Zuneigung zu beweisen.

Beobachten mit dem Zugmodus eines Geometrieprogramms

Mit einem Geometrieprogramm kann man eine Figur im „Zugmodus" nachträglich verändern, indem man einen Punkt mit der Maus „ergreift" und ihn bewegt. Hierbei wird die Konstruktion beibehalten. Die gesamte Figur ändert aber ihre Form. Dabei kann man die Eigenschaften einer besonderen Figur oder einer Abbildung verdeutlichen. Zusätzlich kann man auch die Änderung eines markierten Punktes – seine Ortstlinie – aufzeichnen.

Schnittpunkt der Mittelsenkrechten eines Dreiecks – Ortslinien beobachten

In der nebenstehenden Figur wurde mit einem Geometrieprogramm zunächst ein Dreieck ABC festgelegt und danach der Schnittpunkt S der Mittelsenkrechten konstruiert. Dann wurde ein Kreis gezeichnet, auf dem der Punkt C liegt. Wenn nun der Punkt C auf dem Kreis bewegt und dabei die Ortslinie des Punktes S aufgezeichnet wird, entsteht die rot gefärbte Linie.
Man beobachtet, dass der Schnittpunkt S der Mittelsenkrechten des Dreiecks sich vermutlich auf einer Strecke bewegt.

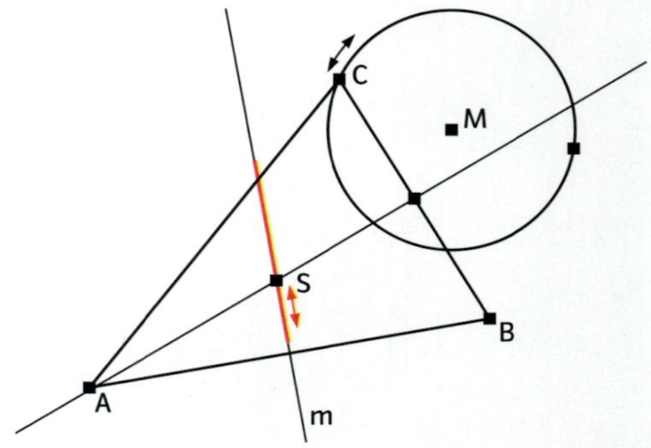

Fig. 1

Die Vermutung, dass die Ortslinie eine Strecke ist, kann mit der Eigenschaft der Mittelsenkrechten leicht begründet werden. Da die Strecke $\overline{AB}$ bei der Bewegung des Punktes C auf dem Kreis ihre Lage nicht ändert, bleibt auch die Mittelsenkrechte m der Strecke $\overline{AB}$ fest. Deshalb liegt der Punkt S für alle Lagen von C stets auf der Geraden m. Solange der Punkt C auf dem Kreis bewegt wird, wiederholt sich die Bewegung des Punktes S auf m.

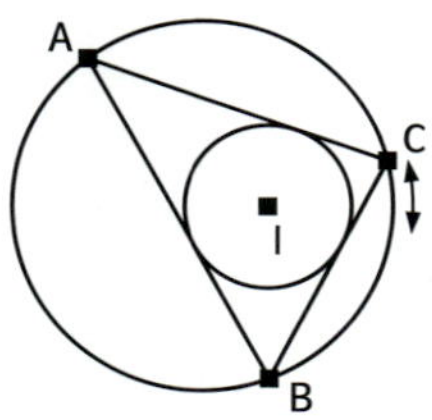

Fig. 2

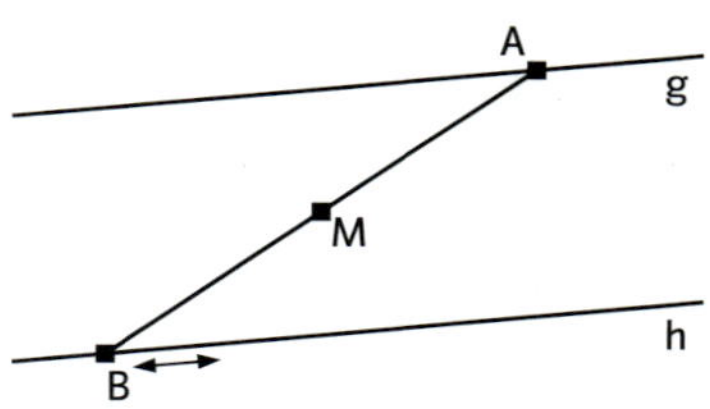

Fig. 3

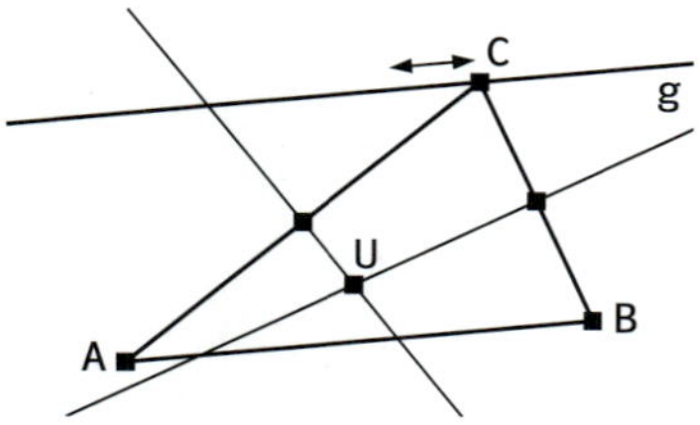

Fig. 4

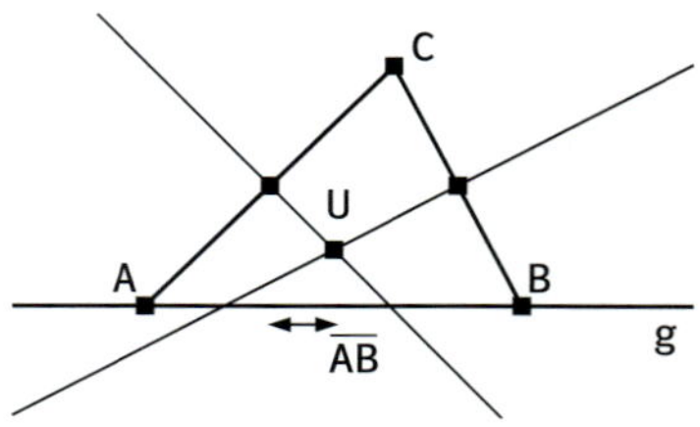

Fig. 5

Tipp:
Beim Zeichnen der Figur ist es vorteilhaft, zuerst eine Anfangsfigur festzulegen und dann die zu untersuchende Figur hineinzuzeichnen, damit die Zeichnung beim Zugmodus nicht „wackelt".

Geo Wie verändert sich in Fig. 2 beim Dreieck ABC der Inkreis, wenn ein Punkt des Dreiecks auf dem Umkreis läuft? Gibt es Dreiecke, bei denen die Mittelpunkte der beiden Kreise zusammenfallen?

Geo In Fig. 3 werden die parallelen Geraden g und h mit einer Querstrecke $\overline{AB}$ verbunden. Welche Ortslinie beschreibt der Mittelpunkt von $\overline{AB}$, wenn B auf h läuft.

Geo In Fig. 4 ist zum Dreieck ABC eine parallele Gerade g zu $\overline{AB}$ durch den Punkt C gezeichnet. Wie ändert sich der Umkreismittelpunkt, wenn C auf g bewegt wird?

Geo In Fig. 5 ist eine Gerade durch $\overline{AB}$ gezeichnet. Wo bewegt sich der Umkreismittelpunkt des Dreiecks ABC, wenn die Strecke $\overline{AB}$ auf g verschoben wird?

Beobachten mit dem Zugmodus eines Geometrieprogramms

Eigenschaften von Abbildungen sehen – die Achsenspiegelung

In der nebenstehenden Figur ist ein Dreieck ABC an der Geraden g gespiegelt. Das Bilddreieck ist deckungsgleich zum Ausgangsdreieck. Durch das Ziehen der beiden schwarzen Punkte auf der Achse oder der Punkte A, B und C ändert sich die Figur.

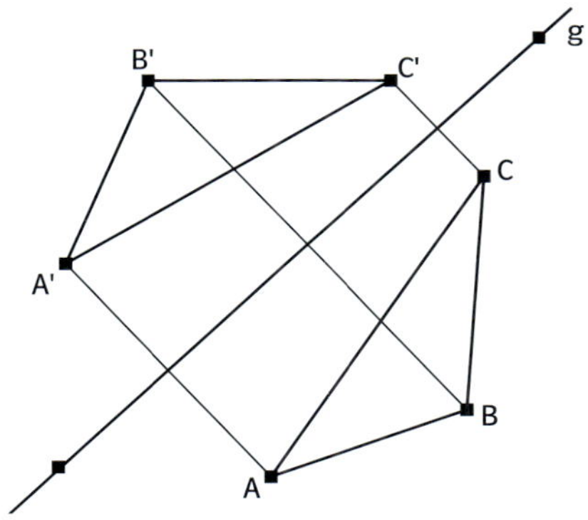

Fig. 1

Tipps:
1. Es ist vorteilhaft, zuerst die Spiegelachse durch die schwarz gezeichneten Punkte festzulegen, damit die Lage der Achse verändert werden kann.
2. Durch das Färben der Zeichnung lassen sich die einzelnen Objekte besser unterscheiden.

Geo Variiere das Dreieck ABC und beobachte die Lage des Bilddreiecks. Welche Eigenschaften der Verbindungsstrecken $\overline{AA'}$, $\overline{BB'}$ und $\overline{CC'}$ zwischen einem Punkt und seinem Bildpunkt erkennst du?

Geo Versuche besondere Lagen der Dreiecke herzustellen und schreibe die besonderen Eigenschaften auf, die dabei entstehen. Zum Beispiel Situationen, bei denen
- die Eckpunkte auf verschiedenen Seiten liegen,
- die Eckpunkte der Ausgangsfigur mit der Bildfigur zusammenfallen,
- ein Dreieck gleichschenklig oder gleichseitig ist,
- die beiden Dreiecke zusammen ein symmetrisches Dreieck ergeben,
- der Winkel bei C stets ein rechter ist,
- das „Dreieck“ ABC zu einer Strecke wird,
- drei Eckpunkte des „Dreiecks“ ABC auf der Achse liegen.

Geo Ergänze die Figur so, dass das Bilddreieck nochmals an einer Geraden h gespiegelt wird, welche die Gerade g schneidet. Untersuche dann den Zusammenhang zwischen der Ausgangsfigur und der Bildfigur nach zweimaliger Spiegelung an den Achsen g und h.

Spiegelung an einem Kreis – eine Abbildung erfinden und untersuchen

Vereinbarung einer Abbildung

Gegeben ist ein Kreis. Ein Punkt P wird nach folgender Vorschrift auf den Punkt P' abgebildet:
- Die Punkte P, M und P' liegen auf einer Geraden.
- Die Strecke $\overline{PP'}$ wird von der Kreislinie halbiert, d.h., es ist $\overline{PQ} = \overline{P'Q}$.

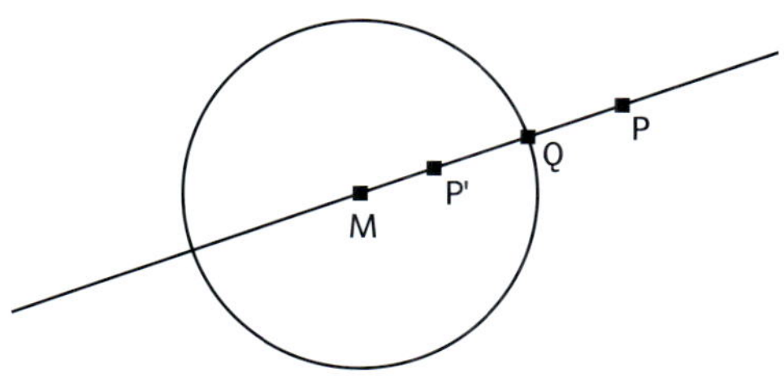

Fig. 2

Tipps:
1. Für die Konstruktion des Bildpunktes P' aus dem Punkt P ist es wichtig, zuerst den gegebenen Kreis zu zeichnen und dann die Strecke $\overline{PP'}$ mithilfe der Geraden $\overline{MP}$ und ihrem Schnittpunkt Q mit dem Kreis zu konstruieren. Danach sollte man alle störenden Linien ausblenden.
2. Wenn man zur Abbildung eine Figur hinzuzeichnet, kann man das Bild einer Figur als Ortslinie von P' aufzeichnen, wenn der Punkt P an die Figur gebunden wird.

Anregungen für eigene Experimente

Geo Konstruiere mit einem Geometrieprogramm die obige Figur so, dass sie die Abbildung ausführt.

Geo Untersuche die Bilder von Strecken, Geraden, Dreiecken und Kreisen und beschreibe ihre Eigenschaften. Versuche auch, Begründungen für die Beobachtungen zu finden.

Geo Erfinde selbst eine eigene Abbildung und untersuche ihre Eigenschaften.

Rückblick

Abstände
Abstand Punkt – Gerade: Der Abstand eines Punktes P zur Geraden g ist die Länge des Lotes von P auf g.
Abstand paralleler Geraden: Bei parallelen Geraden hat jeder Punkt auf einer Geraden den gleichen Abstand zur anderen Geraden.

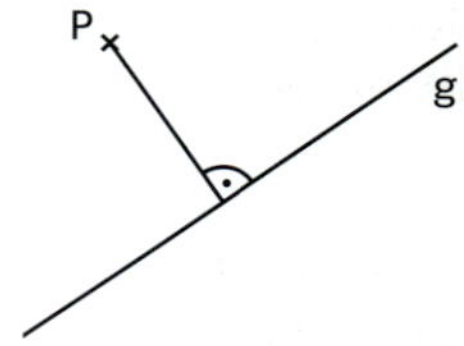

Fig. 1

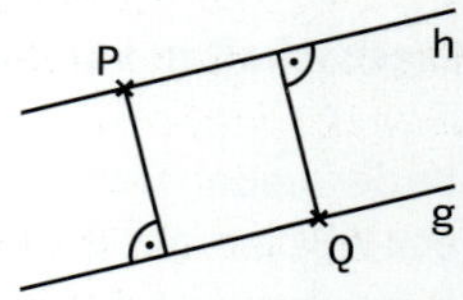

Fig. 2

Ortslinien-Eigenschaft der Mittelsenkrechten
Jeder Punkt mit dem gleichen Abstand zu den Endpunkten einer Strecke liegt auf der Mittelsenkrechten.
Umgekehrt hat jeder Punkt der Mittelsenkrechten einer Strecke den gleichen Abstand zu den Endpunkten der Strecke.

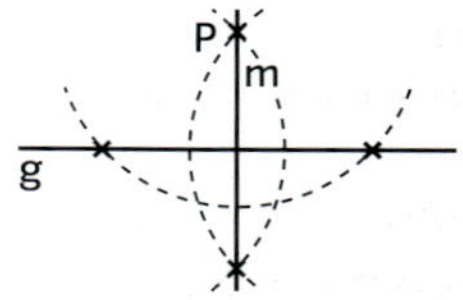

Fig. 3

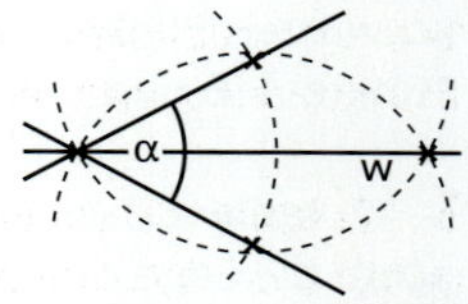

Fig. 4

Ortslinien-Eigenschaft der Winkelhalbierenden
Jeder Punkt mit gleichem Abstand zu den beiden Schenkeln eines Winkels liegt auf der Winkelhalbierenden.
Umgekehrt hat jeder Punkt der Winkelhalbierenden eines Winkels den gleichen Abstand zu den Schenkeln des Winkels.

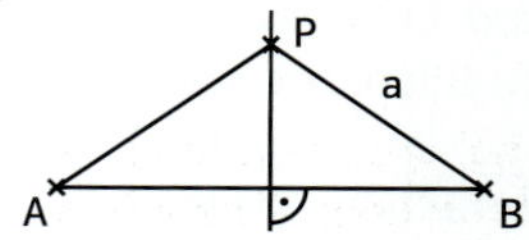

Fig. 5

Konstruktionen
Mit Zirkel und Lineal kann man
- die Mittelsenkrechte einer Strecke konstruieren,
- die Winkelhalbierende eines Winkels konstruieren,
- die Lotgerade von einem Punkt auf eine Gerade konstruieren.

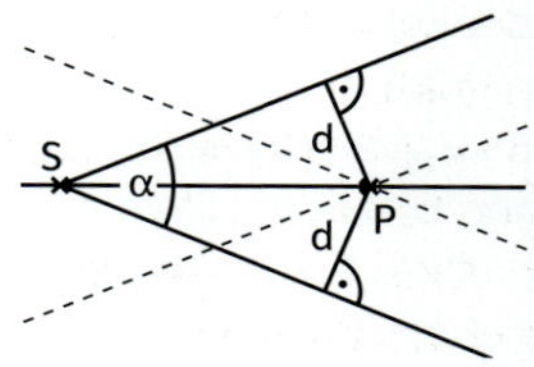

Fig. 6

Gleichschenklige und gleichseitige Dreiecke
Wenn ein Dreieck gleichschenklig ist, dann sind die Basiswinkel gleich groß.
Wenn in einem Dreieck zwei Winkel gleich groß sind, dann ist es gleichschenklig.
Jeder Winkel im gleichseitigen Dreieck misst 60°.

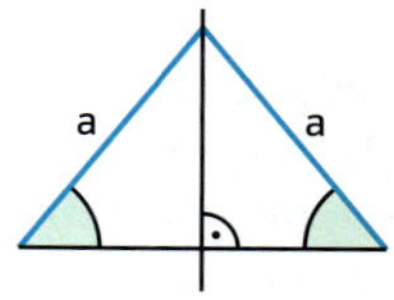

Fig. 7

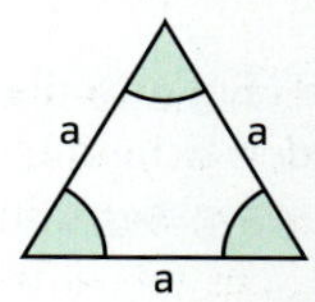

Fig. 8

Winkel an sich schneidenden Geraden
An zwei sich schneidenden Geraden sind Scheitelwinkel gleich groß. Nebenwinkel ergeben zusammen 180°.
Werden zwei parallele Geraden von einer dritten geschnitten, so haben Wechselwinkel und Stufenwinkel die gleiche Größe.

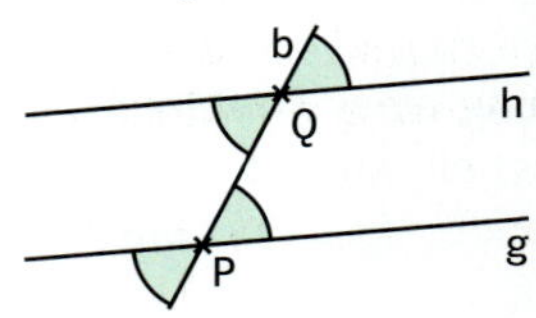

Fig. 9

Winkel im Dreieck – Inkreis und Umkreis
Die Winkelsumme im Dreieck ergibt 180°.
Jedes Dreieck hat einen Umkreis. Die drei Mittelsenkrechten der Seiten schneiden sich im Mittelpunkt U des Umkreises.
Jedes Dreieck hat einen Inkreis. Die drei Winkelhalbierenden der Winkel schneiden sich im Mittelpunkt I des Inkreises.

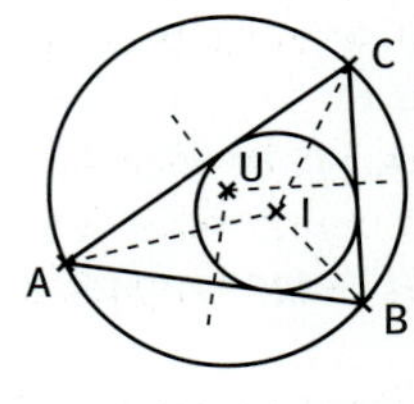

Fig. 10

Satz des Thales
Jeder Winkel im Halbkreis über einer Strecke ist ein rechter.
Der Satz des Thales kann umgekehrt werden.

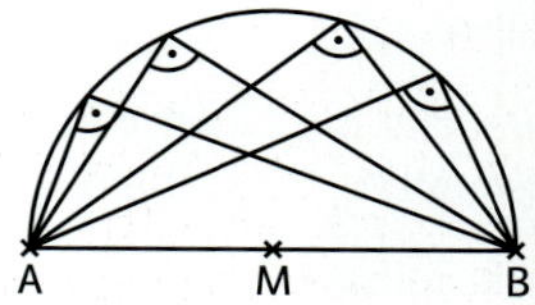

Fig. 11

Training

Runde 1

1 Gegeben ist ein Dreieck ABC mit $\overline{AB} = 4\,cm$; $\beta = 40°$ und $\overline{AC} = 3\,cm$. Zeichne eine Planfigur, gib eine Konstruktionsbeschreibung an und zeichne das Dreieck. Gibt es nur eine Lösung?

2 Zeichne ein Rechteck mit $a = 5\,cm$ und $b = 3\,cm$. Bestimme alle Punkte für die beide Aussagen A und B erfüllt sind. Begründe deine Lösung.
A: Die Punkte haben zum Schnittpunkt der Diagonalen einen Abstand von mindestens 1 cm und höchstens 3 cm.
B: Die Punkte haben zur längeren Seite einen Abstand von 1 cm.

3 Zeichne ein Dreieck ABC mit $a = 3\,cm$; $b = 4\,cm$ und $\gamma = 50°$. Konstruiere den Schnittpunkt S der Winkelhalbierenden des Winkels α mit der Mittelsenkrechten der Seite $\overline{AC}$. Schreibe die Abstandseigenschaften des Punktes S auf, die sich aus der Konstruktion ergeben.

4 In der nebenstehenden Figur ist $g \parallel h$. Zunächst wurde die Strecke $\overline{AB}$ mit dem Winkel α gezeichnet. Dann wurden im Punkt B und danach im Punkt C die Winkelhalbierenden konstruiert.
a) Zeichne für $\alpha = 58°$ und mit dem Abstand 5 cm von g zu h die Figur in dein Heft.
b) Bestimme die Größe der Winkel β und γ ohne zu messen. Begründe schriftlich.
c) Kann der Winkel α so gewählt werden, dass $\alpha = \beta$ gilt? Wie groß ist dann der Winkel γ?

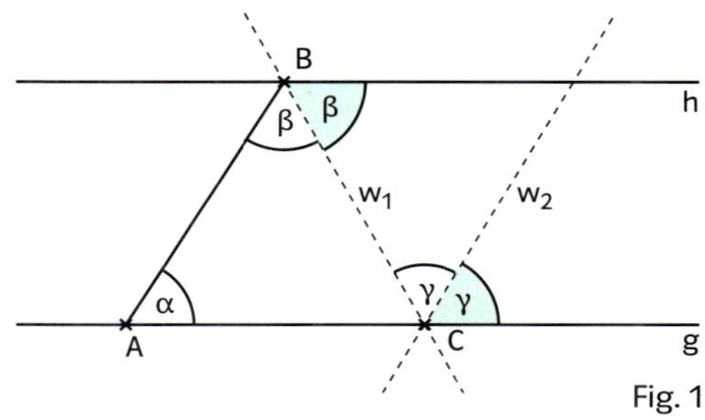

Fig. 1

Runde 2

1 Um die Länge $\overline{AB}$ des abgebildeten Sees zu bestimmen, wurden vom Punkt C aus die angegebenen Messungen vorgenommen. Bestimme mit einem geeigneten Maßstab die Länge des Sees mit einer Konstruktion.

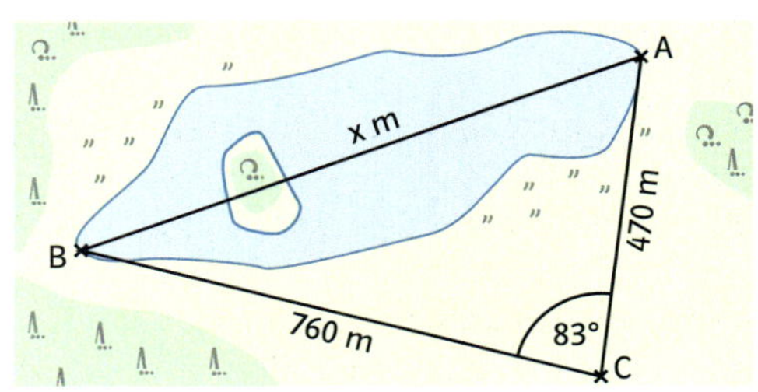

Fig. 2

2 Ein Dreieck ABC soll den rechten Winkel $\beta = 90°$ haben. Gib die mögliche Größe der Winkel an und zeichne ein passendes Dreieck.
a) $\gamma = 12°$ b) $\beta = 2 \cdot \alpha$ c) $\gamma + \alpha = 110°$

3 Konstruiere ein Dreieck ABC mit $c = 4\,cm$; $b = 5\,cm$ und $\beta = 45°$ mit dem Umkreis. Beschreibe die Konstruktion. Gibt es mehrere Lösungen?

4 Konstruiere ein Dreieck ABC mit $c = 5\,cm$; $\alpha = 50°$ und einem rechten Winkel bei C
a) ohne Rechnung mithilfe des Satzes von Thales.
b) mithilfe einer Rechnung ohne Verwendung des Satzes von Thales.

5 Wie viele gleichschenklige Dreiecke sind in der nebenstehenden Figur enthalten?
a) Nenne Strecken der Figur, die gleich lang sind.
b) Bestimme zu $\alpha = 26°$ die beschrifteten Winkel und zeichne danach die Figur mit $\overline{AB} = 8\,cm$.
c) Kann die Figur auch so gezeichnet werden, dass $\alpha = 45°$ ist?

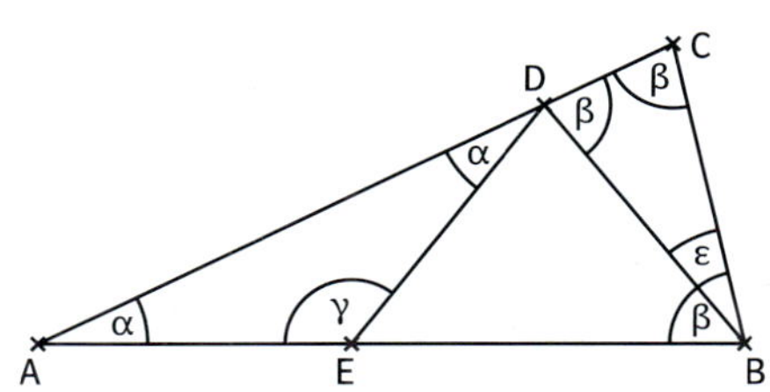

Fig. 3

Das kannst du schon

- Einfache Gleichungen lösen
- Geraden mithilfe von Gleichungen beschreiben
- Graphen von linearen Zuordnungen zeichnen

Dominik: Jasmin und ich sind zusammen 27 Jahre alt.
Cora: Zusammen sind wir 40 Jahre alt.
Jasmin: Man glaubt's zwar kaum, aber es ist so – Cora und ich sind Zwillinge.

Zahl und Maß | Daten und Zufall | **Beziehung und Änderung** | **Modell und Simulation** | Muster und Struktur | Form und Raum

Eine schnittige Lösung

Aus einer Konzertkritik
... Das Leben im Werk des Herbert Grönemeyer ist ein nicht allzu kompliziertes System von Gleichungen, die immer aufgehen, auch ohne höhere Mathematik ...
(Stuttgarter Zeitung, 9. Juli 2003)

Das kannst du bald

- Gleichungen mithilfe von Geraden im Koordinatensystem lösen
- Die gemeinsame Lösung von zwei verschiedenen Gleichung zeichnerisch und rechnerisch bestimmen
- Gemeinsame Lösungen von mehreren Ungleichungen zeichnerisch bestimmen

1 Lineare Gleichungen und lineare Zuordnungen

Die Postkarte hat Flecken bekommen und Tobias kann nicht alles lesen. Er kann jedoch geschickt „raten" oder sein Wissen über Terme, lineare Funktionen und Graphen von linearen Funktionen nutzen. Wie, das erfährst du jetzt.

Im Kapitel IV wurde die Lösung einer Gleichung wie $3x + 1 = 7$ mithilfe von Äquivalenzumformungen berechnet. Im Folgenden werden mit nur einer Zeichnung die Lösungen mehrerer Gleichungen mit derselben linken Seite, wie z. B. $3x + 1$, bestimmt.

Die Gleichung $3x + 1 = 7$ kann man rechnerisch und zeichnerisch lösen. Die rechnerische Lösung erhält man mithilfe von Äquivalenzumformungen.

$$3x + 1 = 7 \quad | -1$$
$$3x = 6 \quad | :3$$
$$x = 2$$

Für die zeichnerische Lösung zeichnet man den Graphen der linearen Zuordnung mit der Gleichung $y = 3x + 1$ (Fig. 1). Anschließend liest man ab, für welchen x-Wert man den y-Wert 7 erhält.
In Fig. 1 kann man auch die Lösungen anderer Gleichungen mit der linken Seite $3x + 1$ ablesen. So hat die Gleichung $3x + 1 = 5{,}5$ die Lösung $x = 1{,}5$.

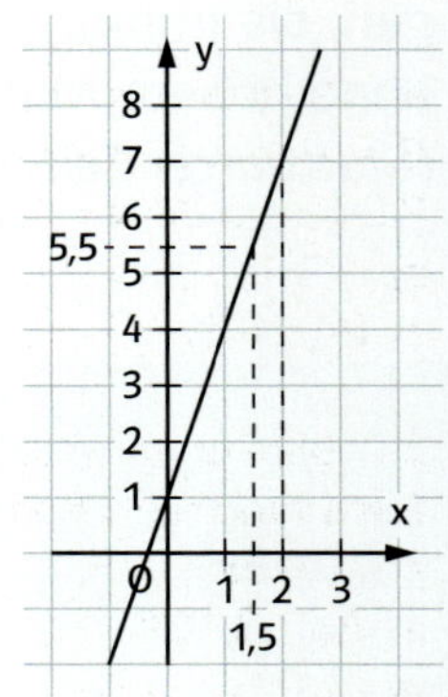

Fig. 1

Lineare Zuordnungen hast du in Kapitel III auf den Seiten 72 und 73 bereits kennen gelernt.

Die Lösungen von Gleichungen wie $3x + 1 = 7$ oder $3x + 1 = 5$ oder $3x + 1 = 6$ usw. kann man mithilfe des Graphen der linearen Zuordnung mit der Gleichung $y = 3x + 1$ bestimmen.
Man nennt Gleichungen dieser Art auch **lineare Gleichungen**.

Beispiel
Löse die Gleichungen $-2x + 1 = 5$ und $-2x + 1 = 7$ rechnerisch und zeichnerisch.
Lösung:
rechnerisch:

$$-2x + 1 = 5 \quad | -1 \qquad\qquad -2x + 1 = 7 \quad | -1$$
$$-2x = 4 \quad | :(-2) \qquad\qquad -2x = 6 \quad | :(-2)$$
$$x = -2 \qquad\qquad x = -3$$

zeichnerisch:
Zeichne den Graph der Zuordnung mit der Gleichung $y = -2x + 1$ (Fig. 2). Suche den x-Wert, für den man den y-Wert 5 bzw. den y-Wert 7 erhält.
Man erhält: $x = -2$ bzw. $x = -3$.

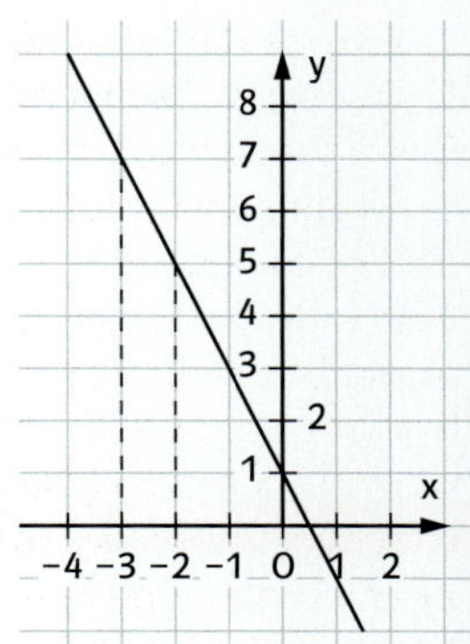

Fig. 2

Aufgaben

1 Löse die Gleichungen rechnerisch und zeichnerisch.

a) $4x + 3 = 7$ b) $4x + 3 = -1$ c) $4x + 3 = 1$ d) $4x + 3 = 5$

e) $5 + \frac{1}{3}x = 3$ f) $5 + \frac{1}{3}x = 4$ g) $5 + \frac{1}{3}x = 6$ h) $5 + \frac{1}{3}x = 7$

2 Gegeben ist die Gleichung einer linearen Zuordnung. Bestimme die x-Koordinate des Punktes, in dem der Graph der Zuordnung die x-Achse schneidet.
Gib die zugehörige lineare Gleichung an, die diese x-Koordinate als Lösung hat.

a) $y = 2x - 4$ b) $y = 3x - 6$ c) $y = \frac{1}{2}x - 1$ d) $y = 4 - 2x$

Bei der Aufgabe 2 sollte man keine „2fel" haben.

3 Betrachtet wird die lineare Zuordnung $x \rightarrow y$. Übertrage die Tabelle in dein Heft und ergänze sie.

a)

x	0	1			
y	5	3	2	0	−4

b)

x	3	−4			
y	0	−2	1	−1	100

4 Gegeben ist die Gleichung einer linearen Zuordnung. Der Punkt P liegt auf dem Graphen dieser Zuordnung. Bestimme zeichnerisch und rechnerisch die Koordinaten der Punkte, in denen der Graph die x-Achse bzw. die y-Achse schneidet.

a) $P(2|3)$; $y = x + b$ b) $P(4|6)$; $y = -2x + b$

c) $P(-2|-3)$; $y = -2x + b$ d) $P(3|-4)$; $y = -x + b$

5 Die Punkte P und Q liegen auf dem Graphen einer linearen Zuordnung.
Bestimme die x-Koordinate des Punktes, in dem der Graph der Zuordnung die x-Achse schneidet.

a) $P(0|2)$; $Q(1|-3)$ b) $P(0|-3)$; $Q(4|7)$

c) $P(0|\frac{1}{3})$; $Q(\frac{1}{3}|1)$ d) $P(2|4)$; $Q(-2|-4)$

e) $P(1|\frac{1}{5})$; $Q(\frac{1}{5}|1)$ f) $P(0{,}2|3)$; $Q(0|1{,}8)$

Bist du sicher?

1 Löse die Gleichungen grafisch mit nur einer Zeichnung.
$2x - 3 = -3$; $-3 + 2x = -1$; $-3 + 2x = -2$; $2x - 3 = 3$; $2x - 3 = 1$

6 Wie viele Lösungen können lineare Gleichungen haben?

a) Zeichne die Graphen der Zuordnungen mit den Gleichungen $y = 0 \cdot x + 1$ und $y = 0 \cdot x - 3$.

b) Wie viele Lösungen haben jeweils die Gleichungen $0 \cdot x + 1 = 1$ und $0 \cdot x - 3 = 1$?
Begründe deine Antwort mithilfe der Graphen aus a).

c) Gib drei verschiedene lineare Gleichungen an, die keine Lösungen haben.

d) Gibt es lineare Gleichungen, die genau 2 (3; 4; 5) verschiedene Lösungen haben?
Begründe deine Antwort.

e) Die Zahlen −6,2 und 103 sind Lösungen derselben linearen Gleichung. Wie viele Lösungen hat diese lineare Gleichung? Begründe deine Antwort.

f) Eine lineare Gleichung hat als Lösung die Zahl 27. Die Zahl −72 ist keine Lösung dieser Gleichung. Wie viele Lösungen hat diese Gleichung? Begründe deine Antwort.

g) Vervollständige den Satz: „Eine lineare Gleichung hat entweder … oder … oder … Lösungen." Gib zur Begründung je ein Beispiel an.

7 Graphen und Gleichungen
Mithilfe der jeweiligen Gerade in Fig. 1, Fig. 2 und Fig. 3 wurden Gleichungen gelöst. Jede der Gleichungen hat mindestens eine Lösung. Gib, falls möglich, drei solcher Gleichungen an.

a)

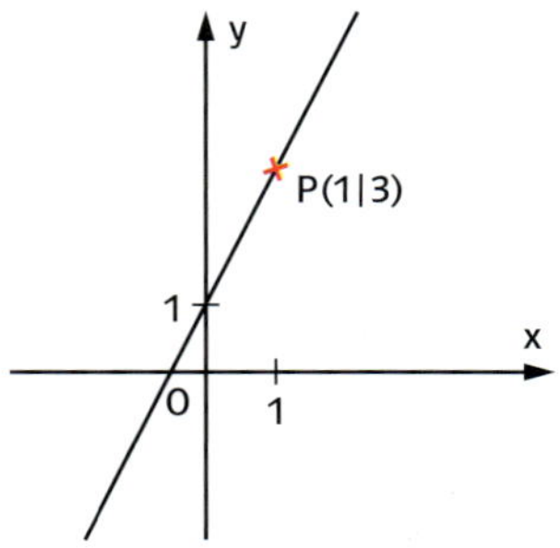

Fig. 1

b)

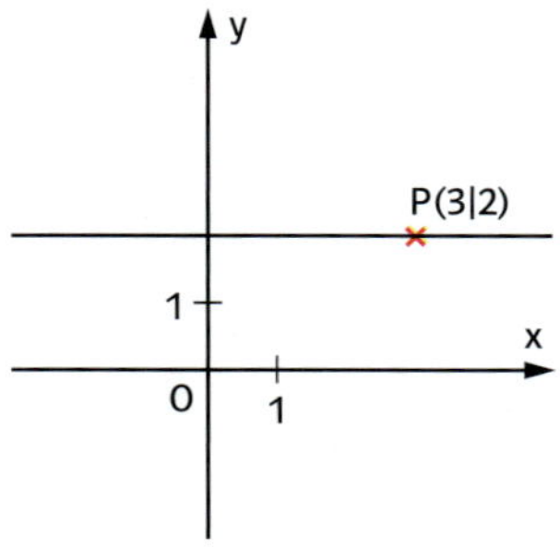

Fig. 2

c)

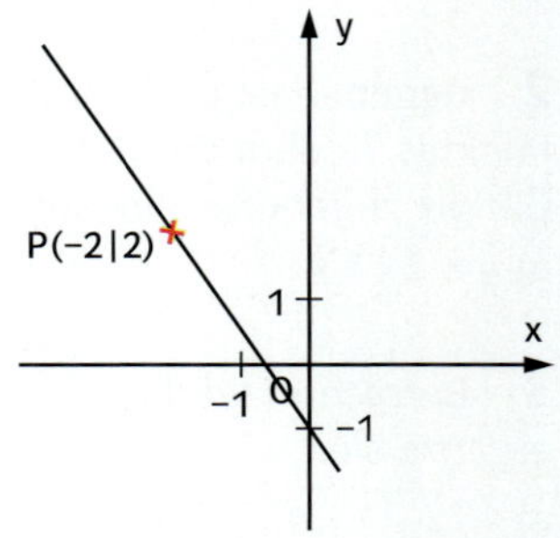

Fig. 3

8 Drei der vier Gleichungen kann man mithilfe einer einzigen Zeichnung lösen. Finde diese drei Gleichungen heraus und bestimme mit einer einzigen Zeichnung ihre Lösungen.

a) $3x + 2 = 8$; $2x + 3 = 8$; $12 = 3x$; $-14 = -3x + 1$

b) $1{,}5 = 2{,}5 - 0{,}5x$; $1{,}5 - 0{,}5 = -0{,}5x$; $1{,}5x + 1 = 3$; $3{,}5 = 1{,}5 + 0{,}5x$

9 In einem Selbstbedienungsrestaurant wird der Salat mit Teller gewogen (Fig. 4). Leonie muss 5,10 Euro zahlen.
Wie viel Gramm Salat hat sie auf ihrem Teller?
Wie viel wiegt der Teller?
Löse die Aufgabe sowohl rechnerisch als auch zeichnerisch.

Fig. 4

10 Oliver möchte, um einen Tee anzusetzen, Wasser zum kochen bringen. Er verwendet dazu einen Tauchsieder, den er in einen Topf mit Wasser steckt. Die Wassertemperatur erhöht sich hierbei gleichmäßig in jeweils zwei Minuten um 15 °C.
Um wie viel Uhr beginnt das Wasser zu kochen?
Löse die Aufgabe zeichnerisch und rechnerisch.

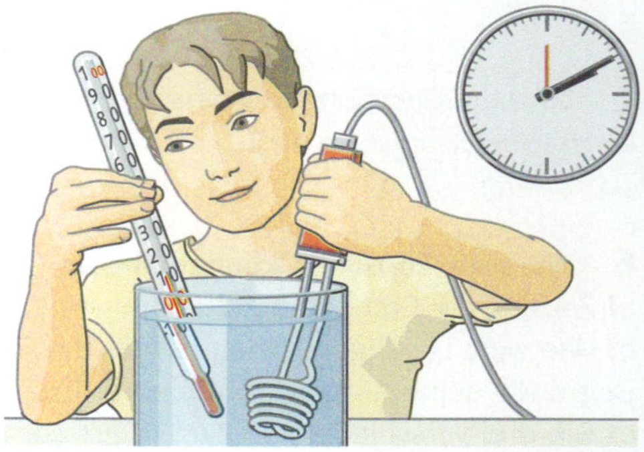

Fig. 5

11 Die Wassertemperatur einer Zentralheizung soll sich nach der Außentemperatur richten. Eine elektronische Steuerung sorgt bei Familie Brandt dafür, dass die Zuordnung *Außentemperatur → Wassertemperatur* ungefähr eine lineare Zuordnung ist.
Bei −20 °C Außentemperatur beträgt die Wassertemperatur 70 °C, bei 10 °C Außentemperatur ist das Wasser 40 °C warm. Herr Brandt liest am Heizkessel 45 °C Wassertemperatur ab. Bestimme die Außentemperatur rechnerisch und zeichnerisch.

2 Lineare Gleichungen mit zwei Variablen

Man sagt zwar:
„Probieren geht über studieren."
Doch dies stimmt nicht immer.
Wie viele der großen und kleinen Poster kann man für 21 Euro kaufen? Mit dem Graphen einer linearen Funktion kannst du schnell alle Möglichkeiten herausfinden.

Bisher wurden lineare Gleichungen mit einer Variablen betrachtet. Es gibt jedoch auch eine Reihe von Fragestellungen, die auf Gleichungen mit zwei Variablen führen.

Eine Gruppe mit 36 Jugendlichen besucht eine Waldgaststätte, in der es nur Tische für vier und für sechs Personen gibt. Wie viele 4er-Tische und 6er-Tische können sie komplett belegen?

Ist x die Anzahl der 4er-Tische und y die Anzahl der 6er-Tische so gilt: $4x + 6y = 36$.
Eine Lösung dieser Gleichung besteht aus zwei Angaben, einer Zahl für x und einer Zahl für y. Zwei ganzzahlige Lösungen der Gleichung sind $(6|2)$ und $(3|4)$. Das heißt, die Gruppe könnte beispielsweise sechs 4er-Tische und zwei 6er-Tische oder auch drei 4er-Tische und vier 6er-Tische belegen.

Lösungen von Gleichungen wie $4x + 6y = 36$ kann man leicht berechnen: Man bringt sie auf die Form $y = -\frac{2}{3}x + 6$, setzt für x Zahlen ein und berechnet die jeweiligen Zahlen für y.
Damit berechnet man zugleich für die eine Zuordnung mit der Gleichung $y = -\frac{2}{3}x + 6$ zu jedem x-Wert den passenden y-Wert.
Deshalb entsprechen die Punkte des Graphen der Zuordnung den Lösungen der Gleichung $4x + 6y = 36$.

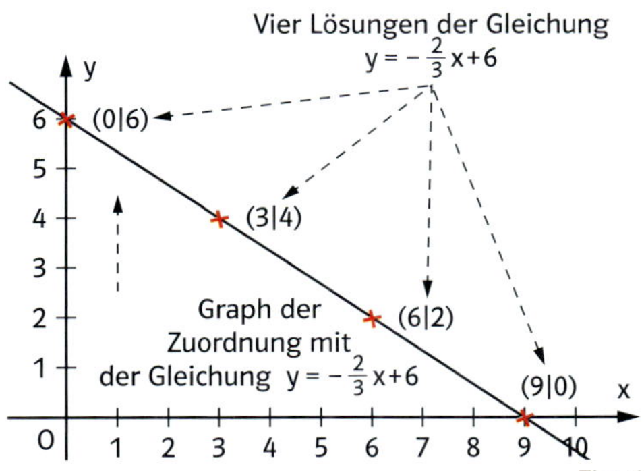

Fig. 1

Gleichungen wie $4x + 6y = 36$ heißen **lineare Gleichungen mit zwei Variablen**.

Für lineare Gleichungen wie $4x + 6y = 36$ mit den Variablen x und y gilt:
1. Jede Lösung besteht aus einem Zahlenpaar.
2. Es gibt unendlich viele Lösungen.
3. Die grafische Darstellung aller Lösungen ist eine Gerade.

Über Sonderfälle wie $2x + 0y = 4$ und $0x + 0y = 0$ und $0x + 0y = 4$ erfährst du einiges in der Info-Box auf *Seite 160.*

Beispiel

a) Gib zwei Lösungen der Gleichung $5x - 3y = -9$ an.

b) Stelle deine Lösungen von a) in einem Koordinatensystem dar.

c) Zeichne die Gerade durch die beiden Punkte und lies eine weitere Lösung ab.

Lösung:

a) $5x - 3y = -9 \quad | -5x$

$-3y = -5x - 9 \quad | :(-3)$

$y = \frac{5}{3}x + 3$

Für $x = 0$ erhält man $y = 3$.

Für $x = 3$ erhält man $y = 8$.

b) Siehe Fig. 1.

c) Eine weitere Lösung ist z.B. $(-3|-2)$, siehe Fig. 1.

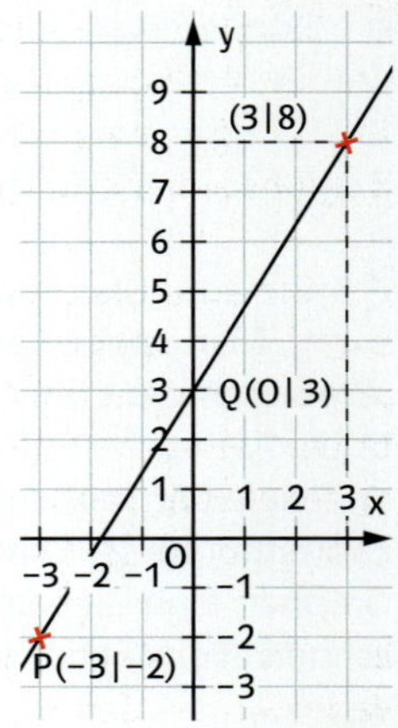

Fig. 1

Aufgaben

1 Ist das Zahlenpaar eine Lösung der Gleichung $7x - 4y = 3$?

a) $(1|1)$ b) $(3|4)$ c) $(-2|-4)$ d) $(0|-0{,}75)$ e) $(-\frac{3}{7}|0)$ f) $(0{,}5|0{,}125)$

2 Gib fünf Lösungen an.

a) $2x + 5y = 1$ b) $2x - 5y = 1$ c) $-2x + 5y = 1$

d) $-2x - 5y = 1$ e) $2x - 5y = -1$ f) $2x + 5y = -1$

3 Zeichne die Gerade, deren Punkte den Lösungen der Gleichung entsprechen.

a) $y = 2x - 1$ b) $3y = 5x + 3$ c) $-4x + y = 3$

d) $-0{,}3x + 1{,}2y - 2 = 0$ e) $70y - 140x + 70 = 0$ f) $0{,}3y - 0{,}5x = 0{,}3$

4 Zeichne die zur Gleichung gehörende Gerade und lies vier Lösungen der Gleichung ab.

a) $y - x = 0$ b) $y + x = 3$ c) $x - 2y = -2$

d) $6x + 3y = -1$ e) $x + 3y = 3$ f) $-2y + x + 2 = 0$

Bist du sicher?

1 Bestimme die fehlende Zahl so, dass sich eine Lösung von $3x - 0{,}5y = 1$ ergibt.

a) $(0|\quad)$ b) $(\quad|2)$ c) $(3|\quad)$ d) $(\quad|-2)$ e) $(-0{,}5|\quad)$ f) $(\quad|-0{,}8)$

5 Gib eine lineare Gleichung an, die die beiden Zahlenpaare als Lösungen hat.

a) $(1|2)$ und $(2|1)$ b) $(-2|1{,}2)$ und $(1|-0{,}8)$

$2x + 0y = 4$
$x = 2$
Lösungen sind z.B.:
$(2|0)$; $(2|1)$; $(2|2)$

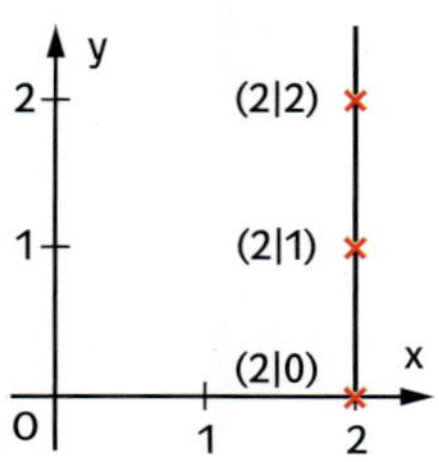

Fig. 2

Info

Sonderfälle

1. In der Gleichung $2x + 0y = 4$ ist der Faktor bei y Null. Also gilt: $x = 2$. Alle Zahlenpaare mit $x = 2$ sind Lösungen der Gleichung $2x + 0y = 4$ bzw. $2x = 4$ (Fig. 2).
2. Für die Gleichung $0x + 0y = 0$ ist jedes Zahlenpaar eine Lösung.
3. Die Gleichung $0x + 0y = 4$ besitzt keine Lösung, denn die linke Seite der Gleichung ist stets gleich Null und die rechte Seite ist ungleich Null.

6 Können die Zahlenpaare (1|1); (2|4) und (3|3) Lösungen einer einzigen linearen Gleichung mit zwei Variablen sein? Begründe deine Antwort.

7 Gib eine Gleichung der Form $ax + by = c$ an, bei der jede Lösung
a) den x-Wert 3 (−4,7) hat,
b) den y-Wert 2 (−3,3) hat,
c) einen x-Wert hat, der doppelt so groß ist wie der y-Wert.

8 Gib eine lineare Gleichung mit zwei Variablen an, deren Lösungen die Gerade g (h; k; l) in Fig. 1 festlegen.

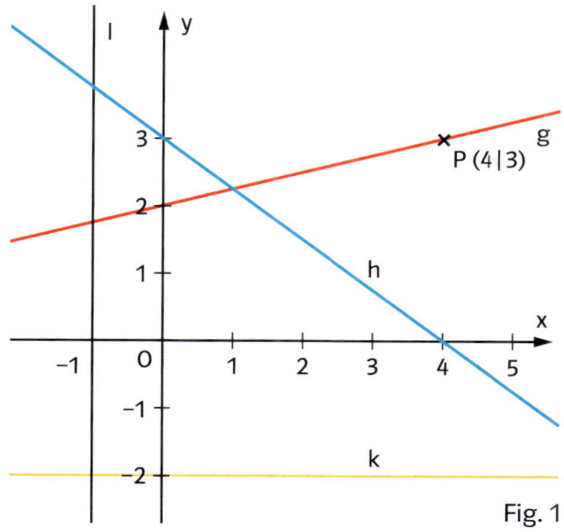

Fig. 1

9 Johanna hat Wasser mit Minze-Sirup gemischt. Ein Liter Wasser wiegt 1kg. Der Sirup ist 12,5% schwerer als Wasser. Johannas Wasser-Sirup-Gemisch wiegt genau 300g. Wie viel cm^3 Wasser und wie viel cm^3 Sirup kann sie genommen haben? Stelle alle Lösungen mit einer Geraden dar.

10 Tobias hat 2-Cent-Stücke und 5-Cent-Stücke in einem Glas gesammelt. Er will beim Geldzählen Zeit sparen. Er wiegt deshalb das leere Glas, das volle Glas (Fig. 2), ein 2-Cent-Stück und ein 5-Cent-Stück. Ein 2-Cent-Stück wiegt ca. 3g und ein 5-Cent-Stück 4g. Kann er sicher sein, dass er mit den Münzen im Glas eine 5,85 Euro teure CD kaufen kann? Kann er, falls das Geld reicht, die CD mit diesen Münzen so bezahlen, dass er kein Wechselgeld zurück bekommt? Begründe deine Antworten.

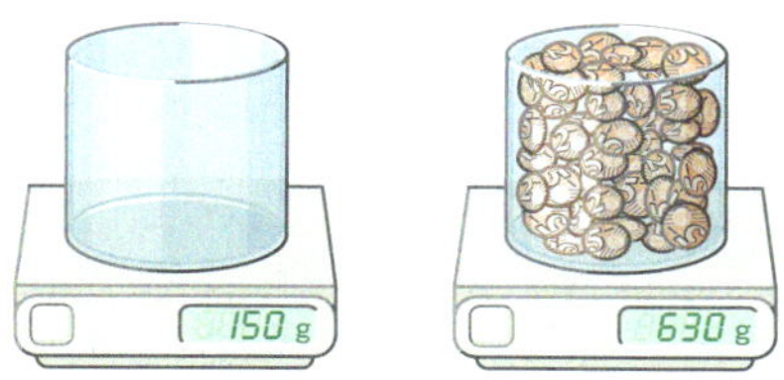

Fig. 2

11 **Aufgabenstellung gesucht**
Erfinde mit deinem Nachbarn eine Aufgabe, so dass der Graph oder Punkte des Graphen den Lösungen entsprechen (Fig. 3).

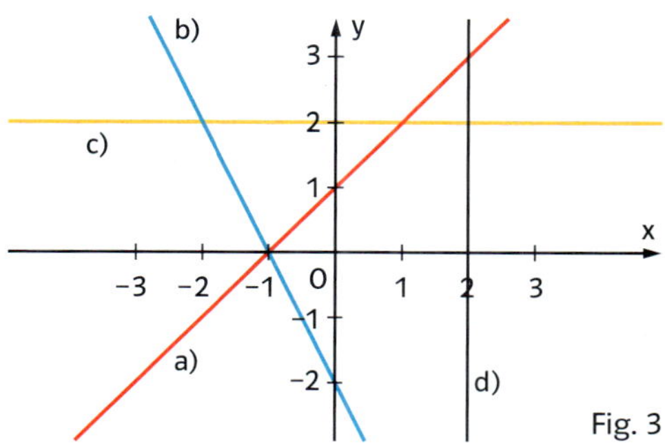

Fig. 3

Kannst du das noch?

12 Löse die Gleichung $\left(\frac{2}{3} - 1\frac{7}{8}\right) : 0{,}125 = 1{,}5 \cdot x$.

13 Tobias hat für 9 Euro ein Taschenbuch gekauft, dessen Preis um 25% reduziert war. Wie teuer war das Taschenbuch ursprünglich?

14 Vier Gläser wurden zufällig entweder mit dem Jumbo- oder mit dem Rico-Bananenshake gefüllt. Hanne kostet aus allen Gläsern. Wie groß ist die Wahrscheinlichkeit, dass Hanne alles richtig erkennt, wenn sie bei jedem Glas die Trefferwahrscheinlichkeit 50% (80%; 95%) hat?

3 Lineare Gleichungssysteme mit zwei Variablen

Du hast gelernt, wie man lineare Gleichungen mit einer Variablen rechnerisch und zeichnerisch lösen kann.
Die Lösungen einer linearen Gleichung mit zwei Variablen kannst du zeichnerisch bestimmen.
Jetzt lernst du, wie man die gemeinsame Lösung von zwei linearen Gleichungen mit zwei Variablen zeichnerisch erhält.

Unser Wochenendrätsel

In einer Obstschale befinden sich drei Birnen mehr als Äpfel. Zieht man die Anzahl der Äpfel von der Zahl 5 ab, so erhält man die Anzahl der Birnen.
Sag', wie viele Äpfel und Birnen sind es.

Einsendeschluss: Nächster Freitag

Viele Fragestellungen kann man mithilfe zweier linearer Gleichungen lösen. Auch das Rätsel auf dem Rand führt auf zwei Gleichungen.

Bezeichnet man die Anzahl der Äpfel mit x und die Anzahl der Birnen mit y, so gilt $y = x + 3$ und $y = 5 - x$ bzw. $y = -x + 5$.
Jede der beiden Gleichungen hat unendlich viele Lösungen. Ihre Lösungen entsprechen den Punkten auf den beiden Geraden.
In Fig. 1 erkennt man, dass das Zahlenpaar (1|4) die gemeinsame Lösung der beiden Gleichungen ist. Also sind in der Schale ein Apfel und vier Birnen.

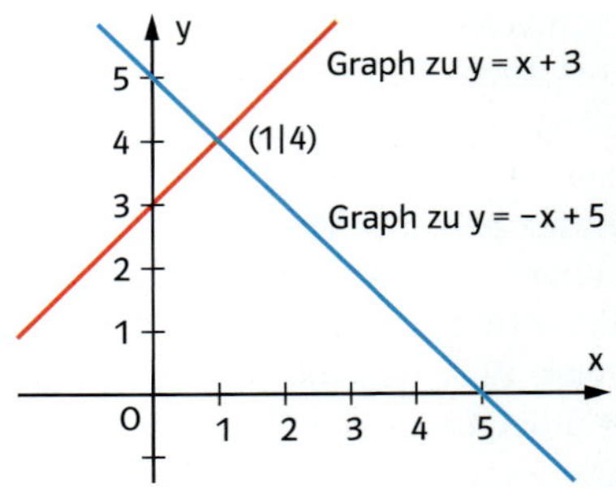

Fig. 1

Man nennt zwei lineare Gleichungen mit zwei Variablen ein **lineares Gleichungssystem**.
Eine gemeinsame Lösung der zwei Gleichungen heißt **Lösung des linearen Gleichungssystems**.

Beachte:
Bei einem linearen Gleichungssystem bezeichnen wir die Gleichungen mit den römischen Zahlen I und II.

Beispiel

Bestimme die Lösung.

I: $2x + y = 4$
II: $-x + y = 1$

Lösung:

Forme die Gleichungen so um, dass man leicht die entsprechenden Geraden zeichnen kann.

I: $2x + y = 4 \quad | -2x$
II: $-x + y = 1 \quad | +x$

Ia: $y = -2x + 4$
IIa: $y = x + 1$

Zeichne die Geraden und lies die Lösung ab (Fig. 2).

(1|2) ist die einzige Lösung des linearen Gleichungssystems.

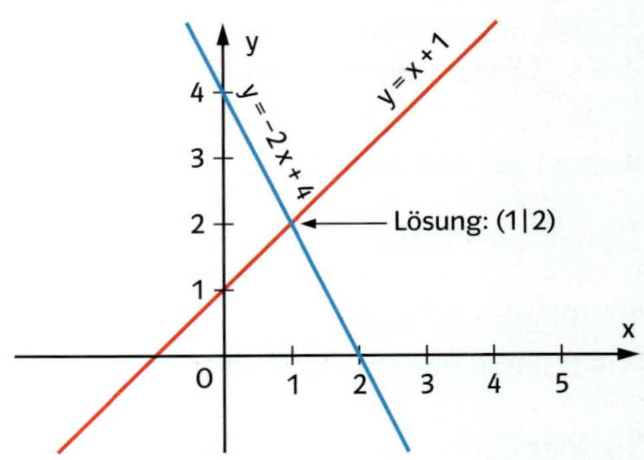

Fig. 2

Aufgaben

1 Prüfe, ob das Zahlenpaar Lösung des Gleichungssystems ist.

a) I: $x + y = 10$
II: $x - y = 9$
$(9{,}5 \mid 0{,}5)$

b) I: $2x + y = -1$
II: $x + 2y = 5$
$(2 \mid 3)$

c) I: $4x - 3y = 10$
II: $6x + y = 0$
$(0{,}5 \mid -3)$

d) I: $4x + 3y = 10$
II: $6x + y = 8$
$(1 \mid 2)$

2 Bestimme die Lösung des Gleichungssystems.

a) I: $y = 4x - 2$
II: $y = 5x - 4$

b) I: $5y - x = 5$
II: $4y - x - 2 = 0$

c) I: $5y - x = 1$
II: $6y - x = 2$

d) I: $y = 2 + \frac{5}{2}x$
II: $2y + x = -8$

3 Gib ein lineares Gleichungssystem an mit der Lösung
a) $(2 \mid 7)$ b) $(5 \mid -3)$ c) $(1{,}7 \mid 1{,}7)$ d) $(-1{,}7 \mid -1{,}7)$ e) $(0 \mid 0)$ f) $(-4 \mid 6)$.

4 Mona erfand dieses Rätsel: „Ich denke mir zwei Zahlen. Die erste Zahl ist 1,5-mal so groß wie die zweite Zahl. Wenn ich die zweite Zahl von 5 subtrahiere, dann erhalte ich die erste Zahl." Erfinde selbst ein Zahlenrätsel und stelle es deinem Nachbarn.

Info

Haben bei einem Gleichungssystem mit zwei Variablen die entsprechenden Geraden:

- unendlich viele gemeinsame Punkte, dann besitzt es unendlich viele Lösungen.

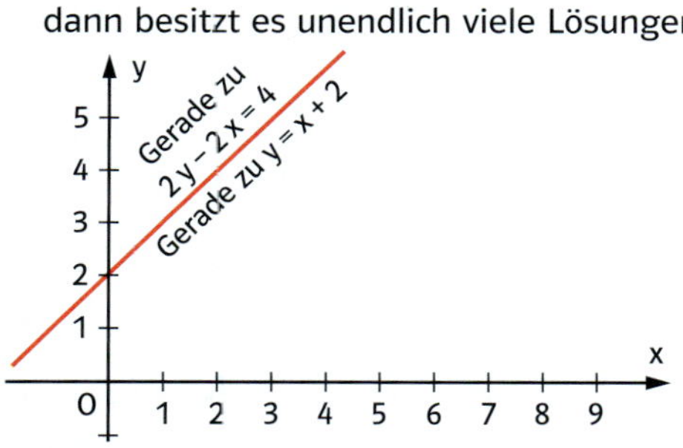

- Die Gleichungen $y = x + 2$ und $2y - 2x = 4$ haben unendlich viele gemeinsame Lösungen.

- keine gemeinsamen Punkte, dann hat es keine Lösung.

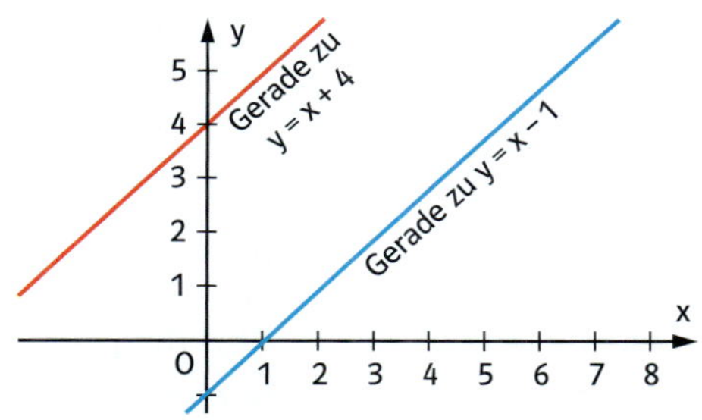

- Die Gleichungen $y = x + 4$ und $y = x - 1$ haben keine gemeinsamen Lösungen.

5 Wie viele Lösungen hat das Gleichungssystem? Falls es eine einzige Lösung hat, bestimme diese Lösung.

a) I: $2x + 3y = 9$
II: $x - y = 2$

b) I: $x + y = 1$
II: $3y + 3x = 6$

c) I: $12x + 15y = 3$
II: $4x + 5y = 1$

d) I: $2x - 6y - 21 = 0$
II: $2x = 0{,}75y$

6 Gib ein lineares Gleichungssystem mit zwei Gleichungen und zwei Variablen an,
a) das keine Lösung hat
b) das unendlich viele Lösungen hat
c) das $(4 \mid 2)$ und $(2 \mid -4)$ als Lösungen hat
d) das $(2 \mid 5)$ und $(-4 \mid 5)$ als Lösungen hat.

7 Gibt es ein einziges Zahlenpaar, das Lösung von allen drei Gleichungen ist?

a) I: $2x - 3y + 4 = 0$
II: $2y + 3x - 4 = 0$
III: $y - \frac{2}{3}x = 7$

b) I: $x + y + 4 = 0$
II: $2y + 2x = -8$
III: $-3x - 3y - 12 = 0$

c) I: $0{,}5x + 0{,}5y = 0$
II: $-4{,}5y + 5{,}4x = 0$
III: $y = \frac{11}{13}x$

d) I: $x + y = 7$
II: $x - y = -1$
III: $2x = 1{,}5y$

Warum gibt es kein lineares Gleichungssystem mit zwei Variablen und genau zwei Lösungen?

4 Lösen linearer Gleichungssysteme mit zwei Variablen

−0,6?? + 8 = 0,4?? + 2

Der Schnittpunkt der Geraden und dieser Gleichung – da gibt es einen Zusammenhang

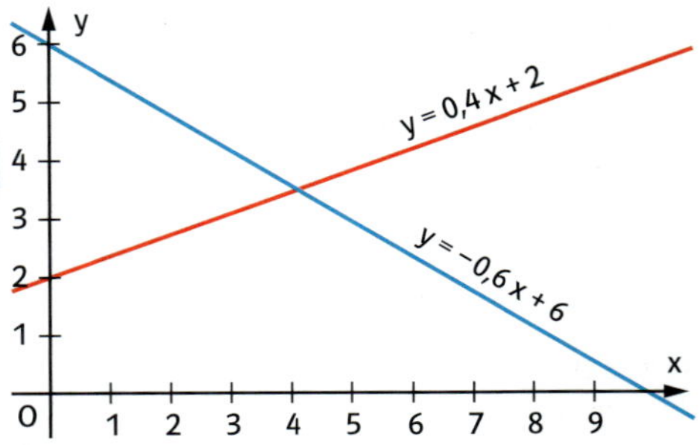

Die Lösungen von Gleichungssystemen mit zwei Variablen lassen sich zeichnerisch oft nicht genau genug bestimmen. Hier erfährst du, wie man solche Gleichungssysteme rechnerisch und somit genauer lösen kann.

Lineare Gleichungssysteme kann man rechnerisch auf verschiedene Arten lösen. Zwei Möglichkeiten, das **Gleichsetzungsverfahren** und das **Einsetzungsverfahren**, werden jetzt vorgestellt. Eine dritte Möglichkeit, das Additionsverfahren, wird in der nächsten Lerneinheit besprochen.

1. Gleichsetzungsverfahren

Löse I: $y = -\frac{2}{7} \cdot x + 2$

II: $y = -\frac{3}{2}x + 6$.

Die Lösung des Gleichungssystems entspricht den Koordinaten des Schnittpunkts der Geraden, die zu den Zuordnungen mit den Gleichungen $y = -\frac{2}{7} \cdot x + 2$ und $y = -\frac{3}{2}x + 6$ gehören.

Da dieser Schnittpunkt auf beiden Geraden liegt, gilt für seine y-Koordinate sowohl $y = -\frac{2}{7} \cdot x + 2$ als auch $y = -\frac{3}{2}x + 6$.

Hieraus folgt: $-\frac{2}{7} \cdot x + 2 = -\frac{3}{2}x + 6$.

Aus dieser Gleichung erhält man $x = 3\frac{5}{17}$.

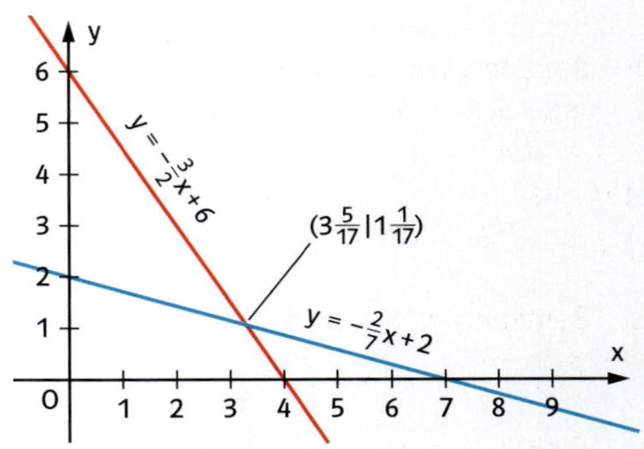

Fig. 1

Setzt man für x die Zahl $3\frac{5}{17}$ in die Gleichung I oder in die Gleichung II ein, so erhält man jeweils $y = 1\frac{1}{17}$.

Also ist $S(3\frac{5}{17}|1\frac{1}{17})$ der Schnittpunkt der beiden Geraden und das Zahlenpaar $(3\frac{5}{17}|1\frac{1}{17})$ die Lösung des linearen Gleichungssystems.

2. Einsetzungsverfahren

Löse I: $3x + y = 5\frac{1}{3}$

II: $y = 2x + \frac{1}{3}$.

Wegen Gleichung II gilt für den y-Wert einer Lösung $y = 2x + \frac{1}{3}$.

Deshalb kann man statt y in Gleichung I auch $2x + \frac{1}{3}$ schreiben.

Man erhält somit $3x + 2x + \frac{1}{3} = 5\frac{1}{3}$.

Aus dieser Gleichung folgt $x = 1$.

Setzt man für x in die Gleichung I oder die Gleichung II die Zahl 1 ein, so erhält man $y = 2\frac{1}{3}$.

Also ist das Zahlenpaar $(1|2\frac{1}{3})$ die Lösung des linearen Gleichungssystems.

Beispiel 1 Gleichsetzungsverfahren

Löse I: $x + 2y = 4$
II: $x - 4y = 5$

Lösung:

1. Löse beide Gleichungen nach x auf.

Ia: $x = -2y + 4$
IIa: $x = 4y + 5$

2. Setze die rechten Seiten gleich.

$-2y + 4 = 4y + 5 \quad | -4y - 4$

$-6y = 1 \quad | :(-6)$

$y = -\frac{1}{6}$

3. Ersetze in I (oder II) y durch $-\frac{1}{6}$.

$x + 2 \cdot (-\frac{1}{6}) = 4$

$x - \frac{1}{3} = 4 \quad | +\frac{1}{3}$

$x = 4\frac{1}{3}$

Lösung: $(4\frac{1}{3} | -\frac{1}{6})$.

Beispiel 2 Einsetzungsverfahren

Löse I: $3y = 2x + 5$
II: $4x + 3y = 6$

Lösung:

1. Setze in II für 3y den Term 2x + 5 ein und berechne x.

$4x + 2x + 5 = 6 \quad | -5$

$6x = 1 \quad | :6$

$x = \frac{1}{6}$

2. Ersetze in I (oder II) x durch $\frac{1}{6}$ und berechne y.

$4 \cdot \frac{1}{6} + 3y = 6$

$\frac{2}{3} + 3y = 6 \quad | -\frac{2}{3}$

$3y = \frac{16}{3} \quad | :3$

$y = \frac{16}{9}$

Lösung: $(\frac{1}{6} | \frac{16}{9})$.

Wird z. B. die Gleichung mit der Bezeichnung „I" umgeformt, so bezeichnen wir die neue Gleichung mit „Ia".

Aufgaben

1 Bestimme die Lösung mit dem Gleichsetzungsverfahren.

a) $y = 3x - 6$; $y = 4x + 7$
b) $y = x - 4$; $y = x + 4$
c) $x = -3y + 7$; $x = -4y + 7$
d) $x = 7y - 8$; $x = 8y - 7$
e) $y = 16 - x$; $y = x - 16$
f) $x + y = 0$; $x + 0{,}4y = 0{,}7$
g) $\frac{2}{3}x - y = 1$; $x - y = 6$
h) $x + 11 = 11y$; $x + 22 = 33y$

2 Bestimme die Lösung mit dem Einsetzungsverfahren.

a) $y = 3x + 8$; $x + y = 12$
b) $y = -0{,}5x + 2$; $1{,}5x + y = 3$
c) $3x + 2y = 8$; $y = 0{,}5x - 4$
d) $3y - 6x = 4$; $y = 3x - 2$
e) $2{,}7x + 3{,}2y = 2{,}5$; $2{,}7x = y + 0{,}4$
f) $x = 5y - \frac{2}{5}$; $5y = 2x + \frac{1}{3}$
g) $7y = x + 4$; $4x = 10y + 6$
h) $5x - 6y = 3$; $3y = x - 1$

3 Löse geschickt.

a) $3x + y = 19$; $10y = 7x + 5$
b) $-x + 7y = 0$; $-x = -7y$
c) $3y - 16 = 2x$; $0{,}6x = 18 + y$
d) $56 + 3y = 8x$; $20\frac{1}{3} - 2x = 1\frac{2}{3}y$
e) $x + 16y = 45$; $0{,}125x + 2y = 5\frac{5}{8}$
f) $14x - 9y = 3$; $21x + 12y = 47$
g) $4x + 15y = 0$; $7x + 24y = 2$
h) $0{,}2x + 1{,}7y = 1$; $0{,}5x + 2y = -0{,}5$

Wie alt sind Johanna, Kathrin und Richard?

Johanna und ich sind zusammen 26 Jahre alt.

Alle drei sind wir zusammen 38 Jahre alt.

Johanna und ich sind Zwillinge.

Bist du sicher?

1 a) $y = 2x - 3$; $y = 3x + 7$
b) $y = x - 1$; $y = x + 4$
c) $3x + 2y = 8$; $y = x + 4$
d) $3y - 4x = 4$; $1 = 3y - x$

4 Gib ein lineares Gleichungssystem an, das diese Lösung besitzt.

a) $(0|0)$ b) $(0|1)$ c) $(1|0)$ d) $(1|1)$ e) $(2|1)$ f) $(1|2)$ g) $(-1|2)$ h) $(1|-2)$ i) $(-1|-2)$

5 Bestimme die Gleichungen zweier Geraden, die sich im Punkt S schneiden, für

a) $S(5|4)$ b) $S(-5|4)$ c) $S(5|-4)$ d) $S(-5|-4)$

6 Bestimme die Koordinaten des Schnittpunktes der beiden Geraden.

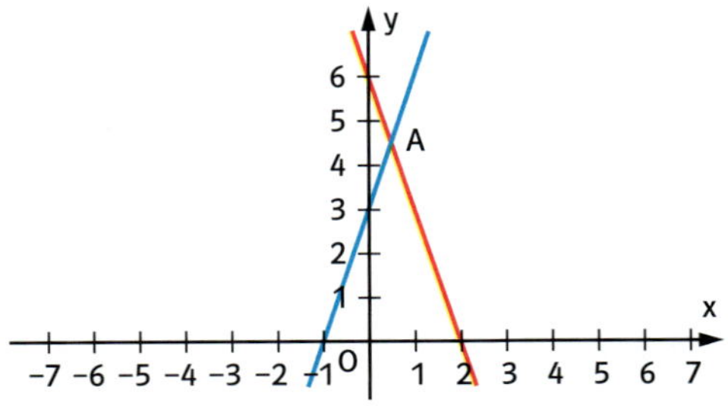

Fig. 1

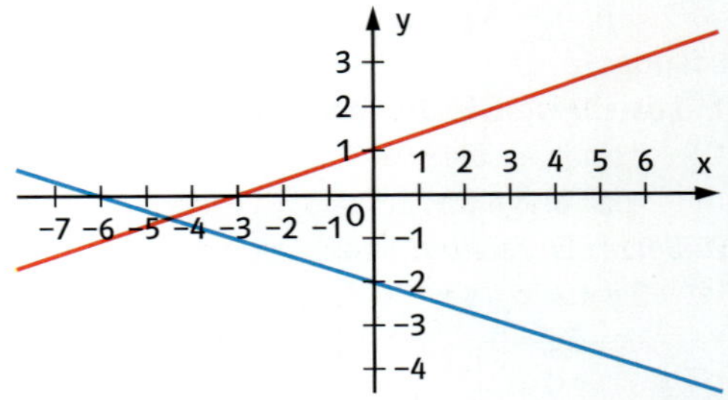

Fig. 2

In der Lerneinheit 3 auf Seite 162 hast du gelernt, dass es lineare Gleichungssysteme gibt, die keine oder unendlich viele Lösungen haben.

7 Hat das lineare Gleichungssystem keine, eine oder unendlich viele Lösungen? Begründe.

a) $2x = 3y + 4$
$2x = 3y - 4$

b) $y = 2x + 3$
$y = 2x - 3$

c) $7x = 7y$
$-7x = 7y$

d) $3 = 7x + 7y$
$-3 = -7x - 7y$

8

a) $2x - 784 = 2y$
$2y + 68 = 2x$

b) $0{,}5y = -8{,}5 - 0{,}5x$
$-0{,}5x = 0{,}5y - 52{,}5$

c) $2x - 1 = 3\frac{1}{2}y$
$2x + \frac{2}{3} = -\frac{7}{2}y$

d) $-2y = 5(1 - x)$
$\frac{5}{3}x = \frac{2}{3}y + \frac{5}{3}$

Nur die Aufgaben 9 d), 9 g), 10 c), 10 d), 10 f), 10 g) besitzen entweder keine oder unendliche viele Lösungen.

9 Löse geschickt.

a) $6x + 7y = 23$
$5x + 7y = 18$

b) $2x - 3y = 23$
$2x + y = -13$

c) $7x + y = -1$
$7x - 2y = 5$

d) $7x + 5y = 3$
$7x + 5y = 5$

e) $57x + 56y - 55 = 0$
$55x + 56y - 54 = 0$

f) $27x + 33y = 44$
$27x = 33y + 44$

g) $99x - 88y = 32$
$88y = 99x + 32$

h) $4x = 36$
$4y = 32$

10 Löse geschickt.

a) $3x + 7y = 26$
$5x - 6y = 8$

b) $12x - 25y = 1$
$18x - 35y = -1$

c) $3x + 9y = 6$
$-5x - 15y = -3$

d) $\frac{3}{4}x - \frac{1}{4}y = \frac{1}{2}$
$-x + \frac{1}{3}y = \frac{2}{3}$

e) $0{,}5x - 0{,}2y = 30$
$x - 0{,}75y = 39$

f) $\frac{1}{14}y + \frac{1}{28}x = 21$
$x = 7 - 2y$

g) $0{,}3y + 2x = 7$
$140 - 40x = 6y$

h) $3y = x + 23$
$19 = 3x - y$

11 Gib drei lineare Gleichungssysteme mit zwei Variablen an, die man geschickt mit dem Gleichsetzungsverfahren lösen kann. Gib sie deinem Nachbarn zum Lösen.

12 Gib drei verschiedene lineare Gleichungssysteme mit zwei Variablen an, die man geschickt mit dem Einsetzungsverfahren lösen kann. Gib sie deinem Nachbarn zum Lösen.

Kannst du das noch?

13 Zwei Autos fahren zur selben Zeit aus zwei 540 km entfernten Orten los. Nach wie viel Stunden und in welcher Entfernung von ihrem jeweiligen Standpunkt aus begegnen sie sich, wenn sie durchschnittlich 110 km/h bzw. 130 km/h fahren?

14 Ungewöhnliche Aufgabenstellung

a) $MX + 30\% - \frac{3}{10}$

b) $XI + 9 = 10\% \cdot x$

5 Additionsverfahren

Du hast bisher zwei lineare Gleichungen mit zwei Variablen entweder mit dem Gleichsetzungsverfahren oder mit dem Einsetzungsverfahren gelöst. Jetzt lernst du ein weiteres Verfahren kennen, das Additionsverfahren.
Dieses Verfahren kann man besonders gut auch bei drei linearen Gleichungen mit drei Variablen anwenden (siehe Seiten 180 und 181).

Wie teuer sind jeweils eine Pizza und eine Cola?

Vorgestellt wird ein drittes Lösungsverfahren für zwei lineare Gleichungen mit zwei Variablen. Man kann diese Verfahren mithilfe von Waagen verdeutlichen.

Betrachtet wird das lineare Gleichungssystem

I: $2x + 3y = 7$
II: $x - 3y = 5$

Jede dieser Gleichungen kann man mit einer Waage vergleichen, die sich im Gleichgewicht befindet. Fig. 1 zeigt zwei Waagen, die beide im Gleichgewicht sind.

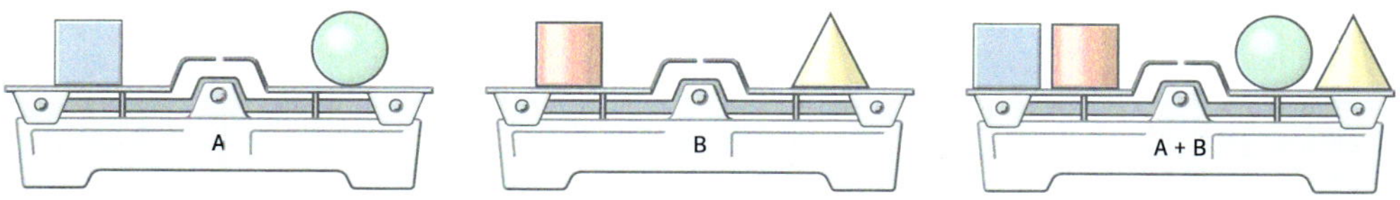

Fig. 1

Legt man die Gegenstände der linken Waageseiten und die Gegenstände der rechten Waageseiten jeweils zusammen, so erhält man wieder ein Gleichgewicht.
Für die beiden Gleichungen bedeutet dies: Die Summe der linken Seiten der beiden Gleichungen ist genau so groß wie die Summe der rechten Seiten.

I: $2x + 3y = 7$
II: $x - 3y = 5$

I + II: $3x + 0 = 12$
Hieraus folgt: $x = 4$.
Setzt man in Gleichung I für x den Wert 4 ein, so erhält man:
$2 \cdot 4 + 3y = 7$.
Hieraus folgt: $3y = -1 \quad | :3$
$y = -\frac{1}{3}$.
Man kann statt in Gleichung I auch in Gleichung II für x den Wert 4 einsetzen und erhält $4 - 3y = 5$.
Hieraus folgt ebenfalls: $y = -\frac{1}{3}$.
$(4 | -\frac{1}{3})$ ist die Lösung des linearen Gleichungssystems.

Dieses Lösungsverfahren heißt **Additionsverfahren**.

Das Additionsverfahren in drei Schritten:

Damit man das Additionsverfahren anwenden kann, muss man manchmal zuerst eine oder beide Gleichungen geschickt umformen:

Löse: I: $2x + 3y = 4$
II: $3x + 4y = 5$

Umformen

1. Forme die Gleichungen so um, dass bei ihrer Addition eine Variable wegfällt.

Multipliziere Gleichung I mit 3. I: $2x + 3y = 4 \quad | \cdot 3$
Multipliziere Gleichung II mit −2. II: $3x + 4x = 5 \quad | \cdot (-2)$
Man erhält Ia: $\mathbf{6x} + 9y = 12$
IIa: $\mathbf{-6x} - 8y = -10$

Addieren

2. Addiere die beiden Gleichungen
Ia: $6x + 9y = 12$
IIa: $-6x - 8y = -10$
$0 \; + \; y = 12 + (-10)$

Hieraus folgt $y = 2$.

Ergebnis einsetzen

3. Setze das Ergebnis in eine der anderen Gleichungen ein.

Ersetze y in I (oder II) durch 2: $2x + 3 \cdot 2 = 4 \quad | -6$
$2x = -2$

Hieraus folgt $x = -1$.
Das lineare Gleichungssystem hat die Lösung $(-1|2)$.

Beispiel

Löse: I: $2x - 2{,}5y = 6{,}5$
II: $4x + 5y = 3$

Lösung

Multipliziere Gleichung I mit 2. I: $2x - 2{,}5y = 6{,}5 \quad | \cdot 2$
Man erhält Ia: $4x - 5y = 13$
II: $4x + 5y = 3$

Addiere die Gleichungen Ia und II.
Ia: $4x - 5y = 13$
II: $4x + 5y = 3$
$8x + 0 = 16$

Hieraus folgt $x = 2$
Ersetze x z. B. in Gleichung I durch 2: I: $8 - 5y = 13$
Hieraus folgt $y = -1$.
Das lineare Gleichungssystem hat die Lösung $(2|-1)$.

Aufgaben

1 Löse mit dem Additionsverfahren.

a) $x + y = 7$
$x - y = 3$

b) $y - 2x = 1$
$y + 2x = 5$

c) $2x + 5y = 3$
$x - 5y = 9$

d) $6x + 2y = 7$
$-6x + 7y = 11$

Beachte: *Es gibt lineare Gleichungssysteme mit zwei Variablen, die keine Lösung oder unendlich viele Lösungen besitzen.*

2

a) $5x + 3y = 14$
$-4x - 3y = -16$

b) $3x - 7y = 17$
$-3x + 7y = -17$

c) $2x + 5y = 14$
$-2x + 3y = 4$

d) $6x - 8y = 3$
$-6x + 8y = 3$

3

a) $2x + 3y = 4$
$-2x + 9y = 20$

b) $2x - 3y = 4$
$2x + 3y = 12$

c) $x + y = 4$
$2x + 3y = 12$

d) $x + y = 4$
$2x = 3y - 12$

4

a) $x + y = 1$
$-x - y = -1$

b) $x - y = 1$
$-x + y = -1$

c) $7x + 4y = 1$
$-14x - 8y = -2$

d) $4y = 1 - 7x$
$-14x = -1 + 8y$

5

a) $6x + 7y = 23$
$5x + 7y = 18$

b) $2x - 3y = 23$
$2x + y = -13$

c) $7x + y = -1$
$7x - 2y = 5$

d) $7x + 5y = 3$
$7x + 5y = 5$

6 Gib drei verschiedene lineare Gleichungssysteme an, die man geschickt mit dem Additionsverfahren lösen kann.

7 Gib ein lineares Gleichungssystem mit zwei Variablen an, das man geschickt mit dem Additionsverfahren lösen kann, und das diese Lösung hat.

a) $(4|5)$ b) $(-4|5)$ c) $(3|-6)$ d) $(-3|-6)$

8 In den Tüten von Fig. 1 sind verschieden viele Bonbons. Nimmt man zwei Tüten der Sorte Himbeer und drei Tüten der Sorte Erdbeer, dann hat man insgesamt 90 Bonbons. Nimmt man zwei Tüten der Sorte Himbeer und fünf Tüten der Sorte Erdbeer, dann hat man insgesamt 130 Bonbons. Wie viele Bonbons sind in jeder Tüte?

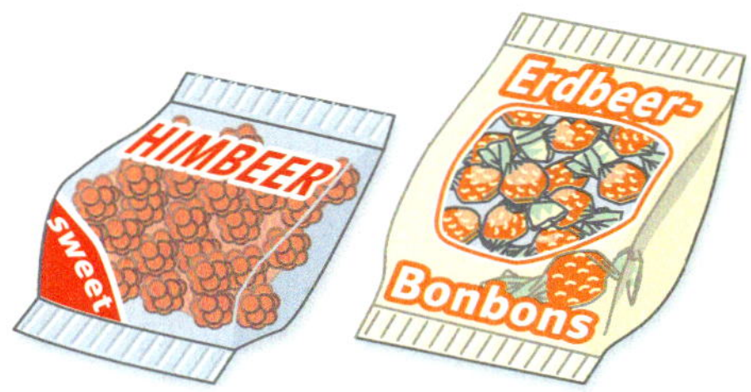

Fig. 1

9 Bestimme die Koordinaten des Schnittpunktes a) in Fig. 2 b) in Fig. 3.

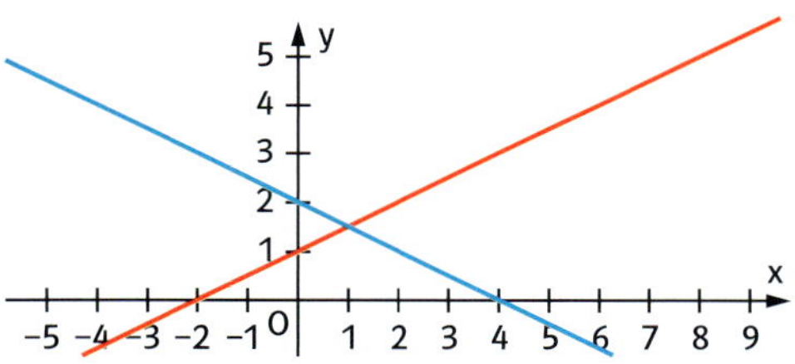

Fig. 2

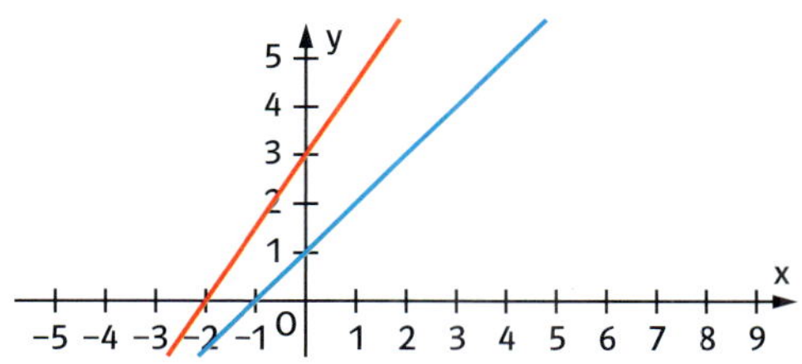

Fig. 3

10 Gleichungsumformungen und Geraden

Fig. 4 zeigt die Geraden zu dem Gleichungssystem I: $2x + 3y = 9$ II: $4x + 3y = 15$.

a) Multipliziere beide Seiten von I mit 4, beide Seiten von II mit −2 und addiere. Fig. 5 zeigt die Geraden zu I und der neuen Gleichung IIa.

b) Multipliziere beide Seiten von II mit −1 und addiere. Fig. 6 zeigt die Geraden zu II und Ia.

c) Was hat sich in Fig. 5 und Fig. 6 geändert, was ist gleich geblieben?

Aufgabe 10 verdeutlicht, dass die linearen Gleichungssysteme I, II und I, IIa sowie Ia, II die gleiche Lösung besitzen, das heißt, dass sie äquivalent sind.

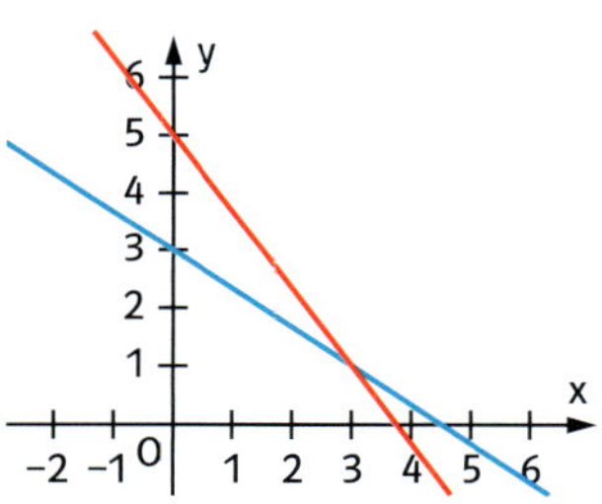

Fig. 4

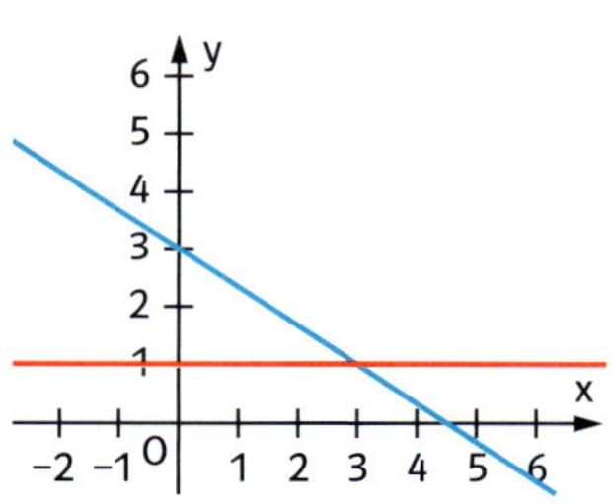

Fig. 5

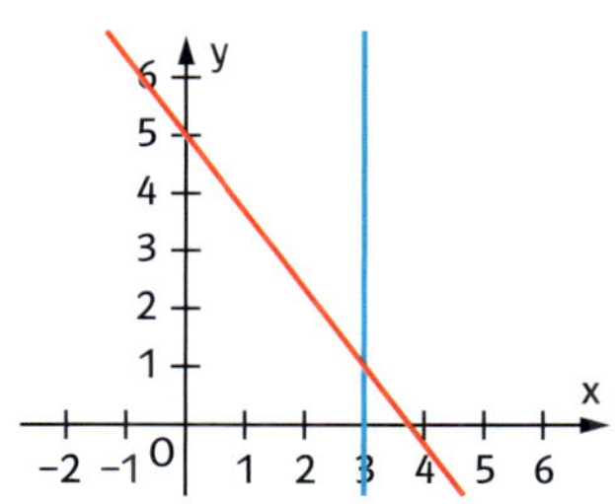

Fig. 6

Fig. 1

Gestern verließen 9 LKW mit insgesamt 24 t Lebensmitteln die Hauptstadt, um den betroffenen Menschen zu Hilfe zu kommen. Die Lastwagen haben jeweils nur 2t bzw. 4 t geladen, damit die Waren bei der Verteilung nicht mehr umgeladen werden müssen.

Ich habe 1,7 mal so viele Mitschülerinnen wie Mitschüler.

Ich habe doppelt so viele Mitschülerinnen wie Mitschüler.

?

Manche Rätsel und Alltagsprobleme führen auf Gleichungssysteme. Die Erarbeitung der Lösung einer solchen Fragestellung wird erleichtert, wenn man schrittweise vorgeht.

Carla und Timo gehen in die Klasse 7a. Sie haben sich für Pia, die die Klasse 7b besucht, ein Rätsel ausgedacht. Sie soll herausfinden, wie viele Mädchen und wie viele Jungen die Klasse 7a besuchen.

Ausdenken eines Plans
(Mathematische Beschreibung)
1. Schritt: Führe Variablen ein
Anzahl der Mädchen: x
Anzahl der Jungen: y
Carla hat $x - 1$ Mitschülerinnen und y Mitschüler.
Timo hat x Mitschülerinnen und $y - 1$ Mitschüler.

2. Schritt: Stelle das Gleichungssystem auf
Gleichung nach Timos Aussage: I: $x - 1 = 1{,}7 \cdot y$
Gleichung nach Carlas Aussage: II: $x = 2(y - 1)$

Durchführung des Plans (Mathematische Lösung)
3. Schritt: Löse das Gleichungssystem
Setze in I für x den Term $2(y - 1)$ ein:

$$2(y-1) - 1 = 1{,}7y$$
$$2y - 2 - 1 = 1{,}7y$$
$$2y - 3 = 1{,}7y \quad | -1{,}7y + 3$$
$$0{,}3y = 3$$
$$\mathbf{y = 10}$$

Setze in I (oder II) für y die Zahl 10 ein:

$$x - 1 = 1{,}7 \cdot 10$$
$$x - 1 = 17 \quad | +1$$
$$\mathbf{x = 18}$$

Die Lösung des Gleichungssystems ist $(18|10)$.

Lösung des Problems
Die Klasse 7a hat 18 Schülerinnen und 10 Schüler.

Aufgaben

Rätsel

1 Wie lang sind der rote und der blaue Stab in Fig. 1? Wie schwer sind sie?

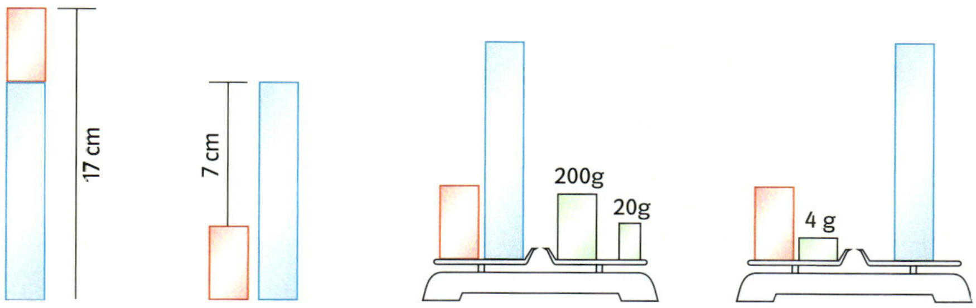

Fig. 1

2 a) Die Summe aus dem Doppelten einer Zahl und dem Dreifachen einer anderen Zahl ist 23. Die Summe aus dem Dreifachen der ersten Zahl und dem Doppelten der zweiten Zahl ist 34. Wie heißen die beiden Zahlen?
b) Die Summe aus dem Doppelten einer Zahl und der Hälfte der anderen Zahl ist um 1 größer als die Hälfte der Summe der beiden Zahlen. Berechne die Zahlen.

3 Auf den Rückseiten der Karten A und B steht jeweils eine der Ziffern 0; 1; 2; ...; 9. Die Ziffer auf der Rückseite von A ist halb so groß wie die Ziffer von B. Dreht man die Karten um, so bilden diese Ziffern zusammen eine zweistellige Zahl. Vertauscht man die Reihenfolge der Karten, so erhält man eine weitere zweistellige Zahl, die um 9 größer ist als die erste. Welche Ziffer steht auf der Rückseite von A, welche auf der Rückseite von B?

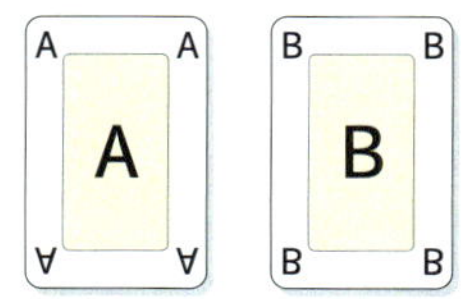

Fig. 2

4 a) Eine zweistellige Zahl ist doppelt so groß wie das Sechsfache ihrer Zehnerziffer und um 18 größer als ihre Quersumme. Berechne diese Zahl.
b) Wenn man zu einer zweistelligen Zahl das Dreifache ihrer Quersumme addiert, so erhält man 99. Vertauscht man die Ziffern der Zahl und dividiert die neue Zahl durch ihre Quersumme, so ergibt sich 3.
Wie heißt die ursprüngliche Zahl?

5 Rebecca und Nils nehmen am gleichen Zeltlager teil.
Wie viele Mädchen und wie viele Jungen sind es insgesamt?

Liebe Helena,
richtig toll ist das Zeltlager. Morgen besuchen wir Tübingen und machen einen Stadtbummel. Leider sind außer mir eineinhalb mal so viele Jungen wie Mädchen dabei, und die Jungs nerven bestimmt beim Shopping.
Übrigens: Nils ist so süß.
Bis bald,
Deine Rebecca.

Lieber Korai,
gestern saßen wir bis 3 Uhr in der Früh am Lagerfeuer. Natürlich auch die Mädchen. Zum Glück beträgt die Anzahl der Mädchen nur 70 % von der Anzahl der Jungen.
Morgen fahren wir nach Tübingen. Vielleicht kann ich im Bus neben Rebecca sitzen, die ist wirklich nett.
Daheim erzähle ich dir, wie's war.
Dein Nils

Alltagsfragen

6 Julia kauft zum Muttertag einen Strauß mit drei Rosen und zwei Lilien.
Cedric kauft einen Strauß mit zwei Rosen und drei Lilien.
Ihr Vater weiß nicht, dass seine Kinder Blumen schenken und kauft einen Strauß mit zwölf Rosen und drei Lilien.
Wie viel Euro muss der Vater für die Blumen bezahlen?

Fig. 1

7 Die beiden linken Behälter enthalten jeweils eine Lösung aus Essigsäure und Wasser. Die Aufschrift „Essigsäure 35 %" bedeutet: Der Inhalt des Behälters besteht zu 35 % aus reiner Essigsäure und zu 65 % Wasser. Man spricht auch von „35 %iger Essigsäure".
Wie viel Liter muss man jeweils aus den beiden ersten Behältern in das leere Gefäß gießen, um 5 Liter 30 %ige Essigsäure zu erhalten?

Fig. 2

Was könnte beim Behälter A um 9.40 Uhr und beim Behälter B um ca. 9.37 Uhr geschehen sein?

8 In jeden der beiden Behälter (Fig. 3) fließt gleichmäßig Wasser. Die Graphen (Fig. 4) zeigen an, wie hoch das Wasser zu den Uhrzeiten in dem jeweiligen Behälter steht.
a) Um wie viel Uhr wurde mit den Messungen begonnen?
b) Wie hoch stand jeweils das Wasser bei Beginn der Messungen?
c) Um wie viel Uhr stand das Wasser in beiden Behältern gleich hoch? Zu wie viel Prozent war der jeweilige Behälter zu diesem Zeitpunkt gefüllt?

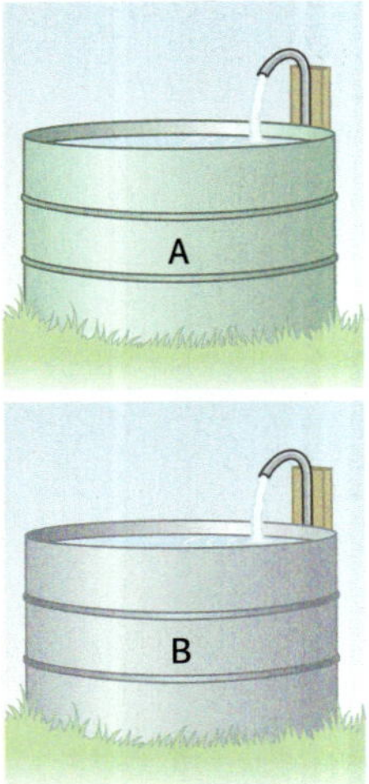

Fig. 3

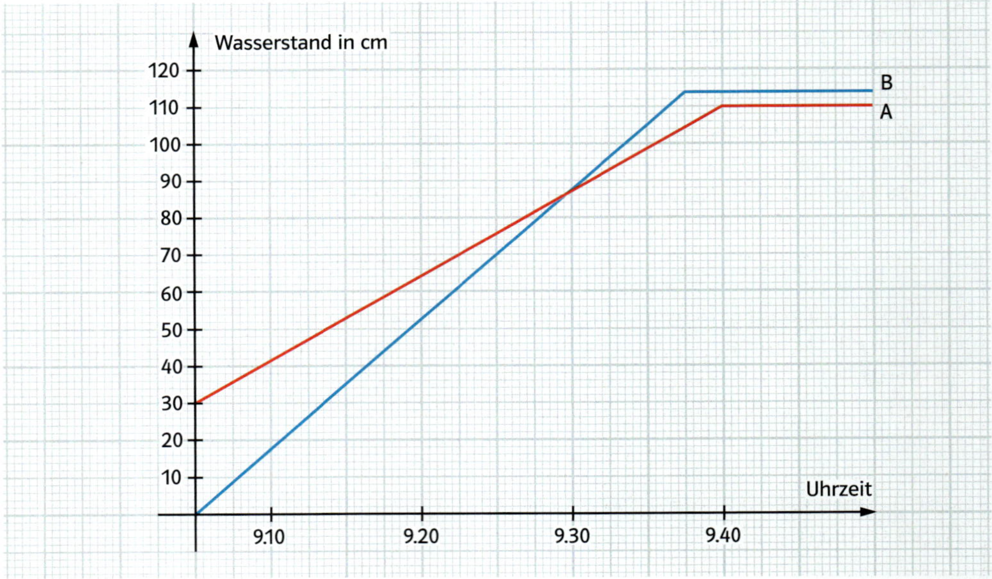

Fig. 4

9 Die beiden Graphen in Fig. 1 erzählen eine Geschichte, die so beginnt:
„Kai rennt hinter seiner Schwester Johanna her …"
a) Welcher der beiden Graphen beschreibt die Bewegungen von Kai, welcher die Bewegungen von Johanna?
b) Wie könnte die Geschichte weiter gehen?

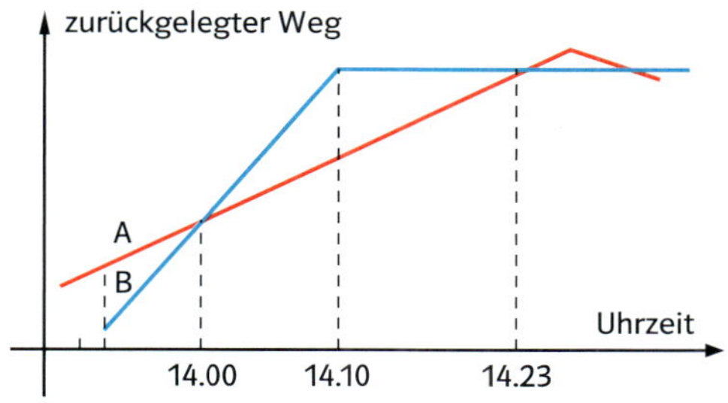

Fig. 1

Historische Aufgaben

10 Diese Aufgabe stammt aus den „arithmetischen Epigrammen" der griechischen Anthologie, gesammelt von dem Mönch Maximus Planudes (um 1350 n. Chr.).
Esel und Maultier schritten einher beladen mit Säcken.
Unter dem Druck der Last schwer stöhnt und seufzte der Esel.
Jenes bemerkt es und sprach zu dem kummerbeladnen Gefährten:
„Alterchen, sprich, was weinst du und jammerst schier wie ein Mägdlein?
Doppelt so viel als du trüg ich, gäbst du ein Maß mir;
Nähmst du mir eins, so trügen wir dann erst beide dasselbe."
Geometer, du kundiger, sprich, wie viel sie getragen?

11 In dem Buch „Vollständige Anleitung zur Algebra" von Leonhard Euler findet man folgende Aufgabe:
Zwei Personen sind 29 Rubel schuldig; nun hat zwar jeder Geld, doch nicht soviel, dass er diese gemeinschaftliche Schuld allein bezahlen könnte; drum sagt der erste zum anderen: „Gibst du mir zwei Drittel deines Geldes, so kann ich die Schuld sogleich allein bezahlen." Der andere antwortet dagegen: „Gibst du mir drei Viertel deines Geldes, so kann ich die Schuld allein bezahlen."
Wie viel Geld hat jeder?

Leonhard Euler (1707–1783)

12 **Zwei Gleichungen, drei Variablen und Probieren**
„Das Problem der 100 Vögel" aus einem Buch des chinesischen Mathematikers Chang Ch'iu-chien (um 485 n. Chr.):
„Ein Hahn kostet 5 Sapeks, eine Henne 3 Sapeks und ein Küken 1 Sapek. Wie viele Hähne, Hennen und Küken, insgesamt 100, kosten 154 Sapeks?"
Stelle ein Gleichungssystem mit zwei Gleichungen und drei Variablen auf und forme so um, dass eine Variable wegfällt. Versuche dann, Lösungen durch Probieren zu finden.

Info

Lineare Gleichungssysteme mit dem GTR
Mit dem GTR kann man lineare Gleichungssysteme lösen. Dazu werden die Vorzahlen der Variablen als rechteckiges Schema eingegeben, das man **Matrix** nennt.
So gehört z. B. zu dem linearen Gleichungssystem

$$\begin{aligned} 2x - 3y &= 1 \\ -x + 5y &= 4 \end{aligned} \quad \text{die Matrix} \quad A = \begin{pmatrix} 2 & -3 & 1 \\ -1 & 5 & 4 \end{pmatrix}.$$

Anschließend wird mit einem Rechnerbefehl die Lösung ausgegeben oder sie kann abgelesen werden.

Diese Aufgaben kann man mit und ohne GTR lösen

13 Eine Wandergruppe legt 5 km pro Stunde zurück. Sie startet um 8 Uhr am See und wandert am Forsthaus vorbei zur Hellhütte.
Eine zweite Gruppe, die 4 km pro Stunde zurücklegt, startet um 9 Uhr an der Hellhütte und wandert am Forsthaus vorbei zum See.
Um wie viel Uhr treffen sich die beiden Gruppen?

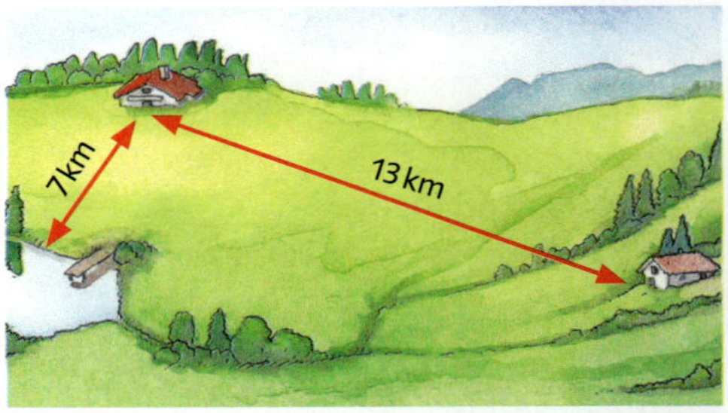

Fig. 1

14 Fliegt ein Flugzeug mit dem Wind, so kommt es bei gleicher Motorleistung in einer Stunde weiter als bei Windstille; ebenso kommt es weniger weit, wenn es gegen den Wind fliegt.
Ein Flugzeug kommt in einer Stunde 760 km weit, wenn es mit dem Wind fliegt. Fliegt das Flugzeug gegen den Wind, so kommt es in einer Stunde 690 km weit.
Wie weit käme es in einer Stunde bei Windstille? Wie groß ist die Windgeschwindigkeit?

Fig. 2

15 Auf der Talfahrt kommt ein Flussschiff 22,5 km in einer Stunde weit, auf der Bergfahrt 19,3 km.
Welche Geschwindigkeit hat das Schiff relativ zum Wasser ?
Welche Geschwindigkeit hat das Wasser?

Kannst du das noch?

16 Begründe deine Ergebnisse
Die nebenstehende Skizze zeigt die parallelen Geraden g und h im Abstand 4 cm.
a) Gib für das Dreieck ABC eine Konstruktionsbeschreibung an und zeichne die Figur im Heft. Bestimme die übrigen Winkel der Figur.
b) Die Gerade w ist eine Winkelhalbierende im Punkt B. Berechne die Größe des Winkels δ.
c) Gib eine Gleichung an, welche die Berechnung des Winkels δ in Abhängigkeit vom Winkel α beschreibt.

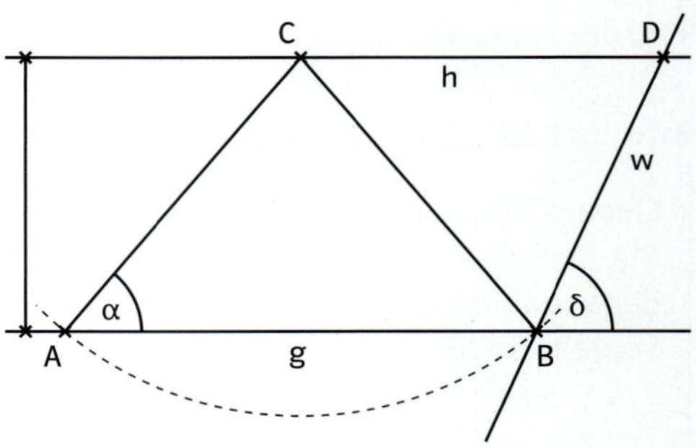

7 Lineare Ungleichungssysteme

Reitgespräche
Luka: „Letzte Woche war Marcello mehr als doppelt so oft reiten wie Clara."
Katharina: „Marcello und Clara waren in der letzten Woche insgesamt höchstens zehnmal reiten."
Johann: „Clara hat gesagt, dass sie letzte Woche mehr als einmal reiten war."

Bisher wurden lineare Gleichungssysteme gelöst. Statt linearer Gleichungen werden in dieser Lerneinheit lineare Ungleichungen wie zum Beispiel $y < 0{,}25x + 1$ oder $y \geqq 0{,}25x + 1$ betrachtet. Zwei oder mehrere lineare Ungleichungen nennt man ein **lineares Ungleichungssystem**. Eine gemeinsame Lösung dieser Ungleichungen heißt Lösung des linearen Ungleichungssystems.

Eine Gerade teilt die Zeichenebene in zwei Halbebenen.

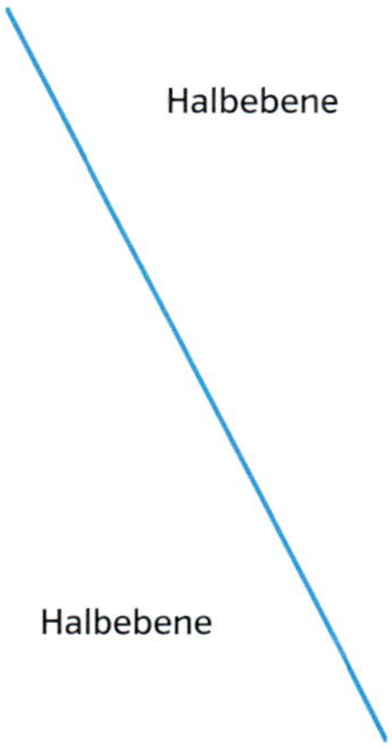

Fig. 1

Die Lösungen von linearen Ungleichungen wie zum Beispiel $y < 0{,}25x + 1$ bzw. $y > 0{,}25x + 1$ lassen sich anschaulich darstellen. Für die Koordinaten eines Punktes $P(x|y)$ in Fig. 2, der
- auf der Geraden liegt, gilt: $y = 0{,}25x + 1$;
- in der grün gekennzeichneten Hälfte der Zeichenebene liegt, gilt: $y < 0{,}25x + 1$;
- in der blau gekennzeichneten Hälfte der Zeichenebene liegt, gilt: $y > 0{,}25x + 1$.

Umgekehrt gilt: Die Lösungen von
- $y = 0{,}25x + 1$ legen die Gerade fest;
- $y < 0{,}25x + 1$ legen die grün gefärbte Halbebene fest;
- $y > 0{,}25x + 1$ legen die blau gefärbte Halbebene fest.

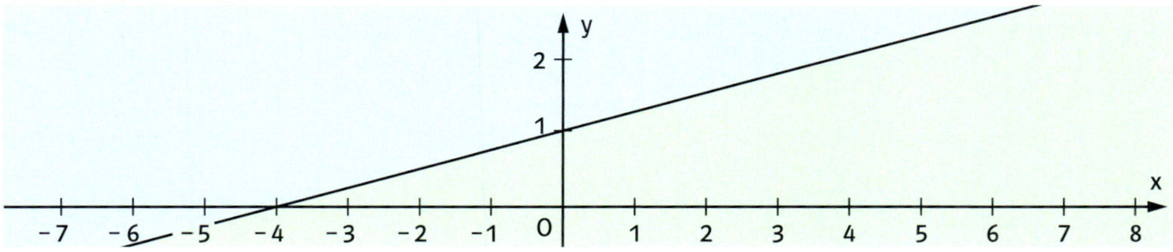

Fig. 2

Zur Bestimmung der Lösungen eines linearen Ungleichungssystems wie zum Beispiel
I: $y > x - 1$
II: $y \leqq -x + 1$ kann man so vorgehen:
1. Man markiert alle Punkte der Halbebene „oberhalb" der Geraden zu $y = x - 1$ blau.
2. Man markiert die Gerade zu $y = -x + 1$ und alle Punkte der Halbebene „unterhalb" der Geraden zu $y = -x + 1$ hellgrün.
3. Die Koordinaten aller „dunkelgrünen" Punkte, die hellgrün und zugleich blau gefärbt wurden, sind die Lösungen.

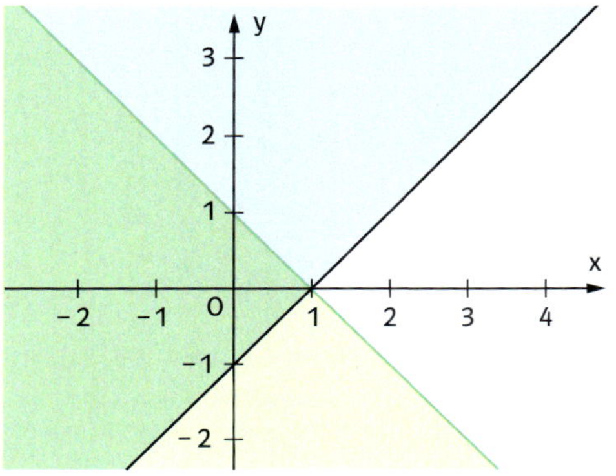

Fig. 3

Den Lösungen von Gleichungssystemen entsprechen die gemeinsamen Punkte von Geraden.
Den Lösungen von Ungleichungssystemen entsprechen die gemeinsamen Punkte von Halbebenen.

Beispiel

Leonie sammelt alte Lucky-Luke- und Asterix-Hefte. In einem Comicladen werden die LL-Hefte für 2 Euro und die Asterix-Hefte für 3 Euro angeboten.
Sie hat 18 Euro und will mehr als ein Asterix-Heft und mindestens doppelt so viele LL-Hefte wie Asterix-Hefte und mindestens sechs Hefte kaufen.
Wie viele Lucky-Luke- und Asterix-Hefte kann sie kaufen?

Lösung:

1. Schritt: Variablen einführen

Anzahl der LL-Hefte: x

Anzahl der Asterix-Hefte: y

2. Schritt: Ungleichungen aufstellen

I: $2x + 3y \leqq 18$ II: $y > 1$

III: $2y < x$ IV: $x + y \geqq 6$

3. Schritt: Ungleichungen nach y auflösen

Ia: $y \leqq -\frac{2}{3}x + 6$ II: $y > 1$

IIIa: $y < \frac{1}{2}x$ IVa: $y \geqq -x + 6$

4. Schritt: Ungleichungssystem zeichnerisch lösen (Fig. 1).

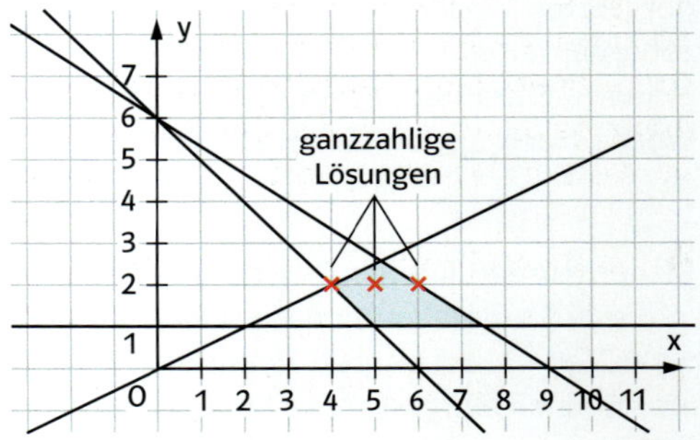

Fig. 1

Die Lösungen entsprechen den ganzzahligen Koordinaten der Punkte des blauen Teils.
Sie kann 2 Asterix-Hefte und 4 oder 5 oder 6 Lucky-Luke-Hefte kaufen.

Aufgaben

1 Ermittle zeichnerisch die Lösungen und gib zwei ganzzahlige Lösungspaare an.

a) $y \leqq 2x - 1$; $y < 4 - 0{,}25x$
b) $3x - 5y < 4$; $x - 2y > 3$
c) $y \geqq 2 + 0{,}5x$; $y = 1 - x$
d) $4y + 4 < x$; $x + y = 1$

2 Bestimme die Lösungen.

a) $y \geqq 3x + 4$; $y - 3x \leqq 4$; $y < 7$
b) $y < 5x - 3$; $x - 0{,}5y < 0{,}6$; $x < 0$
c) $0{,}5y - 2x > 1$; $4x \leqq y + 2$; $y = 3$
d) $y - 2x < -5$; $x - y > 7$; $y > 2x - 3$

3 Gib ein Ungleichungssystem an, dessen Lösungen der farbig unterlegten Fläche entsprechen.

a)

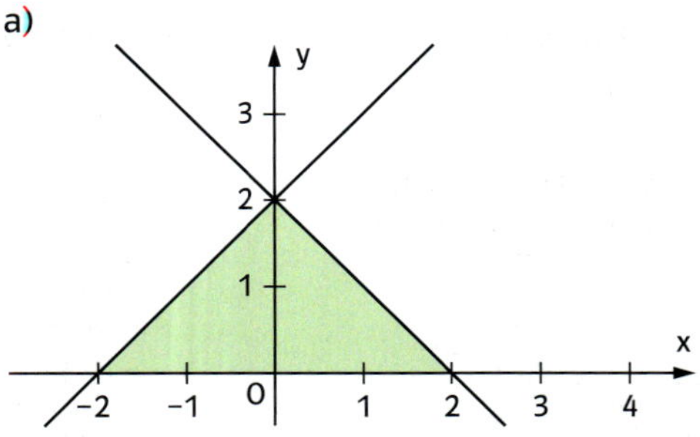

Fig. 2

b)

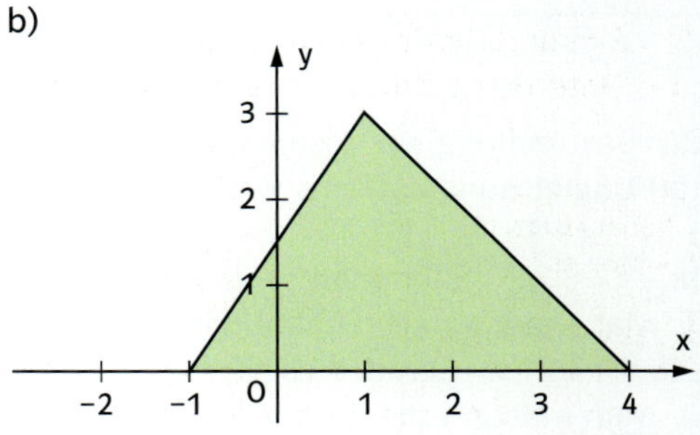

Fig. 3

4 Robin hat am Monatsende mindestens 5 Euro Taschengeld mehr übrig als Laura, aber höchstens dreimal so viel wie sie.
Wie viel Taschengeld besitzt Laura mindestens (höchstens) noch, wenn Robins Taschengeld nicht mehr für eine 14 Euro teure CD reicht?

1 a) $x + 3y - 3 = 0$
$x - 3y + 3 = 0$

b) $4y - 15 = -5x$
$3x + 2 = 2y$

c) $x + y - 3 = 0$
$2y = -9 - x$

Die Lösungen der Aufgaben 1 und 2 lassen sich auch gut grafisch bestimmen.

2 Von zwei Zahlen weiß man, dass die erste doppelt so groß ist wie die zweite. Addiert man das Dreifache der ersten Zahl zu der zweiten Zahl hinzu, so erhält man 14.

3 Zahlenrätsel im Kreis
Setzt euch in einer kleinen Gruppe um einen Tisch. Jeder denkt sich ein Zahlenrätsel aus und schreibt dieses auf ein Blatt. Dann werden die Zahlenrätsel an die rechten Nachbarn weitergegeben. Wenn alle ihre Aufgaben gelöst haben, werden die Rätsel wieder weitergereicht und wieder gelöst – solange bis jeder wieder sein eigenes Blatt hat.

4 a) $8x + 13y = 92$
$14x - 15y = 10$

b) $23x - 30y = 25$
$19x - 12y = 59$

c) $35x - 38y = 149$
$28x - 57y = 199$

5 a) $\frac{2}{3}x - 5y + 1 = 0$
$\frac{1}{3}x = y + 1$

b) $\frac{x}{2} - \frac{y}{3} = 5$
$\frac{x}{4} - 4 = \frac{2y}{3}$

c) $\frac{x}{5} + 2 \cdot \frac{y}{3}\} = 1$
$\frac{x}{2} - \frac{y}{3} = 2$

6 In der einen Geldbörse waren 150 % des Geldbetrages der anderen Geldbörse (Fig. 1).
Wie viel Geld war in jeder Geldbörse?

Fig. 1

7 a) Das Alter eines Jungen betrug vor sieben Jahren genau ein Siebtel des Alters seines Vaters. In drei Jahren wird sein Alter genau ein Drittel des Alters seines Vaters betragen. Wie alt sind die beiden heute?
b) Charlotte war vor einem Jahr doppelt so alt wie Jens. In zwei Jahren wird sie 1,5-mal so alt wie Jens sein. Wie alt sind die beiden heute?

8 a) $y \geqq 3$
$2y < 16 - x$
$y \leqq x - 4$

b) $y \leqq x$
$6y > 6 + x$
$3y + x < 12$

c) $2x - y < -6$
$y - 2x = 0$
$x + 3y > 12$

9 Eva und Patrick gehen in dieselbe Klasse, sie mögen sich und schreiben sich während des Unterrichts Briefe. Die anderen beobachten dies.

Wie viele Briefe kann Patrick an Eva und Eva an Patrick geschrieben haben?

10 Die Klasse 7b soll Besuch bekommen von der Klasse 7a der Partnerschule aus Innsbruck. Leider weiß noch niemand, wie viele Mädchen und Jungen in Gastfamilien unterzubringen sind. Glücklicherweise hat die Klasse aus Innsbruck schon dreimal geschrieben.

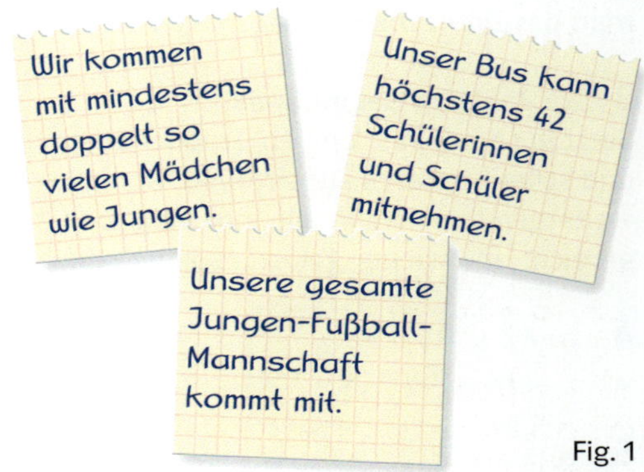

Fig. 1

11 Betrachtet wird das Gleichungssystem I: $1999x - 2000y = 999$
II: $1997x - 1998y = 998$.

a) Bestimme die Lösung des linearen Gleichungssystems.
b) Ändert man in Gleichung II die Zahl 1997 geringfügig in 1997,001 um, so erhält man ein Gleichungssystem, das keine Lösung besitzt. Prüfe dies nach und gib hierfür eine geometrische Erklärung.

12 Eine zweiziffrige Zahl ist achtmal so groß wie ihre Quersumme. Vertauscht man die Ziffern der Zahl miteinander, so erhält man eine um 45 kleinere Zahl. Wie heißt sie?

13 Bestimme die Koordinaten des Schnittpunktes S in Fig. 2.

14 Frau Schulz war vor vier Jahren 13-mal so alt wie ihr Sohn Martin. In 6 Jahren wird sie nur noch dreimal so alt sein wie ihr Sohn dann ist. Wie alt sind Frau Heine und ihr Sohn Martin heute?

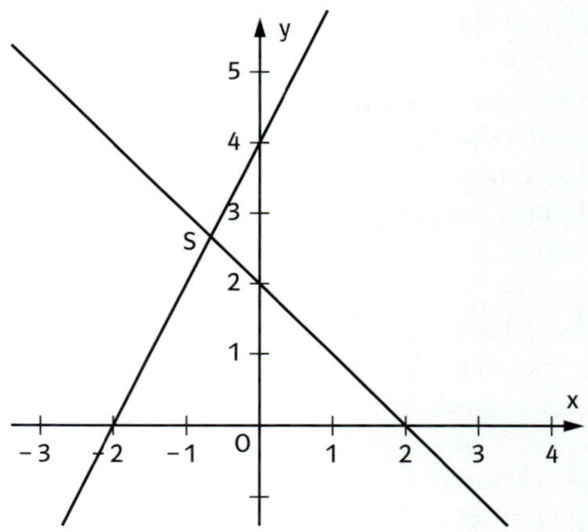

Fig. 2

15 Aus dem Buch Ganita-sra-samgraha des indischen Mathematikers Mahavira (um 850 n. Chr.) stammt diese Aufgabe:
Neun Zitronen und sieben Holzäpfel kosten 107 Geldstücke. Sieben Zitronen und neun Holzäpfel kosten 101 Geldstücke. Sage mir schnell, was kostet eine Zitrone und ein Holzapfel allein.

Zum Knobeln

16 Drei einstellige Zahlen haben die Summe 15. Die größte dreistellige Zahl, die man mit ihren Ziffern bilden kann, unterscheidet sich um 396 von der kleinsten dreistelligen Zahl, die man bilden kann. Bestimme die drei einstelligen Zahlen.

17 Für besonders findige Köpfe
Zwei unterschiedlich lange Kerzen wurden gleichzeitig angezündet. Nach zwei Stunden hatten beide Kerzen die gleiche Länge. Die eine Kerze war nach insgesamt 3,5 Stunden ganz abgebrannt, die andere nach insgesamt fünf Stunden.
Um wie viel Prozent war eine Kerze zu Beginn länger als die andere?

Fig. 1

Bei diesen Aufgaben kann ein GTR hilfreich sein, es geht aber auch ohne

18 Alle Mädchen und Jungen der 7b treffen sich im Hamburger-Restaurant. Jeder isst einen Hamburger. Es werden viermal so viele Super Hamburger mit Mayo-extra gegessen wie ohne Mayo-extra und doppelt so viele Turbo Hamburger ohne Mayo-extra wie mit Mayo-extra. Alle Hamburger ohne Mayo-extra kosten zusammen 29,80 Euro, alle mit Mayo-extra kosten zusammen 31 Euro. Wie viele Schülerinnen und Schüler hat die Klasse 7b?

Fig. 2

19 Paul startet mit seinem Trekkingrad um 10 Uhr, um nach Waldhausen zu fahren. Er fährt mit ungefähr gleich bleibender Geschwindigkeit und kommt in einer Stunde 10 km weit. Irene nimmt mit ihrem Rennrad um 10.30 Uhr die „Verfolgung“ auf.
a) Stelle den Zusammenhang *„Fahrtzeit → Entfernung von Waldhausen“* für Paul grafisch dar.
b) Wie schnell muss Irene mindestens durchschnittlich fahren, wenn sie Paul noch vor dem Ziel einholen will?
c) Stelle auch die Zusammenhänge *„Fahrtzeit → Entfernung von Waldhausen“* für Irene bei verschiedenen durchschnittlichen Geschwindigkeiten grafisch dar und bestimme jeweils, wann und wo Irene ihren Freund Paul einholt.
d) Wie ändert sich der Graph von Irene, wenn ihre durchschnittliche Geschwindigkeit größer wird?
e) Wie ändert sich der Graph von Irene, wenn sie später losfährt?

Fig. 3

Drei Gleichungen, drei Variablen – das geht gut

I: $x + y + z = 6$
II: $y + z = 3$
III: $z = 1$

I: $2x + 3y + 4z = 27$
II: $2y - z = 4$
III: $y + z = 3$

I: $2x + 3y + 4z = 38$
II: $-3x + 2y - 4z = -21$
III: $5x - 3y + 6z = 33$

Gesucht sind drei Zahlen. Das Dreifache der ersten Zahl und die zweite Zahl und das Dreifache der dritten Zahl ergeben zusammen 23. Das Doppelte der zweiten Zahl und das Dreifache der dritten Zahl ergeben zusammen 13. Die dritte Zahl ist die zweitkleinste Primzahl. Wie heißen die Zahlen?

Will man Fragestellungen wie das Zahlenrätsel beantworten, so muss man lineare Gleichungssysteme mit drei Variablen lösen. Von den links abgebildeten Gleichungssystemen ist das oberste das einfachste. Warum?

Gleichungen des Typs $3x + 2y + 6z = 4$ heißen **lineare Gleichungen mit drei Variablen**. Wenn ein Gleichungssystemen mit drei linearen Gleichungen und drei Variablen Dreiecksform hat, dann kann man die Lösung leicht ermitteln.

I: $\mathbf{3x + 2y - 4z = -5}$	aus III folgt:	$z = 3$
II: $0x \mathbf{- 4y + 2z = -2}$	aus III und II folgt:	$y = 2$
III: $0x + 0y + \mathbf{5z = 15}$	aus III und II und I folgt:	$x = 1$

Lösung dieses Gleichungssystems ist $(1|2|3)$.

*Dieses Lösungsverfahren heißt auch **Gauß-algorithmus**, benannt nach dem Mathematiker Carl Friedrich Gauß (1777–1855).*

Das Gaußverfahren kann man als Kombination aus Additionsverfahren und Einsetzungsverfahren auffassen.

Lineare Gleichungssysteme mit drei Gleichungen und drei Variablen, die keine Dreiecksform haben, versucht man in solche mit Dreiecksform umzuwandeln.
Hierbei darf man wie bei Gleichungssystemen mit zwei Gleichungen und zwei Variablen:
1. eine Gleichung mit einer Zahl ($\neq 0$) multiplizieren.
2. eine Gleichung durch die Summe aus ihr und einer anderen Gleichung ersetzen.

Zum Beispiel:

I: $x - 3y + 2z = -4$
II: $-x + y + 3z = 11$
III: $-x - 2y + 2{,}5z = -2{,}5$

1. Schritt:
In zwei Gleichungen soll dieselbe Variable „wegfallen". Deshalb werden die Gleichungen I und II sowie die Gleichungen I und III addiert.

I: $x - 3y + 2z = -4$
II: $-x + y + 3z = 11$ | I + II
III: $-x - 2y + 2{,}5z = -2{,}5$ | I + III

2. Schritt:
In der dritten Gleichung soll auch die Variable y „wegfallen". Deshalb wird Gleichung II zunächst mit 5 und Gleichung III a mit 2 multipliziert.
Anschließend werden die so veränderten Gleichungen addiert.

I: $x - 3y + 2z = -4$
IIa: $-2y + 5z = 7$ | $\cdot(-5)$
IIIa: $-5y + 4{,}5z = -6{,}5$ | $\cdot 2$

I: $x - 3y + 2z = -4$
IIb: $10y - 25z = -35$
IIIb: $-10y + 9z = -13$ | IIb + IIIb

3. Schritt:
Vereinfachen.

I: $x - 3y + 2z = -4$
IIb: $10y - 25z = -35$ | $:(-5)$
IIIc: $-16z = -48$ | $:(-16)$

I: $x - 3y + 2z = -4$
(IIc =) IIa: $-2y + 5z = 7$
IIId: $z = 3$

4. Schritt:
Bestimmung der Lösung.

Aus IIId folgt: $z = 3$
Aus IIId und IIa folgt: $y = 4$
Aus IIId und IIa und I folgt: $x = 2$

Lösung: $(2|4|3)$.

Drei Gleichungen, drei Variablen – das geht gut

Versuch's, es ist nicht schwer

Löse.

a) $x + y + z = 9$
$x - y + z = 3$
$x + y - z = 1$

b) $x + y - z = 7$
$2x - y + z = 8$
$3x + 2y - z = 20$

c) $x + 4y - 5z = 21$
$2x - 3y + 4z = -1$
$x - 6y - 8z = -3$

d) $2x + 3y + 4z = 1{,}4$
$3x - 2y - z = 1{,}2$
$5x + 4y + 3z = 1{,}4$

Zahlenrätsel und Süßes

a) Bestimme drei Zahlen so, dass sich die Summen 10 bzw. 11 bzw. 12 ergeben, wenn mann je zwei von ihnen addiert.
b) Bei drei Zahlen x, y und z kann man von jeweils zweien das arithmetische Mittel bilden. Ist es möglich, dass sich dabei jedes Mal der Mittelwert 10 (jedes Mal der gleiche Mittelwert) ergibt, obwohl die drei Zahlen x, y, z verschieden sind?

Die Summe aus je zwei von drei Zahlen
a) übertrifft die dritte um 12 bzw. 14 bzw. 16.
b) wird vom 3fachen der dritten Zahl um 13 bzw. 25 bzw. 37 übertroffen.
Bestimme die drei Zahlen.

Während einer Klassenfahrt kauften Tobias, Bastian und Rebecca für sich und andere ein. Leider haben sie sich nicht die Einzelpreise gemerkt und die Kassenbons sind zerrissen. Berechne, wie teuer eine Landschoko, eine Lomo-Limo und eine Packung Kika-Kekse sind.

5 Landschoko
3 Lomo-Limo
2 Kika-Kekse
Summe 10,60 Euro

3 Landschoko
2 Lomo-Limo
4 Kika-Kekse
Summe 9,70 Euro

4 Landschoko
4 Lomo-Limo
1 Kika-Kekse
Summe 9,90 Euro

Unendlich viele Lösungen, keine Lösung

a) $3x + 9y - 3z = 15$
$-8x - 19y + 3z = 6$
$2x + y + 3z = 0$

b) $3x + 9y - 3z = 15$
$-8x - 19y + 3z = -30$
$2x + y + 3z = 0$

Gleichungssysteme mit drei Gleichungen und drei Variablen
haben wie Gleichungssysteme mit zwei Gleichungen und zwei Variablen entweder
keine Lösung
oder
eine einzige Lösung oder
unendlich viele Lösungen.

Rückblick

Lineare Gleichungen
Man nennt Gleichungen wie $y = 2x + 2$ lineare Gleichungen.
Mithilfe des Graphen der linearen Zuordnung mit der Gleichung $x \rightarrow 2x + 2$ kann man die Lösungen von mehreren Gleichungen wie $2x + 2 = 4$ oder $2x + 2 = -2$ usw. bestimmen.

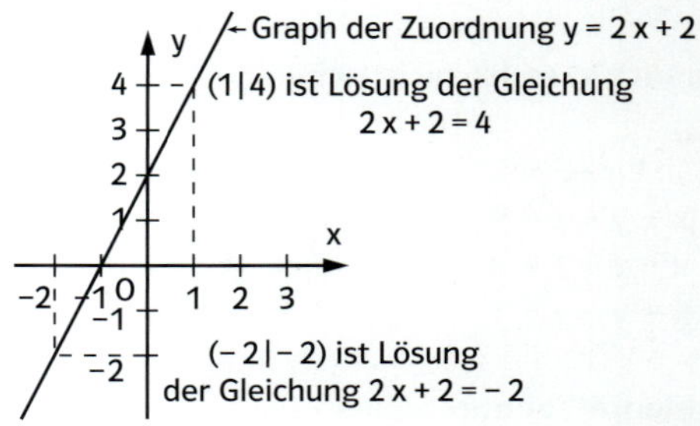

Fig. 1

Lineare Gleichungen mit zwei Variablen
Für lineare Gleichungen wie $-x + 2{,}5y = 2{,}5$ mit den Variablen x und y gilt:
1. Jede Lösung besteht aus einem Zahlenpaar.
2. Es gibt unendlich viele Lösungen.
3. Die grafische Darstellung aller Lösungen ist eine Gerade.

Sonderfälle:
Für die Gleichung $0x + 0y = 0$ ist jedes Zahlenpaar eine Lösung.
Gleichungen wie $0x + 0y = 4$ besitzen keine Lösung.

$-x + 2{,}5y = 2{,}5$ entspricht $y = 0{,}4x + 1$.

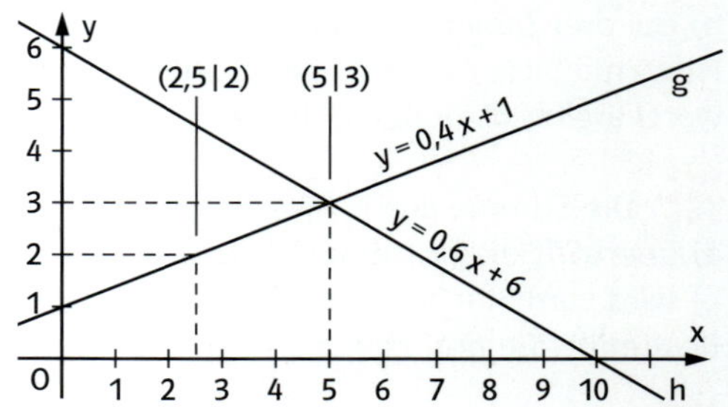

Fig. 2

Lineare Gleichungssysteme mit zwei Variablen
Zwei lineare Gleichungen mit zwei Variablen bezeichnet man auch als lineares Gleichungssystem.
Jede gemeinsame Lösung der zwei Gleichungen heißt Lösung des linearen Gleichungssystems.

(2,5|2) und (5|3) sind zwei Lösungen von $y = 0{,}4x + 1$ bzw. $-x + 2{,}5y = 2{,}5$.
(5|3) ist Lösung von
I: $y = 0{,}4x + 1$ II: $y = -0{,}6x + 6$ (Fig. 2).

Lösen linearer Gleichungssysteme mit zwei Variablen
Lineare Gleichungssysteme mit zwei Variablen kann man grafisch lösen (siehe Fig. 2) oder mit dem Gleichsetzungsverfahren oder mit dem Einsetzungsverfahren oder mit dem Additionsverfahren.

Gleichsetzungsverfahren
I: $y = 2x - 1$ II: $y = -x + 2$
Gleichsetzen: $2x - 1 = -x + 2$
Hieraus folgt: $x = 1$
Einsetzen in I (oder II) ergibt: $y = 1$
Lösung: (1|1)

Einsetzungsverfahren
I: $y = 2x - 1$ II: $2x + y = 7$
Einsetzen von $2x - 1$ für y in II:
$2x + 2x - 1 = 7$. Hieraus folgt: $x = 2$
Einsetzen in I (oder II) ergibt: $y = 3$
Lösung: (2|3)

Lineare Ungleichungssysteme
Den Lösungen von linearen Ungleichungssystemen entsprechen die gemeinsamen Punkte von Halbebenen.

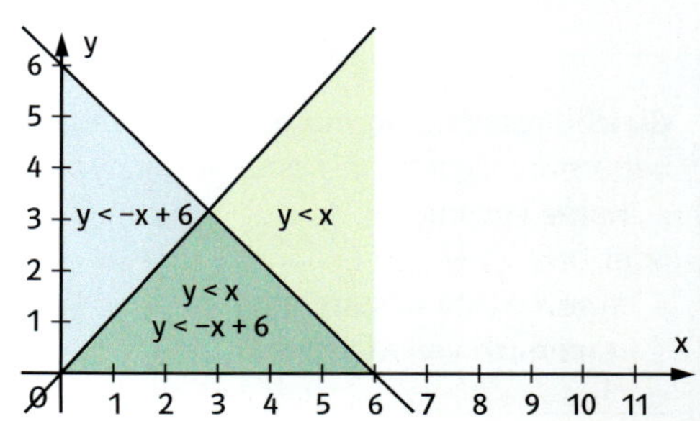

Fig. 3

Training

Runde 1

1 Stelle die Lösungsmenge im Koordinatensystem dar.

a) $y = 2x + 1$　　b) $3y = 9x + 3$　　c) $-4x + y = 0$　　d) $y = -2{,}5$

2 Bestimme die Lösung grafisch.

a) $y = 4x - 2$; $y = 5x - 3$
b) $-5y + x = -5$; $4y = 2 + x$
c) $5y - 2 - x = 0$; $6y - x - 3 = 0$
d) $y - 2 - x = 7$; $y - x - 3 = 1$

3 Bestimme die Lösung rechnerisch.

a) $y = 4x - 6$; $y = 5x + 7$
b) $5x = -3y + 7$; $5x = -4y + 7$
c) $2x - 4y = 1$; $3x + 2y = 6$
d) $2x - 4y = -1$; $-3x + 2y = 6$
e) $y = 1{,}5x - 4$; $x + y = 3$
f) $3x + 5y = 2$; $x - 5y = 8$
g) $x = 2\frac{1}{2}y - \frac{1}{5}$; $6y = 2x + 1\frac{1}{5}$
h) $x = 2\frac{1}{5}y - \frac{1}{2}$; $y = x + 1\frac{1}{5}$

4 Das Dreifache einer Zahl und das Vierfache einer anderen Zahl ergeben zusammen 18. Subtrahiert man vom Sechsfachen der zweiten Zahl das Fünffache der ersten Zahl, so erhält man die Zahl 8.
Wie heißen die beiden unbekannten Zahlen?

5 Stelle die Lösungen grafisch dar.

a) $2x + 2y > 5$; $y < 3$; $x < 5 - y$
b) $3y < 6 + x$; $y > 3x$; $y + x > 1$
c) $3y - 6x < 3$; $y < x + 3$; $x - y < 2$
d) $4x < y + 2$; $y + x > 3$; $y - 2x - 2 < 0$

Runde 2

1 Bestimme die Lösung.

a) $6x + 4y = 14$; $-5x - 4y = -15$
b) $(4x - 3y) \cdot 8 = 0$; $(4x - 3y) \cdot 9 = -17$
c) $3{,}4x + 5{,}1y = 0{,}3$; $3{,}4x + 5{,}1y = 0{,}5$
d) $-3{,}4x + 5{,}1y = 0{,}34$; $3{,}4x + 5{,}1y = 0{,}34$

2 Bestimme die Koordinaten des Schnittpunktes S der beiden Geraden.

a)

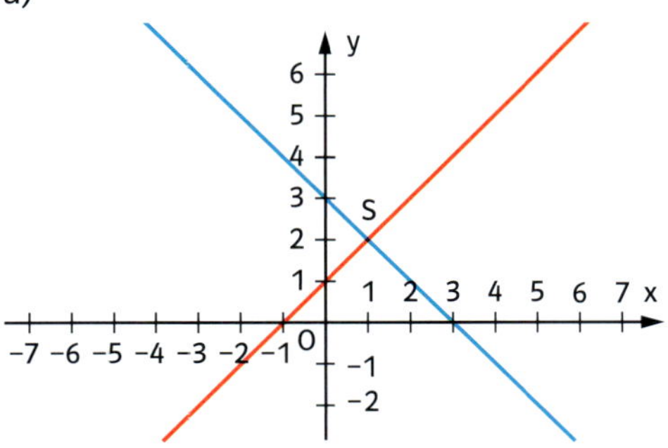

Fig. 1

b)

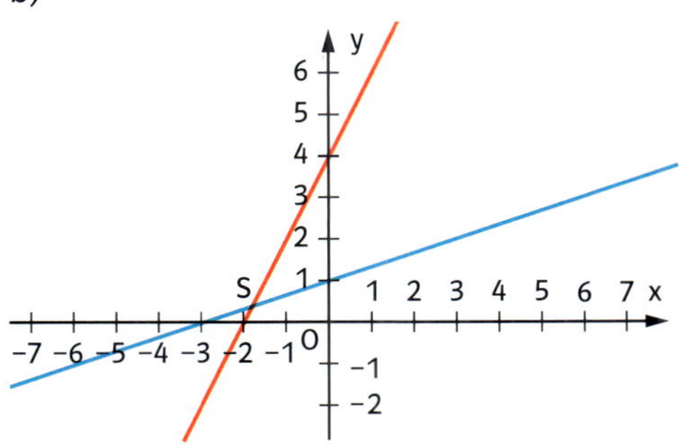

Fig. 2

3 Für ein Jugendtreffen wurden insgesamt zwölf Zelte aufgebaut. Es wurden nur Zelte für drei Personen und Zelte für vier Personen verwendet.
In den Drei-Personen-Zelten schliefen die Mädchen, in den Vier-Personen-Zelten schliefen die Jungen.
Die insgesamt 43 Jugendlichen belegten alle Plätze in den Zelten.
Wie viele Mädchen nahmen an dem Zeltlager teil?

Familie Knopf aus Stuttgart überlegt sich, wo sie den diesjährigen Sommerurlaub verbringen soll. Dabei haben alle unterschiedliche Wünsche.
„Ich würde einen Aktivurlaub bevorzugen", sagt Herr Knopf.
„Das ist mir nicht so wichtig", erwidert Frau Knopf, „ich möchte irgendwo hin, wo nicht so viele Leute sind, damit ich mich erholen kann". „Aktivurlaub finde ich auch gut", wirft der 13-jährige Sohn Justus ein, „dann könnte ich auch mein Mountain-Bike mitnehmen". „Nur nicht zu anstrengend", fügt die 16-jährige Valerie hinzu, „ich möchte einfach nur braun werden und dabei meine Sprachkenntnisse verbessern".
Nach langen Diskussionen sind alle damit einverstanden, einen Fahrradurlaub im sonnigen Frankreich (Bretagne, um die Stadt Rennes) zu verbringen. Wie das wohl wird?

Planung der Fahrt

Die Vorbereitungen beginnen und Valerie beklagt, dass sie ein zu altes Fahrrad hat. Da stimmen Frau und Herr Knopf zu und versprechen, dass sie gleich am nächsten Tag in ein Fahrradgeschäft gehen. Valerie möchte sich gerne im Vorfeld informieren und surft im Internet. Unter dem Suchbegriff „Fahrradtypen" stößt sie auf die folgende Seite.

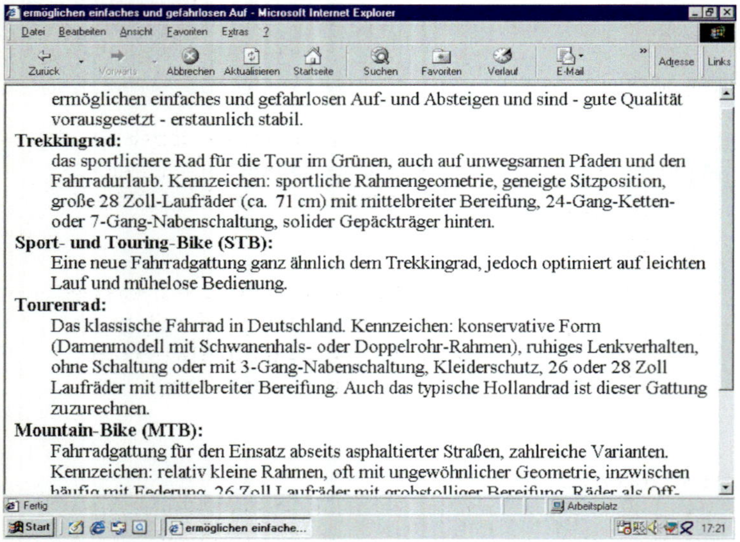

ermöglichen einfaches und gefahrlosen Auf- und Absteigen und sind - gute Qualität vorausgesetzt - erstaunlich stabil.

Trekkingrad:
das sportlichere Rad für die Tour im Grünen, auch auf unwegsamen Pfaden und den Fahrradurlaub. Kennzeichen: sportliche Rahmengeometrie, geneigte Sitzposition, große 28 Zoll-Laufräder (ca. 71 cm) mit mittelbreiter Bereifung, 24-Gang-Ketten- oder 7-Gang-Nabenschaltung, solider Gepäckträger hinten.

Sport- und Touring-Bike (STB):
Eine neue Fahrradgattung ganz ähnlich dem Trekkingrad, jedoch optimiert auf leichten Lauf und mühelose Bedienung.

Tourenrad:
Das klassische Fahrrad in Deutschland. Kennzeichen: konservative Form (Damenmodell mit Schwanenhals- oder Doppelrohr-Rahmen), ruhiges Lenkverhalten, ohne Schaltung oder mit 3-Gang-Nabenschaltung, Kleiderschutz, 26 oder 28 Zoll Laufräder mit mittelbreiter Bereifung. Auch das typische Hollandrad ist dieser Gattung zuzurechnen.

Mountain-Bike (MTB):
Fahrradgattung für den Einsatz abseits asphaltierter Straßen, zahlreiche Varianten. Kennzeichen: relativ kleine Rahmen, oft mit ungewöhnlicher Geometrie, inzwischen häufig mit Federung, 26 Zoll Laufräder mit grobstolliger Bereifung. Räder als Off-

Findest Du die Lösung?

Wie viel cm sind ein Zoll?

Wie groß ist der Umfang der Laufräder der verschiedenen Fahrradtypen? Gib ihn auch in cm und m an.

Gibt es noch andere Laufradgrößen? Erkundige dich. Wie groß ist der Umfang hier?

Informiere dich über die Kettengangschaltung. Was bedeuten die Begriffe „Ritzel" und „Kettenblatt"?

Valerie hat sich für ein Trekkingrad entschieden – unter anderem, weil ihr die Räder äußerlich sehr gut gefallen. Beim Fahrradhändler sagt sie: „Ich möchte gern eine Kettenschaltung, weil ich dann viel mehr Gänge zum Schalten habe."
Der Händler antwortet: „Zwar hat die Nabenschaltung nur sieben Gänge, aber die 24-Gang-Kettenschaltung hat eigentlich auch nur 13 Gänge." Da ist die ganze Familie Knopf erstaunt. „Hier hast du eine Broschüre, in der alles erklärt ist", antwortet der Händler schließlich und gibt Valerie ein Informationsblatt.

Die Kettenschaltung

Wenn bei einem Fahrrad das Kettenblatt (Zahnrad bei den Pedalen) 42 Zähne und das Ritzel (Zahnrad am Hinterrad) 18 Zähne hat, geschieht beim Treten der Pedale um eine volle Drehung folgendes:
Nach dem 18. Zahn des Kettenblattes hat sich das Ritzel und damit das Hinterrad einmal gedreht. Nach dem 36. Zahn des Kettenblattes hat sich das Hinterrad ein zweites Mal gedreht. Jetzt dreht sich das Hinterrad nur noch um 6 Zähne weiter, also um $\frac{6}{18}$. Insgesamt dreht es sich dann um $2\frac{1}{3}$ Drehungen.

Wenn sich also das Kettenblatt einmal dreht, dreht sich das Hinterrad ca. um das 2,33-fache. Dieser Faktor wird auch **Übersetzung** genannt. Bestimmen kann man sie mithilfe der Anzahlen der Zähne:

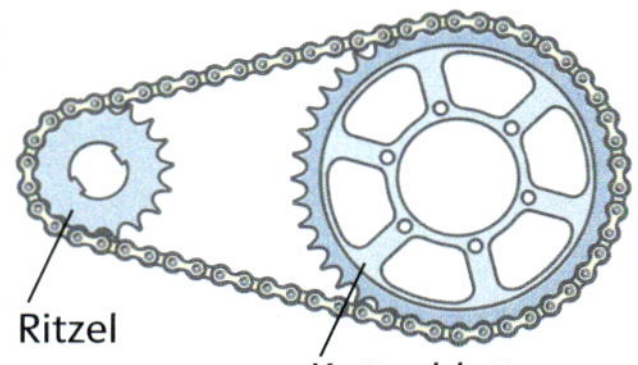

$$\text{Übersetzung} = \frac{\text{Zähnezahl am Kettenblatt}}{\text{Zähnezahl am Ritzel}}$$

Ein 24-Gang-Rad hat 3 Kettenblätter und 8 Ritzel. Für die einzelnen Kombinationen kann man die Übersetzung ermitteln. Man erhält 13 „reale“ Gänge.

Zähne Kettenblatt	Zähne Ritzel							
	11	12	14	16	18	21	24	28
22	2	1,8	1,57	1,38	1,22	1,05	0,9	0,8
32	3	2,67	2,3	2	1,8	1,52	1,33	1,14
42	3,8	3,5	3	2,62	2,3	2	1,8	1,5

gerundete Übersetzungen bei einer 24-Gangschaltung
sinnvolle Schaltung

Valerie entscheidet nun zusammen mit ihren Eltern, (trotzdem) das 24-Gang-Trekkingrad zu kaufen, weil auch 13 Gänge mehr sind als 7. Zudem weiß sie jetzt auch, wie sie ihre Schaltung am besten bedienen bzw. in welcher Reihenfolge sie am besten schalten muss.

Herr Knopf hat versprochen, die An- und Abreise zu organisieren. Spontan überlegt er, ob die Bahn oder das Auto sinnvoller ist. „Praktischer wäre sicherlich das Auto, zumal wir einen Dachgepäckträger für die Fahrräder besitzen“, denkt sich Herr Knopf, „aber ist es wirklich auch günstiger?“
Dazu besorgt er sich Informationen (siehe nächste Seite).

Findest Du die Lösung?

Erkläre die Zusammensetzung der Formel für die Übersetzung.

Kontrolliere die Werte der Tabelle. Einige Übersetzungen sind fast gleich – welche sind es und was bedeutet es?

Der Verkäufer behauptet, dass ein 24-Gang-Kettenschaltung eigentlich nur 13 Gänge besitzt. Rechnerisch hat er Unrecht (s. Informationsblatt). Nimm Stellung.

Begründe, warum man hier von einer „sinnvollen Schaltung“ spricht. Gibt es noch andere sinnvolle Schaltungen?

Wofür würdest du dich entscheiden? Welche Informationen benötigst du noch, um deine Entscheidung zu belegen?

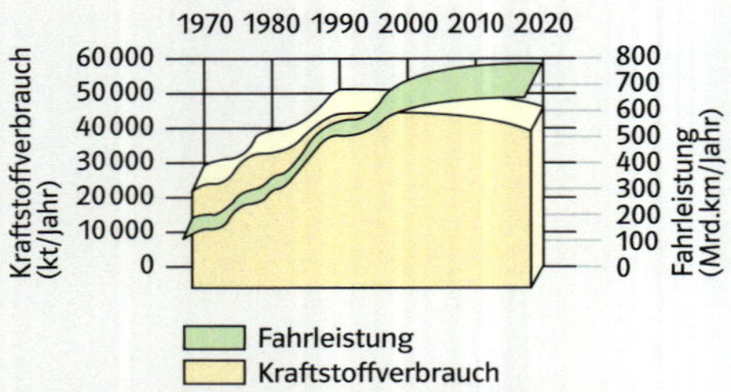

Im Jahr 2000 waren in Deutschland rund 45 Millionen Fahrzeuge unterwegs, 71 Prozent mehr als zwanzig Jahre zuvor (Pkw und Nutzfahrzeuge zusammen gerechnet). Naturgemäß sind damit auch die jährlichen Fahrleistungen gestiegen: Man kann von rund 650 Milliarden abgespulten Kilometern im Jahr 2000 ausgehen, fast doppelt soviel wie 1980.

aus der Zeitschrift Automobilia

Verbrauch auf 100 km:
6,9 Liter.
Der Wertverlust pro Kilometer beträgt ca. 0,22 €.

aus einer Autozeitschrift

1 Liter Benzin	1,03 €.
1 Liter Diesel	0,82 €.
1 Liter Super	1,05 €.
1 Liter Super Plus	1,06 €.

bei einer Tankstelle

QuickRoute

Die Fahrtstrecke Stuttgart – Rennes beträgt 968 km, davon sind 729 km mautpflichtig.

erweiterte Suche Go!

Herr Knopf erinnert sich, dass die Maut in Frankreich kilometerabhängig ist. Letztes Jahr haben sie für eine Strecke von 200 km 13 € Mautgebühr bezahlt.

von einem Reiseplaner im Internet

Fahren Sie mit Ihrer Familie mit dem Fahrrad ins Ausland bequem und günstig. Für Ihr Fahrrad benötigen Sie nur eine internationale Fahrradkarte. Sie gilt für alle Züge zwischen dem Abfahrtsort und dem Zielort und kostet pro Rad und Fahrt 10 €.

aus einem Reiseinformationsblatt der Bahn

Die durch Menschen verursachte CO_2-Emission (globaler Anteil 15 %) gliedert sich wie folgt auf:

Kraftwerk	5,2 %
LKW	0,4 %
Industrie	2,1 %
PKW	1,7 %
Haushalt	3,6 %
Bahn	0,2 %
Sonstige	1,8 %

aus der Zeitschrift Umwelt

„Sie starten in Stuttgart um 9:51 Uhr und sind um 19:08 Uhr in Rennes. In Deutschland müssen Kinder unter 14 Jahren nicht zahlen, ältere Kinder zahlen nur den halben Preis. In Frankreich zahlen alle den normalen Preis. Das macht insgesamt für die Hin- und Rückfahrt 513,60 € als Sparangebot. In Deutschland zahlt eine Familie pro Reservierung 5,20 € und in Frankreich schwankt der Preis für die Reservierung pro Person und Fahrt zwischen 5 € und 28 € – je nach Tag der Fahrt."

telefonische Reiseauskunft der Bahn

Zur Zeit sind fast 140 Mrd. t Rohölreserven erschlossen.
Fazit 1: Bei einem Verbrauch von 3,5 Mrd. t würde das für 40 Jahre reichen. Die bestätigten Vorräte sind 2000 um 1,2 % auf 140 Mrd. t gestiegen. Der Verbrauch ist 2000 lediglich um 0,9 % auf 3,5 Mrd. t gestiegen.
Fazit 2: Die Erschließung neuer Reserven war im Jahr 2000 ca. 50-mal höher als die Verbrauchszunahme.

Information von Autofahrer-Club e. V.

Findest Du die Lösung?

Beschreibe den Graphen auf S. 186 unter der Verwendung prozentualer Angaben. Wie viel Kilometer ist ein Fahrzeug 1980 bzw. 2000 im Durchschnitt gefahren?

Wie hoch ist der prozentuale Anteil des Straßenverkehrs an der durch Menschen verursachten CO_2-Emission?

Sind Fazit 1 und 2 des Autofahrer-Club e. V. richtig? Bewerte diese.

Wie teuer wird die An- und Abreise mit dem Auto?

Wie teuer wird die An- und Abreise mit der Eisenbahn?

Mit welchem Verkehrsmittel würdest du fahren?

Familie Knopf entscheidet sich, mit der Bahn zu fahren, unter anderem auch deshalb, weil das Reisen entspannter ist, man so einen möglichen Stau vermeiden kann und die Umwelt auf diese Weise geschont wird. Nun werden die Koffer gepackt und der Urlaub kann beginnen.

Während der Anreise mit der Bahn

Die Fahrt dauert schon zwei Stunden. Justus und Valerie haben bisher Karten gespielt, etwas gegessen und sich ausführlich über ihre Fahrräder unterhalten. Nun ist ihnen langweilig geworden, aber mindestens sieben Stunden liegen noch vor ihnen. Da schlägt Justus vor, „Schere, Papier, Stein" zu spielen und wer verliert, muss für den anderen eine Cola aus dem Speisewagen holen. Valerie findet die Idee gut. Bei diesem Spiel müssen beide gleichzeitig mit der Hand eine der drei Handstellungen anzeigen (Fig. 1).
Dabei gilt: Schere schlägt Papier, Papier schlägt Stein und Stein schlägt Schere. Bei gleicher Handstellung bekommt keiner einen Punkt. Wer zuerst drei Punkte erreicht, hat gewonnen.
Valerie gewinnt das erste Spiel. Vater sagt: „Valerie, nun wirst du mit einer Wahrscheinlichkeit von mindestens 60 % gewinnen."

Fig. 1

Findest Du die Lösung?

Bestimme die Wahrscheinlichkeit dafür, dass Valerie das beschriebene Spiel gewinnt. Hat der Vater Recht? Mit welcher Wahrscheinlichkeit gewinnt Justus?

Angenommen, Valerie gewinnt auch den zweiten Punkt. Wie groß ist die Wahrscheinlichkeit jetzt, dass sie das Spiel gewinnt? Zeichne einen entsprechenden Baum.

Das erste Spiel ist vorbei. Mit welcher Wahrscheinlichkeit würde Justus ein weiteres Spiel gewinnen?

Erläutere den Baum (Fig. 2) und ergänze ihn vollständig.

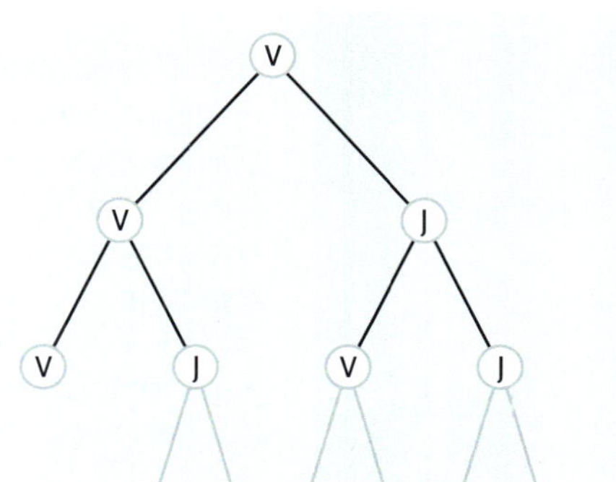

Fig. 2

Valerie hat Pech und verliert das Spiel. Als sie mit zwei Getränken aus dem Speisewagen zurück kommt, berichtet sie von einer Radiomeldung: 44 km Stau auf der E 50 zwischen Paris und Le Mans. Justus möchte wissen, ob sie diese Autobahnstrecke bei einer Anreise mit dem Auto auch gefahren wären. Frau Knopf bejaht dies. „Da haben wir aber Glück, dass wir mit der Bahn gefahren sind. Wie viele Personen wohl in diesem Stau stecken und nun schlecht gelaunt sind?“, fragt Valerie. Da geben alle vier einen Tipp ab:

Frau Knopf: 4 000 Personen
Herr Knopf: 3 000 Personen
Valerie: 10 000 Personen
Justus: 800 Personen.

Findest Du die Lösung?

Gib selber einen Tipp ab.
Wer hat am besten getippt?

„Um diese Frage zu beantworten, benötigen wir zusätzliche Informationen“, sagt Herr Knopf und erstellt Notizen mit Skizzen und Formeln.

– Länge des Staus: 44 km

– Länge eines Autos: ca. 4 m

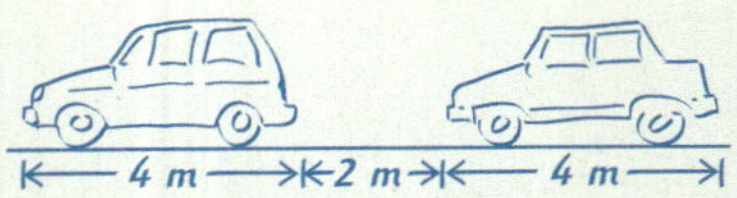

– Abstand zwischen den stehenden Autos: ca. 2 m

– 3 Personen pro Auto

– Die Autobahnen in Frankreich sind meistens 2-spurig.

Formel: Anzahl der Personen im Stau =

$$\frac{\text{Staulänge} \cdot \text{Anzahl der Spuren} \cdot \text{Anzahl der Personen pro Auto}}{\text{Länge eines Autos} + \text{Abstand zwischen zwei Autos}}$$

Findest Du die Lösung?

Beschreibe und erkläre die Notizen – warum werden die einzelnen Informationen benötigt? Wieso kann das Ergebnis nur ein Schätzwert sein?

Erkläre die Formel. Gib noch andere Rechenwege an, mit der man die Anzahl der Personen im Stau ermitteln kann. Welche vereinfachte Annahme hat der Vater gemacht? Diskutiert.

Justus beklagt, dass mehrere Angaben des Vaters nicht richtig sind. „Wieso meinst du, dass alle Autos 4 m lang sind und dass in einem Auto immer drei Personen sitzen?“ Er nimmt sich vor, dies zuhause mit seinen Freunden zu untersuchen.

Findest Du die Lösung?

Um zu kontrollieren, wie viele Personen im Durchschnitt in einem Auto sitzen, kann man an einem sicheren Platz am Straßenrand z. B. bei 100 Autos die Insassen zählen und den Durchschnitt berechnen. Besser wären natürlich 200 oder auch 1000 Autos.
Führe diese Kontrolle selber durch. Überlege dir eigene Methoden, um die durchschnittliche Länge eines Autos und den durchschnittlichen Abstand zwischen den PKW im Stau zu ermitteln.

Angenommen, auf der inneren Spur würden überwiegend LKW fahren. Bestimme, wie sich die Anzahl der Personen im Stau verändern würde.

Ergibt die Berechnung an jedem Straßenrand und zu jeder Jahreszeit etwa gleiche Werte?

Während der Fahrradfahrt
Nun ist Familie Knopf schon drei Tage mit dem Fahrrad unterwegs. Neben dem ersten Muskelkater, den vor allem Justus und Frau Knopf beklagen, sind alle von der Landschaft sehr angetan. Ihre Route verlief von Rennes über Vitré nach Fougères. Von dort ging es dann weiter über Tremblay zu ihrem jetzigen Aufenthaltsort Combourg. Die einzelnen „Tagesetappen" haben sie abends nach dem Abendbrot in ihrem Hotel geplant.

Bei der Planung des vierten Tages kommt es zu heftigeren Diskussionen, weil es drei verschiedene Wünsche gibt: Justus und seine Mutter möchten gerne den „Le Jardin de Granit" in Lanhélin sehen, Valerie bevorzugt einen ruhigen Einkaufsbummel in der Hafenstadt Le Vivier sur Mer und Herr Knopf will nach Trans, weil es dort einen sehr schönen Landwochenmarkt geben soll.
In der Diskussion schlägt Frau Knopf einen Kompromiss vor: Ausnahmsweise könne doch jeder zu seinem Wunschziel fahren und am Abend den anderen davon berichten.
Herr Knopf möchte dann aber gerne, dass sie aus Sicherheitsgründen als Gruppe möglichst lange zusammen fahren.

Findest Du die Lösung?

Stelle mögliche Routen für den vierten Tag auf. Welche Strecken sollten sie zusammen fahren und welche getrennt? An welchem Ort sollten sie sich abends wieder treffen?

Wie weit ist die Tagesetappe für jeden einzelnen, wenn die Karte den Maßstab 1 : 600 000 hat?

Bestimme zeichnerisch, welchen Weg die Familie wählen müsste, um die Bitte des Vaters streng zu befolgen.
(Übernehme dazu den Kartenausschnitt in dein Heft.)
Diskutiere anschließend dein Ergebnis.

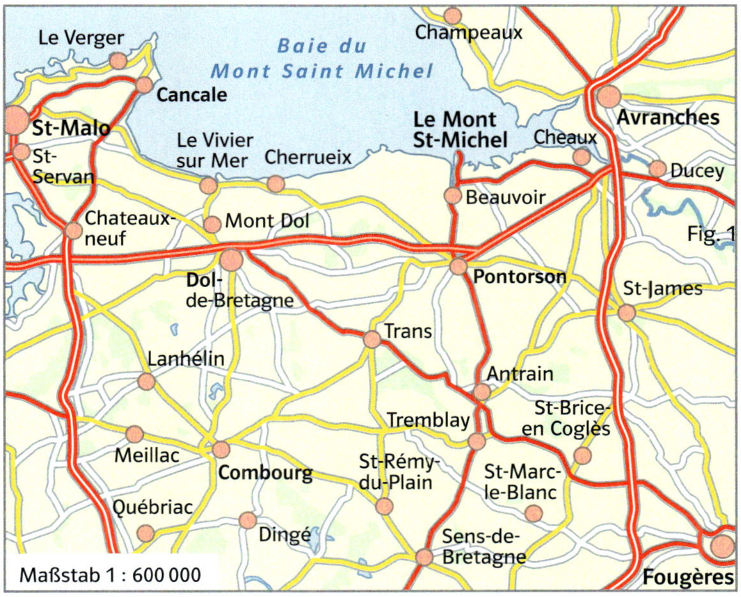

Fig. 1

Am Abend berichten alle von ihren Erlebnissen. Herr Knopf zeigt stolz die Aufzeichnung seines digitalen Geschwindigkeitsschreibers für Fahrräder, den er von seinem Freund Jan, einem Hochleistungsradfahrer, geliehen hat. „Nun erzählt ihr mir bitte, was ich wohl erlebt habe", sagt er und setzt sich erwartungsvoll in einen Sessel.

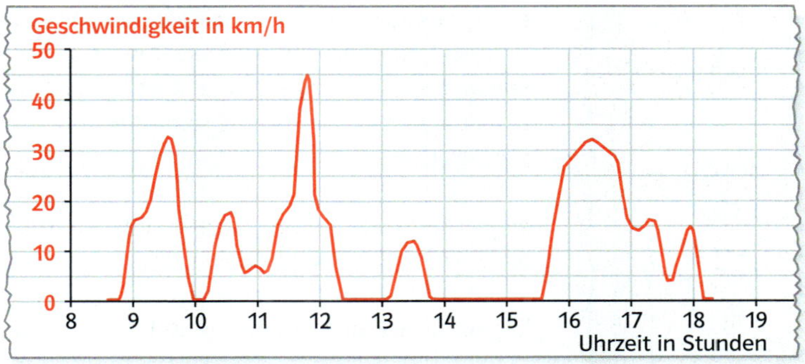

Fig. 2

Am nächsten Tag geht die Fahrt weiter zu der mittelalterlichen Stadt Dinan. Alle genießen die schöne, ruhige Landschaft. Da fragt Justus Valerie, die vor ihm fährt, wie schnell sie sei. Valerie schaut auf ihren Tachometer und antwortet: „18 km/h". „Ich fahre 21 km/h. Gleich werde ich dich überholen", freut sich Justus. Herr Knopf verfolgt das Gespräch und bittet darum, vor der unübersichtlichen Kurve keine „Spielchen" zu machen.

Fig. 1

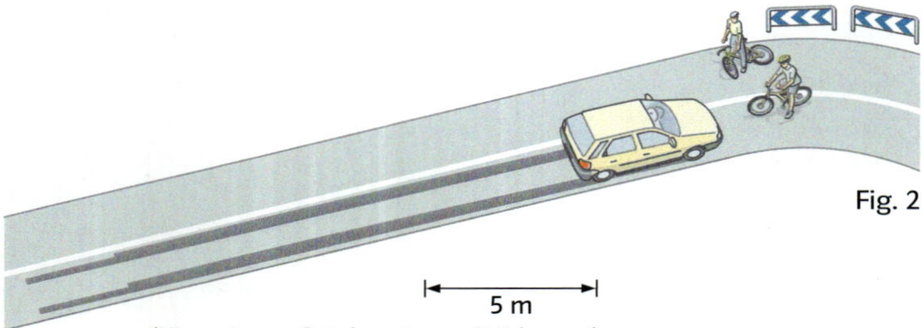

Fig. 2

Findest Du die Lösung?

Wie viel Meter fahren Justus bzw. Valerie in einer Sekunde?

Kann Justus den Überholvorgang vor der Kurve beenden?
Wie kann man vorgehen, um die Frage

a) zeichnerisch und
b) rechnerisch zu lösen?

Beurteile, ob die Bedenken des Vaters begründet sind.

Justus hört nicht auf seinen Vater und übersieht bei seinem Überholmanöver ein entgegenkommendes Auto. Es kommt fast zu einem Unfall. Der Autofahrer kann gerade noch rechtzeitig bremsen. Alle stehen unter Schock.
Da beschwert sich Herr Knopf beim Autofahrer mit aufgebrachter Stimme: „Tu es fou, c'est trop rapide!" „Trente, ce n'est pas un problème!", erwidert der Franzose.

Findest Du die Lösung?

In der Fahrschule lernt man eine Faustformel, nach der man den Bremsweg eines Autos berechnen kann:
„Wenn man die Geschwindigkeit (in km/h) durch 10 dividiert und das Ergebnis quadriert, erhält man den Bremsweg (in m)."
Wie schnell ist der französische Autofahrer gefahren?

Der Anhalteweg eines Autos setzt sich aus dem Reaktionsweg und dem Bremsweg zusammen. Den Reaktionsweg (in m) kann man nach der Faustregel „Dividiere die Geschwindigkeit (in km/h) durch 10 und multipliziere das Ergebnis mit 3" bestimmen.
Wie lang war der Anhalteweg des französischen Autofahrers?

Am Abend sitzen alle – vom Schock erholt – im Hotel. Frau Knopf sucht eine Fahrradfachzeitschrift in ihrer Radtasche, die sie zur Vorbereitung des Urlaubs gekauft hat, um unter anderem Fragen zur Fahrradsicherheit zu studieren.

Beim Lesen stößt sie auf folgenden Artikel.

41 000 verletzte Kinder im Straßenverkehr
neue Statistik von 2002

Wiesbaden Wie das Statistische Bundesamt mitteilt, wurden im Jahr 2002 in Deutschland 41 047 Kinder im Alter von unter 15 Jahren im Straßenverkehr verletzt, 6 % weniger als im Jahr 2001. Dies war die geringste Zahl seit Einführung der Statistik im Jahr 1953.
Bei den Fahrradfahrern bzw. -mitfahrern und Fußgängern wurden 2002 nur geringfügig weniger Kinder als im Vorjahr verletzt: Mit dem Fahrrad verunglückten 70 000 Kinder (–1 %) und als Fußgänger 36 000 (–2 %).
In 216 Fällen aller Verkehrsunfälle von Kindern unter 15 Jahren wurden die Kinder getötet.
Diese Statistik zeigt erneut, wie gefährlich der Straßenverkehr für Kinder ist. Also: Vorsichtiger fahren für sicherere Straßen!

Gegenstand der Nachweisung	Einheit	2000	2001	2002
Deutschland				
Verletzte	Anzahl	504 074	494 775	476 413
darunter: Im Alter von … bis unter … Jahren				
unter 15	Anzahl	45 141	42 574	41 047
15 – 18	Anzahl	33 578	31 383	30 923
18 – 25	Anzahl	111 210	108 851	102 339
25 – 65	Anzahl	277 002	274 211	264 097
65 und mehr	Anzahl	36 327	37 066	37 467
Verletzte Benutzer von:				
Fahrrädern	Anzahl	72 738	71 079	70 163
Mofas, Mopeds	Anzahl	19 216	18 733	17 871
Motorrädern	Anzahl	40 167	37 699	37 366
Personenkraftwagen	Anzahl	309 496	306 427	291 977
Bussen	Anzahl	5 068	5 019	4 817
Güterkraftfahrzeugen	Anzahl	14 729	14 379	13 295
Fußgänger	Anzahl	38 115	37 101	36 343

Findest Du die Lösung?

Wie viel % der Gesamtbevölkerung in Deutschland wurde 2002 durch Verkehrsunfälle verletzt?

Schreibe einen Artikel für das Jahr 2001.

Stimmen die Aussagen beider Quellen überein?

Stelle eine Frage an die Quellen und beantworte diese.

Nach Justus Meinung ist Fahrrad fahren im Vergleich sicherer geworden als Bus fahren. Stimmt das?

Nach der Fahrt
Nun ist Familie Knopf schon eine Woche wieder in Stuttgart. Alle haben schon viel von diesem Urlaub erzählt. Nur Herr Knopf ist noch am Rechnen. Er möchte gerne die Gesamtkosten der Fahrt ermitteln …

Diese Geschichte berichtet von den Geschwistern Tobias und Johanna, die sich überlegen, wie man die ganz alltäglichen Kosten für elektrischen Strom und Wasser verringern kann.
Mit ihren Eltern vereinbaren sie eine Erfolgsprämie, sie schreiben über das Thema einen Artikel in der Schülerzeitung und die beiden Geschwister Tobias und Johanna stellen weitere Überlegungen an, wie die ganze Familie sparen könnte.

Wie alles beginnt
An einem Freitagabend sitzt Familie Heine im Wohnzimmer. Die Kinder lesen und die Eltern sehen die Nachrichten des Regionalsenders. Die Sprecherin berichtet, dass in den Gemeinden die Preise für Wasser und Strom wieder erhöht werden.
„Alles wird teurer," stöhnt Frau Heine und ihr Mann kommentiert: „Da sind wir machtlos."

Tobias hört, was die Eltern bereden. „Ich glaube wir können mehr tun als wir ahnen", sagt er und deutet auf die Jugendzeitschrift. „Wenn wir wirklich zu viel Geld für Strom und Wasser ausgeben, dann gehen wir zu sorglos mit dem Wasserverbrauch und der elektrischen Energie um, so steht es jedenfalls in meiner Zeitschrift."
„Wie viel bezahlen wir überhaupt hierfür?", fragt seine Schwester Johanna und legt ihr Buch beiseite.

Sparen ist angesagt – wer zuviel zahlt ist selbst daran schuld.
In Deutschland gehen die Menschen zu großzügig mit Strom und Wasser um. Man kann eine Menge Geld sparen und auch die Umwelt schonen. Den Verbrauch an Wasser und Strom kann man schnell verringern …

Musik und mehr – die Jugendzeitschrift

Herr Heine steht auf, geht in sein Arbeitszimmer und kommt kurz darauf mit zwei Rechnungen der Stadtwerke zurück.
„Ich mache euch ein Angebot", sagt er. „Wenn ihr es schafft, dass wir weniger Geld für Wasser und Strom ausgeben, ohne dass wir uns einschränken müssen, dann dürft ihr die Hälfte der Einsparungen für euch behalten."
„Super!" Johanna und Tobias sind nicht mehr zu bremsen.

Wichtige Informationen werden zusammengetragen
Die Geschwister informieren sich, wie der Wasser- und der Stromverbrauch gemessen werden, und wie die Rechnungen der Stadtwerke zu lesen sind.

Info

Zu jedem Haus bzw. jeder Wohnung gehört eine Wasseruhr. In dieser Wasseruhr ist ein kleines Rad, an dem alles Wasser, das in dem Haus oder der Wohnung benötigt wird, vorbei fließt. Mit den Umdrehungen des Rades wird die jeweilige Wassermenge gemessen.

Hier kann man ablesen, wie viel Wasser insgesamt durch die Leitung geflossen ist.

Die elektrische Energie, die ein Haushalt vom Energieversorgungsungsunternehmen bezieht, wird mit einem so genannten „Stromzähler" gemessen.
Die Maßeinheit hierbei ist kWh, sprich „Kilowattstunden". Wie viel Energie ein elektrisches Gerät für seinen Betrieb benötigt, kann man in der Bedienungsanleitung oder auch auf dem Gerät ablesen. Die Angabe 2 000 Watt auf einem Heizlüfter ist so zu verstehen: Ist der Heizlüfter zum Beispiel drei Stunden lang eingeschaltet, so benötigt er die elektrische Energie $2\,000\ \text{W} \cdot 3\ \text{h} = 6\,000\ \text{Wh} = 6\ \text{kWh}$.

Ist der Heizlüfter als einziges elektrisches Gerät in Betrieb, dann zeigt der „Stromzähler" nach drei Stunden 6 kWh mehr an.

STADTWERKE Wasserrechnung

Zählernummer: W 5215	
Messart: Wasserverbrauch	
Zählerstand am 31.12.2003	346 m³
Zählerstand am 31.12.2004	558 m³
Arbeitspreis Frischwasser	1,43 Euro / m³
zzgl. 7% Umsatzsteuer	
Grundpreis	26,35 Euro
zzgl. 7% Umsatzsteuer	
Abwassermenge = 90% der Frischwassermenge	
Arbeitspreis Abwasser	1,39 Euro / m³
keine Umsatzsteuer	

STADTWERKE Stromrechnung

Vertragsnummer: 2889 Sondervertrag Privat
Verbrauchsstelle: D Heimdorf, Hauptstraße 5

Zählernummer: S 30135 Messart: Wirkstrom

Zählerstand am 31.12.2003	17005 kWh
Zählerstand am 31.12.2003	22402 kWh
Arbeitspreis 5397 kWh x 9,59 Cent / kWh	
Stromsteuer 5397 kWh x 1,79 Cent / kWh	
Umsatzsteuer 16 %	98,27 Euro

Findest Du die Lösung?

Wie viel Euro gibt deine Familie im Jahr für Strom und Wasser aus?

Wie viel Euro gab Familie Heine 2004 jeweils für Strom und Wasser aus? Wie viel Euro Steuer sind in diesem Betrag enthalten?

Stelle jeweils einen Term auf, mit dem man die Gesamtkosten für Wasser und Strom bestimmen kann

Es gibt viele Firmen, bei denen man die elektrische Energie kaufen kann. Suche – zum Beispiel im Internet – verschiedene Angebote aus. Vergleiche das billigste mit dem teuersten Angebot. Um wie viel Prozent ist es günstiger?

Sparmöglichkeiten werden gesammelt
Jetzt werden Einsparmöglichkeiten gesucht. Johanna entdeckt im Briefkasten die Werbung des Elektroladens. „Vielleicht können wir mithilfe von Energiesparleuchten weiter kommen“, sagt sie zu Tobias. „Das lässt sich ausrechnen“, ist seine Antwort.

Findest Du die Lösung?

Wie lange müsse eine 75-Watt-Birne und eine 15-Watt-Energiesparleuchte eingeschaltet sein, damit die jeweiligen Gesamtkosten gleich groß sind?
Stelle zwei Gleichungen auf, beantworte die Frage mithilfe zweier Graphen oder löse das entsprechende Gleichungssystem.

Um wie viel Prozent sind die Gesamtkosten einer Energiesparleuchte (15 Watt) nach 8000 Betriebsstunden geringer als die beim Einsatz von Glühbirnen (75 Watt)?

Prüfe nach, ob in der Wohnung deiner Familie Glühbirnen durch Energiesparleuchten ausgetauscht werden könnten und überschlage, wie viel Euro man damit im Jahr sparen könnte. Wie groß wäre die Einsparung in Prozent?

„Auch beim Wasser können wir sparen“, schlägt Tobias vor, „duschen ist z. B. sicher billiger als baden, oder?“
„Lass uns nachrechnen“, sagt Johanna.

Findest Du die Lösung?

Stelle einen Term auf, mit dem man berechnen kann, wie viel Euro man bei den Wasserkosten in einem Jahr einspart, wenn alle Familienmitglieder jedes zweite oder dritte oder vierte usw. Vollbad durch duschen ersetzt.

Wie kannst du den Wasserverbrauch beim Baden und Duschen bestimmen?

Wie viel Liter Wasser benötigst du zu Hause für ein Mal duschen?

Wie viel Liter Wasser benötigst du zu Hause für ein Vollbad?

Wie ein Artikel in der Schülerzeitung entsteht

Tobias und Johanna finden das Thema „Wasser und Strom“ so interessant, dass sie sich überlegen, einen Artikel für die Schülerzeitung zu schreiben. Der Artikel sollte jedoch nicht über das Einsparen von Strom- und Wasserkosten berichten, sondern auch noch Interessantes zum Wasser und Strom vermitteln. Sie beginnen mit der Materialsammlung.

Findest Du die Lösung?

In Berlin gab es zwischen 1870 und 1875 die meisten Typhus-Erkrankungen. Man erhöhte darauf hin die Abwasserentsorgung. Um wie viel Prozent nahmen ungefähr von 1875 bis 1880 die Abwasserentsorgung zu und die Anzahl der Typhuserkrankungen ab?

Stelle den in der Tabelle genannten Wasserverbrauch in einem Kreisdiagramm dar, das die jeweiligen Anteile des Verbrauchs in Prozent angibt. Suche im Internet nach einer aktuellen Tabelle. Haben sich die prozentualen Anteile seit 1997 geändert?

Wasserverbrauch in der BRD pro Einwohner (1997)	
Körperpflege	46 Liter
Fäkalien	40 Liter
Wäsche waschen	17 Liter
Spülen	8 Liter
Garten	3 Liter
Essen und Trinken	3 Liter
Wohnungsreinigung	6 Liter
Sonstiges	5 Liter
Summe	128 Liter

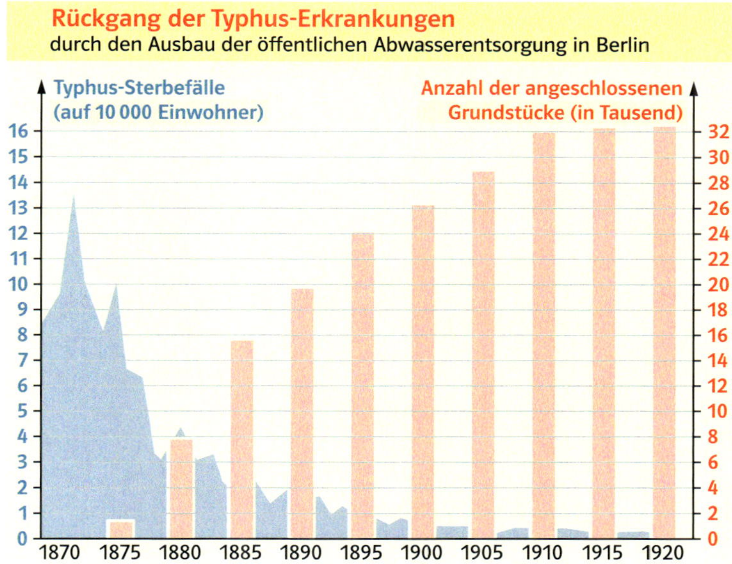

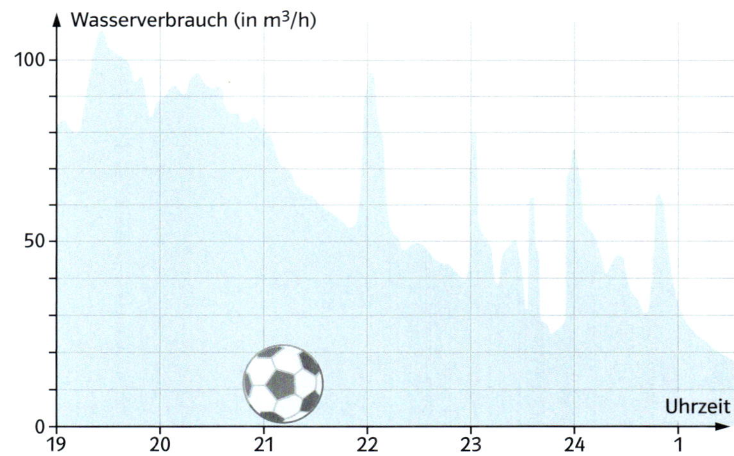

Findest Du die Lösung?

Die Grafik zeigt den von einem Wasserwerk festgestellten Wasserverbrauch während eines Abends, an dem im Fernsehen ein Fußballländerspiel und ein sehr populärer Spielfilm übertragen wurden. Der Wasserverbrauch gibt Hinweise über den zeitlichen Verlauf des Fußballspiels und das Ende des Spielfilms. Woran in der Grafik ist die Pause des Fußballspiels erkennbar? Das Fußballspiel ging in die Verlängerung. Erkennst du die Pause zwischen der regulären Spielzeit und der ersten Hälfte der Verlängerung? Woran ist die Pause zwischen Verlängerung und Elfmeterschießen erkennbar? Woran sind das Ende des Fußballspiels und das etwas spätere Ende des Spielfilms erkennbar?

Wie auch im Garten gespart werden kann
Die Eltern von Tobias und Johanna planen im Garten einen Bereich für Gartenmöbel anzulegen. In die Planungen sollen die drei Obstbäume einbezogen werden, sie sollen aber nicht im Bereich der Gartenmöbel sein und die Fläche soll mit Granitpflastersteinen eingefasst werden.
„Unser Mathelehrer hat erzählt, dass von allen geometrischen Figuren mit gleichem Flächeninhalt, der Kreis den kleinsten Umfang besitzt", erzählt Johanna, „wenn wir also eine Kreisfläche mit Granitsteinen einfassen, dann müssen wir weniger Steine kaufen als bei allen anderen gleich großen Flächenformen."

„Ich habe zwei Vorschläge skizziert", sagte Tobias und legte die Planskizzen auf den Tisch.

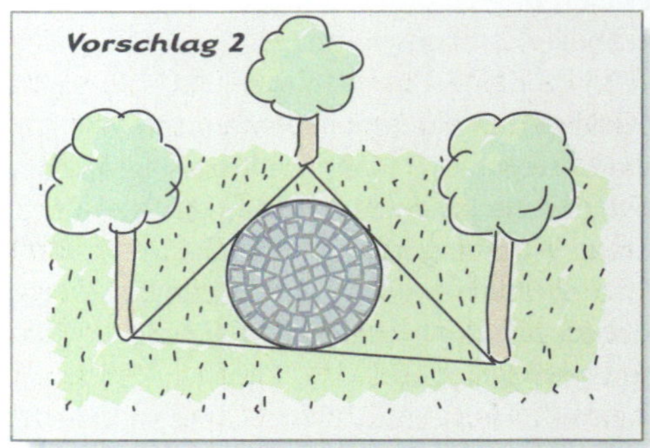

Findest Du die Lösung?

Die beiden Skizzen sind nicht maßstabsgerecht. Fertige zwei Zeichnungen an, bei denen man ausmessen kann, wie groß der jeweilige Kreisradius ist. Wähle für 1 m im Garten 1 cm in der Zeichnung. Der Abstand zweier Bäume beträgt jeweils 6 m.

„Übrigens", strahlt Tobias, „ich habe gestern in die drei Beete die Blumenzwiebeln eingegraben, in jedes Beet die Zwiebeln von einer einzigen Schachtel." „Du hast doch hoffentlich aufgepasst, das rechte Beet ist sehr schattig, da darf auf keinen Fall die Herbstmischung hin und die Frühblüher sollten nach Möglichkeit in das linke Beet", sagt Frau Heine. „Upps, da habe ich nicht darauf geachtet!", lacht Tobias.

Findest Du die Lösung?

Wie groß ist die Wahrscheinlichkeit, dass Tobias alles falsch gemacht hat?
- alles richtig gemacht hat?
- nur die Frühblüher falsch eingepflanzt sind?

Wohnung mieten oder kaufen – vielleicht auch eine Sparmöglichkeit

Familie Heine und Familie Müller wohnten im gleichen Mehrfamilienhaus zur Miete. Ihre Wohnungen waren gleich groß. Die Wohnflächen betrugen 120 m^2. Sie zahlten auch beide die gleiche Monatsmiete von 550 Euro. Frau Müller fand in der Samstagsausgabe ihrer Wochenzeitung diese Annonce:

Familie Heine hat inzwischen ein Haus gekauft und ist umgezogen. Müllers besuchen Familie Heine um sich beraten zu lassen, ob es sinnvoll sein kann, die Eigentumswohnung zu kaufen.

Frau Heine schildert ihnen folgende Überlegungen:

„Eine Wohnung kostet 150 000 Euro. Nimmt man an, dass Steuer, Notar, Umzug usw. noch mal 20 000 Euro ausmachen, dann müssten Sie insgesamt 170 000 Euro finanzieren. Wenn Sie 25 000 Euro von Ihrem Ersparten nehmen können, dann ist kaufen besser als mieten."

Frau Müller: „5% Prozent Zinsen und 1% Tilgung, da würden wir ja 8700 Euro im Jahr, das heißt 725 Euro im Monat zahlen. Unsere Miete beträgt doch nur 550 Euro."

„Ich habe mich kundig gemacht", sagt Herr Heine, „man kann einen Kredit bekommen, dessen Bedingungen 10 Jahre lang gelten. Man zahlt 5% für die Zinsen und 1% Tilgung, das heißt jedes Jahr 8700 Euro. Da 1% der Schulden jedes Jahr getilgt werden, werden die Schulden immer geringer und somit auch die Zinsen. Im ersten Jahr zahlt man für 145 000 Euro Darlehen 7250 Euro Zinsen und 1450 Euro Tilgung. Im zweiten Jahr zahlt man auch insgesamt 8700 Euro, davon sind jedoch 7178 Euro Zinsen und 1523 Euro Tilgung usw. Die Tilgungszahlungen nehmen zu, die Zinsen ab. Tilgen bedeutet somit sparen, denn am Schluss gehört einem die Wohnung. Die Zinsen vergleiche ich mit der Miete. Irgendwann zahlt man weniger Zinsen als Miete, und das finde ich richtig gut."

Findest Du die Lösung?

Ab welchem Jahr würde Familie Müller weniger Zinsen zahlen als sie derzeit Miete zahlt? Du kannst dies in mehreren Schritten berechnen. Ein Taschenrechner erleichtert dir viele einzelne Rechnungen.

Du kannst auch ein so genanntes **Tabellenkalkulationsprogramm** verwenden. Erkundige dich bei deinem Lehrer oder einem Mitschüler, der sich auskennt, wie man mit einem solchen Programm umgeht.

Wiederholungen aus Klasse 6

1 Berechne durch Ausmultiplizieren.

a) $(-15)\cdot(20+(-2))$ b) $29\cdot((-10)+1)$ c) $12\cdot(40+(-3))$ d) $(60-3)\cdot(-7)$
e) $(-0{,}3)\cdot(10-2)$ f) $(-20+8)\cdot 1{,}5$ g) $(-1{,}4+0{,}05)\cdot(-5)$ h) $(0{,}5-7{,}2)\cdot 0{,}2$
i) $(-12)\cdot\left(\frac{1}{4}+\frac{1}{6}\right)$ j) $\left(\frac{2}{3}+\frac{5}{12}\right)\cdot(-24)$ k) $\left(-\frac{3}{8}+\frac{5}{12}\right)\cdot(-24)$ l) $\left(\frac{3}{4}-6\right)\cdot(-8)$
m) $\left(1{,}6-\frac{3}{4}\right)\cdot(-4)$ n) $\left(\frac{4}{5}+3{,}5\right)\cdot(-20)$ o) $\left(-0{,}5+\frac{2}{3}\right)\cdot\frac{10}{3}$ p) $-4{,}2\cdot\left(5-\frac{10}{3}\right)$

2 Berechne durch Ausklammern.

a) $(-17)\cdot 16+(-17)\cdot 4$ b) $23\cdot(-18)+(-2)\cdot 23$ c) $(-16)\cdot 25+(-16)\cdot(-15)$
d) $13\cdot(-17)+7\cdot 13$ e) $25\cdot(-14)-5\cdot 14$ f) $23\cdot 9-9\cdot 20$
g) $26\cdot 18-18\cdot 30$ h) $-16\cdot 8+16\cdot 13$ i) $-46\cdot 12-4\cdot 12$
j) $-340\cdot 5+60\cdot(-5)$ k) $72\cdot(-13)+13\cdot 2$ l) $46\cdot(-18)+6\cdot 18$

3 Schreibe zunächst ohne Klammern. Berechne dann.

a) $(24-35)+(-18+43)$ b) $(-48+32)-(67-82)$
c) $124-(-430+186-517)$ d) $-(8{,}4-10{,}2+3{,}7)-(5{,}6-8{,}4)$
e) $-\frac{3}{5}-\left(-\frac{1}{2}+\frac{3}{4}\right)-\left(\frac{5}{8}-\frac{2}{3}\right)$ f) $-2\frac{1}{2}-\left(0{,}8-\frac{1}{3}\right)+\left(\frac{1}{4}-\frac{1}{5}\right)$

4 Fasse geschickt zusammen und berechne.

a) $48-26-14+12-30$ b) $-4{,}5+3{,}2-1{,}5+4{,}8-7$
c) $\frac{1}{4}-\frac{1}{3}+\frac{3}{4}-\frac{2}{3}+\frac{1}{2}$ d) $-\frac{4}{5}-\frac{3}{8}+\frac{1}{4}-\frac{3}{10}-\frac{1}{2}-\frac{1}{5}$
e) $-2{,}4+\frac{3}{8}-2{,}5-\frac{1}{4}+0{,}9-\frac{1}{2}$ f) $-2\frac{1}{4}+0{,}8-1\frac{1}{2}+3{,}4+\frac{1}{8}-4{,}2$

5 Löse die Klammern auf und berechne.

a) $17-(38-(15+13-24))$ b) $48-(15-(43-38)-27)$
c) $-(-37+49+23)-(43-64)$ d) $-(-13+(24-68))-(-48+95)$
e) $(83-72)-((48+59)-87)$ f) $-\left(2\frac{1}{3}-\left(\frac{1}{2}+\frac{2}{9}-\frac{1}{8}\right)\right)$

6 Berechne und sortiere anschließend alle Ergebnisse der Größe nach aufsteigend.

a) $(-14)\cdot 6$ b) $(-8)\cdot\left(-\frac{1}{2}\right)$ c) $\left(-\frac{1}{2}\right)\cdot\left(-\frac{3}{4}\right)$ d) $\frac{4}{5}\cdot 2\frac{1}{2}$
e) $0{,}4\cdot(-2{,}5)$ f) $(-7{,}2)\cdot(-1{,}5)$ g) $-\frac{2}{5}\cdot 0{,}85$ h) $-2\frac{1}{2}\cdot\left(-1\frac{3}{4}\right)$
i) $0\cdot\left(-\frac{3}{5}\right)$ j) $(-12)\cdot\left(-\frac{5}{4}\right)$ k) $\frac{3}{10}\cdot\left(-1\frac{2}{3}\right)$ l) $-3\frac{1}{2}\cdot\frac{3}{7}$

7 Berechne und sortiere anschließend alle Ergebnisse der Größe nach aufsteigend.

a) $27:(-9)$ b) $(-42):(-7)$ c) $(-56):28$ d) $(-72):(-48)$
e) $2:(-5)$ f) $(-9):(-5)$ g) $0:\left(-3\frac{1}{4}\right)$ h) $\left(-2\frac{1}{3}\right):\left(-1\frac{5}{9}\right)$
i) $\left(-\frac{2}{3}\right):4$ j) $\frac{4}{5}:(-8)$ k) $-\frac{5}{12}:(-10)$ l) $0{,}84:(-1{,}2)$

8 Bestimme zunächst das Vorzeichen, kürze danach so weit wie möglich.

a) $\frac{3\cdot(-4)\cdot(-8)\cdot 5}{10\cdot(-6)\cdot 12}$ b) $\frac{-9\cdot 7\cdot(-8)\cdot(-3)}{6\cdot(-21)\cdot(-27)}$ c) $\frac{4\cdot(-5)\cdot 6\cdot(-3)}{18\cdot(-10)\cdot(-2)}$ d) $\frac{(-12)\cdot 20\cdot(-18)}{(-28)\cdot 9\cdot(-25)}$
e) $\frac{-\frac{1}{2}\cdot 4\cdot\frac{1}{5}}{-\frac{1}{5}\cdot\frac{2}{-2}}$ f) $\frac{0{,}5\cdot(-1{,}2)\cdot\frac{5}{2}}{0{,}36\cdot(-1{,}5)\cdot\left(-\frac{3}{5}\right)}$ g) $\frac{(-2)^3\cdot\left(-\frac{3}{4}\right)}{4\cdot(-3)}$ h) $\frac{\frac{-5}{-8}:10}{\frac{5}{8}\cdot 10}$

Lösungen auf den Seiten 225–231.

9 An einem Würstchenstand wird eine Bratwurst für 2,20 € verkauft.
a) Wie hoch ist die Tageseinnahme bei 200; 350; 600; 880 verkauften Würstchen?
b) Wie viele Würstchen wurden bei 396 €; 165 €; 704 €; 1210 € Tageseinnahme verkauft?

10 Ein Rundstahl von 20 cm Durchmesser ist 1,20 m lang und wiegt 306 kg. Wie viel würde ein Stahlstab gleichen Durchmessers bei 1,60 m; 2,50 m; 0,90 m; 2,00 m Länge wiegen?

11 Eine Arzneimittelfabrik füllt 90 l Hustensaft in 500 Flaschen ab. Wie viel Hustensaft benötigt sie für 600 Flaschen der gleichen Größe?

12 Für vier Portionen Kartoffelsalat benötigt man 1 kg Kartoffeln. Wie viel Kilogramm Kartoffeln braucht man für 10 Portionen?

13 Ein Bauer hat in seiner Scheune 720 Ballen Stroh gelagert. Wie lange reicht der Vorrat, wenn er täglich 3; 5; 6; 24 Ballen Stroh im Stall verbraucht?

14 Für die Erneuerung einer Tennisanlage muss ein Verein 5700 € aufbringen. Die Kosten sollen gleichmäßig auf die Mitglieder aufgeteilt werden. Wie viel hat jedes Mitglied zu zahlen, wenn der Verein 60; 150; 200; 360 Mitglieder hat?

Kapitel I

Grundwert – Prozentsatz – Prozentwert

1 Berechne den Prozentwert.
a) 7% von 235,00 € b) 9 % von 45,60 € c) 16 % von 32 750 € d) $\frac{3}{4}$% von 128 600
e) 125 % von 285 € f) 0,04 % von 2,78 km g) 0,000 278 % von 2 780 000 mm
h) 400 % von 66,60 i) 1,2 % von 1,2 m j) $\frac{1}{4}$% von 3 € k) $\frac{1}{2}$% von $\frac{1}{2}$ €

2 Gegeben: Prozentsatz p, Prozentwert W. Berechne den Grundwert.
a) p = 19 %; W = 49,4 b) p = 13 %; W = 34,45 c) p = 116 %; W = 1392
d) p = 0,5 %; W = 1,4 e) p = 300 %; W = 2259 f) p = 46,5 %; W = 372
g) p = 0,007 %; W = 16,10 h) p = $\frac{3}{4}$%; W = 18 i) p = $2\frac{1}{2}$%; W = 5,55
j) p = 116 %; W = 200,10 k) p = 119 %; W = 26,18 l) p = 5000 %; W = 0,06

3 Gib den Prozentsatz an. Runde auf ganzzahlige Prozentsätze.
a) 34,45 von 265 b) 5325 von 42 600 c) 57,6 von 240
d) 1326 von 12 000 e) 23,8 g von 4,76 kg f) 25,8 cm von 1,83 m
g) 44,5 m^2 von 0,04 ha h) 2,6 m von 1,6 cm i) 4,75 € von 188,60 €
j) 0,75 mg von 3,75 kg k) 5,2 cm von 2,6 km l) 0,3 dm von 30 mm

4 Prozentanteile sind Bruchteile.
a) Schreibe als Bruchteil: 20 %; 10 %; 5 %; 50 %; 25 %; 12,5 %; $33\frac{1}{3}$%; 75 %
b) Fülle die Tabelle aus. Rechne im Kopf.

Tipp:
Man berechnet 25 % von 320 €, indem man $\frac{1}{4}$ von 320 berechnet, also 320 durch 4 teilt.

Lösungen auf den Seiten 225 – 231.

Prozentsatz	100 %	50 %	75 %	25 %	20 %
Bruchteil		$\frac{1}{2}$		$\frac{1}{4}$	
Prozentwerte	360				
		44,40			
				1800	
	300		225		
		0,04			
					36 000

5 Noch einmal Kopfrechnen.

10 %: Komma 1 Stelle nach links verschieben
1 %: Komma 2 Stellen nach links, und 11 % = (10 + 1) %

a) 2 % von 140 €
b) 11 % von 32 kg
c) 9 % von 480 m^2
d) 12 % von 64 €
e) 15 % von 128 €
f) $\frac{1}{2}$ % von 2500 g
g) 8 % von 25 000 t
h) 20 % von 3200 €
i) 11 % von 2,50 €
j) 5 % von 84 kg
k) 0,11 % von 4400 m^2
l) 999 % von 250 €

6 Ergänze die Prozentsätze.

a)		Grundwert				
		240	180	72	360	90
Prozentwerte	240	100 %	133,33 %			
	180	75 %				
	72					
	360					
	90					100 %

b)		Grundwert			
		250	1250	50	80
Prozentwerte	250				
	1250				
	50				
	80				

7 Ein Lkw hat ein zulässiges Gesamtgewicht von 7,5 t. Er wiegt leer 2860 kg.
a) Zu wie viel Prozent ist er beladen, wenn die Waage 3920 kg; 4650 kg; 6800 kg; 5,2 t; 8,250 t; 2,845 t anzeigt?
b) Berechne das Gesamtgewicht des Lkw, wenn die Ladekapazität zu 25 %; 37,5 %; 80 %; 99,8 % genutzt wird.

8 Ein Warenhaus wirbt mit einer Sonderaktion: „Für alle Wintersportartikel: 20 % Rabatt!"
a) Bisher kosteten ein Paar Handschuhe 19,80 €, eine Wollmütze 14,90 €, ein Paar Skier 298,00 €, ein Snowboard 178 €. Wie viel muss der Kunde nun bezahlen?
b) Eine Thermo-Hose kostet nun 128,40 €. Was hat sie vorher gekostet?

9 In einer privaten Tippgemeinschaft zahlt Herr Abels 36 %, Herr Braun 40 % und Herr Carstens den Rest des Spieleinsatzes. Sie haben Glück und gewinnen 18 400 €. Wie ist der Gewinn zu verteilen? Berechne die Beträge und zeichne ein Kreisdiagramm.

Lösungen auf den Seiten 225 – 231.

10 Mit ihrem Taschengeld für die Klassenfahrt gehen Nora, Mike und Jonas unterschiedlich um. Übertrage die Tabelle in dein Heft und fülle sie aus. Vergleiche anschließend: Wer isst am liebsten Süßes? Wer ist sehr sparsam?

	Süßigkeiten, Eis, Schokolade		Getränke		Souvenirs, Ansichtskarten		Sparen		Summe	
	in €	Anteil	in €	Anteil	in €	Anteil	in €	Anteil	in €	Anteil
Nora	7,60	40%	5,70			20%		10%		100%
Mike	3,60		6,00					32%	25,00	
Jonas		11,2%		33,5%		0%	11,06	55,3%		

11 Im Sommer 2006 beschloss die Bundesregierung, den Mehrwertsteuersatz von bisher 16% auf 19% zu erhöhen. Ein Möbelhaus musste die Preise aller Artikel entsprechend anpassen. Berechne die neuen Verkaufspreise anhand der folgenden Tabelle.

	alter Preis (= 116%)	darin enthaltene MwSt. (16%)	Nettopreis (= 100%)	neu zu berechnende MwSt. (19%)	neuer Preis
Regal	232,00	32,00	200,00	38,00	238,00
Sitzgarnitur	1044,00				
Schrankwand			600,00		
Jugendzimmer	398,50				
Kleiderschrank	1498,00				

12 Die Belegschaft einer Bäckerei ist im vorletzten Jahr um 25% gestiegen, im letzten Jahr aber um 20% gefallen und beträgt nun 12 Mitarbeiter. Wie viele Mitarbeiter hatte der Betrieb vor 2 Jahren?

Zinsrechnung

1 Berechne das Kapital.

	a)	b)	c)	d)	e)
Zinssatz	4%	5%	3,5%	8%	9%
Jahreszinsen	10€	24€	49€	416€	306€

2 Berechne den Zinssatz.

	a)	b)	c)	d)	e)	f)
Kapital	350€	880€	1750€	4000€	7500€	9000€
Jahreszinsen	14€	22€	140€	290€	900€	945€

3 Berechne die Zinsen. Wandle vorher die Monate in Zinstage um.

	a)	b)	c)	d)	e)	f)
Kapital	360€	2200€	2700€	1500€	24 000€	50 000€
Zinssatz	3,5%	6,25%	7,5%	9%	10,5%	13,5%
Laufzeit	21 Tage	1 Monat und 6 Tage	4 Monate und 5 Tage	44 Tage	3 Monate und 10 Tage	1 Tag

Lösungen auf den Seiten 225 – 231.

4 Berechne den Zinssatz.

	a)	b)	c)	d)	e)	f)
Zinsen	106 €	3,60 €	31,20 €	53,55 €	7,20 €	780 €
Laufzeit	3 Monate	15 Tage	1 Monat	42 Tage	75 Tage	200 Tage
Kapital	8480 €	2880 €	3120 €	6120 €	576 €	8640 €

5 Berechne das Kapital.

	a)	b)	c)	d)	e)	f)
Zinsen	96 €	26,60 €	1,20 €	10,20 €	70,20 €	5,40 €
Laufzeit	4 Monate	24 Tage	15 Tage	153 Tage	72 Tage	1 Tag
Zinssatz	7,5 %	3,5 %	8 %	2,5 %	9 %	6 %

6 Für ein Baudarlehen in Höhe von 80 000 € zahlt Herr Hausmann jährlich 6,5 % Zinsen und 2,5 % Tilgung. Der zu zahlende Gesamtbetrag im 1. Jahr wird gleichmäßig auf 12 Monate verteilt. Was hat Herr Hausmann monatlich zu zahlen?

7 Patrick bekommt von seinem Großvater ein Sparbuch mit 250 € geschenkt. Die Bank zahlt 3,5 % Zinsen. Wie hoch ist der Kontostand nach einem Jahr?

8 Für eine unbezahlte Rechnung in Höhe von 650 €, die seit 8 Monaten überfällig ist, verlangt ein Handwerker 9 % Zinsen. Wie viel muss der säumige Kunde zahlen?

9 Ein Sportgeschäft kauft Waren im Wert von 12 400 € und vereinbart mit dem Lieferanten ein Zahlungsziel von vier Monaten bei einem Zinssatz von 7,5 % p. a. Welcher Betrag ist in 4 Monaten zu zahlen?

10 Für die Finanzierung eines Autos zahlt ein Kunde einmalig 960 € Zinsen, dies sind 8 % des Kaufpreises.
a) Wie teuer war das Auto?
b) Der Kaufpreis des Autos zuzüglich der vereinbarten Zinsen soll in 30 gleichen Monatsraten gezahlt werden. Wie viel muss der Kunde monatlich für sein Auto zahlen?

11 Ein Autohändler rechnet seinem Kunden vor: „Das Auto kostet 16 000 €, dazu kommen pro Jahr 7,5 % Zinsen, also 1200 €. In 3 Jahren sind das mit 200 € Bearbeitungsgebühr zusammen 19 800 €, das ergibt eine Monatsrate von nur 550 €. So günstig bekommen Sie das bei keiner Bank." – Der Kunde fühlt sich nicht ganz wohl in seiner Haut, und beschließt, jemand um Rat zu fragen. Kannst du ihm helfen?

12 Katja hat 300 € zur Konfirmation geschenkt bekommen und legt das Geld auf einem Sparbuch an. Die Bank zahlt jährlich 3,5 % Zinsen, und nach Ablauf von 5 Jahren noch einen Bonus von 2 %. Das Geld soll später für den Führerschein verwendet werden. Wie viel wird sie ausgezahlt bekommen? Fertige eine übersichtliche Tabelle an!

13 Eine Bank bietet „Sparkonten mit variablem Zinssatz" an: Je länger man das Geld auf dem Konto lässt, umso höher wird der Zinssatz. Im ersten Jahr zahlt die Bank 2 %, im 2. und 3. Jahr 3 % und im 4. und 5. Jahr 4 % Zinsen. Berechne den Kontostand im Verlauf von 5 Jahren, wenn 2500,00 € auf diesem Konto angelegt werden.

Lösungen auf den Seiten 225 – 231.

Selbsttraining

Pfadregel und Baumdiagramme

1 Bestimme alle Ergebnisse beim zweimaligen (dreimaligen) Münzwurf mithilfe eines Baumdiagramms.

2 Felix, Greta und Hannes laufen um die Wette. Bestimme mithilfe eines Baumdiagramms, welche Reihenfolgen beim Zieleinlauf möglich sind, wenn nicht zwei oder drei gleichzeitig einlaufen.

3 a) Wie viele zweistellige Zahlen aus den Ziffern 3, 6, 9 gibt es?
b) Wie viele dreistellige Zahlen aus den Ziffern 3, 6, 9 mit verschiedenen Ziffern gibt es?
c) Wie viele dreibuchstabige Wörter – auch sinnlose – kann man aus den Buchstaben E, L, O bilden?
d) Wie viele dreistellige Zahlen aus den Ziffern 1, 3, 5, 7, 9, bei denen jede Ziffer größer ist als die folgende, gibt es?

4 Eine Schale enthält vier rote und drei blaue Kugeln. Es werden blind zwei Kugeln mit (ohne) Zurücklegen entnommen. Mit welcher Wahrscheinlichkeit
a) sind es zwei rote
b) ist eine blau und eine rote
c) ist mindestens eine rote dabei
d) ist höchstens eine blaue dabei?

5 Das Glücksrad in Fig. 1 wird dreimal gedreht. Wie groß ist die Wahrscheinlichkeit, dass
a) dreimal Gelb erscheint
b) genau einmal Blau erscheint
c) mindestens einmal Gelb erscheint
d) mindestens zweimal Blau erscheint?

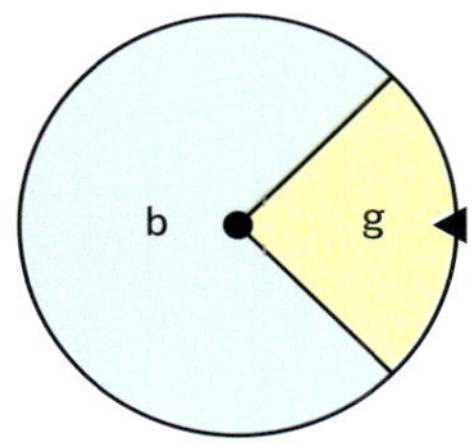

Fig. 1

6 Eine Schale enthält vier rote, drei grüne und zwei braune Kugeln. Es werden zwei Kugeln ohne (mit) Zurücklegen entnommen. Bestimme die Wahrscheinlichkeit, dass es
a) zwei rote sind
b) eine rote und eine braune sind
c) zwei gleichfarbige sind
d) zwei verschiedenfarbige sind.

7 Ein Losverkäufer wirbt: „Bei mir gewinnt jedes zweite Los!". Jonathan kauft drei Lose.
a) Wieso hat Jonathan sicher einen Gewinn dabei?
b) Mit welcher Wahrscheinlichkeit hat er wenigstens einen Gewinn (drei Gewinne)?

8 Von einem Medikament ist bekannt, dass es in $\frac{3}{4}$ aller Fälle eine Krankheit heilt. Drei Patienten werden damit behandelt. Bestimme die Wahrscheinlichkeit dafür, dass
a) kein Patient geheilt wird
b) genau ein Patient geheilt wird
c) nur ein Patient nicht geheilt wird
d) höchstens zwei Patienten geheilt werden.

9 Wie groß ist die Wahrscheinlichkeit, bei drei Würfen mit einem Würfel lauter verschiedene Augenzahlen zu erhalten?

10 Bei einem Spiel erhält man eine Punktzahl von 1 bis 6 nach folgendem Verfahren: Man würfelt mit zwei Würfeln und nimmt die kleinere der auftretenden Augenzahlen als Punktzahl. Gib die Wahrscheinlichkeiten für die möglichen Punktzahlen an.

11 Aus dem Behälter in Fig. 2 werden ohne (mit) Zurücklegen zwei Kugeln gezogen und die aufgedruckten Zahlen miteinander multipliziert. Ist dabei ein positives oder ein negatives Ergebnis wahrscheinlicher?

Fig. 2

Lösungen auf den Seiten 225 – 231.

Kapitel II

12 Beim Mini-Lotto „2 aus 5" („2 aus 6") setzt Pia auf die Zahlen 1 und 2. Mit welcher Wahrscheinlichkeit
a) ist die erste gezogene Zahl eine der von Pia gesetzten
b) ist die zweite gezogene Zahl auch eine der von Pia gesetzten
c) hat Pia mindestens eine Zahl richtig gesetzt?

Kapitel III

Zuordnungen

1 Erstelle eine Wertetabelle und zeichne den Graphen der Zuordnung in ein geeignetes Koordinatensystem.
a) $y = 0{,}6x$ b) $y = 2{,}2 - 0{,}8x$ c) $y = \frac{250}{x}$ d) $y = \frac{2}{3}x + 10$
e) $y = \frac{3}{5}x^3$ f) $y = \frac{5}{x} + 2$ g) $y = 11 - 4x$ h) $y = 5x^2 - 3x$

2 Ergänze die Tabellen. Zeichne die Graphen der Zuordnungen.

a) proportional:

x	1	4	5		12
y		76		114	

b) antiproportional

x	1	2	3		100
y		90		5	

c) proportional:

x	1	2	3		110
y			8,1	24,3	

d) antiproportional:

x	1	2	3		11
y		3		1,5	

3 Kennt man die Kantenlänge a eines Würfels, so kann man seine Oberfläche O berechnen. Gib eine Gleichung dafür an und stelle eine Wertetabelle auf. Zeichne den Graphen.

a (in cm)	1	2	3	4	5	6	8	10
O (in cm^2)								

4 Ergänze die Tabellen im Heft so, dass die beschriebene Zuordnung proportional (antiproportional) ist. Gib jeweils die Zuordnungsvorschrift an. Zeichne den Graphen.

a)

1. Wert	5		10	15	20	25
2. Wert		20		10		

b)

1. Wert	1	3	6		12	
2. Wert	3			9		21

5 An einer Tankstelle tanken pro Tag durchschnittlich 320 PKW jeweils 40 Liter Diesel.
a) Ein Liter Diesel kostet 1,09 €. Wie hoch ist die Tageseinnahme aus dem Dieselverkauf nach 4; 7; 9; 15 Tagen? Zeichne den Graphen der Zuordnung.
b) Der unterirdische Vorratstank hat ein Volumen von 248 m^3. Begründe, warum die Zuordnung *Tage → Dieselvorrat* linear ist. Erstelle eine Gleichung dazu. Wie viel Kubikmeter Dieselvorrat sind 4; 7; 9; 15 Tage nach der letzten Füllung noch zur Verfügung? Stelle die Zuordnung grafisch dar.

6 Die Punkte liegen auf dem Graphen einer linearen Zuordnung. Zeichne den Graphen. Lies dann die fehlenden Koordinaten am Graphen ab.
a) (2 | 5); (5 | 9); (7 | ☐); (−1 | ☐); (☐ | 1); (−2 | ☐); (☐ | 2); (☐ | −2)

Lösungen auf den Seiten 225–231.

b) (2 | 9); (9 | 2); (1 | □); (□ | −1); (□ | 0); (0 | □); (−2 | □); (−3 | □)
c) (−2 | −3); (7 | 4); (0 | □); (□ | 0); (4 | □); (8 | □); (□ | −5); (2 | □)
d) (−4 | 10); (10 | −3); (−2 | □); (□ | −2); $\left(-\frac{1}{2} \mid □\right)$; (5 | □); (□ | 7); (−3 | □)

7 Welche Wertetabellen können zu linearen Zuordnungen gehören, welche nicht? Begründe deine Entscheidungen.

a)

1	2	4	5	7	18
4	5	7	8	10	21

b)

−0,5	0,5	1	3	3,5
−2	−5	−6,5	−12,5	−14

c)

0,1	0,3	0,5	−0,1
100	−100	−200	300

Graphen

1 Die beiden Graphen in Fig. 1 zeigen, wie viel Prozent einer Bevölkerung ein bestimmtes Alter erreichen. Der eine Graph gehört zu einer Bevölkerung, die vor 15 000 Jahren gelebt hat, der andere zur heutigen Bevölkerung.
a) Lies im Alter von 10 (20; …; 100) Jahren ab, wie hoch der prozentuale Anteil der Überlebenden ist.
b) Begründe, welcher Graph zu welcher Bevölkerung gehört.

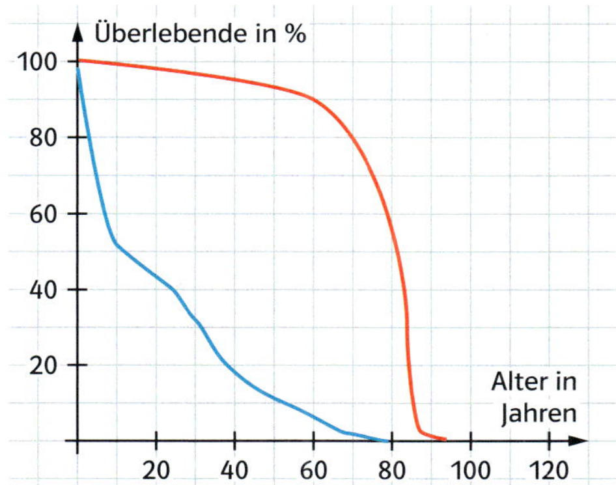

Fig. 1

2 Die Graphen in Fig. 2 gehören vereinfacht zu den Schulwegen der drei Klassenkameraden Luis, Oliver und Nils.
a) Wie weit sind die drei Schüler um 7.40 Uhr von der Schule entfernt?
b) Wann haben sich die drei Schüler auf ihren Schulweg begeben?
c) Welcher der drei Schüler wohnt am weitesten von der Schule entfernt?
d) Kommen alle drei Schüler pünktlich zur Schule, wenn die erste Stunde um 7.45 Uhr beginnt.
e) Beschreibe in einer Geschichte die drei Schulwege.

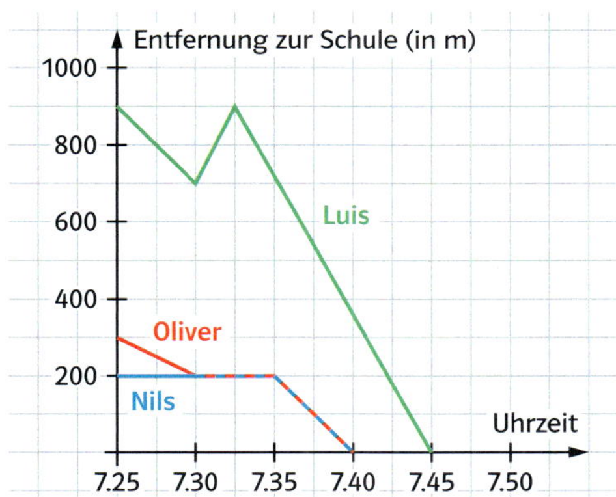

Fig. 2

3 Fig. 3 zeigt die Formel-1-Rennstrecke in Hockenheim, den Hockenheimring. Die Rennstrecke ist insgesamt 4,574 km lang. Skizziere den Graphen der Zuordnung *zurückgelegte Strecke → Geschwindigkeit* für die Startrunde.

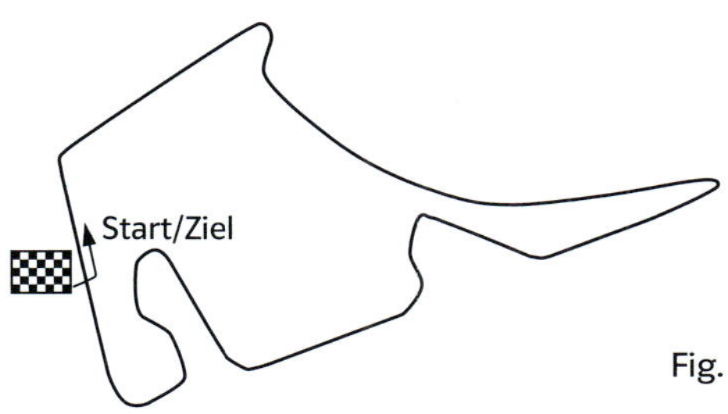

Fig. 3

Kapitel III

Das Calar-Alto-Observatorium ist eine deutsch-spanische Sternwarte auf dem 2168 m hohen Calar Altoim im Süden Spaniens.

4 Zwei Stäbe aus Zerodur (Glaskeramik) und Quarzglas haben bei 0 °C jeweils eine Länge von 1 m. Fig. 1 gibt an, wie sich die Längen der beiden bei Erwärmung oder Abkühlung verhalten.
a) Begründe, warum beide Graphen durch den Punkt (0 | 0) gehen.
b) Bei welcher Temperatur hat Quarzglas die geringste Ausdehnung?
c) Beschreibe in eigenen Worten, wie sich die beiden Werkstoffe Zerodur und Quarzglas bei Erwärmung oder Abkühlung verhalten.
d) Der 3,5-m-Spiegel des großen Fernrohrs auf dem Calar Alto besteht aus Zerodur. Begründe, warum man Zerodur und nicht Quarzglas genommen hat.

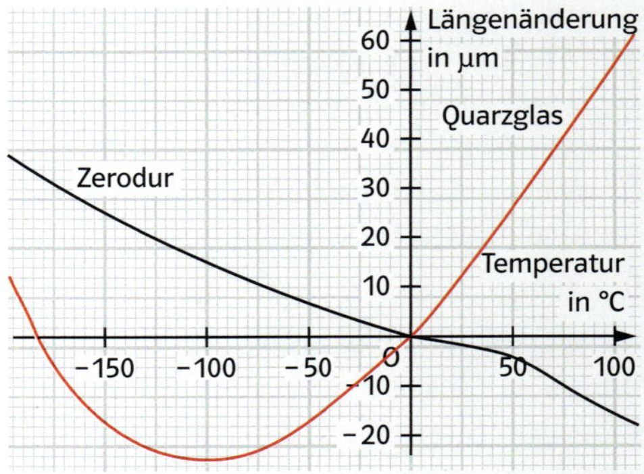

Fig. 1

Kapitel IV

Terme und Gleichungen

1 Setze für x nacheinander die Zahlen 0; 3; −4; 0,8; $-\frac{4}{3}$ ein. Schreibe die Ergebnisse in eine Tabelle.
a) $x + 4$ b) $2x$ c) x^2 d) $2x - 3$ e) $2 - 3x$
f) $5 + 2x$ g) $-3x + 15$ h) $0{,}5x + 2{,}5$ i) $-\frac{1}{8}x - \frac{3}{4}$ j) $-3 - \frac{1}{2}x$

2 Setze für die Variable nacheinander die Zahlen 2; −1; 0,5; $\frac{3}{4}$; $-\frac{3}{5}$ ein.
a) $4(x + 1)$ b) $3(y + 2)$ c) $\frac{4}{3}(a - 2)$ d) $z(2 - z)$
e) $2b(0{,}5 - 20b)$ f) $2(r - 5) + 3$ g) $7 + (2 + 3x)\cdot 2$ h) $4{,}5x - \left(\frac{1}{5}x + 3\right)$

3 Vereinfache die folgenden Terme.
a) $7x - 4x$ b) $25y - 13y$ c) $9t + 11t + t$ d) $a\cdot 3 + 5a + a\cdot(-2)$
e) $9c - c + c\cdot(-4)$ f) $2{,}4a - 3{,}5a$ g) $-z + 2z - z$ h) $9a - (3a - a - 2a)$
i) $16m - (-4m)$ j) $-(-3t + 4)$

4 Ordne und fasse zusammen.
a) $5 + 11x - 9$ b) $-8 + 2x + 17$ c) $-7x - 5 - 27$ d) $-2{,}5 - 5x + 1{,}4$
e) $0{,}3a + 5{,}2 - 8$ f) $2{,}7 + 0{,}3a - 1{,}9$ g) $\frac{1}{4} - 3f + \frac{2}{3}f + \frac{3}{8}$ h) $2{,}7v - \frac{2}{7} - \frac{3}{5}v + 3$

5 Löse die Klammern auf und vereinfache.
a) $4x + (2x - 5)$ b) $6y - (2 - 5y)$ c) $4 - (3t + 12)$ d) $-a - (2a - 4)$
e) $4x - (3x + 12x)$ f) $9 - z - (z - 5)$ g) $-(8u + 17) - 3$ h) $-(3z + 8) - 18 + 2z$

6 Löse zuerst die inneren, dann die äußeren Klammern auf und vereinfache.
a) $5x + (3x - (4x - (4x + 7)))$ b) $((11x - 4) - (3x + 7)) - 3x$
c) $5z - (3z - (4 + 3z) - 7)$ d) $-(4g + 5) - (6g - (4 + 7g))$
e) $-(22p - (3 - 8p + 12) - 3p) + 4$ f) $55r - 4 - (45 - (33 - 54r) + 3r)$

Lösungen auf den Seiten 225 – 231.

Selbsttraining

7 Multipliziere aus und vereinfache.

a) $4(x-2)+3(2x+5)$ b) $8(5-2x)+4(x+4)$ c) $6(4-3y)+7(2y+9)$
d) $7{,}5(6-2r)+(r+1)\cdot 2$ e) $4\cdot(x-5)-3(6-2x)$ f) $-6(4y-2)-5(y-12)$
g) $-(x-5)\cdot 2-3(6-2x)$ h) $-4(4z+1)-7(z-5)$ i) $(-7)(5-3r)-4(r+1)$

8 Löse die Klammern auf und vereinfache.

a) $4x+(2x-5)$ b) $6y-(2-5y)$ c) $4-(3t+12)$ d) $-a-(2a-4)$
e) $6x-(5-9x)$ f) $-(7-9y)+3y$ g) $4x-(3x+12x)$ h) $9-z-(z-5)$
i) $-(3x+1)+5x$ j) $-(3x+5)+5x$ k) $-(8u+17)-3$ l) $-(3z+8)-18+2z$

9

a) $(3x-4)-(4x-5)$ b) $-(4y-7)+(6-y)$ c) $9-(t-6)+(9-2t)$
d) $20r-(12+r-10r)$ e) $4w-\left(\frac{2}{3}w-\frac{4}{3}w+\frac{5}{9}\right)$ f) $1-\left(2x-2\frac{1}{2}+\frac{4}{7}x-6\frac{1}{6}\right)$
g) $\frac{4}{15}x-\frac{6}{7}-\left(\frac{4}{5}x+\frac{5}{14}\right)$ h) $-\left(\frac{3}{4}u+\frac{5}{6}-2\frac{1}{4}u\right)+\frac{1}{3}$ i) $-0{,}8t+1{,}7-(22-3{,}5t)$

10 a) $-2(3x\cdot 6+2)-6(3-2x\cdot 7)$ b) $4(5x+2)\cdot(-6)-(-5)(11-2x\cdot(-8))$
c) $(-3)(5y\cdot(-4)+12)+9(7\cdot(-6)+2y)$ d) $4(-5z-6)-(-7)\cdot(42(-z)-2\cdot(-5))$
e) $\frac{2}{5}\left(\frac{3}{4}a\cdot\left(-\frac{5}{2}\right)+\frac{7}{4}\right)+\frac{4}{5}\left(\frac{3}{2}\cdot\left(-\frac{9}{5}\right)+\frac{4}{3}a\right)$ f) $-\frac{5}{6}\left(\frac{3}{4}b-\frac{4}{9}\right)-\left(-\frac{3}{7}\right)\cdot\left(-14-\frac{7}{9}b\right)-1{,}5$
g) $\frac{2}{3}\left(\frac{9}{4}d\left(-2\frac{1}{3}\right)+\frac{7}{4}d\right)+\frac{3}{5}\cdot\left(-2\frac{2}{3}d+\frac{5}{12}d\right)$ h) $-\frac{5}{16}\left(\frac{8}{3}f-\frac{7}{9}f\right)-\left(-4\frac{3}{4}\right)\cdot\left(-1{,}7-\frac{7}{8}f\right)$

11 Aus fünf Streichhölzern kann man ein symmetrisches Trapez legen.

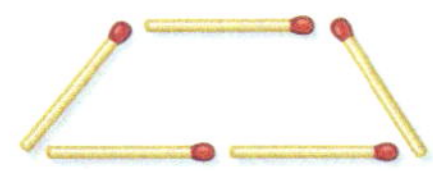

a) Wie viele Streichhölzer benötigt man für eine Reihe mit 3, 5, 9, 19 Trapezen?
b) Gib einen Term an, mit dem man die Anzahl der Hölzer bei n Trapezen berechnen kann.

12 Welche der folgenden Terme sind jeweils äquivalent? Begründe.

a) $3x+4$ b) $2x-2+5x+6$ c) $5x-2+6-2x$ d) $3(x+2)-2$
e) $(x+2)\cdot 4+3x-4$ f) $4+2(x-3)+5x+6$ g) $-(3-2x)+x+7$ h) $7(x+4)$

13 Vereinfache so weit wie möglich und berechne den Wert für $x=-3{,}5$ und $x=4$.

a) $3x+2(4+2x)$ b) $12-3(2+3x)$ c) $2x-6+3x+12$ d) $-x-(2x+10)$
e) $x-2x+3x-4x$ f) $\frac{1}{4}(8-2x)+1{,}5x$ g) $\left(x-\frac{1}{4}\right)\cdot\frac{1}{4}+0{,}75x$ h) $(4-6x)\cdot(-2)+8x$

14 Vereinfache die beiden Seiten der Gleichungen zuerst so weit wie möglich; bestimme dann die Lösung und mache die Probe.

Denke an den ersten Schritt: Terme vereinfachen, wenn möglich.

a) $32x+43-20x=-25+30-45x$ b) $12-9x+15-5x=14-18x+6$
c) $32y-50+7-28y=5$ d) $-38+26t=2t+24t-53-72$
e) $-48x-42x+70=25-12x-25$ f) $4x+49-13x-78+23x=0$

15

a) $0{,}7s-2{,}5+s=2{,}6s-3{,}3+1{,}9$ b) $1{,}8a+2{,}5-0{,}9a=4{,}4a+0{,}7-2a$
c) $4{,}7t-5{,}3+2{,}8t=5t+2{,}9-2{,}4t$ d) $11{,}4r-7{,}3+2{,}6r=-0{,}5r-11{,}7r$

16

a) $\frac{16}{3}x-\frac{2}{7}+\frac{17}{3}x=-\frac{30}{7}+\frac{16}{3}x+\frac{7}{3}x$ b) $-\frac{15}{4}-\frac{3}{8}x+\frac{15}{8}x-\frac{3}{4}=\frac{5}{4}-\frac{5}{8}x-\frac{7}{8}x$
c) $-\frac{26}{3}x+\frac{5}{9}+\frac{12}{5}x=-\frac{19}{3}x+\frac{14}{9}-\frac{7}{3}x$ d) $-\frac{38}{5}+\frac{9}{7}x-\frac{5}{7}x-\frac{26}{15}=\frac{5}{14}x-\frac{6}{5}-\frac{3}{7}x$
e) $3\frac{1}{3}x-3\frac{2}{5}-5\frac{1}{6}x=-5\frac{2}{5}-\frac{1}{3}x+1\frac{2}{3}x$ f) $-1\frac{3}{4}-2\frac{3}{8}x+\frac{5}{4}x-3\frac{4}{8}=1\frac{1}{4}+4\frac{5}{8}x$

Lösungen auf den Seiten 225–231.

Kapitel IV

17 Löse die folgenden Gleichungen durch Äquivalenzumformungen.

a) $3x + 2 = 2x + 8$ b) $4y - 9 = 11y - 23$ c) $5 + 3{,}6r = 25 - 1{,}4r$
d) $12 + 4{,}2s = 4 - 1{,}8s$ e) $\frac{3}{4}u - 6 = 1{,}5 + 2u$ f) $4(2 - 3v) = 5(v - 3) + 6$
g) $4(3 - 2t) = 3(5 - t)$ h) $6 - 3(2 - a) = 3(5 + a)$ i) $2{,}5b - 3 = -(b + 6{,}5)$
j) $2\frac{1}{4}(3 + 2c) = 15\frac{3}{4}$ k) $8{,}25 - \frac{3}{4}m = 1{,}5(1 + m)$ l) $2 + 3\frac{1}{2}n = 3\frac{1}{2}n - 2$
m) $3x + 2(x - 4) - 4(13 - 2x) = (6x - 3)\cdot(-2) + 3x$
n) $-(y - 3) + 4(5 - y) = 12(y - 1) - 4y$

Kapitel VI

Lineare Gleichungssysteme

1 Löse die folgenden Gleichungssysteme mit dem Additionsverfahren.

a) $3x + 2y = 18$; $-2x + 6y = 10$
b) $4x - 9y = 11$; $4x + 2y = 22$
c) $5a + 3b = 25$; $4a - 5b = 48$
d) $1{,}2x + 4{,}2y = -5$; $7{,}2x - 3{,}8y = -1$
e) $\frac{1}{2}x - \frac{1}{4}y = 2{,}5$; $\frac{3}{4}x + \frac{1}{2}y = 30$
f) $3 - 3x = 5(y - 6)$; $2y + 10 = 4(x + 2)$
g) $3(10 - x) - y = 8(9 + y)$; $3(2y - 10) = 2(x - 25)$
h) $x + y + 9 = 21 - x - y$; $3(x + y) = 6(9 - x - y)$
i) $3x + 5y = 24{,}6$; $-2x + 3y = 6{,}4$
j) $2x + 1{,}25y = -0{,}125$; $4x - 20y = 56$
k) $-2x - 6y = 18$; $3x + 2y = -0{,}75$
l) $-3x + 3y = -0{,}06$; $6x - 4y = 2{,}1$
m) $12x - 14y = -353$; $-18x + 42y = 2472$
n) $3x + 12y = 12$; $-2x + 10y = 7$
o) $3x - 2y = 80$; $-2x + 2y = 160$

2 Zeichne zuerst die beiden Graphen in ein Koordinatensystem und lies die Koordinaten des Schnittpunkts ab. Löse das Gleichungssystem anschließend mit dem Gleichsetzungsverfahren und vergleiche mit den abgelesenen Werten. Bei c) und d) musst du dir einen geeigneten Maßstab für die x- und y-Achse überlegen.

a) $y = 3x - 5$; $y = 4 - \frac{1}{2}x$
b) $y = 2x - 2$; $y = -1{,}5x + 4$
c) $y = 7 + 0{,}25x$; $y = -1{,}2x + 3$
d) $y = 5x + 2{,}4$; $y = -\frac{1}{2}x - 11$
e) $y = 8x + 5$; $y = -4 - \frac{1}{2}x$
f) $y = \frac{2}{3}x - 1\frac{1}{2}$; $y = -\frac{2}{5}x + 3$
g) $y = 27 + 0{,}25x$; $y = -12x + 53$
h) $y = -15x + 24$; $y = 20x - 110$
i) $y = 3x + 1{,}5$; $y = 4 - \frac{1}{3}x$
j) $y = 0{,}4x - 1{,}2$; $y = -2{,}5x + 7$
k) $y = 9 + 0{,}75x$; $y = -2x + 0{,}25$
l) $y = -0{,}05x + 2{,}4$; $y = 5x - 1{,}1$

3 a) Zwei Geraden sollen sich im Punkt $P(5|7)$ schneiden und bei $y = 12$ sowie bei $y = 5$ durch die y-Achse verlaufen. Gib die zugehörigen Gleichungen an und bestätige durch Rechnung die Koordinaten des Schnittpunkts.
b) Ebenso, jedoch mit $P(57|73)$ c) Ebenso, jedoch mit $P(0{,}5|0{,}7)$

4 Gegeben sind 4 Punkte A, B, C, D. Bestimme die Gleichungen der Diagonalen und berechne ihren Schnittpunkt.
a) $A(3|1)$, $B(7|2)$, $C(10|6)$, $D(6|5)$ b) $A(5|-2)$, $B(3|12)$, $C(-4|6)$, $D(-6|-5)$

5 Die Eintrittskarte für ein Theaterstück ist für Erwachsene um 2 € teurer als zwei Schülertickets. Eine Gruppe mit 2 Erwachsenen und 14 Schülern zahlt 76 €, eine andere mit 4 Erwachsenen und einigen Schülern zahlt den gleichen Betrag. Was kostet ein Schülerticket? Wie viele Schüler waren in der zweiten Gruppe?

Lösungen auf den Seiten 225–231.

6 Der Preis für einen Mietwagen setzt sich zusammen aus einer Tagespauschale und entfernungsabhängigem Entgelt. Herr Albrecht zahlt für 120 km 83,00 €, Herr Bergmann für 180 km 107,00 €. Frau Christen soll für 200 km 139,00 € zahlen und protestiert.

a) Protestiert sie zu Recht? Stelle den Sachverhalt grafisch dar und begründe.

b) Wie hoch ist die Tagespauschale, wie hoch der Kilometerpreis? Wie viel müsste Frau Christen gerechterweise zahlen? (Zuerst vom Graphen ablesen, dann berechnen.)

c) Gib einen Funktionsterm an für die Zuordnung: *gefahrene Kilometer → Rechnungsbetrag*

d) Wie viel müsste man für 50, 100, 400 km zahlen?

Lösungen auf den Seiten 225 – 231.

Lösungen

Kapitel 1, Bist du sicher, Seite 17

1

a) 33,25 b) 33,00 % c) 33,33

2

31,72 % bzw. 46,47 %

3

32,00 €

Kapitel 1, Training Runde 1, Seite 35

1

a) 11 % b) $\frac{1}{5}$ c) ≈ 61,5 %

d) $\frac{17}{20}$ e) $\frac{6}{5}$ f) 35 %

2

a) $5\,\% > \frac{7}{150} \approx 4{,}7\,\%$ b) $22\,\% < 0{,}23 = 23\,\%$

c) $\frac{7}{8} = 87{,}5\,\% > 87\,\%$

3

	a)	b)	c)	d)	e)	f)
p %	2 %	5 %	25 %	$33\frac{1}{3}$ %	2,3 %	2,3 %
W	8	45	250	2,3	6,9	0,1587
G	400	900	1000	6,9	300	6,9

4

Kreisdiagramm und ergänzte Tabelle der Schülerzahlen in Klassenstufe 7:

Klasse	Schülerzahl	Prozent	Winkel
7a	26	32,5 %	117°
7b	30	37,5 %	135°
7c	24	30,0 %	108°
Summe	80	100,0 %	360°

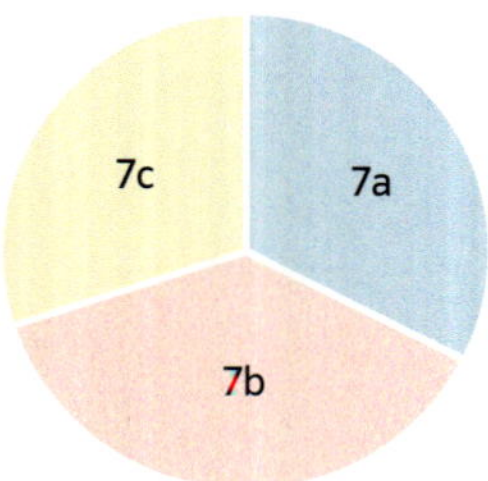

Fig. 1

5

Das gleiche Radio kostet bei Elektro Meier 175 € und bei EloWest 195 €.

a) Bei Elektro Meier ist das Radio etwa 10,3 % billiger als bei EloWest.

b) Bei EloWest ist das Radio etwa 11,4 % teurer als bei Elektro Meier.

Kapitel 1, Training Runde 2, Seite 35

1

a) 18 %; $\frac{39}{200} = 19{,}5\,\%$; $0{,}19 = 19\,\%$ und $\frac{7}{16} = 43{,}75\,\%$.

Also: $\frac{7}{16} > 0{,}19 > 18\,\%$.

2

a) 340 von 625 sind 54,4 %.

b) 253 ist um 15 % größer als 220.

c) Eine Zahl wird um 35 % verkleinert, und man erhält 162,5. Die Zahl heißt 250.

3

a) „Beim Kauf einer Jeans sparen Sie 30 €."

b) „Beim Kauf einer Jeans sparen Sie 30 %."

Bei a) wird für jede Jeans der gleiche Betrag abgezogen, bei b) kommt es auf den alten Preis der Hose an. Wenn eine Hose vorher z. B. 60 € gekostet hat, werden 18 € Nachlass gewährt. Nur für eine Hose mit dem alten Preis 100 € würde man auch 30 € sparen.

4

a) Bei einem Zinssatz von 2,5 % erhält man 18 € Jahreszinsen für ein Guthaben von 720 €.

b) Ein Guthaben von 2000 € wächst bei einem Zinssatz von 3,25 % in vier Jahren auf 2272,95 € an.

5

Das gesamte Grundstück ist $400\,m^2$ groß. Die Grundfläche des Hauses ist $11 \cdot 14\,m^2 - 6 \cdot 9\,m^2 = 100\,m^2$. Also werden 25 Prozent des Grundstücks bebaut.

6

Artikel	alter Preis €	Rabatt %	neuer Preis €	gekauft	Preise alt €	Preise neu €
Heft	0,72	25	0,54	6	4,32	3,24
Radierer	0,95	40	0,57	2	1,90	1,14
Stift	1,40	60	0,56	3	4,20	4,68
Summe					10,42	6,06

Jens spart also 4,36 €, das sind etwa 41,8 % von 10,42 €.

Kapitel 2, Bist du sicher, Seite 40

1

a) Die „0“ hat die Wahrscheinlichkeit $\frac{1}{10}$.
b) „Blau“ hat die Wahrscheinlichkeit $\frac{6}{10}$; „Weiß“ hat die Wahrscheinlichkeit $\frac{4}{10}$.

Kapitel 2, Bist du sicher, Seite 48

1

a) $\frac{4}{5} \cdot \frac{4}{5} \cdot \frac{4}{5} = 51{,}2\,\%$
b) $3 \cdot \frac{1}{5} \cdot \frac{1}{5} \cdot \frac{4}{5} = 9{,}6\,\%$
c) $\frac{2}{5} = 40\,\%$ (nur die letzte Ziffer ist entscheidend)
d) $5 \cdot \frac{1}{5} \cdot \frac{1}{5} \cdot \frac{1}{5} = 4\,\%$

Kapitel 2, Training Runde 1, Seite 55

1

a) 11 der 15 Kugeln sind weiß. Also beträgt die Wahrscheinlichkeit für eine weiße Kugel $\frac{11}{15} \approx 73{,}3\,\%$.
b) Auf 7 der 15 Kugeln steht eine gerade Zahl. Also beträgt die Wahrscheinlichkeit für eine Kugel mit einer geraden Zahl $\frac{7}{15} \approx 46{,}7\,\%$.

2

Die absolute Häufigkeit für C beträgt $96 - (39 + 27) = 30$.
Die relativen Häufigkeiten sind $\frac{39}{96} \approx 40{,}6\,\%$ für A, $\frac{27}{96} \approx 28{,}1\,\%$ für B und $\frac{30}{96} \approx 31{,}3\,\%$ für C.
Geschätzte Wahrscheinlichkeiten sind z. B. 41 % für A, 28 % für B und 31 % für C.

3

Mögliche Geburtstagstermine sind der 20. und der 31. Januar. Also beträgt die Ratewahrscheinlichkeit $\frac{1}{2} = 50\,\%$.

4

a) $\frac{1}{2} \cdot \frac{1}{2} = \frac{1}{4}$

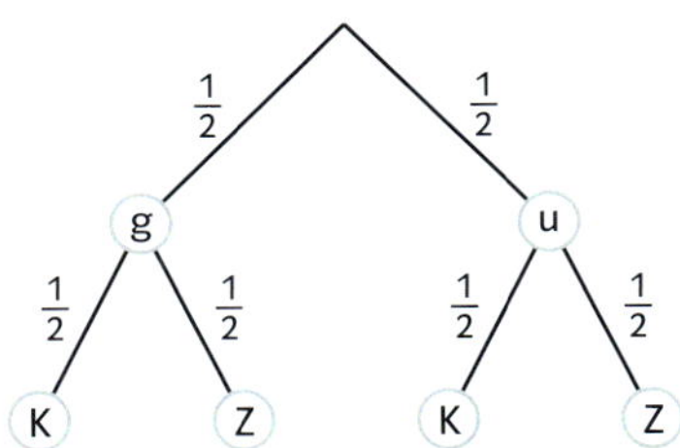

Fig. 1

b) $\frac{5}{6} \cdot \frac{1}{2} = \frac{5}{12}$

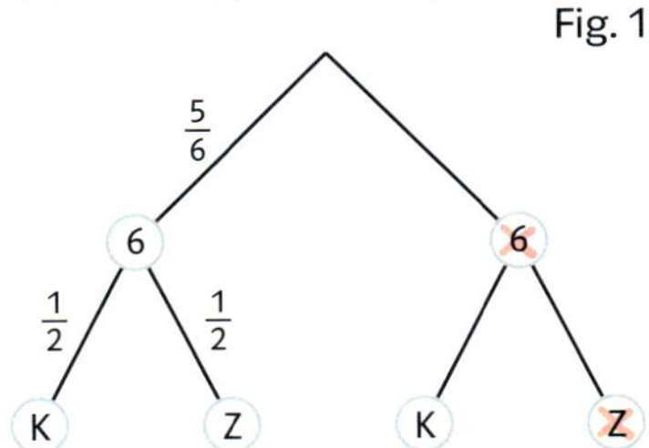

Fig. 2

5

a)

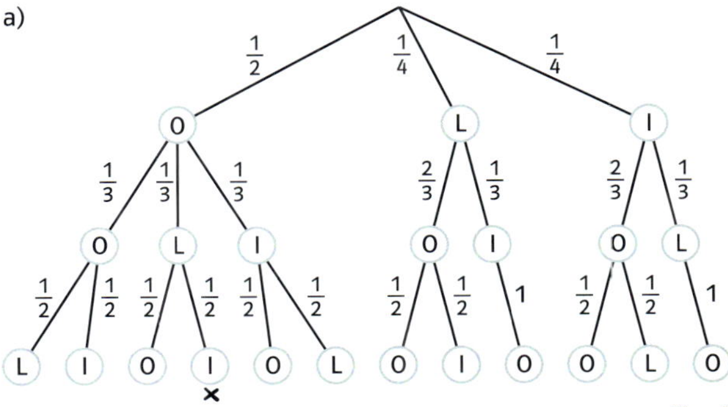

Fig. 3

b) Wahrscheinlichkeit für „OLI“: $\frac{1}{12} \approx 8{,}3\,\%$

Kapitel 2, Training Runde 2, Seite 55

1

a) Es sind 12 Felder. Also beträgt die Wahrscheinlichkeit der „Sieben“ $\frac{1}{12} \approx 8{,}3\,\%$.
b) 3 der 12 Felder sind blau. Also beträgt die Wahrscheinlichkeit für „Blau“ $\frac{3}{12} = 25\,\%$.

2

Die geschätzte Wahrscheinlichkeit von Q beträgt
$100\,\% - (69{,}7\,\% + 7{,}0\,\%) = 23{,}3\,\%$.
Die erwarteten absoluten Häufigkeiten sind $0{,}07 \cdot 300 = 21$ für H, $0{,}233 \cdot 300 \approx 70$ für Q und $0{,}697 \cdot 300 \approx 209$ für F.

3

a) Baum:
$\frac{1}{6} \cdot \frac{5}{6} + \frac{5}{6} \cdot \frac{1}{6} = \frac{5}{18}$

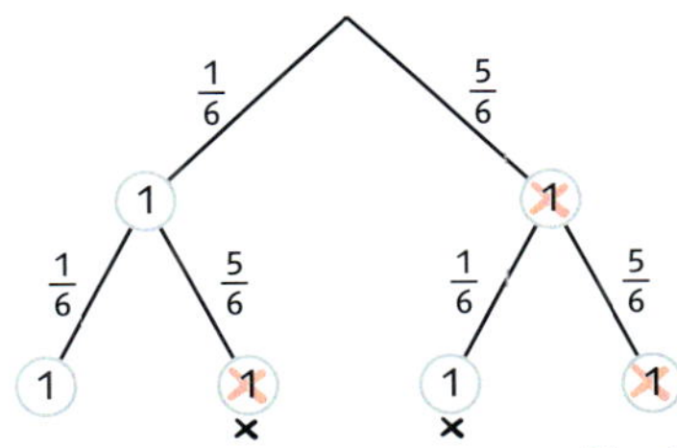
Fig. 4

1 bedeutet: 1 wird geworfen.
~~1~~ bedeutet: keine 1 wird geworfen.
Die Wahrscheinlichkeit für 1 ~~1~~ bzw ~~1~~ 1 beträgt
$\frac{1}{6} \cdot \frac{5}{6} + \frac{5}{6} \cdot \frac{1}{6} = \frac{5}{18} \approx 27{,}8\,\%$.

b)
Wahrscheinlichkeit für mindestens eine 1:
$\frac{1}{6} + \frac{5}{6} \cdot \frac{1}{6} = \frac{11}{36}$

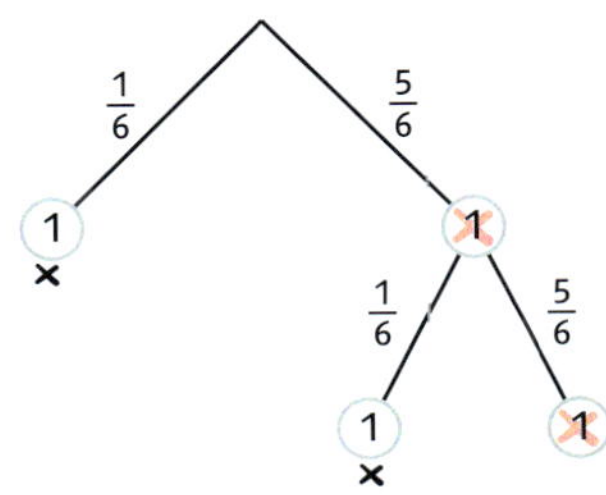
Fig. 5

(1) eine Eins wird geworfen
(~~1~~) keine Eins wird geworfen

4

a) siehe Fig. 1.

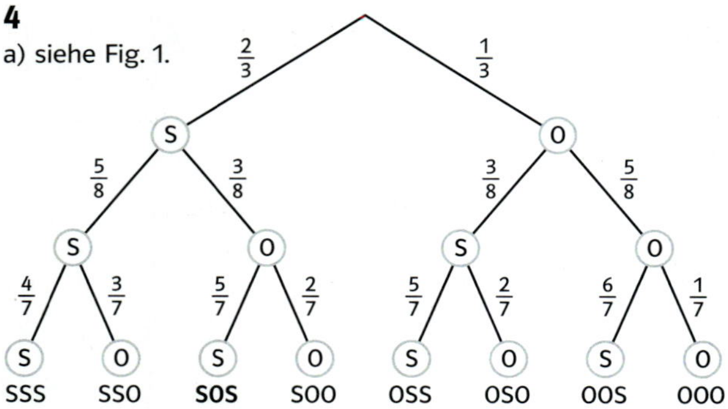

Fig. 1

b) Wahrscheinlichkeit für SOS: $\frac{6}{9} \cdot \frac{3}{8} \cdot \frac{5}{7} = \frac{5}{28} \approx 17{,}9\,\%$

Kapitel 3, Bist du sicher, Seite 63

1

a)

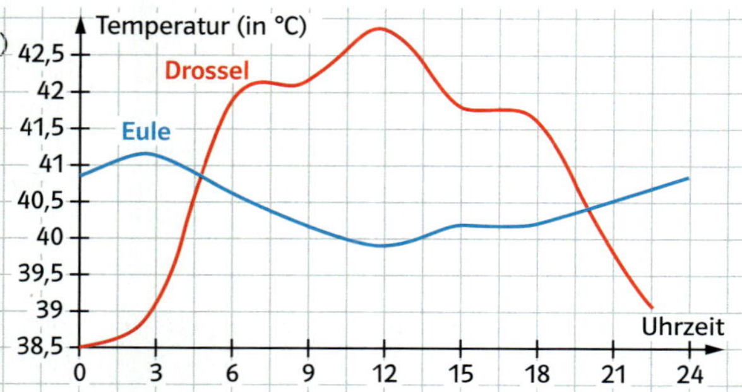

Fig. 2

b) Drossel: 42,1 °C; Eule: 40,4 °C

c) Die Drossel ist ein Tagtier, ihre Temperatur ist am Tag höher als in der Nacht. Bei der Eule ist es genau umgekehrt: die Körpertemperatur ist nachts höher als am Tag, sie ist ein Nachttier.

Kapitel 3, Bist du sicher, Seite 71

1

a) Die Jugendgruppe kann täglich 210,00 € (140,00 €; 105,00 €) ausgeben.

b)

Anzahl der Tage	1	2	3	4	5	6	7	8	9	10
Ausgaben pro Tag (in €)	840,00	420,00	280,00	210,00	168,00	140,00	120,00	105,00	93,33	84,00

Es handelt sich um eine antiproportionale Funktion.

c) Die Wandergruppe benötigt 600 € (960 €; 1680 €) für ihre Wanderkasse.

d)

Anzahl der Tage	1	2	3	4	5	6	7	8	9	10
Betrag in Wanderkasse (in €)	120	240	360	480	600	720	840	960	1080	1200

Es handelt sich um eine proportionale Funktion.

Kapitel 3, Bist du sicher, Seite 75

1

a) Die Zuordnungen sind linear, weil die Höhe der ersten Kerze pro Stunde immer um 2 cm und die Höhe der zweiten Kerze pro Stunde immer um 1,5 cm abnimmt.

b) Die erste Kerze hat nach 3 Stunden eine Höhe von 19 cm, nach 5 Stunden eine Höhe von 15 cm und nach 11 Stunden eine Höhe von 3 cm. Die zweite Kerze hat nach 3 Stunden eine Höhe von 15,5 cm, nach 5 Stunden eine Höhe von 12,5 cm und nach 11 Stunden eine Höhe von 3,5 cm.

c) siehe Figur rechts.

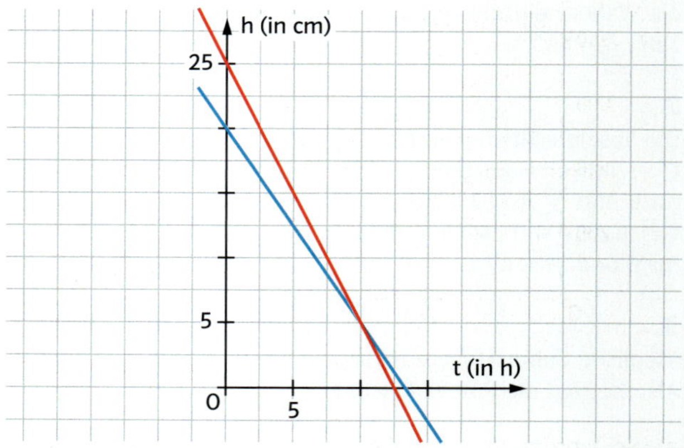

Fig. 3

Beide Geraden gehen durch den Punkt (10 | 5); die Kerzen haben nach 10 Stunden die gleiche Höhe von 5 cm.
Die erste Kerze wird etwa 12,5 Stunden brennen, die zweite Kerze etwa 13,3 Stunden.

d) Formel für die Höhe der ersten Kerze: $y = -2 \cdot x + 25$.
Formel für die Höhe der zweiten Kerze: $y = -1{,}5 \cdot x + 20$.

e) Die dritte Kerze ist zu Beginn 10 cm hoch. Sie brennt pro Stunde um 0,75 cm ab.

Kapitel 3, Training Runde 1, Seite 83

1

a) 2. Graph

b) 3. Graph

c) 1. Graph

d) 4. Graph

2

Zeit (in h)	0	1	2	3	4	5
Anzahl der Bakterien	100	200	400	800	1600	3200

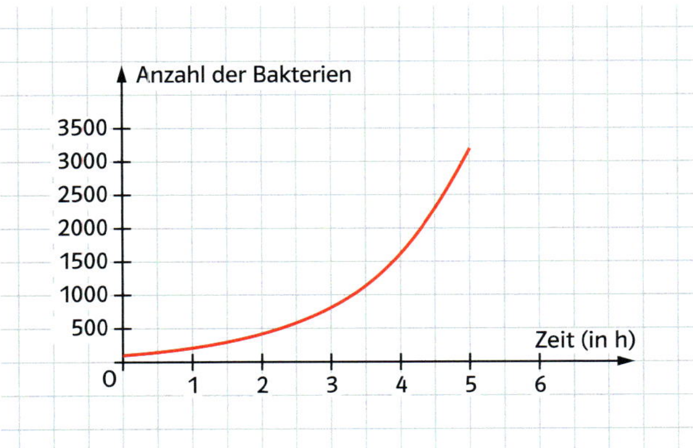

Fig. 1

3

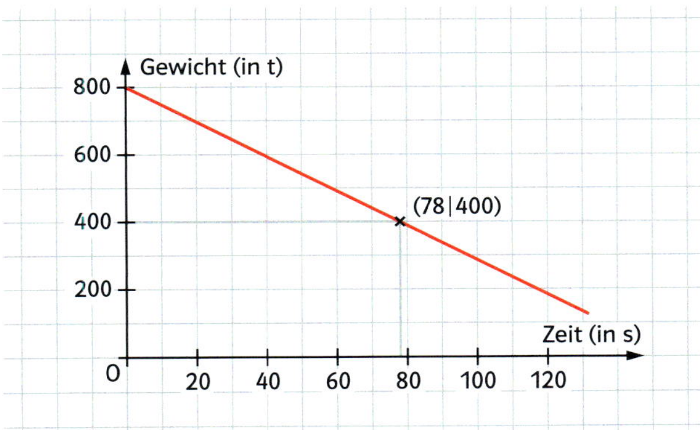

Fig. 2

a) Die Zuordnung *Zeit → Gewicht der Rakete* ist linear. Da der Treibstoff der Rakete gleichmäßig verbrennt, nimmt das Gewicht der Rakete pro Sekunde immer um die gleiche Menge ab.

b) Das Gewicht der Rakete nimmt pro Sekunde im 5,1 t ab. Nach 10 Sekunden hat die Rakete 51 t Gewicht verloren. Sie wiegt dann noch 749 t.

c) Mit t: Zeit (in s) und g: Gewicht der Rakete (in t) gilt:
$g = -5{,}1 \cdot t + 800$.

d) Die Gerade geht durch die beiden Punkte P(0|800) und Q(120|188). Aus dem Graphen liest man ab, dass die Rakete nach etwa 78 Sekunden nur noch 400 t wiegt, also die Hälfte ihres Anfangsgewichtes.

4

$\frac{2}{7} \cdot 14 - 3 = 4 - 3 = 1.$

Der Punkt P(14|1) liegt auf dem Graphen.

$\frac{2}{7} \cdot -\frac{21}{4} - 3 = -1{,}5 - 3 = -4{,}5 \neq 4{,}5.$

Der Punkt $Q\left(-\frac{21}{4}\middle|4{,}5\right)$ liegt nicht auf dem Graphen.

$\frac{2}{7} \cdot \frac{7}{5} - 3 = 0{,}4 - 3 = -2{,}6 \neq 4{,}5.$

Der Punkt $R\left(\frac{7}{5}\middle|\frac{1}{3}\right)$ liegt nicht auf dem Graphen.

Kapitel 3, Training Runde 2, Seite 83

1

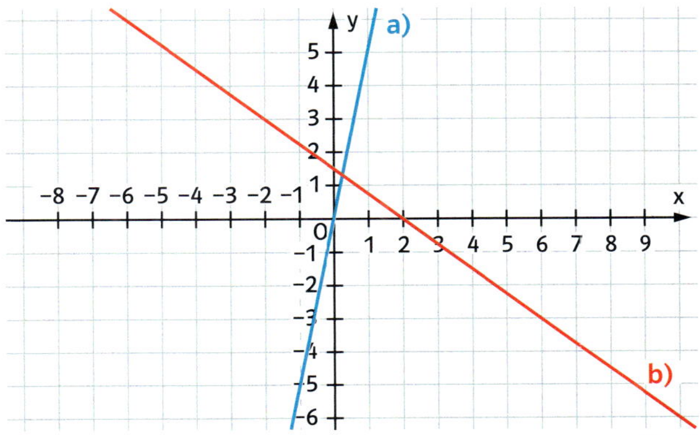

Fig. 3

2

a)

Jahreszahl	90000	80000	70000	60000	50000	40000	30000	20000	10000	0
Jahresmittel-temperatur (°C)	8	8	4	3,6	−0,8	−3,6	−4	−4	4	8

b) Beim Graphen kann man Zwischenwerte direkt ablesen. Weiterhin lässt sich der Temperaturverlauf besser überblicken.

3

Vergleiche Rückblick auf Seite 82.

4

a) Die Zuordnung *Zeit → Temperatur* ist in der Messzeit linear, weil die Temperatur pro Minute immer um 4 °C zunimmt.

b) Nach 7 Minuten wird das Wasser vermutlich 48 °C und nach 30 Sekunden vermutlich 22 °C warm sein.

c) Mit t: Zeit (in min) und T: Temperatur (in °C) gilt:
$T = 4 \cdot t + 20$.

d) Nach einer Stunde (oder 60 Minuten) müsste das Wasser nach der Formel aus c) eine Temperatur von 260 °C haben. Das kann nicht sein, da Wasser bei 100 °C verkocht.

Kapitel 4, Bist du sicher, Seite 90

1

a) $4d - 4$ b) $3d - 5$ c) $3d - 5$ d) $4d - 4$

a) und d) ergeben vereinfacht jeweils $4d - 4$; sie sind äquivalent.

b) und c) ergeben vereinfacht jeweils $3d - 5$; sie sind äquivalent.

2

a) $8a - 2$; für $a = -2$: -18 und für $a = 3$: 22

b) $-5a - 1{,}1$; für $a = -2$: $8{,}9$ und für $a = 3$: $-16{,}1$

c) $-a - 8$; für $a = -2$: -6 und für $a = 3$: -11

d) $7a + 2$; für $a = -2$: -12 und für $a = 3$: 23

Kapitel 4, Bist du sicher, Seite 94

1

a) $2 \cdot (1 + 2d)$: „$1 + 2d$" beschreibt die Anzahl der Streichhölzer in einer Reihe; das erste Streichholz plus zwei weitere Streichhölzer pro Dreieck; „$2 \cdot$" die Anzahl der Streichhölzer pro Reihe muss verdoppelt werden, da es zwei Reihen gibt.

$2 + 4d$: Hier werden beide Reihen zusammen betrachtet: „2" steht für die zwei Startstreichhölzer (1 pro Reihe); pro Dreieck werden in jeder Reihe 2 Streichhölzer benötigt, also ($2 \cdot 2d = 4d$).

b) $2 \cdot (1 + 2d) = 2 \cdot 1 + 2 \cdot 2d = 2 + 4d$

2

a) $= 2x + 6 - 3 \cdot (2x)$ (Kommutativgesetz)
$= 2x + 6 - (3 \cdot 2)x$ (Assoziativgesetz)
$= 2x - 6x + 6$ (Kommutativgesetz)
$= -4x + 6$

b) $= 2 \cdot (3v - 5) - 6 \cdot v$ (Kommutativgesetz)
$= 2 \cdot 3v - 2 \cdot 5 - 6v$ (Distributivgesetz)
$= 6v - 6v - 10$ (Kommutativgesetz)
$= -10$

c) $= 3z \cdot 4 - 6 \cdot 4 - 2z$ (Distributivgesetz)
$= 3 \cdot 4 \cdot z - 24 - 2z$ (Kommutativgesetz)
$= 12z - 2z - 24$ (Kommutativgesetz)
$= 10z - 24$

Kapitel 4, Bist du sicher, Seite 100

1

a) $x = -2{,}5$ b) $v = 3$ c) $z = -0{,}5$

2

Durch Umformen bzw. Lösen der Gleichungen erhält man:

a) $3b = -4$ und $3b = -4$; also sind die beiden Gleichungen äquivalent.

b) $12 = 2z$ und $2z = -2$; also sind die beiden Gleichungen nicht äquivalent.

c) $6x = 2 - 5x$ und $6x = 2 - 5x$; also sind die beiden Gleichungen äquivalent.

Kapitel 4, Bist du sicher, Seite 106

1

Sei z die gesuchte Zahl. Also: $3z + 15 = 8z$.
Mit Äquivalenzumformungen ergibt sich $z = 3$.
Antwort: Die gesuchte Zahl ist 3.

2

a) Sei n die natürliche Zahl. Also: $n + (n + 1) + (n + 2) = 81$.
Durch Umformen ergibt sich $3n + 3 = 81$; also $n = 26$.
Antwort: 26, 27 und 28 ergeben zusammen 81.

b) Sei g die größere der beiden Zahlen. Die kleinere Zahl ist dann $(g - 70)$. Also: $3g = 4(g - 70)$. Es folgt durch Umformen: $g = 280$.
Antwort: Die größere Zahl lautet 280 und die kleinere 210.
Probe: $3 \cdot 280 = 840$ und $4 \cdot 210 = 840$.

Kapitel 4, Training Runde 1, Seite 113

1

a) $O = 2 \cdot (2 \cdot 5) + 2 \cdot (5 \cdot (3x + 2)) + 2 \cdot (2 \cdot (3x + 2))$

b) $O = 42 \cdot x + 48$; für $x = 5$: $O = 258$; für $x = 8$: $O = 384$; für $x = 9{,}1$: $O = 430{,}2$

c) Für x dürfen negative Zahlen eingesetzt werden, aber die Seitenlänge $3x + 2$ muss größer als Null sein, da es keine negativen Längen gibt: $3x + 2 > 0$, also $x > -\frac{2}{3}$.

2

a) $= 5x + 30 - 3$ (Distributivgesetz)
$= 5x + 27$

$= 2x + 27 + 3x$ (Distributivgesetz)
$= 2x + 3x + 27$ (Kommutativgesetz)
$= 5x + 27$

Also sind die beiden Terme äquivalent.

b) $= 7z + z \cdot 6 - 4 \cdot 6$ (Distributivgesetz)
$= 7z + 6 \cdot z - 24$ (Kommutativgesetz)
$= 13z - 24$

$= 8 \cdot 3 + 8 \cdot 2z - 3z$ (Distributivgesetz)
$= 24 + 16z - 3z$
$= 24 + 13z$

Also sind die beiden Terme nicht äquivalent.

c) $= 13 - 10k - 6 - 7k$ (Distributivgesetz)
$= -10k - 7k + 13 - 6$ (Kommutativgesetz)
$= -17k + 7$

$= -11k + 4 \cdot 2 - 3k \cdot 2$ (Distributivgesetz)
$= -11k - 6k + 8$ (Kommutativgesetz)
$= -17k + 8$

Also sind die beiden Terme nicht äquivalent.

oder: ein Gegenbeispiel suchen, etwa $k = 0$:
$13 - 2(0 + 3) - 0 = 6$ und $0 + (4 - 0) \cdot 2 = 8$;
also sind beide Terme nicht äquivalent, da es ein Gegenbeispiel gibt ($6 \neq 8$).

3

a) $d = 3$ b) $c = 1$ c) $z = 10$
d) $x = -16$ e) $v = -5$ f) $x = \frac{8}{5} = 1{,}6$

4

Sei a die Anzahl der Dosen, also $500 + 300 \cdot a \leqq 12\,000$; daher ist $a \leqq 38\frac{1}{3}$; demnach können es höchstens 38 Dosen sein.

Kapitel 4, Training Runde 2, Seite 113

1

a) $2 \cdot (3q + 1)$: „1" ist das Startstreichholz und pro Quadrat müssen nun 3 Streichhölzer angefügt werden, also „$+ 3q$"; da es zwei Reihen sind, muss das Ergebnis noch mit 2 multipliziert werden („$2 \cdot$").
$2 \cdot 4q - 2(q - 1)$: „$4q$" zählt pro Quadrat 4 Streichhölzer, demnach jede Kante; da es wiederum für zwei Reihen gelten soll, muss man diese Anzahl zweimal berücksichtigen, daher „$2 \cdot 4q$"; doch nun wurden die mittleren Verbindungsstreichhölzer außer beim ersten Quadrat (deshalb „$q - 1$") doppelt gezählt; diese Dopplungen müssen in beiden Reihen wieder subtrahiert werden, daher „$- 2(q - 1)$". Zusammengesetzt ergibt sich obiger Term.

b) $2 \cdot 4q - 2(q - 1)$
$= 8q - 2q + 2$ (Distributivgesetz)
$= 6q + 2$

$2 \cdot (3q + 1)$
$= 6q + 2$ (Distributivgesetz)

2

	$12 \cdot x - 5$	$2 \cdot (6x - 3) + 1$	$-(x - 11 \cdot x) - 3$	$7 - (2 - 5x) \cdot 2 - 6$	$-(5 - 12 \cdot x)$
−2	−29	−29	−23	−23	−29
7,5	85	85	72	72	85
12	139	139	117	117	139

$12x - 5 = 2 \cdot (6x - 3) + 1 = -(5 - 12 \cdot x)$ und
$-(x - 11 \cdot x) - 3 = 7 - (2 - 5x) \cdot 2 - 6 = 10x - 3$
(Beweis über Termumformungen)

3

a) $z < -5$

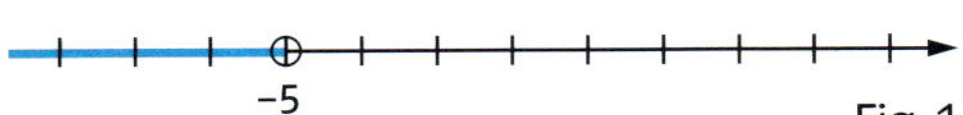

Fig. 1

b) $x > -7{,}2$

Fig. 2

c) $-19 < x$

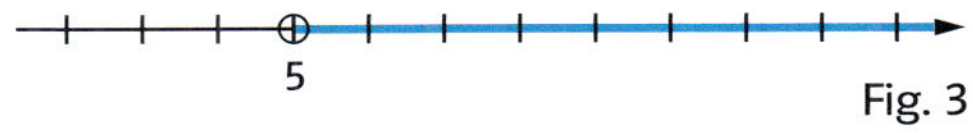

Fig. 3

d) $z \geqq -4$

Fig. 4

e) $5 < v$

Fig. 5

f) $c \leqq 0{,}4$

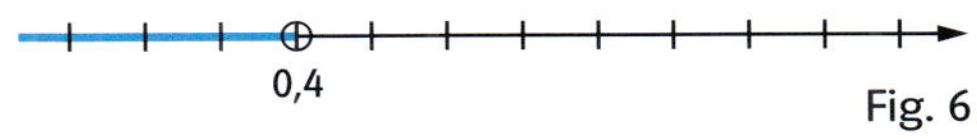

Fig. 6

4

Sei a das Alter des Suezkanals im Jahr 1919.
2019: Das Alter des Suezkanals beträgt $3 \cdot a$ bzw. $a + 100$ Jahre, also gilt $a + 100 = 3 \cdot a$; demnach ist $a = 50$.
Der Suezkanal wurde im Jahre 1869 (1919 − 50) eingeweiht.

Kapitel 5, Bist du sicher, Seite 120

1

Fig. 1: Die gestrichelte Linie ist die Mittelsenkrechte der Strecke $\overline{AB}$. Deshalb hat jeder Punkt auf ihr den gleichen Abstand zu den Punkten A und B.
Fig. 2: Die Gerade g ist die Mittelparallele der beiden gestrichelten Geraden. Alle Punkte dieser beiden Geraden haben den gleichen Abstand zu g.
Fig. 3: Die gestrichelte Linie ist die Winkelhalbierende des Winkels, den die Halbgeraden g und h bilden. Jeder Punkt auf ihr hat den gleichen Abstand zu g und h.
Fig. 4: Die gestrichelte Linie ist die Mittenparallele der Geraden g und h. Alle Punkte auf ihr haben den gleichen Abstand zu g und h.

2

a) Gegeben sind die Punkte A(0|1), B(2|0) und C(4|3) in einem Koordinatensystem. Zeichne alle Punkte, die zu den beiden Geraden durch die Punkte A und B und durch die Punkte B und C den gleichen Abstand haben und außerdem noch den gleichen Abstand zu A und C haben.
b) Gegeben sind die Punkte A(2,5|0), B(4|3), C(0|0) und D(4,5|2,5) in einem Koordinatensystem. Zeichne alle Punkte mit dem Abstand 1,5 cm zu der Geraden CD, die auch noch den gleichen Abstand zu A und B haben.

Kapitel 5, Bist du sicher, Seite 125

1

a) Es soll die Mittelsenkrechte der Strecke $\overline{AB}$ konstruiert werden.
Konstruktionsbeschreibung:
1. Zeichne die Strecke $\overline{AB}$.
2. Zeichne um die Punkte A und B Kreise mit gleichem Radius, die sich schneiden.
3. Zeichne die Gerade m durch die beiden Schnittpunkte der Kreise.

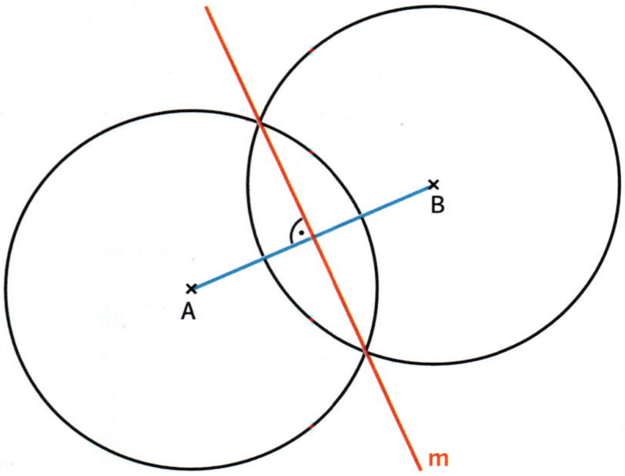

Fig. 1

b) Es soll die Winkelhalbierende w des Winkels α gezeichnet werden.
Konstruktionsbeschreibung:
1. Zeichne um den Scheitel S von α einen Kreis.
2. Zeichne um die Schnittpunkte des Kreises mit den Schenkeln des Winkels α zwei Kreise mit gleichem Radius, die sich in P und Q schneiden.
3. Zeichne die Gerade w durch den Scheitel S und den Schnittpunkt Q.

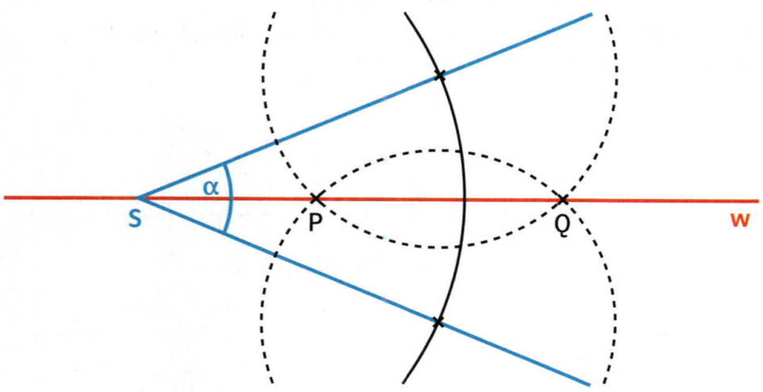

Fig. 2

c) Der Winkel α soll verdoppelt werden.
Konstruktionsbeschreibung:
1. Zeichne um den Scheitel S des Winkels α einen Kreis k, der die Schenkel von α in den Punkten P und Q schneidet.
2. Zeichne um P einen Kreis mit Radius PQ, der den Kreis k im Punkt R schneidet.
3. Zeichne den Winkel β = ∢ QSR. Seine Winkelweite ist doppelt so groß wie die von α.

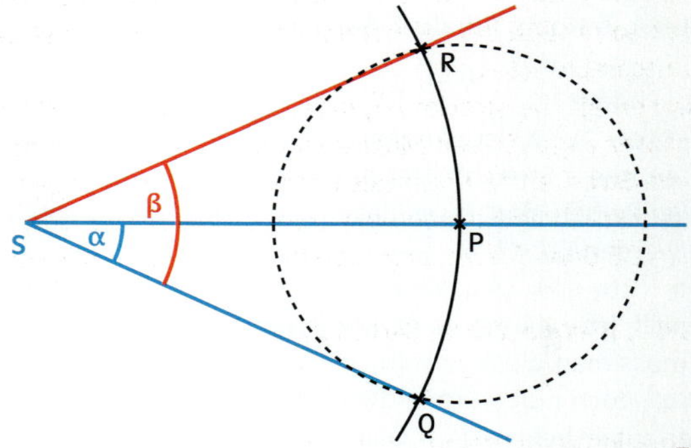

Fig. 3

d) Es soll die Lotgerade l vom Punkt P auf die Gerade g gezeichnet werden.
Konstruktionsbeschreibung:
1. Zeichne um den Punkt P einen Kreis, der die Gerade g in den Punkten Q und R schneidet.
2. Zeichne um Q und R Kreise mit gleichem Radius, die sich in S und T schneiden.
3. Zeichne die Gerade l durch die Punkte P und S (oder P und T).

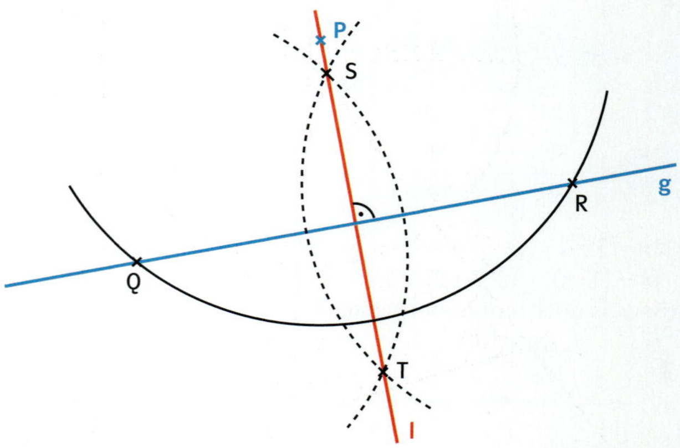

Fig. 4

2

a) Die Winkelweite des Winkels β ist halb so groß wie die von α. Deshalb kann man den Winkel α halbieren um β zu kontruieren (Konstruktion entsprechend 1b).

b) Die Strecke $\overline{AM}$ ist halb so groß wie $\overline{AB}$. Man kann die Mittelsenkrechte von $\overline{AB}$ konstruieren. Ihr Schnittpunkt mit $\overline{AB}$ ist der gesuchte Punkt M (Konstruktion entsprechend 1a).

c) Der Winkel γ ist viermal so groß wie der Winkel α. Man kann deshalb den Winkel α zunächst verdoppeln und den doppelt so großen Winkel nochmals verdoppeln (Konstruktion entsprechend 1c).

d) Man erhält die Strecke $\overline{BE}$, indem man zuerst die Strecke $\overline{AB}$ mit der zugehörigen Mittelsenkrechten halbiert. Danach wird die Strecke $\overline{AM}$ nochmals mithilfe der zugehörigen Mittelsenkrechten halbiert. Mit dem Mittelpunkt E ist die Strecke $\overline{BE}$ dann 7,5 cm lang (Konstruktion entsprechend 1a).

Kapitel 5, Bist du sicher, Seite 131

1

Konstruktionsbeschreibung:

1. Zeichne die Strecke $\overline{AB}$ = 3 cm (Basis).
2. Trage an $\overline{AB}$ in A und B die Winkel α und β von 70° ab.
3. Beschrifte den Schnittpunkt der Schenkel von α und β mit C. Das Dreieck ABC ist gleichschenklig mit der Spitze C.

Zeichnet man um C einen Kreis mit Radius 2,5 cm, so haben seine Schnittpunkte D und E mit dem Dreieck ABC den Abstand 2,5 cm zu C.

Zeichnet man eine zur Strecke $\overline{AB}$ parallele Gerade g im Abstand 1 cm, dann haben die Schnittpunkte R und S von g mit dem Dreieck ABC den Abstand 1 cm zur Strecke $\overline{AB}$.

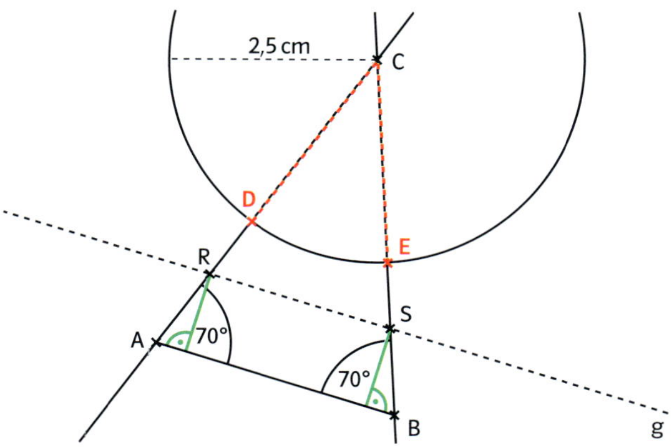

Fig. 1

2

a) Die Winkel α und β sind Wechselwinkel an den Parallelen g und h. Deshalb gilt $\alpha = \beta$.

Der Winkel γ ist Nebenwinkel zu α. Deshalb gilt $\alpha = 180° - \gamma$.

b) Mit den Winkelbeschriftungen in der nebenstehenden Figur gilt z. B. $\alpha_1 = \gamma$ (Scheitelwinkel) oder $\alpha_1 = 180° - \alpha$ (Nebenwinkel) oder $\alpha_1 = \beta_3$ (Stufenwinkel) oder $\alpha_1 = \beta_2$ (Wechselwinkel).

c) Man kann alle vorkommenden Winkel berechnen:
$\alpha = \beta = \beta_2 = 70°$ und $\alpha_1 = \gamma = \beta_3 = \beta_1 = 110°$.

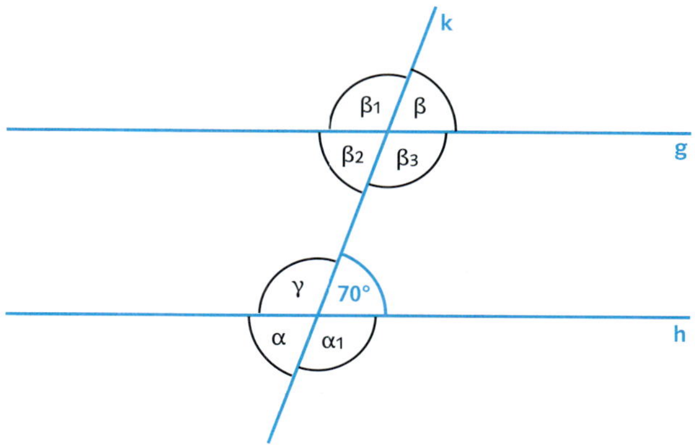

Fig. 2

3

Fritz hat Recht. Mit den Bezeichnungen in der untenstehenden Figur gilt:

Im Punkt A: $\alpha_1 = \gamma_1 = 30°$ (Scheitelwinkel);
$\delta_1 = 180° - \alpha_1 = 150°$ (Nebenwinkel);
$\beta_1 = \delta_1 = 150°$ (Scheitelwinkel).

Im Punkt B: $\alpha_2 = \gamma_2 = 135°$;
$\beta_2 = 180 - \alpha_2 = 45°$ (Nebenwinkel);
$\delta_2 = \beta_2$ (Scheitelwinkel).

Im Punkt C: $\beta_3 = \alpha_1 = 30°$ (Wechselwinkel an g und h) und $\alpha_3 = \delta_2 = 45°$ (Stufenwinkel an g und h).

Der Winkel γ_3 ergibt mit α_3 und δ_3 einen Winkel von 180°.
Also ist $\gamma_3 = 180° - 30° - 45° = 105°$.

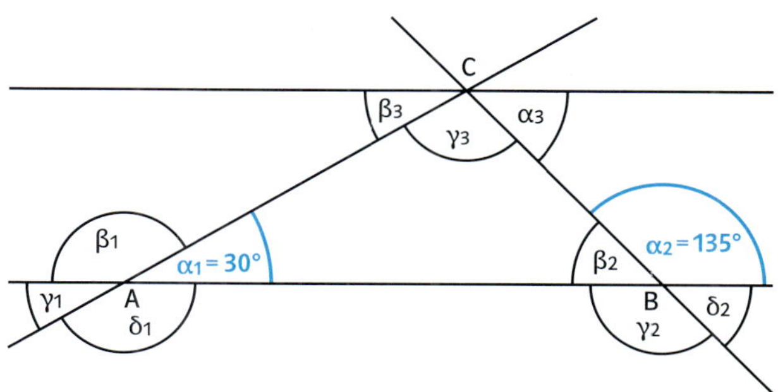

Fig. 3

Kapitel 5, Bist du sicher, Seite 134

1

a) Mit dem Satz über die Winkelsumme im Dreieck kann man den fehlenden Winkel γ berechnen. Es gilt
$\gamma = 180° - 54° - 32° = 94°$.

b) Nach der Aufgabenstellung sind α und β Basiswinkel eines gleichschenkligen Dreiecks ABC und c ist die Basis. Die Winkel α und β müssen deshalb gleich groß sein und zusammen mit $\gamma = 76°$ einen Winkel von 180° ergeben. Deshalb gilt $\alpha = \beta = (180° - 76°) : 2 = 52°$.
Die Konstruktion beginnt mit der Basis $c = \overline{AB}$ mit der Länge 4 cm. Dann trägt man in A und B die Winkel α und β an. Der Schnittpunkt der beiden Schenkel ergibt den Punkt C.

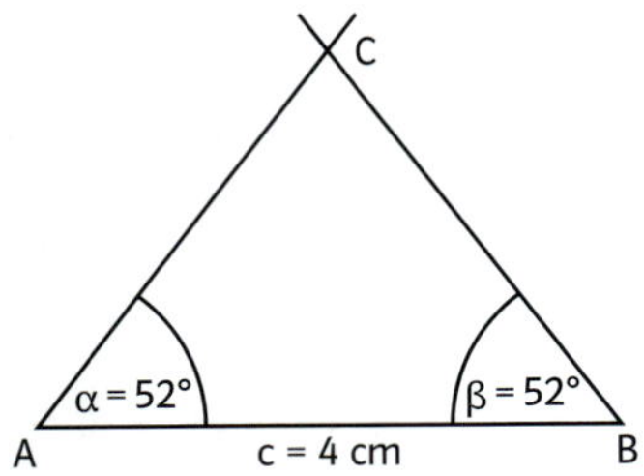

Fig. 1

2

a) Der Satz ist richtig. Es gibt gleichschenklige Dreiecke mit einem rechten Winkel von 90° und zwei gleichgroßen Winkeln von je 45°.

b) Ein stumpfer Winkel ist größer als 90°. Mit zwei stumpfen Winkeln in einem Dreieck wäre ihre Summe dann schon größer als 180°. Das ist nach dem Winkelsummensatz nicht möglich. Dann müsste ja die Winkelweite des dritten Winkels negativ sein, um in der Summe aller drei Winkel 180° zu erhalten.

c) Bei einem gleichschenkligen Dreieck sind mindestens zwei Winkel gleichgroß. Da aber $70° + 70° + 60° = 200°$ ergibt und $60° + 60° + 70° = 190°$ ist, kann es kein solches Dreieck geben. Dann wäre ja in dem gesuchten Dreieck die Summe der Winkel noch größer als 200° bzw. 190°.

Kapitel 5, Bist du sicher, Seite 143

1

a) Der Inkreismittelpunkt I ist der gemeinsame Schnittpunkt der drei Winkelhalbierenden eines Dreiecks. Deshalb hat I zu allen drei Seiten den gleichen Abstand. Da die Lote von I auf die Seiten des Dreiecks zu diesen senkrecht und Radien des Inkreises sind, sind die Geraden durch je zwei Eckpunkte eines Dreiecks Tangenten an den Inkreis.

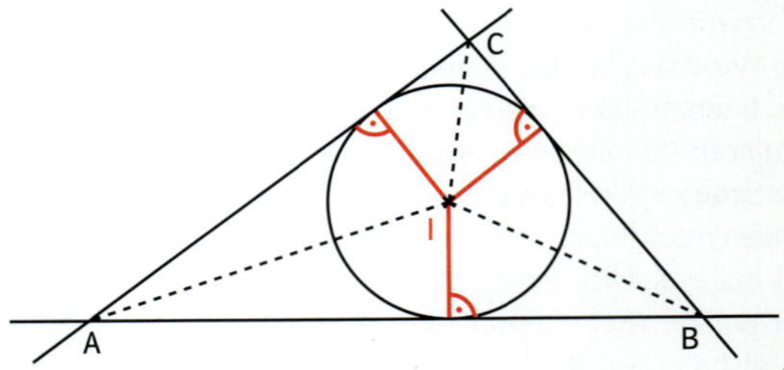

Fig. 2

b) Der Umkreismittelpunkt eines Dreiecks ist der Schnittpunkt der drei Mittelsenkrechten der Dreiecksseiten und der Inkreismittelpunkt ist der Schnittpunkt der drei Winkelhalbierenden. In einem gleichseitigen Dreieck ist aber jede Mittelsenkrechte einer Seite auch Winkelhalbierende des gegenüberliegenden Winkels. Deshalb fallen in jedem gleichseitigen Dreieck die Mittelpunkte des Inkreises und des Umkreises zusammen.

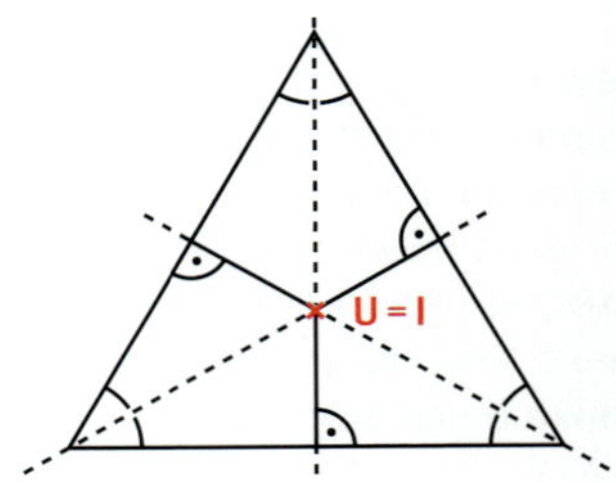

Fig. 3

2

a) Aus der Zeichnung erkennt man, dass die Seite $\overline{AB}$ des Dreiecks parallel zur x-Achse ist. Die Seite $\overline{BC}$ ist parallel zur y-Achse. Die Mittelpunkte dieser Seiten sind $M_{AB}(1|-4)$ und $M_{BC}(6|-1)$. Die Mittelsenkrechten durch diese Punkte sind wiederum parallel zur y- und x-Achse. Deshalb schneiden sie sich im Punkt M(1|−1) des Umkreises.

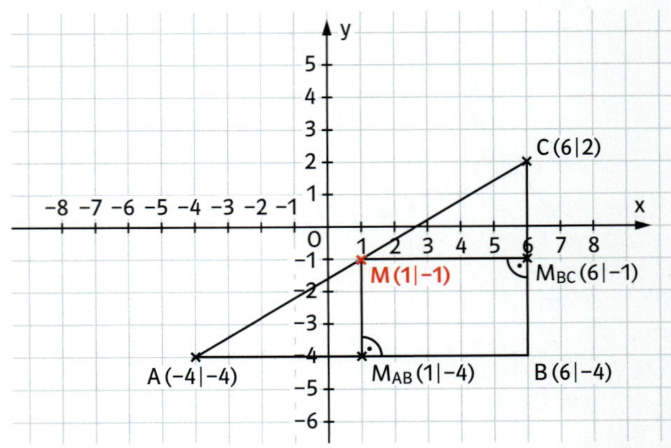

Fig. 4

b) In Teilaufgabe b) sind die Punkte A und B symmetrisch zur y-Achse und die Punkte B und C symmetrisch zur x-Achse. Deshalb liegen die Mittelpunkte der Strecken $\overline{AB}$ und $\overline{BC}$ auf den Koordinatenachsen. Mit den gleichen Überlegungen wie in Teilaufgabe a) ergibt sich der Umkreismittelpunkt M(0|0).

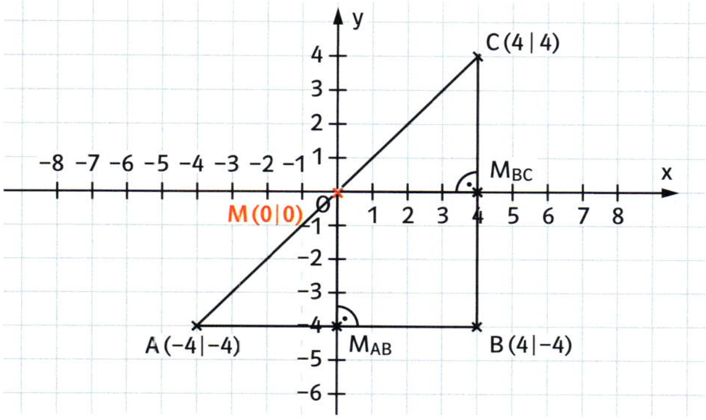

Fig. 1

3

a) Da I der Inkreismittelpunkt ist, ist sein Radius das Lot von I auf die Strecke $\overline{AB}$ mit Lotfußpunkt D. Damit kann man den Inkreis zeichnen. Die Seiten $\overline{AC}$ und $\overline{BC}$ des Dreiecks liegen auf den Tangenten von A und B an den Inkreis. Deren Berührpunkte liegen auf den jeweiligen Thaleskreisen der Strecken $\overline{AI}$ und $\overline{BI}$. Sind die beiden Tangenten konstruiert, schneiden sie sich im Punkt C des Dreiecks.

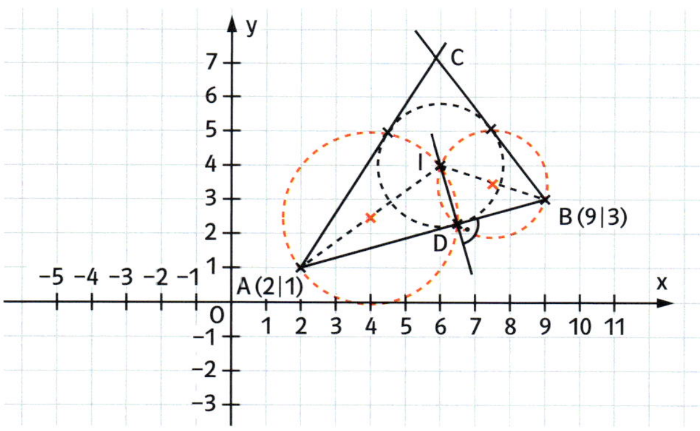

Fig. 2

b) Der Inkreis des gesuchten Dreiecks muss durch die Punkte D, E und F gehen. Man erhält seinen Mittelpunkt I als Schnittpunkt der Mittelsenkrechten der Seiten $\overline{DE}$ und $\overline{EF}$. Die Strecken $\overline{ID}$, $\overline{IE}$ und $\overline{IF}$ sind Radien des Inkreises, die senkrecht zu den gesuchten Seiten des Dreiecks ABC sind. Deshalb ergeben sich die Ecken des Dreiecks ABC als Schnittpunkte der Tangenten an den Inkreis in den Punkten D, E und F.

Konstruktionsbeschreibung:
1. Zeichne die Punkte D, E, F.
2. Zeichne die Mittelsenkrechten der Strecken $\overline{DE}$ und $\overline{EF}$. Beschrifte den Schnittpunkt mit I.
3. Zeichne drei Lotgeraden zu den Strecken $\overline{ID}$, $\overline{IE}$ und $\overline{IF}$ in den Punkten D, E und F. Ihre Schnittpunkte ergeben das Dreieck ABC.

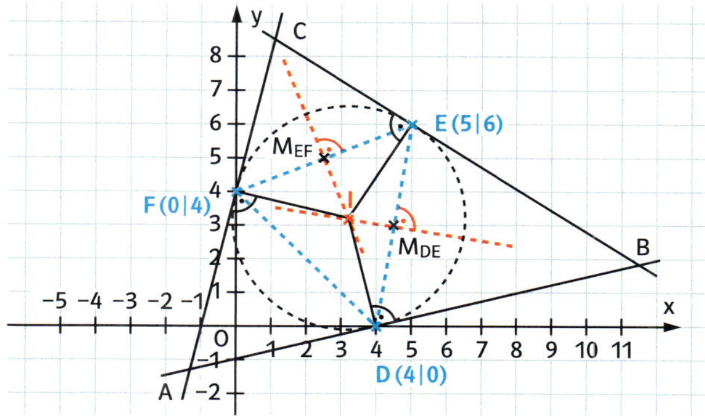

Fig. 3

Kapitel 5, Training Runde 1, Seite 153

1

Planfigur:

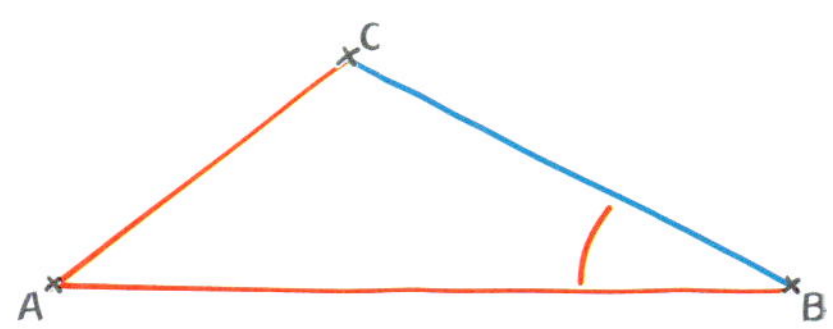

Fig. 4

Konstruktionsbeschreibung:
1. Zeichne die Strecke $\overline{AB}$ = 4 cm.
2. Trage den Winkel $\beta = 40°$ im Punkt B an $\overline{AB}$ an.
3. Zeichne den Kreis um A mit Radius 3 cm.
4. Beschrifte die Schnittpunkte von k mit α mit C_1 und C_2.

Es gibt zwei Lösungen: das Dreieck ABC_1 und ABC_2.

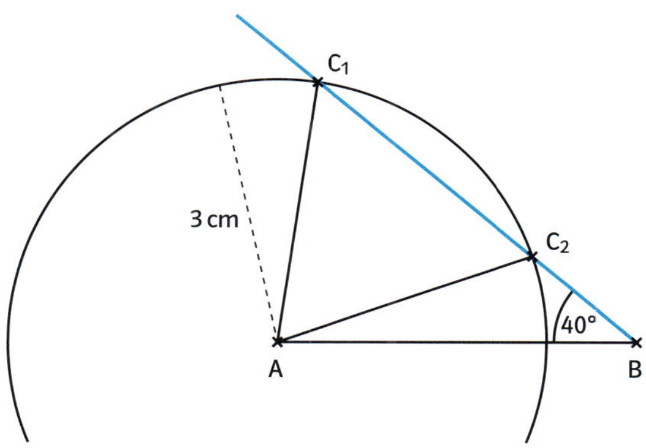

Fig. 5

2

Alle Punkte, welche die Aussage erfüllen, liegen im Kreisring um den Schnittpunkt M der Diagonalen des Rechtecks mit den Radien 1 cm und 3 cm, einschließlich der Punkte auf den beiden Kreisen.

Unter diesen Punkten sucht man nun solche, die 1 cm Abstand zu den Seiten $\overline{AB}$ und $\overline{BC}$ haben. Diese liegen auf Geraden parallel zu $\overline{AB}$ und $\overline{BC}$ im Abstand 1 cm. Als Lösungen der Aussagen A und B ergeben sich die Punkte auf den rot markierten Strecken.

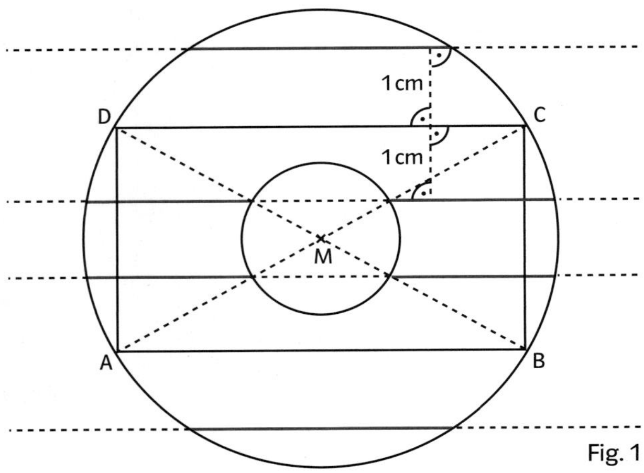

Fig. 1

3

Konstruktion des Dreiecks ABC:

1. Zeichne den Winkel $\gamma = 50°$ mit dem Scheitel C.
2. Zeichne um C die beiden Kreise mit Radius $a = 3\,cm$ und Radius $b = 4\,cm$. Beschrifte die Schnittpunkte mit γ mit A und B.
3. Zeichne die Strecke $\overline{AB}$.

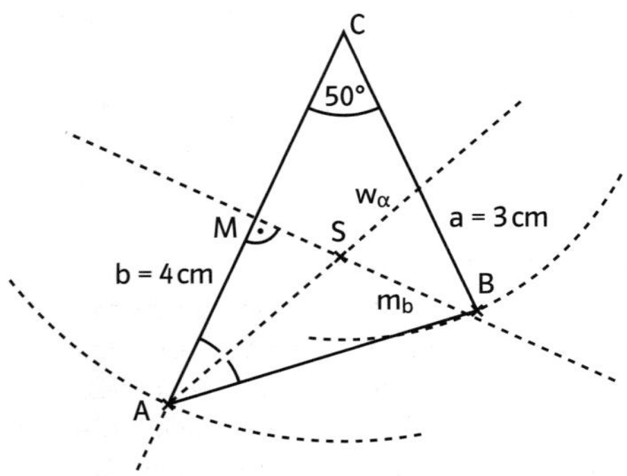

Fig. 2

Der Schnittpunkt S der Winkelhalbierenden W_α mit der Mittelsenkrechten m_b der Seite $b = \overline{AC}$ hat von den Schenkeln des Winkels α den gleichen Abstand. Der Abstand von S zu A ist so groß wie der Abstand von S zu C.

4

a) Die Zeichnung wird nach den Angaben erstellt und wie angegeben beschriftet.

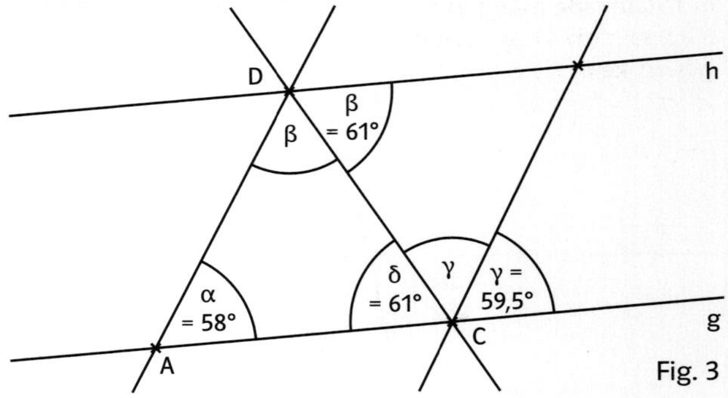

Fig. 3

b) Wegen $g \parallel h$ gilt mit dem Wechselwinkelsatz für den Winkel α und der Eigenschaft der Winkelhalbierenden beim Punkt B die Gleichung $\alpha + \beta + \beta = 180°$. Daraus erhält man mit $\alpha = 58°$ den Winkel $\beta = 61°$. Mit dem Satz über die Winkelsumme im Dreieck ABC kann man δ berechnen aus $\delta + \gamma + \gamma = 180°$. Daraus erhält man mit $\delta = 61°$ den Winkel $\gamma = 59{,}5°$.

c) Aus den Überlegungen in Teil b) ergibt sich ein Spezialfall: Wenn $\alpha = 60°$ ist, gilt auch $\beta = 60°$. Dann muss auch $\delta = 60°$ gelten und damit ist $\gamma = 60°$.

Kapitel 5, Training Runde 2, Seite 153

1

Es wird der Maßstab 1 : 100 gewählt. Dazu wird nach den Angaben zum See ein Dreieck ABC mit $\overline{BC} = 7{,}6\,cm$; $\overline{AC} = 4{,}7\,cm$ und Winkel $\gamma = 83°$ gezeichnet.

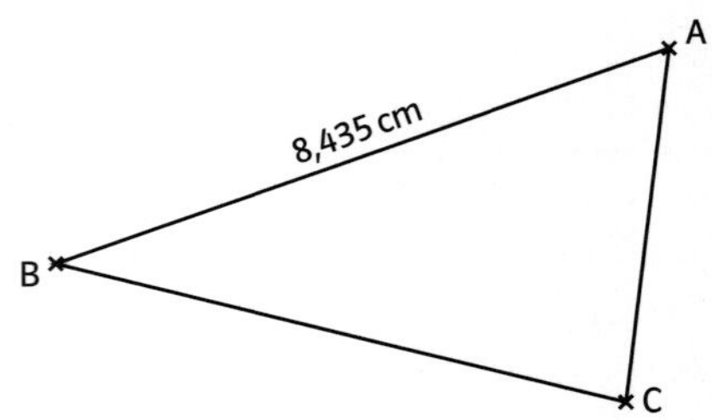

Fig. 4

Konstruktionsbeschreibung:

1. Zeichne die Strecke $\overline{BC} = 7{,}6\,cm$.
2. Trage im Punkt C an $\overline{BC}$ den Winkel $\beta = 83°$ an.
3. Zeichne um C einen Kreis mit Radius $\overline{CA} = 4{,}7\,cm$. Beschrifte den Schnittpunkt mit β mit C.

Die Strecke $\overline{AB}$ ist 8,4 cm lang. Deshalb ist der See etwa 840 Meter lang.

2

a) Mit $\gamma = 12°$ und $\beta = 90°$ gilt für α:
$\alpha = 180° - (\alpha + \beta) = 180° - 102° = 78°$.

b) Für $\beta = 2\alpha$ und $\beta = 90°$ gilt $\alpha = 45°$ und $\gamma = 45°$.

c) Für $\beta = 90°$ kann $\alpha + \gamma$ nicht 110° ergeben, da nach dem Satz über die Winkelsumme $\alpha + \beta = 90°$ gelten muss. Hierzu gibt es kein Dreieck.

zu a):

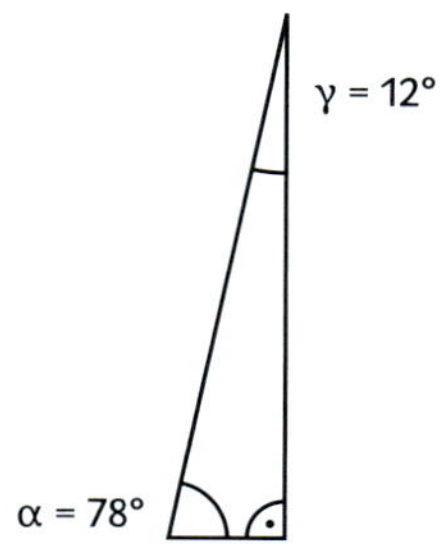

Fig. 1

zu b):

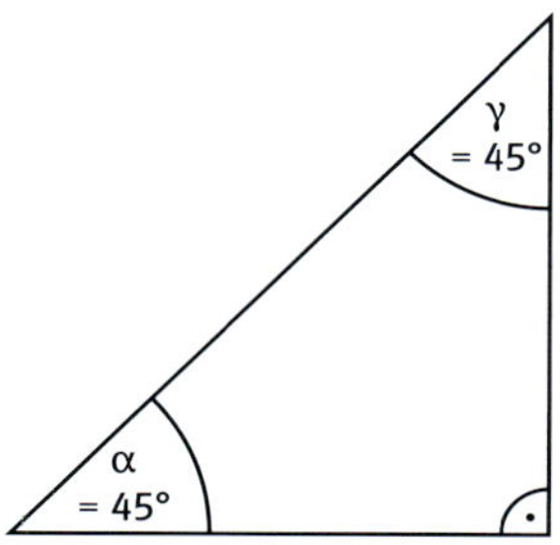

Fig. 2

3

Planfigur:

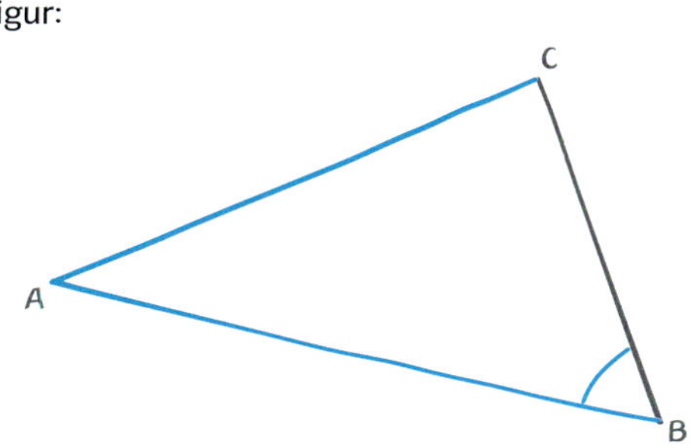

Fig. 3

Konstruktionsbeschreibung:

1. Zeichne die Strecke $\overline{AB} = 4\,\text{cm}$.
2. Trage den Winkel β in B an $\overline{AB}$ ab.
3. Zeichne den Kreis mit Radius 5 cm um A. Beschrifte den Schnittpunkt mit β mit C.

Einzige Lösung ist das Dreieck ABC.

4. Der Umkreismittelpunkt U ergibt sich als Schnittpunkt der Mittelsenkrechten zu $\overline{AB}$ mit der Mittelsenkrechten zu $\overline{BC}$.
5. Der Kreis um U mit Radius $\overline{UA}$ ist der gesuchte Umkreis.

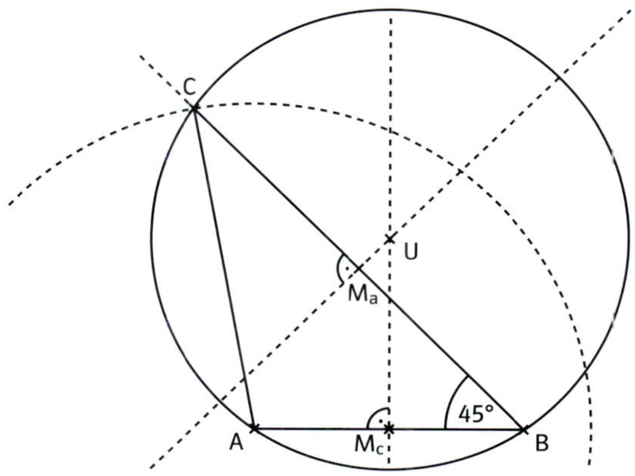

Fig. 4

4

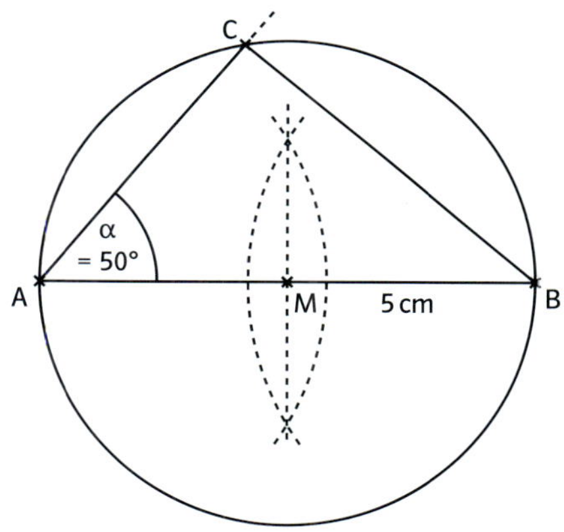

Fig. 5

a) Konstruktionsbeschreibung:

1. Zeichne die Strecke $c = \overline{AB}$ mit der Länge 5 cm.
2. Trage im Punkt A den Winkel $\alpha = 50°$ an C ab.
3. Konstruiere den Mittelpunkt M der Strecke $\overline{AB}$.
4. Zeichne den Thaleskreis k um M mit Radius $\overline{MA}$.

Der Schnittpunkt von k mit α liefert den Punkt C.
Das Dreieck ABC ist eine Lösung.

b) Nach dem Satz über die Winkelsumme im Dreieck gilt
$\alpha + \beta + \gamma = 180°$.
Also gilt $\beta = 180° - (\alpha + \gamma) = 180° - 140° = 40°$.

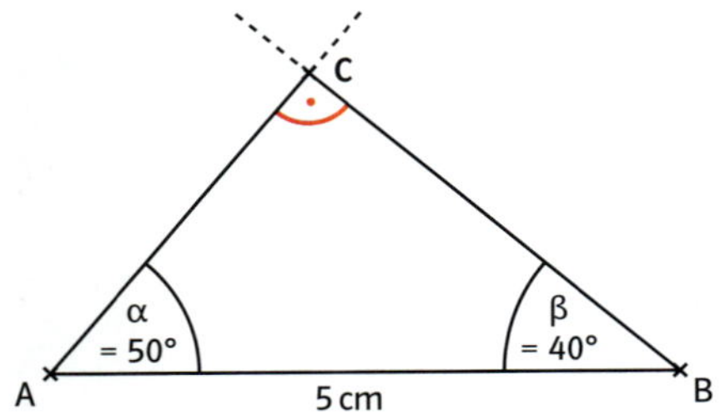

Fig. 1

Konstruktionsbeschreibung:
1. Zeichne die Strecke $\overline{AB}$ = 5 cm.
2. Trage in A an $\overline{AB}$ den Winkel $\alpha = 50°$ an.
3. Trage in B an $\overline{AB}$ den Winkel $\beta = 40°$ an.
4. Die Schenkel von α und β schneiden sich im Punkt C.

Das Dreieck ABC ist eine Lösung.

5

Aufgrund der Angaben über die Winkel sind die Dreiecke ABC, AED und BCD gleichschenklig.

a) Gleichlange Seiten sind: $\overline{AB} = \overline{AC}$; $\overline{EA} = \overline{ED}$ und $\overline{BD} = \overline{BC}$.

b) Mit $\alpha = 26°$ gilt mit der Winkelsumme im Dreieck und der Eigenschaft der Basiswinkel im gleichschenkligen Dreieck:
- für das Dreieck ABC: $\beta + \beta + \alpha = 180°$.
  Daraus ergibt sich $\beta = (180° - 26°) : 2 = 77°$.
- für das Dreieck AED: $\alpha + \alpha + \gamma = 180°$.
  Daraus ergibt sich $\gamma = 180° - 2 \cdot 26° = 128°$.
- für das Dreieck BCD: $\beta + \beta + \varepsilon = 180°$.
  Daraus ergibt sich $\varepsilon = 180° - 2 \cdot 77° = 26°$.

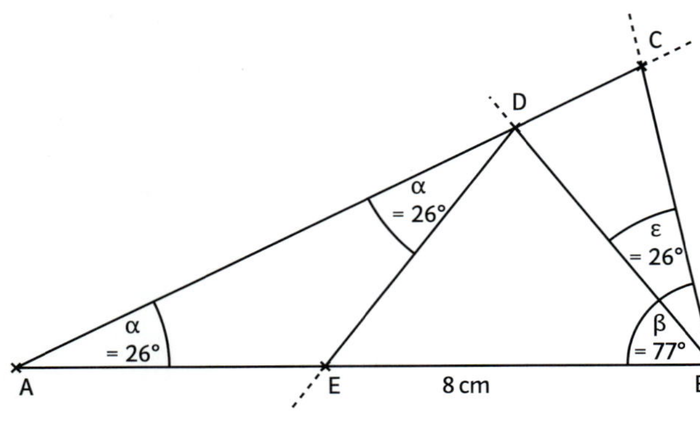

Fig. 2

Konstruktion der Figur zu $\alpha = 26°$:
1. Zeichne die Strecke $\overline{AB}$ = 8 cm.
2. Trage den Winkel $\alpha = 26°$ im Punkt A an $\overline{AB}$ an.
3. Trage den Winkel $\beta = 77°$ im Punkt B an $\overline{AB}$ an.
4. Beschrifte den Schnittpunkt der Winkel α und β mit C.
5. Trage den Winkel $\varepsilon = 26°$ im Punkt B an $\overline{BC}$ an.
6. Beschrifte den Schnittpunkt von ε mit $\overline{AC}$ mit D.
7. Trage in D an $\overline{AD}$ den Winkel α an.
8. Beschrifte den Schnittpunkt des Winkels α mit $\overline{AB}$ mit E.
9. Zeichne die Strecken $\overline{ED}$ und $\overline{BD}$.

c) Für $\alpha = 45°$ erhält man nach den Überlegungen aus c)
$\gamma = 90°$; $\beta = 67°$; $\delta = 67{,}5°$ und $\varepsilon = 45°$.
Man kann vermuten, dass für jede Wahl von α der Winkel ε so groß wie α ist.

Kapitel 6, Bist du sicher, Seite 157

1

Lösungen: 0; 1; 0,5; 3; 2

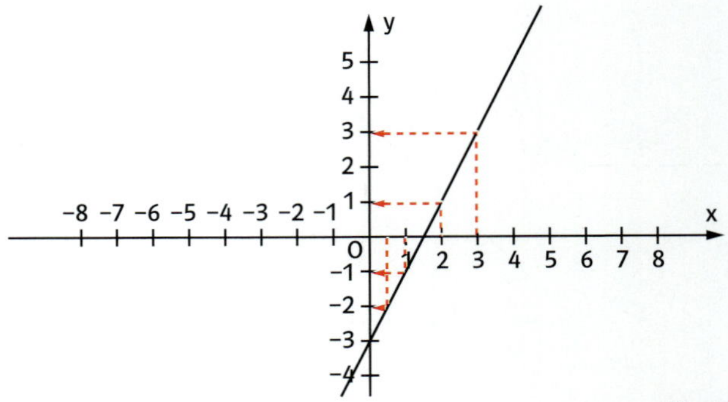

Fig. 3

Kapitel 6, Bist du sicher, Seite 160

1

a) (0 | −2)	b) $\left(\frac{2}{3}\middle|2\right)$	c) (3 | 16)
d) (0 | −2)	e) (−0,5 | −5)	f) (0,2 | −0,8)

Kapitel 6, Bist du sicher, Seite 165

1

a) (−10 | −23)	b) keine Lösung
c) (0 | 4)	d) (−1 | 0)

Kapitel 6, Training Runde 1, Seite 183

1

a)

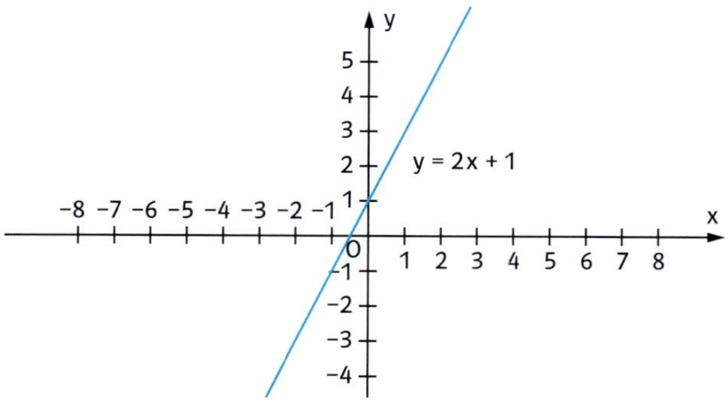

Fig. 1

b)

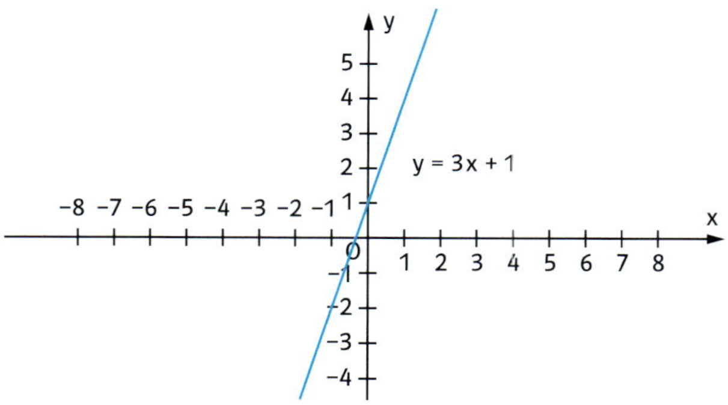

Fig. 2

c)

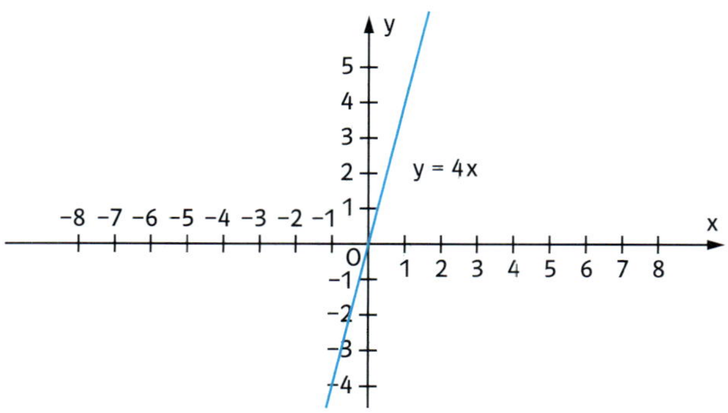

Fig. 3

d)

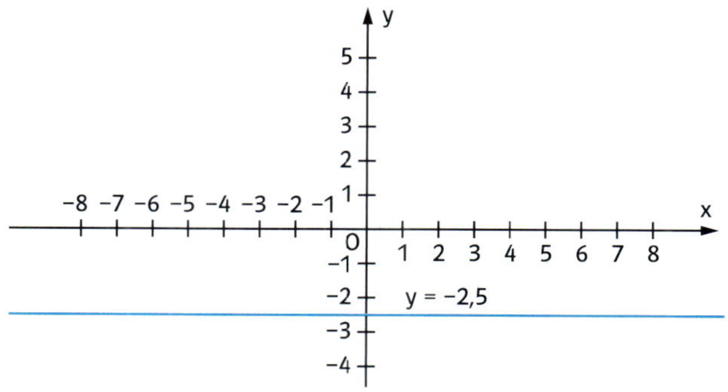

Fig. 4

2

a) (1|2) b) (10|3) c) (3|1)

d) Die ensprechenden Geraden sind zueinander parallel, also gibt es keine Lösung.

3

a) $(-13\,|\,-58)$ b) $\left(\frac{7}{5}\,\middle|\,0\right)$ c) $\left(1\frac{5}{8}\,\middle|\,\frac{9}{16}\right)$ d) $\left(-2\frac{3}{4}\,\middle|\,-1\frac{1}{8}\right)$

e) $\left(2\frac{4}{5}\,\middle|\,\frac{1}{5}\right)$ f) $(2{,}5\,|\,-1)$ g) $\left(1\frac{4}{5}\,\middle|\,\frac{4}{5}\right)$ h) $\left(-\frac{107}{60}\,\middle|\,-\frac{7}{12}\right)$

4

Gleichungen: $3x + 4y = 18$; $-5x + 6y = 8$

Lösung: $x = 2$; $y = 3$

5

a)

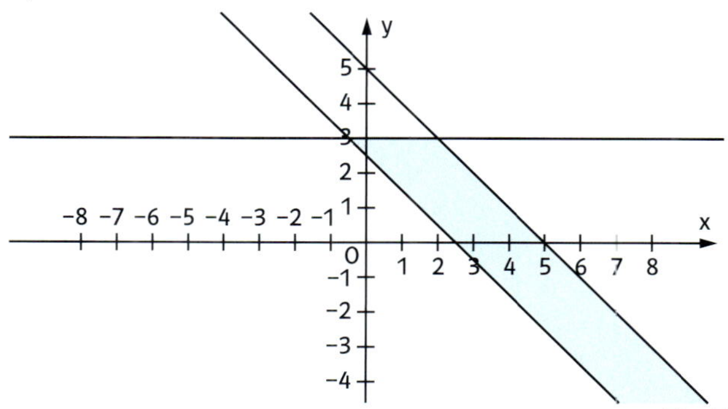

Fig. 5

b)

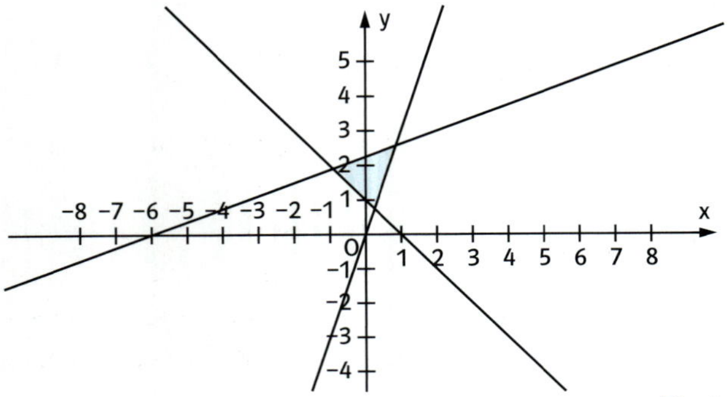

Fig. 1

c)

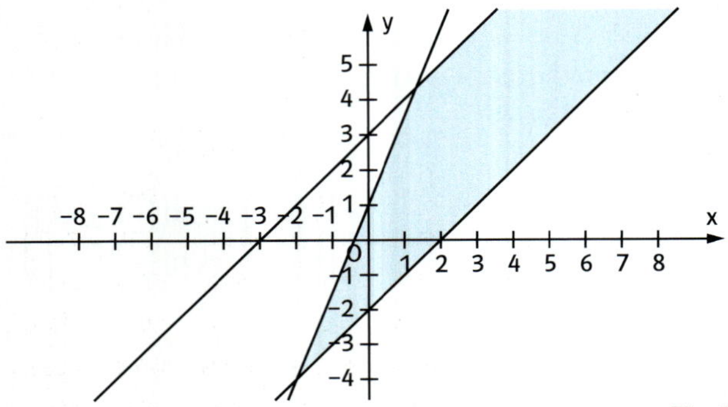

Fig. 2

d)

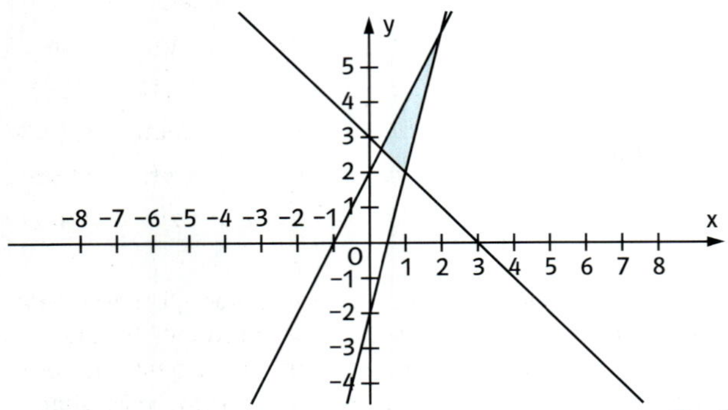

Fig. 3

Kapitel 6, Training Runde 2, Seite 183

1

a) $(-1|5)$

b) und c) Das jeweilige Gleichungssystem hat keine Lösung.

d) $\left(0\middle|\frac{1}{15}\right)$

2

a) Gleichungen der Geraden: $y = x + 1$ und $y = -x + 3$;
Schnittpunkt $S(1|2)$

b) Gleichngen der Geraden: $y = \frac{1}{3}x + 1$ und $y = \frac{1}{2}x + 3$;
Schnittpunkt $S\left(-1\frac{4}{5}\middle|\frac{2}{5}\right)$

3

Anzahl der Zelte der Mädchen: x
Anzahl der Zelte der Jungen: y
Gleichungen: $x + y = 12$; $3x + 4y = 43$
Lösung: $(5|7)$
Es nahmen am Zeltlager insgesamt 15 Mädchen und 28 Jungen teil.

Selbsttraining – Lösungen

Wiederholungen aus Klasse 6

1 a) −270 b) −261 c) 444 d) −399
e) −2,4 f) −18 g) 6,75 h) −1,34
i) −5 j) −26 k) −1 l) 42
m) −3,4 n) −86 o) $\frac{5}{9}$ p) −7

2 a) −340 b) −460 c) −160 d) −130
e) −420 f) 27 g) −72 h) 80
i) −600 j) −2000 k) −910 l) −720

3 a) 14 b) −1 c) 885 d) 0,9 e) $-\frac{97}{120}$ f) $-\frac{35}{12}$

4 a) −10 b) −5 c) $\frac{1}{2}$ d) $-\frac{77}{40}$ e) $-4\frac{3}{8}$ f) $-3\frac{5}{8}$

5 a) −17 b) 65 c) −14 d) 10 e) −9 f) $-\frac{125}{72}$

6 $-84 < -\frac{3}{2} < -1 < -\frac{1}{2} < -0{,}34 < 0 < \frac{3}{8} < 2 < 4 < 4\frac{3}{8} < 10{,}8 < 15$

7 $-3 < -2 < -0{,}7 < -\frac{2}{5} < -\frac{1}{6} < -\frac{1}{10} < 0 < \frac{1}{24} < \frac{3}{2}$ (2-mal) $< 1\frac{4}{5} < 6$

8 a) $-\frac{2}{3}$ b) $-\frac{4}{9}$ c) 1 d) $\frac{24}{35}$
e) −2 f) $-\frac{125}{27}$ g) $-\frac{1}{2}$ h) $\frac{1}{100}$

9 a) 440 €; 770 €; 1320 €; 1936 € b) 180; 75; 320; 550

10 408 kg; 637,5 kg; 229,5 kg; 510 kg

11 108 Liter

12 2,5 kg

13 240, 144, 120, 30 Tage

14 95 €, 38 €, 28,50 €, 15,83 €

Selbsttraining Kapitel I

Grundwert – Prozentsatz – Prozentwert

1 Gegeben sind immer der Prozentsatz und der Grundwert.
a) 16,45 € b) 4,104 € c) 5240 € d) 964,50
e) 356,25 € f) 0,001112 km g) 7,7284 mm h) 266,40
i) 0,0144 m j) 0,0075 € k) 0,0025 €

2 Hier ist es umgekehrt, gegeben sind der Prozentsatz und der Prozentwert.
a) 260 b) 265 c) 1200 d) 280
e) 753 f) 800 g) 230 000 h) 2400
i) 222 j) 172,5 k) 22 l) 0,0012

3 a) 13 % b) 13 % c) 24 % d) 11 % e) 1 %
f) 14 % g) 11 % h) 16 250 % i) 3 % j) 0 %
k) 0 % l) 100 %

4 a) Bruchteile: $\frac{1}{5}$; $\frac{1}{10}$; $\frac{1}{20}$; $\frac{1}{2}$; $\frac{1}{4}$; $\frac{1}{8}$; $\frac{1}{3}$; $\frac{3}{4}$
b)

Prozentsatz	100 %	50 %	75 %	25 %	20 %
Bruchteil	$\frac{1}{1}$	$\frac{1}{2}$	$\frac{3}{4}$	$\frac{1}{4}$	$\frac{1}{5}$
Prozentwerte	360	180	270	90	72
	88,8	44,4	66,6	22,2	17,76
	7200	3600	5400	1800	1440
	300	150	225	75	60
	0,08	0,04	0,06	0,02	0,016
	180 000	90 000	135 000	45 000	36 000

5 a) 2,80 € b) 3,52 kg c) 43,2 m^2 d) 7,68 €
e) 19,20 € f) 12,5 g g) 2000 t h) 640,00 €
i) 0,275 € j) 4,2 kg k) 4,84 m^2 l) 2497,50 €

6

a)		Grundwert				
		240	180	72	360	90
Prozentwerte	240	100 %	133 %	333 %	67 %	267 %
	180	75 %	100 %	250 %	50 %	200 %
	72	30 %	40 %	100 %	20 %	80 %
	360	150 %	200 %	500 %	100 %	400 %
	90	38 %	50 %	125 %	25 %	100 %

b)		Grundwert			
		250	1250	50	80
Prozentwerte	250	100 %	20 %	500 %	312,5 %
	1250	500 %	100 %	2500 %	1562,5 %
	50	20 %	4 %	100 %	62,5 %
	80	32 %	6,4 %	160 %	100 %

7 Bei einem zulässigen Gesamtgewicht von 7,5 t und einem Leergewicht von 2860 kg, lässt sich das maximale Frachtgewicht mit 4640 kg leicht bestimmen. Es muss hier das Gewicht der Fracht zum maximalen Frachtgewicht in Relation gesetzt werden.
a) 22,84 %; 38,58 %; 50,43 %; 84,91 %; 116,16 % (Lkw hat Übergewicht); −0,32 % (hierzu hätte man aus dem Lkw etwas ausbauen müssen)
b) 4020 kg; 4600 kg; 6572 kg; 7490,72 kg.

8 a) Die neuen Preise sind:
Handschuhe 15,84 €
Wollmütze 11,92 €
Skier 238,40 €
Snowboard 142,40 €
b) Die Thermo-Hose hat vorher 160,50 € gekostet.

9 Abels 36 % 6 624,00 €
Braun 40 % 7 360,00 €
Carstens 24 % 4 416,00 €
18 400,00 €

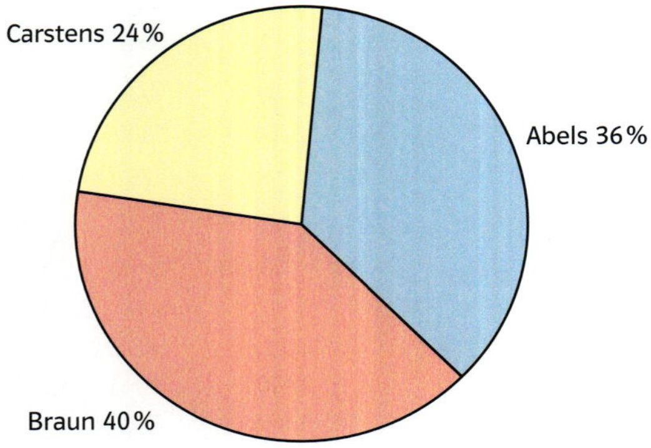

10

	Süßigkeiten		Getränke	
	in €	Anteil	in €	Anteil
Nora	7,60	40 %	5,70	30,00 %
Mike	3,60	14,40 %	6,00	24,00 %
Jonas	2,24	11,20 %	6,70	33,50 %

Souvenirs		Sparen		Summe	
in €	Anteil	in €	Anteil	in €	Anteil
3,80	20 %	1,90	10 %	19,00	100 %
7,40	29,60 %	8,00	32 %	25	100 %
0,00	0 %	11,06	55,30 %	20,00	100 %

Nora isst am liebsten Süßes. Jonas ist sehr sparsam.

11

Artikel	alter Preis (= 116 %)	darin enthaltene MwSt. (16 %)	Nettopreis	neu zu berechnende MwSt. (19 %)	neuer Preis
Regal	232,00	32,00	200,00	38,00	238,00
Sitzgarnitur	1044,00	144,00	900,00	171,00	1071,00
Schrankwand	696,00	96,00	600,00	114,00	714,00
Jugendzimmer	398,50	54,97	343,53	65,27	408,81
Kleiderschrank	1498,00	206,62	1291,38	245,36	1536,74

12 Es waren ursprünglich ebenfalls 12 Mitarbeiter.
Im vorletzten Jahr um 25 % gestiegen: 15 Mitarbeiter.
Im letzten Jahr um 20 % gefallen: 12 Mitarbeiter.

Zinsrechnung

1 a) 250 € b) 480 € c) 1400 €
d) 5200 € e) 3400€

2 a) 4 % b) 2,5 % c) 8 %
d) 7,25 % e) 12 % f) 10,50 %

3 a) 0,74 € b) 13,75 € c) 70,31 €
d) 16,50 € e) 700 € f) 18,75 €

4 a) 5 % b) 3 % c) 12 %
d) 7,5 % e) 6 % f) 16,25 %

5 a) 3840 € b) 11 400 € c) 360 €
d) 960 € e) 3900 € f) 32 400 €

6 6,5 % + 2,5 % = 9 %
9 % von 80 000 € = 7200 €
Herr Hausmann muss monatlich 600 € bezahlen.

7 3,5 % von 250 € = 8,75 €
Der Kontostand beträgt nach einem Jahr 258,75 €.

8 9 % von 650 € = 58,50 €
58,50 € $\cdot \frac{8}{12}$ = 39,00 €
Der Kunde muss 39 € Zinsen zahlen, also insgesamt 689 €.

9 Es sind 310,00 € Zinsen angefallen und somit ein Gesamtbetrag von 12 710,00 € zu zahlen.

10 a) Das Auto kostete 12 000 €.
b) Der Kunde muss monatlich 432 € zahlen.

11 Ein Bankdarlehen ist günstiger, da dann die Zinsen nur auf den noch verbleibenden Kreditbetrag zu zahlen wären. Der Autohändler berechnet aber die Zinsen auf den ursprünglichen Betrag, obwohl z. B. im 3. Jahr nur noch etwa 6000 € abzuzahlen sind. Ein Bankdarlehen zu gleichem Zinssatz würde 494,61 € kosten.

12

Jahr	Kontostand	Zinssatz	Zinsen	
1	300,00 €	3,50 %	10,50 €	310,50 €
2	310,50 €	3,50 %	10,87 €	321,37 €
3	321,37 €	3,50 %	11,25 €	332,62 €
4	332,62 €	3,50 %	11,64 €	344,26 €
5	344,26 €	3,50 %	12,05 €	356,31 €
	356,31 €	Bonus: 2 %	7,13 €	363,44 €

Katja bekommt also 363,44 € ausgezahlt.

13

Jahr	Kontostand	Zinssatz	Zinsen	
1	2500,00 €	2,00 %	50,00 €	2550,00 €
2	2550,00 €	3,00 %	76,50 €	2626,50 €
3	2626,50 €	3,00 %	78,80 €	2705,30 €
4	2705,30 €	4,00 %	108,21 €	2813,51 €
5	2813,51 €	4,00 %	112,54 €	2926,05 €

Der Kontostand wächst auf 2926,05 € an.

Selbsttraining Kapitel II

Pfadregel und Baumdiagramme

1 Fig. 1: Ergebnisse beim zweimaligen Münzwurf
Fig. 2: Ergebnisse beim dreimaligen Münzwurf

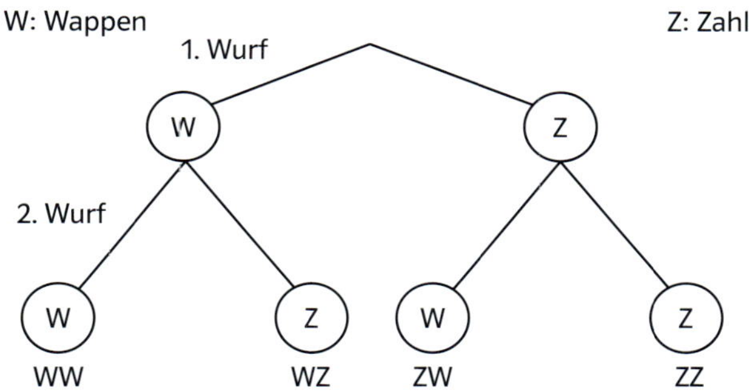

Fig. 1

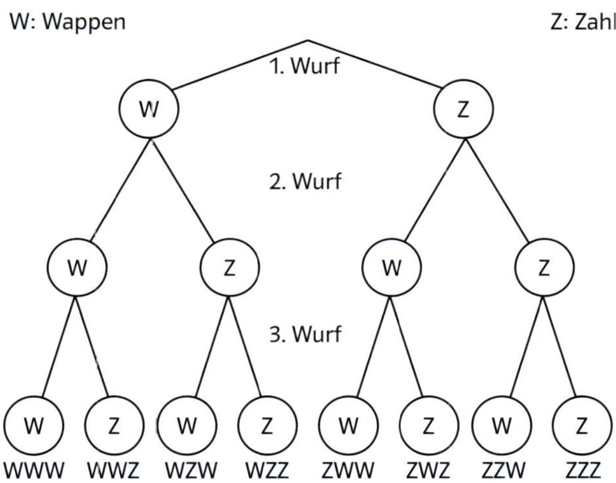

Fig. 2

2 Es gibt sechs Reihenfolgen beim Zieleinlauf, siehe Fig. 3 (F = Felix, G = Greta, H = Hannes).

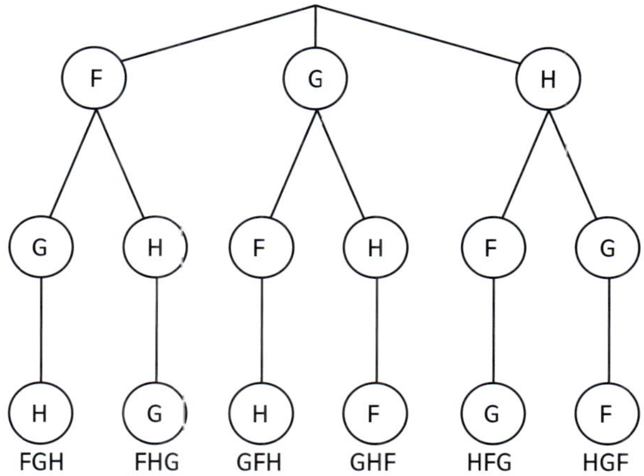

Fig. 3

3 a) Es gibt neun zweistellige Zahlen aus den Ziffern 3, 6, 9, die man z. B. mit einem Baumdiagramm bestimmen kann: 33, 36, 39, 63, 66, 69, 93, 96, 99.
b) Es gibt sechs dreistellige Zahlen aus den Ziffern 3, 6, 9 mit verschiedenen Ziffern, die man z. B. mit einem Baumdiagramm bestimmen kann: 369, 396, 639, 693, 936, 963.
c) Es gibt 27 dreibuchstabige Wörter aus den Buchstaben E, L, O, die man z. B. mit einem Baumdiagramm bestimmen kann: EEE, EEL, EEO, ELE, ELL, ELO, EOE, EOL, EOO, LEE, LEL, LEO, LLE, LLL, LLO, LOE, LOL, LOO, OEE, OEL, OEO, OLE, OLL, OLO, OOE, OOL, OOO.
d) Es gibt 10 dreistellige Zahlen aus den Ziffern 1, 3, 5, 7, 9, bei denen jede Ziffer größer ist als die folgende: 135, 137, 139, 157, 159, 179, 357, 359, 379, 579.

4 Wahrscheinlichkeiten bei Zurücklegen (in Klammern ohne Zurücklegen):
a) $\frac{4}{7}\cdot\frac{4}{7}=\frac{16}{49}$ $\left(\frac{4}{7}\cdot\frac{4}{7}=\frac{16}{49}\right)$
b) $2\cdot\frac{4}{7}\cdot\frac{3}{7}=\frac{24}{49}$ $\left(\frac{3}{7}\cdot\frac{4}{6}+\frac{4}{7}\cdot\frac{3}{6}=\frac{4}{7}\right)$
c) Wahrscheinlichkeit, mindestens eine rote Kugel zu ziehen:
$\frac{4}{7}\cdot\frac{4}{7}+\frac{4}{7}\cdot\frac{3}{7}+\frac{3}{7}\cdot\frac{4}{7}=\frac{40}{49}$ $\left(\frac{4}{7}\cdot\frac{3}{6}+\frac{4}{7}\cdot\frac{3}{6}+\frac{3}{7}\cdot\frac{4}{6}=\frac{6}{7}\right)$
Anderer Weg: Die Wahrscheinlichkeit, keine rote Kugel zu ziehen, beträgt $\frac{3}{7}\cdot\frac{3}{7}=\frac{9}{49}$ $\left(\frac{3}{7}\cdot\frac{2}{6}=\frac{1}{7}\right)$, also beträgt die Wahrscheinlichkeit, mindestens eine rote Kugel zu ziehen, $1-\frac{9}{49}=\frac{40}{49}$ $\left(1-\frac{1}{7}=\frac{6}{7}\right)$.
d) Es ist höchstens eine blaue Kugel dabei, wenn mindestens eine rote Kugel dabei ist, also Ergebnis wie bei c).

5 a) dreimal Gelb: $\frac{1}{4}\cdot\frac{1}{4}\cdot\frac{1}{4}=\frac{1}{64}$
b) genau einmal Blau: $\frac{3}{4}\cdot\frac{1}{4}\cdot\frac{1}{4}+\frac{1}{4}\cdot\frac{3}{4}\cdot\frac{1}{4}+\frac{1}{4}\cdot\frac{1}{4}\cdot\frac{3}{4}=\frac{9}{64}$
c) keinmal Gelb: $\frac{3}{4}\cdot\frac{3}{4}\cdot\frac{3}{4}=\frac{27}{64}$, also mindestens einmal Gelb:
$1-\frac{27}{64}=\frac{37}{64}$

d) genau zweimal Blau: $\frac{3}{4} \cdot \frac{3}{4} \cdot \frac{1}{4} + \frac{1}{4} \cdot \frac{3}{4} \cdot \frac{3}{4} + \frac{3}{4} \cdot \frac{1}{4} \cdot \frac{3}{4} = \frac{27}{64}$;
genau dreimal Blau: $\frac{3}{4} \cdot \frac{3}{4} \cdot \frac{3}{4} = \frac{27}{64}$;
also mindestens zweimal Blau: $\frac{27}{64} + \frac{27}{64} = \frac{27}{32}$.

6 Wahrscheinlichkeiten ohne Zurücklegen (in Klammern mit Zurücklegen):
a) zwei rote Kugeln: $\frac{4}{9} \cdot \frac{3}{8} = \frac{2}{7}$ $\left(\frac{4}{9} \cdot \frac{4}{9} = \frac{16}{81}\right)$
b) eine rote und eine braune: $\frac{4}{9} \cdot \frac{2}{8} + \frac{2}{9} \cdot \frac{4}{8} = \frac{2}{9}$ $\left(\frac{4}{9} \cdot \frac{2}{9} + \frac{2}{9} \cdot \frac{4}{9} = \frac{16}{81}\right)$
c) zwei gleichfarbige: $\frac{4}{9} \cdot \frac{3}{8} + \frac{3}{9} \cdot \frac{2}{8} + \frac{2}{9} \cdot \frac{1}{8} = \frac{5}{18}$
$\left(\frac{4}{9} \cdot \frac{4}{9} + \frac{3}{9} \cdot \frac{3}{9} + \frac{2}{9} \cdot \frac{2}{9} = \frac{29}{81}\right)$
d) zwei verschiedenfarbige: 1 – „Ergebnis von c" = $\frac{13}{18}$ $\left(\frac{52}{81}\right)$

7 a) (Mindestens) ein Gewinn bei drei Losen ist nicht sicher, weil man auch drei Nieten ziehen kann.
b) Die Aussage des Losverkäufers bedeutet, dass die Gewinnwahrscheinlichkeit $\frac{1}{2}$ beträgt. Kein Gewinn (drei Nieten) hat die Wahrscheinlichkeit $\frac{1}{2} \cdot \frac{1}{2} \cdot \frac{1}{2} = \frac{1}{8}$, also wird mindestens ein Gewinn mit Wahrscheinlichkeit $\frac{7}{8}$ erzielt.

8 Man geht davon aus, dass die Wahrscheinlichkeit für Heilung $\frac{3}{4}$ beträgt.
a) Wahrscheinlichkeit, dass kein Patient geheilt wird:
$\frac{1}{4} \cdot \frac{1}{4} \cdot \frac{1}{4} = \frac{1}{64}$
b) Wahrscheinlichkeit, dass genau ein Patient geheilt wird:
$\frac{3}{4} \cdot \frac{1}{4} \cdot \frac{1}{4} + \frac{1}{4} \cdot \frac{3}{4} \cdot \frac{1}{4} + \frac{1}{4} \cdot \frac{1}{4} \cdot \frac{3}{4} = \frac{9}{64}$
c) Wahrscheinlichkeit, dass nur ein Patient nicht geheilt wird:
$\frac{3}{4} \cdot \frac{3}{4} \cdot \frac{1}{4} + \frac{1}{4} \cdot \frac{3}{4} \cdot \frac{3}{4} + \frac{3}{4} \cdot \frac{1}{4} \cdot \frac{3}{4} = \frac{27}{64}$
d) Wahrscheinlichkeit, dass alle Patienten geheilt werden:
$\frac{3}{4} \cdot \frac{3}{4} \cdot \frac{3}{4} = \frac{27}{64}$, also werden höchstens zwei Patienten geheilt mit Wahrscheinlichkeit $\frac{37}{64}$.

9 Die Wahrscheinlichkeit, bei drei Würfen mit einem Würfel lauter verschiedene Augenzahlen zu erhalten, beträgt $\frac{6}{6} \cdot \frac{5}{6} \cdot \frac{4}{6} = \frac{5}{9}$.

10 Wahrscheinlichkeiten für die möglichen Punktzahlen:

Punktzahl	1	2	3	4	5	6
Wahrscheinlichkeit	$\frac{11}{36}$	$\frac{9}{36}$	$\frac{7}{36}$	$\frac{5}{36}$	$\frac{3}{36}$	$\frac{1}{36}$

So berechnet man z. B. die Wahrscheinlichkeit für 3 Punkte: Man erhält 3 Punkte, wenn beide Würfel 3 zeigen oder einer 3 und der andere mehr als 3 zeigt, also beträgt die Wahrscheinlichkeit für 3 Punkte: $\frac{1}{6} \cdot \frac{1}{6} + \frac{1}{6} \cdot \frac{3}{6} + \frac{3}{6} \cdot \frac{1}{6} = \frac{7}{36}$ (siehe Baumdiagramm Fig. 1, Pfade für „< 3" sind hier weggelassen).

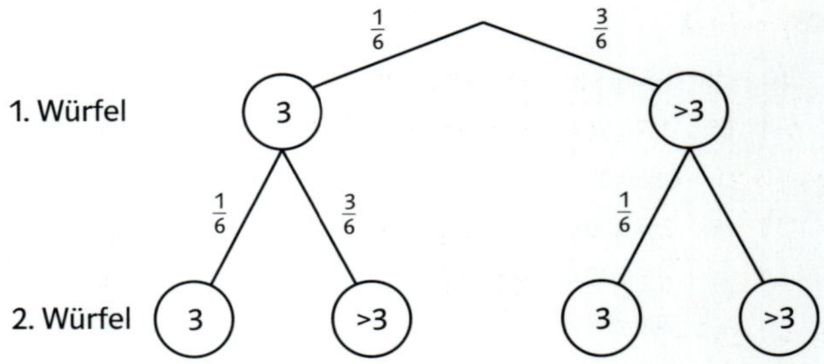

Fig. 1

11 Wahrscheinlichkeit für ein positives Ergebnis (beide Kugelzahlen haben gleiches Vorzeichen): $\frac{4}{8} \cdot \frac{3}{7} + \frac{4}{8} \cdot \frac{3}{7} = \frac{3}{7}$.
Wahrscheinlichkeit für ein negatives Ergebnis (beide Kugelzahlen haben verschiedenes Vorzeichen): $\frac{4}{8} \cdot \frac{4}{7} + \frac{4}{8} \cdot \frac{4}{7} = \frac{4}{7}$.

12 Bei „2 aus 5" gibt es 10 Möglichkeiten, bei „2 aus 6" gibt es 15 Möglichkeiten (Ergebnisse „2 aus 6" in Klammern).
a) Wahrscheinlichkeit, dass die erste gezogene Zahl eine der von Pia gesetzten ist: $\frac{2}{5}$ $\left(\frac{2}{6}\right)$.
b) Wahrscheinlichkeit, dass auch die zweite gezogene Zahl eine der von Pia gesetzen ist: $\frac{2}{5} \cdot \frac{1}{4} = \frac{1}{10}$ $\left(\frac{2}{6} \cdot \frac{1}{5} = \frac{1}{15}\right)$.
c) Wahrscheinlichkeit, dass Pia keine Zahl richtig gesetzt hat: $\frac{3}{5} \cdot \frac{2}{4} = \frac{3}{10}$ $\left(\frac{4}{6} \cdot \frac{3}{5} = \frac{2}{5}\right)$. Also setzt Pia mindestens eine Zahl richtig mit Wahrscheinlichkeit $\frac{7}{10}$ $\left(\frac{3}{5}\right)$.

Selbsttraining Kapitel III

Zuordnungen

1 a) $y = 0{,}6\,x$

x	−5	−4	−3	−2	−1	0	1	2	3	4	5
y	−3	−2,4	−1,8	−1,2	−0,6	0	0,6	1,2	1,8	2,4	3

b) $y = 2{,}2 - 0{,}8\,x$

x	−5	−4	−3	−2	−1	0	1	2	3	4	5
y	6,2	5,4	4,6	3,8	3	2,2	1,4	0,6	−0,2	−1	−1,8

c) $y = \frac{250}{x}$

x	−50	−30	−20	−10	−5	0	5	10	20	30	50
y	−5	−8,3	−12,5	−25,0	−50	n. def.	50	25	12,5	8,3	5

d) $y = \frac{2}{3}x + 10$

x	−5	−4	−3	−2	−1	0	1	2	3	4	5
y	6,7	7,3	8	8,7	9,3	10	10,7	11,3	12	12,7	13,3

e) $y = \frac{3}{5}x^3$

x	−4	−3	−2	−1	0	1	2	3	4	5
y	−38,4	−16,2	−4,8	−0,6	0	0,6	4,8	16,2	38,4	75

f) $y = \frac{5}{x} + 2$

x	−10	−5	−3	−1	−0,5	0	0,5	1	2	5	10
y	1,5	1,0	0,3	−3	−8	n. def.	12	7	4,5	3,0	2,5

g) $y = 11 - 4x$

x	−5	−4	−3	−2	−1	0	1	2	3	4	5
y	31	27	23	19	15	11	7	3	−1	−5	−9

h) $y = 5x^2 - 3x$

x	−5	−4	−3	−2	−1	0	1	2	3	4	5
y	140	92	54	26	8	0	2	14	36	68	110

2 a)

x	1	4	5	28,5	12
y	19	76	95	114	228

b)

x	1	2	3	36	100
y	180	90	60	5	1,8

c)

x	1	2	3	9	110
y	2,7	5,4	8,1	24,3	297

d)

x	1	2	3	4	11
y	6	3	2	1,5	$\frac{6}{11}$

3 $O = 6 \cdot a^2$

a	1	2	3	4	5	6	8	10
O	6	24	54	96	150	216	384	600

4 a) Proportional: $y = \frac{2}{3}x$

1. Wert	5	30	10	15	20	25
2. Wert	$3\frac{1}{3}$	20	$6\frac{2}{3}$	10	$13\frac{1}{3}$	$16\frac{2}{3}$

Antiproportional: $y = \frac{150}{x}$

1. Wert	5	7,5	10	15	20	25
2. Wert	30	20	15	10	7,5	6

b) Proportional: $y = 3x$

1. Wert	1	3	6	3	12	7
2. Wert	3	9	18	9	36	21

Antiproportional: $y = \frac{3}{x}$

1. Wert	1	3	6	$\frac{1}{3}$	12	$\frac{1}{7}$
2. Wert	3	1	0,5	9	$\frac{1}{4}$	21

5 (Anmerkung: 1 Liter entspricht $1\,dm^3$)
a) Die Tageseinnahmen nach 4; 7; 9; 15 Tagen betragen 55 808 €; 97 664 €; 125 568 €; 209 280 €.
b) Dieselvorrat = $248\,m^3 - 12{,}8\,m^3 \cdot$ Anzahl der Tage.
Dieselvorrat nach 4; 7; 9; 15 Tagen: $196{,}8\,m^3$; $158{,}4\,m^3$; $132{,}8\,m^3$; $56\,m^3$.

6 Abgelesene Werte:
a) (7; 11,67), (−1; 1), (−1; 1), (−2; −0,3), (−0,25; 2), (−3,25; −2).
b) (1; 10), (12; −1), (11; 0), (0; 11), (−2; 13), (−3; 14)
c) (0; −1,44), (1,86; 0), (4; 1,67), (8; 4,78), (−4,57; −5), (2; 0,11).
d) (−2; 8,14), (8,92; −2), ($-\frac{1}{2}$; 6,75), (5; 1,64), (−0,77; 7), (−3; 9,07)

7 a) und b) gehören zu einer linearen Funktion, c) nicht. Begründung jeweils mit „gleiche Zunahme bei x-Werten" muss zu „gleichen Zu- bzw. Abnahmen bei den y-Werten" führen.

Graphen

1 a)

Alter	10	20	30	40	50	60	70	80	90	100
Anteil der Überlebenden (vor 15 000 Jahren)	52	43	32	18	12	6	1	0	0	0
Anteil der Überlebenden (heute)	99	98	97	95	93	89	79	55	1	0

b) Da die Lebenserwartung eines Menschen heute deutlich höher ist als vor 15 000 Jahren, wird der blaue Graph zur Bevölkerung gehören, die vor 15 000 Jahren gelebt hat, und der rote Graph zur heutigen Bevölkerung.

2 a) Um 7.40 Uhr haben Oliver und Nils die Schule bereits erreicht, während Luis noch etwa 350 m von der Schule entfernt ist.
b) Nils ist um 7.35 Uhr losgegangen, Oliver und Luis vermutlich um 7.25 Uhr.
c) Luis wohnt mit etwa 900 m am weitesten von der Schule entfernt.
d) Oliver und Nils treffen bereits um 7.40 Uhr an der Schule ein, Luis 5 Minuten später um 7.45 Uhr.
e) Mögliche Lösung: Luis geht um 7.25 Uhr von zu Hause los. Nachdem er bereits 5 Minuten gelaufen ist, fällt ihm ein, dass er seine Sporttasche vergessen hat. Er rennt noch einmal nach Hause, schnappt sich die Tasche und rennt zur Schule. Dort trifft er gerade noch rechtzeitig ein.
Oliver geht ebenfalls um 7.25 Uhr los. Auf seinem Schulweg wohnt sein Freund Nils. Um 7.30 Uhr ist er bei Nils' Haus. 5 Minuten später brechen die beiden Freunde Richtung Schule auf, die sie um 7.40 Uhr erreichen.

3 Mögliche Lösung

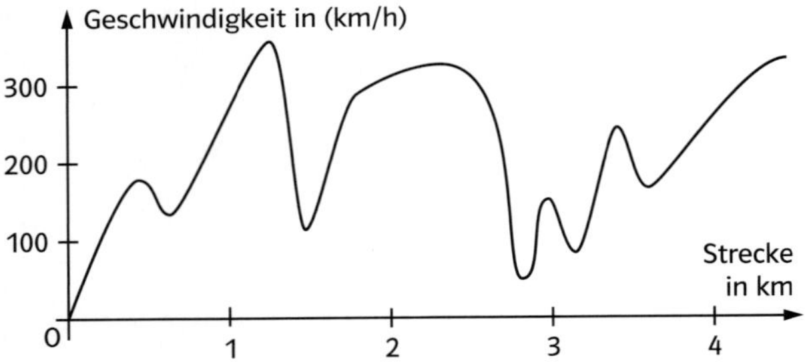

4 a) Da die Stäbe bei 0 °C weder erwärmt noch abgekühlt wurden, haben sich ihre Längen auch nicht verändert.
b) Quarzglas hat bei einer Temperatur von −100 °C die geringste Ausdehnung.
c) Quarzglas dehnt sich bei Erwärmung gegenüber 0 °C aus. Bei Abkühlung verringert Quarzglas zunächst seine Ausdehnung bis die Temperatur etwa −100 °C beträgt. Ein 1 m langer Stab aus Quarzglas wird bei Abkühlung von 0 °C auf −100 °C um etwa 26 µm kürzer. Wird Quarzglas weiter abgekühlt, so dehnt es sich wieder aus.
Zerodur verringert seine Ausdehnung, wenn es gegenüber 0 °C erwärmt wird, und vergrößert seine Ausdehnung, wenn es gegenüber 0 °C abgekühlt wird.
d) Die Veränderung der Ausdehnung aufgrund von Temperaturschwankungen zwischen −50 °C und 50 °C ist bei Zerodur geringer als bei Quarzglas. Ein Spiegel aus Zerodur wird sich daher bei witterungsbedingten Temperaturänderungen weniger ausdehnen bzw. zusammenziehen, als wenn er aus Quarzglas wäre. Die optischen Eigenschaften des Spiegels bleiben bei Zerodur daher besser erhalten.

Selbsttraining Kapitel IV

Terme und Gleichungen

1

	x	0	3	−4	0,8	$-\frac{4}{3}$
a)	x + 4	4	7	0	4,8	$2\frac{2}{3}$
b)	2x	0	6	−8	1,6	$-2\frac{2}{3}$
c)	x^2	0	9	16	0,64	$1\frac{7}{9}$
d)	2x − 3	−3	3	−11	−1,4	$-5\frac{2}{3}$
e)	2 − 3x	2	−7	14	−0,4	6
f)	5 + 2x	5	11	−3	6,6	$2\frac{1}{3}$
g)	−3x + 15	15	6	27	12,6	19
h)	0,5x + 2,5	2,5	4	0,5	2,9	$1\frac{5}{6}$
i)	$-\frac{1}{8}x - \frac{3}{4}$	$-\frac{3}{4}$	$-1\frac{1}{8}$	$-\frac{1}{4}$	−0,85	$-\frac{7}{12}$
j)	$-3 - \frac{1}{2}x$	−3	−4,5	−1	−3,4	$-2\frac{1}{3}$

2

		2	−1	0,5	$\frac{3}{4}$	$-\frac{3}{5}$
a)	4(x + 1)	12	0	6	7	1,6
b)	3(y + 2)	12	3	7,5	8,25	4,2
c)	$\frac{4}{3}(a - 2)$	0	−4	−2	$-1\frac{2}{3}$	$-3\frac{7}{15}$
d)	z(2 − z)	0	−3	0,75	$\frac{15}{16}$	−1,56
e)	2b(0,5 − 20b)	−158	−41	−9,5	−21,75	−15
f)	2(r − 5) + 3	−3	−9	−6	−5,5	−8,2
g)	7 + (2 + 3x)·2	23	5	14	15,5	7,4
h)	$4{,}5x - (\frac{1}{5}x + 3)$	5,6	−7,3	−0,85	0,225	−5,58

3 a) 3x b) 12y c) 21t d) 6a e) 4c
f) −1,1a g) 0 h) 9a i) 20m j) 3t − 4

4 a) 11x − 4 b) 2x + 9 c) −7x − 32 d) −5x − 1,1
e) 0,3a − 2,8 f) 0,3a + 0,8 g) $-2\frac{1}{3}f + \frac{5}{8}$ h) $2{,}1v + 2\frac{5}{7}$

5 a) 6x − 5 b) 11y − 2 c) −3t − 8 d) −3a + 4
e) −11x f) −2z + 14 g) −8u − 20 h) −z − 26

6 a) 8x + 7 b) 5x − 11 c) 5z + 11
d) −3g − 1 e) 19 − 27p f) −16 − 2r

7 a) 10x + 7 b) 56 − 12x c) 87 − 4y
d) 47 − 13r e) 10x − 38 f) 72 − 29y
g) −8 + 4x h) 31 − 23z i) −39 + 17r

8 a) 6x − 5 b) 11y − 2 c) −3t − 8 d) −3a + 4
e) 15x − 5 f) 12y − 7 g) −11x h) −2z + 14
i) 2x − 1 k) 2x − 5 l) −8u − 20 m) −z − 26

9 a) −x + 1 b) −5y + 13 c) −3t + 24
d) 29r − 12 e) $4\frac{2}{3}w - \frac{5}{9}$ f) $-2\frac{4}{7}x + 9\frac{2}{3}$
g) $-\frac{8}{15}x - \frac{17}{14}$ h) $1\frac{1}{2}u - \frac{1}{2}$ i) 2,7t − 20,3

10 a) 48x − 22 b) 7 − 40x c) 78y − 414
d) 46 − 314z e) $\frac{19}{60}a - \frac{73}{50}$ f) $-\frac{23}{24}b - \frac{385}{54}$
g) $-\frac{221}{60}d$ h) $-4\frac{215}{288}f - 8\frac{3}{40}$

11 a) 13; 21; 37; 77 b) 4n + 1

12 a) äquivalent mit c), mit d) und mit g)
b) äquivalent mit e) und mit f)
h) nicht äquivalent

13 a) −16,5; 36 b) 37,5; −30 c) −11,5; 26
d) 0,5; −22 e) 7; −8 f) −1,5; 6

14 a) $x = -\frac{2}{3}$ b) $x = -1\frac{3}{4}$
c) $y = 12$ d) es gibt keine Lösung
e) $x = \frac{35}{39}$ f) $x = 2\frac{1}{14}$

15 a) $s = -\frac{11}{9}$ b) $a = 1{,}2$ c) $t = 1\frac{33}{49}$ d) $r = \frac{73}{262}$

16 a) $x = -1{,}2$ b) $x = 1\frac{11}{12}$ c) $x = \frac{5}{12}$
d) $x = 12\frac{88}{135}$ e) $x = \frac{12}{19}$ f) $x = -1\frac{3}{23}$

17 a) $x = 6$ b) $y = 2$ c) $r = 4$
d) $s = -\frac{4}{3}$ e) $u = -6$ f) $v = 1$
g) $t = -\frac{3}{5}$ h) keine Lösung i) $b = -1$
j) $c = 2$ k) $m = 3$ l) keine Lösung
m) $x = 3$ n) $\frac{35}{13}$

Selbsttraining Kapitel VI

Lineare Gleichungssysteme

1 a) $x = 4;\ y = 3$ b) $x = 5;\ y = 1$
c) $a = \frac{269}{37};\ b = -\frac{140}{37}$ d) $x = -\frac{2}{3};\ y = -1$
e) $x = 20;\ y = 30$ f) $x = \frac{38}{13};\ y = \frac{63}{13}$
g) $x = -2;\ y = -4$ h) unendlich viele Lösungen
i) $x = 2{,}2;\ y = 3{,}6$ j) $x = 1{,}5;\ y = -2{,}5$
k) $x = 2{,}25;\ y = -3{,}75$ l) $x = 1{,}01;\ y = 0{,}99$
m) $x = 78{,}5;\ y = 92{,}5$ n) $x = \frac{2}{3};\ y = \frac{5}{6}$
o) $x = 240;\ y = 320$

2 Zahlenpaare $(x\,|\,y)$ mit gerundeten Werten:
a) $(2{,}571\,|\,2{,}7143)$ b) $(1{,}7143\,|\,1{,}4286)$
c) $(-2{,}7586\,|\,6{,}3103)$ d) $(-2{,}4364\,|\,-9{,}7818)$
e) $(-1{,}0588\,|\,-3{,}4706)$ f) $(4{,}219\,|\,1{,}3125)$
g) $(2{,}1224\,|\,27{,}5306)$ h) $(3{,}8286\,|\,-33{,}4286)$
i) $(0{,}75\,|\,3{,}75)$ j) $(2{,}8276\,|\,-0{,}069)$
k) $(-3{,}1818\,|\,6{,}6136)$ l) $(0{,}6931\,|\,2{,}3653)$

3 a) $y = 12 - x;\ y = 5 + 0{,}4x$
b) $y = 12 + \frac{61}{57}x;\ y = 5 + \frac{68}{57}$
c) $y = 12 - 22{,}6x;\ y = 5 - 8{,}6x$

4
a) $y = 23 - 3x;\ y = -\frac{8}{7} + \frac{5}{7}x$
$S(6{,}5\,|\,3{,}5)$
b) $y = -\frac{8}{9}x + 2\frac{4}{9};\ y = \frac{17}{9}x + 6\frac{1}{3};$
$S(-1{,}4\,|\,3{,}6889)$

5 Ein Schülerticket kostet 4 €, eine Erwachsenenkarte 10 €.
In der 2. Gruppe waren 9 Schüler.

6 a) Ja, sie protestiert zu Recht. Der Punkt C liegt deutlich über der Geraden AB.
b) TP = 35 €, km-Preis 0,40 €. Für 200 km wären 115 € richtig.
c) $f(x) = 0{,}4x + 35$
d) Für 50 km; 100 km; 400 km sind 55 €; 75 €; 195 € zu zahlen.

Register

A

B

D

E

F

G

H

I

J

K

L

Bildquellen

S. 8.1–8.2: Picture-Alliance (dpa/Oliver Berg),Frankfurt – **S. 8.3:** Corbis (Underwood & Underwoo), Düsseldorf – **S. 8.4:** Picture-Alliance (dpa/epa Hrusa), Frankfurt – **S. 8.5:** Picture-Alliance (AKG), Frankfurt – **S. 8.6:** Picture-Alliance (Zentralbild), Frankfurt – **S. 8.8:** Ernst Klett Verlag, Stuttgart – **S. 8.9 – 8.10:** Fotosearch RF (PhotoDisc), Waukesha – **S. 8.11:** Stockbyte, Tralee – **S. 8.12:** Koma Amok, Stuttgart – **S. 9.1:** Avenue Images GmbH (PhotoDisc), Hamburg – **S. 9.2:** Mauritius (age), Mittenwald – **S. 12.1 – 12.2:** MEV, Augsburg – **S. 18.1:** Mauritius (von Ravenswaay), Mittenwald – **S. 19.1:** Mauritius (age), Mittenwald – **S. 25.3:** Klett-Archiv, Stuttgart – **S. 29.1:** Corbis (Sergio Pitamitz), Düsseldorf – **S. 30.1:** dpa (AFP/Matt Campbell), Frankfurt – **S. 30.2:** Mauritius (Kerscher), Mittenwald – **S. 33.1:** Okapia (Stephen Dalton), Frankfurt – **S. 33.2 – 33.3:** MEV, Augsburg – **S. 33.4:** Corel Corporation, Unterschleissheim – **S. 36.1:** Getty Images (Taxi/Marc Douet), München – **S. 36.2:** photonica amana (Jan von Holleben), Hamburg – **S. 36.3:** Getty Images (Taxi/Space Frontiers), München – **S. 36.4:** Getty Images (Stone/Gary Holscher), München – **S. 37.1:** Getty Images (Stone/Garry Wade), München – **S. 39.4:** Ernst Klett Verlag, Stuttgart – **S. 40.3:** Ernst Klett Verlag, Stuttgart – **S. 41.1:** Ernst Klett Verlag, Stuttgart – **S. 42.2:** Ernst Klett Verlag, Stuttgart – **S. 44.2 – 44.3:** Ernst Klett Verlag, Stuttgart – **S. 45.4:** Ernst Klett Verlag, Stuttgart – **S. 50.4:** Ernst Klett Verlag, Stuttgart – **S. 51.2:** Corel Corporation, Unterschleissheim – **S. 52.1 – 52.2:** Ernst Klett Verlag, Stuttgart – **S. 53.1:** Klett-Archiv (KD Busch Fotostudio Gmb), Stuttgart – **S. 56.1:** Getty Images (Stone/Lori Adamski Peek), München – **S. 56.2:** Getty Images (Taxi), München – **S. 57.1:** Getty Images (Image Bank/Howard Berman), München – **S. 57.2:** Fotosearch RF|(PhotoDisc/Todd Pearson), Waukesha – **S. 57.3:** Getty Images (Botonica/James Baigrie), München – **S. 57.4:** Getty Images (Image Bank/Anthony Johnson), München – **S. 58.1:** Mauritius (age fotostock), Mittenwald – **S. 58.2:** Bananastock RF, Watlington (Oxon) – **S. 58.3:** IFA, Ottobrunn – **S. 58.4:** PhotoDisc, Seattle, WA – **S. 61.2:** Mauritius (Jiri), Mittenwald – **S. 65.4:** MEV, Augsburg – **S. 68.1:** Corel Corporation, Unterschleissheim – **S. 71.1:** MEV, Augsburg – **S. 79.1:** Corel Corporation, Unterschleissheim – **S. 80.1:** MEV, Augsburg – **S. 80.4:** Ernst Klett Verlag, Stuttgart – **S. 81.1 – 81.3:** Ernst Klett Verlag, Stuttgart – **S. 81.5:** Ernst Klett Verlag, Stuttgart – **S. 83.2:** MEV, Augsburg – **S. 84.1:** Picture-Alliance (ASA/Schmidt), Frankfurt – **S. 84.2:** Creativ Collection Verlag GmbH, Freiburg – **S. 84.3:** Getty Images (Leland Bobbe), München – **S. 85.1:** Klett-Archiv (Koma Amok), Stuttgart – **S. 85.2:** Avenue Images GmbH (PhotoDisc), Hamburg – **S. 88.1:** Creativ Collection Verlag GmbH, Freiburg – **S. 90.2:** Corbis, Düsseldorf – **S. 91.2:** Ernst Klett Verlag, Stuttgart – **S. 96.1:** Corel Corporation, Unterschleissheim – **S. 97.1:** Getty Images|(Eyewire), München – **S. 100.1:** Fotosearch RF (Stockbyte), Waukesha – **S. 100.2:** Avenue Images GmbH (Comstock), Hamburg – **S. 101.1:** Mauritius (World Pictures), Mittenwald – **S. 103.1:** Redferns, London – **S. 106.1:** Mauritius (Superstock), Mittenwald – **S. 107.2:** Getty Images, München – **S. 109.3:** Okapia (Kjell B. Sandved), Berlin – **S. 114.1:** Picture-Alliance (ZB/Maelsa), Frankfurt – **S. 114.2:** Picture-Alliance (dpa/Fischer), Frankfurt – **S. 114.3:** Avenue Images GmbH (PhotoDisc), Hamburg – **S. 114.4:** Picture-Alliance (ZB/Lander), Frankfurt – **S. 114.5:** Getty Images (Paul Taylor), München – **S. 114.6:** Avenue Images GmbH (Digital Vision), Hamburg – **S. 114.7:** photonica amana (Elke Hesser), Hamburg – **S. 114.8:** Picture-Alliance (ZB/Sauer), Frankfurt – **S. 114.9:** Picture-Alliance (KPA/Ziese), Frankfurt – **S. 115.1:** Klett-Archiv (Koma Amok), Stuttgart – **S. 115.2:** Getty Images (Lester Lefkowitz), München – **S. 127.1:** Ernst Klett Verlag, Stuttgart – **S. 128.1:** Ernst Klett Verlag, Stuttgart – **S. 139.2:** Mauritius (Rossenbach), Mittenwald – **S. 140.3:** Ernst Klett Verlag, Stuttgart – **S. 146.1:** Mauritius (Knöll), Mittenwald – **S. 146.2:** Corbis, Düsseldorf – **S. 149.1:** Ernst Klett Verlag, Stuttgart – **S. 154.1:** ZEFA (Mika), Düsseldorf – **S. 154.2:** Getty Images (Image Bank), München – **S. 155.1 – 155.2:** Picture-Alliance (Lander), Frankfurt – **S. 165.1 – 165.2:** Avenue Images GmbH (Image Source), Hamburg – **S. 165.3:** Avenue Images GmbH (Digital Vision), Hamburg – **S. 170.1:** Ernst Klett Verlag, Stuttgart – **S. 170.2:** Avenue Images GmbH (Comstock), Hamburg – **S. 170.3:** PhotoDisc, Seattle, WA – **S. 170.4:** Fotosearch RF (Stockbyte), Waukesha – **S. 171.3:** Mauritius (Gatzen), Mittenwald – **S.173.2:** AKG, Berlin – **S. 175.1:** Helga Lade (Thalau), Frankfurt – **S. 178.1:** Corbis, Düsseldorf – **S. 180.1:** Deutsches Museum, München – **S. 184.1:** Fotosearch RF (Digital Vision), Waukesha – **S. 186.1:** Corbis (KRIDLER CHARLES/SYGMA), Düsseldorf – **S. 186.2:** IMAGO (Peter Widmann), Berlin – **S. 186.3:** Photo Affairs, Deisslingen – **S. 186.4:** Fotosearch RF, Waukesha – **S. 186.5:** Fotosearch RF (PhotoDisc), Waukesha – **S. 188.1:** MEV, Augsburg – **S. 188.2:** Niehoff, Ulrich, Bienenbüttel – **S. 192.1:** Corbis (Bob Rowan), Düsseldorf – **S. 193.1:** Klett-Archiv (Silberzahn), Stuttgart – **S. 193.2:** NWS (Horst Rude), Stuttgart – **S. 194.1:** Corel Corporation, Unterschleissheim – **S. 194.2:** Avenue Images GmbH (Digital Vision), Hamburg – **S. 196.1:** Ernst Klett Verlag, Stuttgart

Textquellen

S. 29: Aus einem Lexikon: Nach: Microsoft Encarta Enzyklopädie 2001: Der Pazifische Ozean

Nicht in allen Fällen war es uns möglich, den Rechteinhaber ausfindig zu machen. Berechtigte Ansprüche werden selbstverständlich im Rahmen der üblichen Vereinbarungen abgegolten.